流体力学与泵

Liuti Lixue yu Beng

主 编 蒋新生 钱海兵 王 冬

重庆大学出版社

内容提要

本书重点介绍流体力学与泵的基本概念、基本理论、基本实践及工程应用。本书共12章，主要内容包括绪论、流体物理性质及作用在流体上的力、流体静力学、流体动力学理论基础、管流阻力及水头损失、管道恒定流及孔口管嘴出流计算、泵与风机的结构及主要构件、泵与风机的基本理论、泵与风机的性能、泵与风机的运行和调节、其他类型泵等。

本书理论联系实际，突出对学员理论基础和知识综合运用能力的培养，力求思路清晰、物理概念明确、文字简练、图文并茂，各章均有大量的习题，便于学习、巩固。本书可作为高等学校能源工程、油料化学、石油与天然气工程、石油化工等专业教材，还可供相关专业的科研人员、工程技术人员参考。

图书在版编目(CIP)数据

流体力学与泵 / 蒋新生，钱海兵，王冬主编. -- 重庆 ：重庆大学出版社，2023.4

ISBN 978-7-5689-3844-0

Ⅰ. ①流… Ⅱ. ①蒋…②钱…③王… Ⅲ. ①流体力学—高等学校—教材②泵—高等学校—教材 Ⅳ. ①O35②TH3

中国国家版本馆 CIP 数据核字(2023)第 064438 号

流体力学与泵

主　编　蒋新生　钱海兵　王　冬

参　编　梁建军　张培理　何东海

周　毅　刘慧姝

责任编辑：杨粮菊　　版式设计：杨粮菊

责任校对：刘志刚　　责任印制：张　策

*

重庆大学出版社出版发行

出版人：饶帮华

社址：重庆市沙坪坝区大学城西路 21 号

邮编：401331

电话：(023) 88617190　88617185(中小学)

传真：(023) 88617186　88617166

网址：http://www.cqup.com.cn

邮箱：fxk@cqup.com.cn (营销中心)

全国新华书店经销

重庆新荟雅科技有限公司印刷

*

开本：787mm×1092mm　1/16　印张：21.75　字数：546 千

2023 年 4 月第 1 版　　2023 年 4 月第 1 次印刷

ISBN 978-7-5689-3844-0　定价：59.00 元

前言

全书共12章，前6章为流体力学部分，主要内容：流体静力学、流体运动学和流体动力学基础、管流流动阻力和能量损失等。后6章为流体机械部分，主要内容：离心式泵与风机的叶轮理论和设备性能、泵与风机的相似律和运动调节、其他类型泵等。本书内容丰富、涵盖面较广。限于授课学时限制，针对课程整体知识结构进行了优化和调整，重点阐述基本理论、基本实践和应用，强调物理概念和工程应用，注重课程前沿知识、发展趋势的讲解，使学员掌握流体力学和流体机械的基本知识和工程应用，着重培养学员的工程应用、设计、管理及指挥等专业技能。

本书由中国人民解放军陆军勤务学院蒋新生、王冬、钱海兵、梁建军、张培理、何东海等共同编写。其中蒋新生编写绪论、第3章、第7章，王冬编写第1章、第2章、第5章，钱海兵编写第8章、第9章、第10章，梁建军编写第6章、第11章，张培理编写第4章、第12章，何东海编写附录并对书中图表进行修改完善。全书由蒋新生统稿。本书汲取了解放军陆军勤务学院60余年来在讲授该课程中积累的宝贵经验，参考、引用了大量的国内外文献，在此谨向诸位前辈、同事及文献作者表示诚挚的谢意！

由于编者水平所限，加上时间仓促，难免有不当和错漏之处，敬请读者批评指正。

目录

绪 论

0.1 工程流体力学的研究内容和方法

工程流体力学是研究流体平衡和运动的规律及其在工程实践中应用的一门科学,是力学的一个重要分支。工程流体力学的研究对象为液体和气体。

工程流体力学的基本任务在于建立描述流体运动的基本方程,确定流体经各种通道(如管道)及绕流不同物体时速度、压强的分布规律,探求能量转换及各种损失的计算方法,并解决流体与限制其流动的固体壁之间的相互作用问题。

在实际工程的许多领域里,工程流体力学一直起着十分重要的作用,并得到广泛的应用。在石油及天然气工业中,钻井、采油工艺、石油化工、石油及油品的储存及运输、天然气的输送,都要涉及流体力学问题。输油管道的设计,管道直径的确定,输油泵的选择与安装,泵站位置确定,管道水击现象的分析与控制,储油、气罐的设计以及收发油系统的操作与管理,都必须依据流体力学的基本原理进行分析与计算。

在机械工业中,水轮机、燃气轮机、蒸汽轮机、喷气发动机、液体燃料火箭、内燃机等,都是以流体能量为原动力的动力机械;水压机、水泵、油泵、风扇、通风机、压缩机等,都是以流体为工作对象的流体机械。它们的工作原理、性能、使用和实验都是以工程流体力学为理论基础的。

在其他工程领域,如航空航天、航海、天文气象、土木建筑、环境保护、城市给排水、水利水电、食品、化工、消防、冶金采矿、生物、大气、海洋、军工核能等,都有许多流体力学的应用问题。因此,工程流体力学是一门应用极为广泛的科学,也是一门许多工程类相关专业的主要技术基础课程。

作为一门技术基础课程,工程流体力学主要介绍流体力学的基本概念、基本理论以及基本应用。

作为一门技术科学,工程流体力学的研究方法也遵循"实践—理论—实践"的基本规律。其研究方法大致可以归纳为以下 4 个过程:

①对自然界和生产实践中出现的工程流体力学现象进行观察、研究,从中找出共性问题

作为研究课题；

②对自然现象和实践问题进行研究，从中找出主要因素，忽略次要因素，建立抽象的数学模型；

③对数学模型进行理论分析和实验研究，总结并验证基本规律，形成理论；

④用得到的基本理论去指导实践，并在实践中检验、修正理论，使其逐步完善。

0.2 工程流体力学发展简史

工程流体力学是一门既古老又新兴、有着很强的生命力、应用和发展前途极为广泛的科学。工程流体力学作为经典力学的一个重要分支，其发展与数学、力学的发展密不可分。它同样是人类在长期与自然灾害作斗争的过程中逐步认识和掌握自然规律，并逐渐发展形成的，是人类集体智慧的结晶。它的发展可以追溯到远古的历史。当时，人们对流体的认识是从水开始的。因为人类在和大自然的接触中，与水的联系最为密切。自古以来，人类逐水草而居，水是人类赖以生存的最起码的物质条件。水既有用，也有害。人类为了生存，就必须要了解水的流动现象、水的物理性质以及它的运动规律。在这一方面，我国古代劳动人民作出了积极的贡献，在工程流体力学的发展史上占有重要地位。

人类最早对工程流体力学的认识是从治水、灌溉、航行等方面开始的。在同大自然作斗争的过程中，我国古代劳动人民积累了丰富的经验。他们兴水利，除水害，建起了许多水利工程，也发明了各种利用水能的水力机械。

4 000 多年前的大禹治水，说明我国古代已有大规模的治河工程。秦代，在公元前 256—210 年间便修建了都江堰、郑国渠和灵渠三大水利工程，特别是李冰父子带领修建的都江堰，既有利于岷江洪水的疏排，又能常年用于灌溉农田，并总结出“深淘滩，低作堰”“遇弯截角，逢正抽心”的治水原则。说明当时对明槽水流和堰流流动规律的认识已经达到相当水平。

西汉武帝（公元前 156—公元前 88）时期，为引洛水灌溉农田，人们在黄土高原上修建了龙首渠，创造性地采用了井渠法，即用竖井沟通长十余里的穿山隧洞，有效地防止了黄土的塌方。

在古代，以水为动力的简单机械也有了长足的发展，如用水轮提水，或通过简单的机械传动去碾米、磨面等。东汉杜诗任南阳太守时（公元 37 年）曾创造水排（水力鼓风机），利用水力，通过传动机械，使皮制鼓风囊连续开合，将空气送入冶金炉，较西欧约早了 1 100 年。

北宋(960—1126)时期，在运河上修建的真州船闸与 14 世纪末荷兰的同类船闸相比，早了 300 多年。

明朝的水利家潘季驯（1521—1595）提出了“筑堤防溢，建坝减水，以堤束水，以水攻沙”和“借清刷黄”的治黄原则，并著有《两河管见》《两河经略》和《河防一览》。

清朝雍正年间，何梦瑶在《算迪》一书中提出流量等于过水断面面积乘以断面平均流速的计算方法。

这些工程标志着我国古代经济、文化的繁荣和科学技术的进步。而欧洲最早的水利工程是古罗马水道，它是公元 100 年前后古罗马统治者为供应生活用水而建造的。但最近河南出土文物表明早在 2 000 多年前我国就有着大型的供水管道，比欧洲早几百年。此外，我国古代的造船、航海技术也走在世界的前列。在水力学、水文、水力机械上,我国古代也是领先的。早在秦汉时代就不断改进水磨、水车和水力鼓风设备,汉代张衡发明了水力带动的浑天仪。另外,我国早已根据铜壶滴漏的孔口泄流原理而发明了水钟。以上这些充分说明了我们的祖先对水流的性质及其规律已有了充分的认识。但由于长期的封建统治,生产力得不到发展,加上历代都重视文章,轻视科学,使得我国的科学长期停留在经验的形式上,未能形成系统的理论,工程流体力学也不例外。因此,一方面我们为民族光辉灿烂的文明史而感到自豪,另一方面也为在现代科学技术理论中中华志士很少占有一席之地而感到极为遗憾。下面将会看到,现在所要学习的工程流体力学理论,是从西欧发展起来的。

(1)**准备阶段**

古希腊学者阿基米德(Archimedes,公元前287—公元前212)在公元前250年发表学术论文《论浮体》,第一个阐明了相对密度的概念,发现了物体在流体中所受浮力的基本原理——阿基米德原理。它不但是工程流体力学的一条重要定律,而且也为物理学的产生奠定了基础。此外,他还发现了杠杆原理,发明了阿基米德螺旋线和抽水用的"水蜗牛"。他的学生克特比集曾发明水泵、气枪和抽水唧筒。克特比集的学生赫伦发明了救火水泵和虹吸管。这是古希腊人对于工程流体力学的贡献,但自从古希腊日趋衰退,欧洲处在古罗马的统治之下,这个时期是个昏暗时期,科学停滞不前。直到1453年土耳其的奥斯曼帝国攻占了东罗马帝国(亦称拜占庭帝国)首都君士坦丁堡以后,才出现了文艺复兴运动。当时,文艺复兴的代表人物之一达·芬奇(Leonardo. da. Vinci,1452—1519)是个伟大的画家,他的不朽之作《最后的晚餐》和《蒙娜丽莎》一直保留到现在,成为最珍贵的名画。达·芬奇这位伟大的天才不仅是个艺术家,而且还是水力学的奠基人。他在米兰附近设计并建造了第一座大型水闸,人类从而进入了水利工程的时代。此外,他还研究鸟类的飞行,并发展了一些关于飞鸟受力的思想。他还做了大量的水力学试验,如射流、旋涡形成、水跃和连续性原理等,系统地研究了物体的沉浮、孔口出流、物体的运动阻力,以及管道、明渠中水流等问题,为近代流体力学的诞生奠定了基础。进入17世纪,产业革命爆发,工程流体力学随之得到发展。斯蒂文(S. Stevin,1548—1620)将用于研究固体平衡的凝结原理转用到流体上。伽利略(Galileo,1564—1642)研究了流体的稳定性,论证了自由落体定律,并做了著名的比萨斜塔试验,还研究了质点运动学,为牛顿力学的诞生开辟了道路。托里拆利(E. Torricelli,1608—1647)于1643年提出孔口泄流定律并做了著名的大气压强试验。帕斯卡(B. Pascal,1623—1662)于1650年提出压强传递原理。科学巨人牛顿(I. Newton,1642—1727)于1687年出版了《自然哲学的数学原理》,研究了物体在阻尼介质中的运动,建立了流体内摩擦定律,为黏性流体力学初步奠定了理论基础,并讨论了波浪运动等问题,提出了物质运动的基本定律,发明了微积分。

(2)**创立阶段**

到了18世纪,第一次技术革命(蒸汽机)给近代自然科学的发展带来了黎明,工程流体力学也伴随其他科学有了较大的发展,并形成独立的学科。这时期对古典流体力学作出巨大贡献,被称为流体力学奠基人的是瑞士数学家伯努利(D. Bernoulli,1700—1782),他在1738年出版的名著《流体动力学》中,建立了流体位势能、压强势能和动能之间的能量转换关系——伯努利方程。在此历史阶段,诸学者的工作奠定了流体静力学的基础,促进了流体动力学的发展。

欧拉(L. Euler,1707—1783)是经典流体力学的奠基人,1755年发表《流体运动的一般原理》,提出了流体的连续介质模型,建立了流体平衡微分方程、连续性微分方程和理想流体的运动微分方程,并推证了伯努利积分,给出了不可压缩理想流体运动的一般解析方法。他提出了研究流体运动的两种不同方法及速度势的概念,并论证了速度势应当满足的运动条件和方程。另外,针对流体运动会产生摩擦阻力的现象,法国数学家达朗伯(J. le R. d'Alembert,1717—1783)于1744年提出"理想流动没有运动阻力"的著名假说,但此假说与实际有出入,(他还提出达朗伯原理),于是科学家和工程师又试图从实验的角度来解决工程流体力学的问题,这样又出现了一个新的分支——水力学。以后,它们在各自的道路上得到了新的发展。此时,还有法国数学家拉格朗日(J. L. Lagrange,1736—1813)提出了新的工程流体动力学微分方程,使工程流体动力学的解析方法有了进一步发展。他严格地论证了速度势的存在,并提出了流函数的概念,为应用复变函数去解析流体定常的和非定常的平面无旋流动开辟了道路。此外,他还确立了波动的基本微分方程和波速传播方式。至此,理论流体力学形成,它主要是利用数学解析的方法来试图解决工程流体力学的问题。

(3)**发展阶段**

19世纪,第二次技术革命(内燃机)使近代自然科学走向全面繁荣,工程流体力学理论逐步完善,水力学也取得了迅速的发展。

1)工程流体力学

①无旋流　法国的柯西(Cauchy,1789—1857)于1815年严密推证了Lagrange无旋流的理论,法国的泊松(Poisson,1781—1846)于1826年解决了第一个空间流动——无旋的绕圆球流动问题。法国的拉普拉斯(Laplace,1794—1827)于1827年提出著名的Laplace方程。英国的朗肯(Rankine,1820—1872)指出,理想不可压流动的位势和流函数分别满足Laplace方程,因此,理想不可压流体动力学问题是运动学问题。

②旋涡流动　Cauchy于1815年和英国的斯托克斯(Stokes,1819—1903)于1847年分别提出涡旋概念,将涡旋解释为流体微元体的转动。亥姆霍兹(H. von Helmholtz,1821—1894)和基尔霍夫(G. R. Kirchhoff,1824—1887)对旋涡运动和分离流动进行了大量的理论分析和实验研究,取得了表征旋涡基本性质的旋涡定理、带射流的物体绕流阻力等学术成就。

19世纪流体力学还产生了两个重要分支:黏性流体动力学和气体动力学。

③黏性流　法国工程师纳维(Navier,1785—1836)于1826年最先导出黏性液体运动方程。泊松(Poisson,1781—1840)于1822年、圣维南(Saint-Venant,1797—1886)于1842年也导出黏性液体运动方程。英国的斯托克斯(Stokes)严格地导出了这些方程,并将流体质点的运动分解为平动、转动、均匀膨胀或压缩及由剪切所引起的变形运动。后来引用时,便统称该方程为纳维—斯托克斯方程。英国的雷诺(O. Reynolds,1842—1912)于1883年用实验证实了黏性流体的两种流动状态——层流和紊流的客观存在,找到了实验研究黏性流体流动规律的相似准则数——雷诺数,以及判别层流和紊流的临界雷诺数,为流动阻力的研究奠定了基础。雷诺是紊流理论的创始者。1895年,他推出了平均紊流切应力N-S方程——雷诺方程。

④非恒定流　著名的研究者有英国的兰姆(Lamb,1849—1934)和瑞利(Rayleigh,1842—1919),1902年意大利学者阿列维(Allievi)导出了管道不稳定流的微分方程。

2)水力学

法国的谢才(A. de Chézy,1718—1798)于1755年便总结出明渠均匀流公式——谢才公式,一直沿用至今。法国的皮托(Henri do Pitot,1695—1771)制出了测量流动压强的仪器——

皮托测压管。意大利的文丘里(Giovanni Battista-Venturi,1746—1822)制出了测量流量的仪器——Venturi 流量计。法国医生泊肃叶(Jean Louis Poiseuille,1799—1869)制出了测量流体黏度的仪器——黏度计。德国水利工程师魏斯巴赫(Julius Weisbach,1806—1871)和法国工程师达西(Henry Philibert Gaspart Darcy,1803—1858)分别通过试验总结了管道流动的阻力计算公式——Weisbach Darcy 阻力公式。爱尔兰工程师曼宁(Robert Manning,1816—1897)总结了渠道粗糙情况的公式——曼宁公式。瑞利(L. J. W. Reyleigh,1842—1919)在相似原理的基础上,提出了实验研究的量纲分析法中的一种方法——瑞利法。

佛汝德(W. Froude,1810—1879)对船舶阻力和摇摆的研究颇有贡献,他提出了船模试验的相似准则数——佛汝德数,奠定了现代船模试验技术的基础。

19 世纪,气体动力学和热力学也得到了较快的发展。库塔(M. W. Kutta,1867—1944)1902 年就曾提出过绕流物体上的升力理论,但没有在刊物上发表。

(4)现代发展阶段及趋势

20 世纪,世界进入第三次工业技术革命,即电子和计算机时代,科学技术迅猛发展,新科学、新技术不断涌现。自从 1907 年第一架飞机在美国首飞成功,直到火箭、原子弹、人造卫星、宇宙飞船、航天飞机陆续出现,世界进入了计算机时代和航天时代。航天器的研究需要大量流体力学的理论。因此,20 世纪的流体力学进入了现代革命阶段,并使得古典流体力学和水力学走上了融为一体的道路,出现了一个新的应用学科——工程流体力学。

普朗特(L. Prandtl,1875—1953)建立了边界层理论,解释了阻力产生的机制。当时就像爱因斯坦提出的相对论一样,人们对此觉得不可理解。但现在回过来看一看,简直是一项划时代的贡献。之后他又针对航空技术和其他工程技术中出现的紊流边界层,提出混合长度理论。1918—1919 年,他论述了大展弦比的有限翼展机翼理论,对现代航空工业的发展作出了重要的贡献。

儒科夫斯基(Н. Е. Жуковский,1847—1921)从 1906 年起,发表了《论依附涡流》等论文,找到了翼型升力和绕翼型的环流之间的关系,建立了二维升力理论的数学基础。他还研究过螺旋桨的涡流理论以及低速翼型和螺旋桨桨叶剖面等。他的研究成果对空气动力学的理论和实验研究都有重要贡献,为近代高效能飞机设计奠定了基础。

卡门(T. von Kármán,1881—1963)在 1911—1912 年连续发表的论文中,提出了分析带旋涡尾流及其所产生的阻力的理论,人们称这种尾涡的排列为"卡门涡街"。1921 年,他由微分形式的边界层方程通过积分得出动量积分方程;由雷诺方程积分得到紊流的动量积分方程,但需要建立紊流切应力项的模型。在 1930 年的论文中,他建议重叠层混合长度与离壁面的距离成比例,提出了计算紊流粗糙管阻力系数的理论公式。此后,卡门在紊流边界层理论、超声速空气动力学、火箭及喷气技术等方面都有不少贡献。

布拉休斯(H. Blasius)在 1913 年发表的论文中,提出了计算紊流光滑管阻力系数的经验公式,并于 1908 年得出均匀流动下平板边界层的相似解。

布金汉(E. Buckingham)在 1914 年发表的《在物理的相似系统中量纲方程应用的说明》论文中,提出了著名的 π 定理,进一步完善了量纲分析法。

尼古拉兹(J. Nikuradze)在 1933 年发表的论文中,公布了他对沙粒粗糙管内水流阻力系数的实测结果——尼古拉兹曲线,据此他还给紊流光滑管和紊流粗糙管的理论公式选定了应有的系数。后来,谢维列夫对实际钢管作了同样的试验,得出钢管的摩阻系数实验曲线。

柯列布鲁克(C. F. Colebrook)在1939年发表的论文中，提出了将紊流光滑管区和紊流粗糙管区联系在一起的过渡区阻力系数计算公式。

莫迪(L. F. Moody)在1944年发表的论文中，给出了他绘制的实用管道的当量糙粒阻力系数图——莫迪图。至此，有压管流的水力计算已渐趋成熟。

我国科学家的杰出代表钱学森(Qian Xuesen)早在1938年发表的论文中便提出了平板可压缩层流边界层的解法——卡门—钱学森解法。他在空气动力学、航空工程、喷气推进、工程控制论等技术科学领域作出过许多开创性的贡献。

吴仲华(Wu Zhonghua)在1952年发表的《在轴流式、径流式和混流式亚声速和超声速叶轮机械中的三元流普遍理论》和在1975年发表的《使用非正交曲线坐标的叶轮机械三元流动的基本方程及其解法》两篇论文中所建立的叶轮机械三元流理论，至今仍是国内外许多优良叶轮机械设计计算的主要依据。

周培源(Zhou Peiyuan)多年从事紊流统计理论的研究，取得了不少成果，1975年发表在《中国科学》上的《均匀各向同性湍流的涡旋结构的统计理论》便是其中之一。

庄逢甘(Zhuang Fenggan)院士在流体力学的湍流基本特性研究中得出了湍流耗散定律。在激波绕射、高超音速等研究和旋涡形成的机理与控制方面取得突出成果。

张涵信(Zhang Hanxin)院士在高超声速绕流、三维流动分离判据、旋涡沿轴向的分叉演化规律、横截面流态的拓扑规律，以及建立无波动、无自由参数的耗散差分计算体系和云粒子侵蚀实验模拟理论等方面作出突出贡献，并在航空航天飞行器设计和试验中发挥了重要作用；用摄动法成功地解决了当时国际上难以解决的钝头体高超声速绕流及其熵层问题，发展了钝头细长体绕流的熵层理论，提出了高超声速流动中第二激波形成的条件。此外，他还首次提出了判定三维流动分离的数学条件；发现了三阶色散项和差分解在激波处出现波动的联系；提出了建立高分辨率差分格式的物理构思，并建立了无波动无自由参数的耗散(NND)差分算法。

(5) **发展趋势**

目前工程流体力学已进入了一个用理论分析、数值计算、实验模拟相结合，以非线性问题为重点，各分支学科同时并进的大发展时期。这一时期渐近分析方法日臻成熟，已经成为一门独立的学科分支，Sturrock 和 Whitham 分别提出了多重尺度法和平均变分法，Van Dyke 的延伸摄动级数理论扩大了适用的参数范围。纯粹数学中泛函、群论、拓扑学，尤其是微分动力系统的发展为研究非线性问题提供了有效的手段。由于建成了适合于研究不同马赫数、雷诺数范围典型流动现象的风洞、激波管、弹道靶，以及水槽、水洞、转盘等实验设备，发展了热线技术、激光技术、超声技术，以及速度、温度、浓度及涡度的测量技术，流动显示和数字化技术延长了人的感官，可以观察新的物理现象，并获得更多的信息。最重要的是计算机的迅猛发展，从根本上改变了流体力学面临非线性方程就束手无策的状况，大量数据采集和处理也就成为可能，因为实际问题大多是学科交叉的，新兴学科领域的出现也是十分自然的。在这一时期的成就主要有：

计算流体力学已发展成熟，出现了有限差分、有限元、有限分析、谱方法和辛算法，建立了计算流体力学完整的理论体系，即稳定性理论、数值误差耗散、色散原理、网格生成和自适应技术、迭代与加速收敛方法等，提出了许多有效格式，如TVD、ENO、拉格朗日算法，以及求解自由边界问题的MAC方法，为提高分辨率的紧致格式等。计算流体力学在高速气体动力学和湍流的直接数值模拟中发挥了重大作用。前者主要用于航天飞机的设计，由于物体几何形状和流场极其复杂，涉及宽阔的流动范围，要考虑内自由度激发和化学反应。此外，还研究了非定常流的控制，超临界翼的设计等问题。后者要求分辨到耗散尺度，计算工作量极大，如果没有先进的计算机是不可能完成的。目前，超级计算机、工作站的性能有了飞跃，并行度也在提高，因此，人们已经可以用欧拉方程、雷诺平均方程求解整个飞机的流场。同时，也出现了一批以 Fluent、CFX 和 ADINA 为代表的流场数值仿真软件。计算流体力学几乎渗透到流体力学的每个分支领域。

非线性流动问题取得重大进展，发展了求解非线性发展方程完整的理论和数值方法，并被广泛应用于其他学科领域。三维非线性波和与波有关的流动相互作用是这一领域的研究前沿。非线性稳定性的研究主要针对转捩问题，探讨不稳定波的发展情况、涡结构的转捩方式、湍流斑的形成。由于理论分析的局限性，要结合数值方法才能描述转捩的全过程，湍流的基础研究从统计方法转向拟序结构的研究，因为拟序结构对于动量、能量、质量的传输起着决定性的作用，也便于控制。

近年来由于工业生产和高新技术的发展需要，如长距离大流量管道输送、复杂管道系统设计与建设、多油品顺序输送、特定条件下的油料收发，以及大型风洞设计与建造、冲压发动机的设计与建设、运载工具的气动研究、非定常旋涡主导的空气动力学研究、并行计算技术及燃烧、化学反应动力学等，促使工程流体力学和其他学科相互浸透，形成了许多边缘学科。随着工程流体力学应用越来越广泛，分支学科越来越多，既相互交叉，又有横向联系，它们互相渗透，互相补充，互相促进，使得理论、实验和数值计算紧密结合，解决了许多工程应用问题，成为全新的学科体系，并形成了大量的学科分支。

这些分支的新学科有(普通)流体力学、黏性流体力学、流变学、气体动力学、稀薄气体动力学、计算流体力学(水力学)、环境流体力学(水力学)、能源流体力学、渗流力学、非牛顿流体力学、多相流体力学、磁流体力学、化学流体力学、生物流体力学、地球流体力学等。可以预测，现代流体力学将进入各个工程领域，而且只要有数学模型，就可以借助计算机来求解。当今流体力学的发展趋势大致为以下几个方面：

①紊流的机理和紊流模型的研究；

②各种新兴边缘学科的发展及应用(如多相流、非牛顿流体、环境污染、生物流体等)；

③实验模拟和计算机模拟及应用。

第 1 章

流体的主要物理性质及作用在流体上的力

1.1 流体及连续介质的概念

1.1.1 流体的定义

流体(包括液体和气体)与固体是物质的不同表现形式,它们具有以下三个物质的基本属性:由大量的分子组成;分子不断地作随机热运动;分子间存在着分子力的作用。但这三个物质的基本属性表现在气体、液体、固体方面却有着量和质的差别。由于同体积内分子数目、分子间距、分子的内聚力、排列顺序以及热运动状况等方面的物质内部微观差异,导致了它们宏观表象的不同:固体有一定的体积和一定的形状;液体有一定的体积而无一定的形状,有自由表面;气体无一定的体积,无一定的形状,也无自由表面。

流体与固体在微观结构上的差别使得流体在力学性能上有如下两个特点:

①流体几乎不能承受拉力,因而可以认为流体内部不存在抵抗拉伸变形的张应力;

②流体在平衡状态下不能承受剪切力,任何微小的切力作用都会使流体发生连续变形。

固体显然没有这两个特点。它除了与流体一样能承受压力外,还能受切力和拉力,因而其内部相应产生压应力、切应力和拉应力(张应力),以抵抗变形,如果应力达不到一定数值,形状不会被破坏。

概括流体的这两个特点可定义:流体是一种受任何微小切应力作用都会发生连续变形的物质。流体的这个特点称为流体的易流动性。易流动性既是流体命名的由来,也是流体区别于固体的根本标志。

1.1.2 连续介质的概念

连续介质概念的内容:流体是由无数多个流体质点(微团)组成的连续介质的整体,每个质点具备流体的一切基本力学性质。流体质点有两个含义:①由分子组成,②分子之间没有间隙。

如前所述,流体是由大量做随机运动的分子组成。从微观角度来看,分子之间存在着间隙,因此,流体的一切物理量在空间内是非连续分布的。同时,由于分子的随机运动,又导致任一空间点上流体物理量对时间的不连续性。因此,描述分子各自运动的理论将是十分复杂的,它已远远超出人们目前的知识水平。然而,分子的体积是很小的,分子之间的空隙尺度也很小,它与常用的宏观尺度相比是微不足道的。工程流体力学是论述流体的宏观特性,研究流体宏观机械运动规律,因此,将流体当作一种连续分布的介质处理,在大多数场合下是合理的。这一概念的含义是:认为流体不是由独立的分子所组成,而假想为无限多的、其间毫无空隙的流体质点所组成的连续介质或连续体,这种连续介质仍然具有流体的一切基本力学特性。

流体中任意小的一个微元部分称为流体微团。当流体微团的体积无限缩小并以某一坐标点为极限时,流体微团就成为处于这个坐标点上的一个流体质点,它在任何瞬时都具有一定的物理量,如质量、密度、压强、流速等。因而在连续介质中,流体质点的一切物理量都是坐标和时间变量的连续函数,形成各种物理量的标量场或矢量场,这样就可以应用连续函数和场论等数学工具来研究流体的平衡及运动规律,这就是将流体假定为连续介质的作用。

1.2　流体的主要物理性质

1.2.1　密度、重度和相对密度

(1)密度和比容

单位体积内所含有的流体质量称为流体密度,以 ρ 表示。对于均质流体,若在流体内任取一微元体积 ΔV 内所含有的质量为 ΔM,则密度 ρ 表示为

$$\rho = \frac{\Delta M}{\Delta V} \tag{1.1}$$

对于非均质流体,根据连续介质的假设密度 ρ 表示为

$$\rho = \lim_{\Delta V \to 0} \frac{\Delta M}{\Delta V} = \frac{\mathrm{d}M}{\mathrm{d}V} \tag{1.2}$$

该密度称为点密度。

一般而言,流体密度随空间位置和时间发生变化。密度的单位为 $\mathrm{kg/m^3}$。

比容是流体单位质量所占有的体积,它与密度的关系为

$$v = \frac{1}{\rho} \tag{1.3}$$

(2)重度和相对密度

流体单位体积内具有的重量称为重度,以 γ 表示。对于均质流体,如果微元体积 ΔV 中含有重力为 ΔG,则

$$\gamma = \frac{\Delta G}{\Delta V} \tag{1.4}$$

在 SI 制中,γ 的单位为 $\mathrm{N/m^3}$。

对于非均质流体,点的重度为

$$\gamma = \lim_{\Delta V \to 0} \frac{\Delta G}{\Delta V} = \frac{\mathrm{d}G}{\mathrm{d}V} \tag{1.5}$$

根据重力与质量的关系,可得到 γ、ρ 及 v 的换算关系式,即

$$\gamma = \rho g = \frac{1}{v} g \tag{1.6}$$

在 γ、ρ 及 v 中任知其一，即可求得其余两个数值。

此外，物理学上还有相对密度的概念，它是物体的密度与 4 ℃蒸馏水的密度之比，是一个量纲一的纯量。如果用下标 W 代表 4 ℃蒸馏水的相应物理量，则流体的相对密度 S 为

$$S = \frac{G}{G_W} = \frac{\gamma}{\gamma_W} = \frac{\rho}{\rho_W} = \frac{v_W}{v} \tag{1.7}$$

在 SI 制中：

4 ℃蒸馏水的密度 $\rho_W = 1\ 000\ \text{kg/m}^3$

4 ℃蒸馏水的重度 $\gamma_W = 9\ 810\ \text{N/m}^3$

4 ℃蒸馏水的比容 $v_W = 0.001\ \text{m}^3/\text{kg}$

由式(1.7)可知，若已知某流体的相对密度 S，便可求得该流体的密度、重度和比容，即

$$\begin{cases} \rho = 1\ 000S \\ \gamma = 9\ 810S \\ v = \dfrac{0.001}{S} \end{cases} \tag{1.8}$$

流体的密度、重度、比容均与流体的温度和压强有关，表 1.1 列出了常见流体在标准大气压下($p = 1.013\ 25$ bar)的密度及相对密度。表 1.2 列出了水在标准大气压下不同温度时的相对密度值。

表 1.1　流体的平均密度与相对密度

流体名称	温度/℃	SI 制，$\rho/(\text{kg}\cdot\text{m}^{-3})$	相对密度 S
原油	20	860～889	0.86～0.889
喷气燃料	20	780	0.78
坦克柴油	20	820	0.82
10 号、20 号轻柴油	20	825	0.825
0 号轻柴油	20	830	0.83
专用柴油	20	840	0.84
0 号锅炉燃料油	20	900	0.90
淡水	4	1 000	1.00
海水	15	1 020～1 030	1.02～1.03
水银	0	13 600	13.60
空气	20	1.183	0.001 183

表 1.2　水的密度与温度的关系

温度/℃	0	4	10	20	40	60	80	100
密度/$(\text{kg}\cdot\text{m}^{-3})$	999.87	1 000.00	999.75	998.26	992.26	983.38	971.94	958.65

石油及其产品的相对密度与温度的关系可用下式作近似计算，即

$$S_t = S_{20} - \beta(t - 20) \tag{1.9}$$

式中　S_t——油品在油温为 t ℃时的相对密度；

S_{20}——该油品在油温为 20 ℃时的相对密度；

β——油品的温度校正系数，1/℃，其值随油温为 20 ℃的相对密度 S_{20} 的不同而不同，见表 1.3；

t——油品的温度，℃。

表 1.3　油品的温度校正系数

S_{20}	0.70	0.72	0.74	0.76	0.78	0.80	0.82	0.84
$\beta\times10^{-4}$/℃	8.97	8.70	8.44	8.18	7.92	7.65	7.38	7.12
S_{20}	0.86	0.88	0.90	0.92	0.94	0.96	0.98	1.00
$\beta\times10^{-4}$/℃	6.86	6.60	6.33	6.07	5.81	5.54	5.28	5.15

在油料的收发计量过程中，密度的温度特性对计量精度有着非常大的影响，式(1.9)给出的相对密度与温度关系近似计算式是一种线性关系式，其计算误差较大，精度不高，故用此式作为计量计算式是不合适的。因此，给出一较为精确的回归方程式，即

$$S_t = S_{20} - (2.854 - 3.93S_{20} + 1.6S_{20}^2) \times 10^{-3}(t - 20) \tag{1.10}$$

式中，S_t 为温度 t ℃时的相对密度；S_{20} 为温度 20 ℃时的标准相对密度；t 为温度，℃。

式(1.10)的适用范围如下：

S_{20} 的值为 0.6～0.766 时，温度范围为−25～75 ℃；

S_{20} 的值为 0.8～1.009 时，温度范围为 0～100 ℃。

利用上式得出的计算结果与标准值的相对误差小于 0.01%。因此，对于油品的计算计量可以获得相当高的精度，且计算简便、实用。

表 1.4 给出了式(1.10)计算结果与标准值的对比。

表 1.4　式(1.10)计算结果与标准值的对比

温度 t/℃		标准相对密度 S_{20}								
		0.600	0.650	0.700	0.750	0.800	0.850	0.900	0.950	1.000
−25	标准	0.648	0.694	0.740	0.786					
	计算	0.648	0.694	0.740	0.786					
0	标准	0.622	0.670	0.718	0.766	0.815	0.863	0.912	0.961	1.011
	计算	0.621	0.670	0.718	0.766	0.815	0.863	0.912	0.961	1.010
25	标准	0.595	0.645	0.696	0.746	0.796	0.847	0.897	0.947	0.997
	计算	0.595	0.645	0.696	0.746	0.796	0.847	0.897	0.947	0.947
50	标准	0.568	0.621	0.673	0.726	0.778	0.830	0.882	0.933	0.984
	计算	0.568	0.621	0.673	0.726	0.778	0.830	0.882	0.933	0.984
75	标准	0.541	0.596	0.651	0.706	0.760	0.813	0.866	0.919	0.971
	计算	0.541	0.596	0.651	0.706	0.760	0.813	0.866	0.919	0.971
100	标准					0.741	0.797	0.851	0.905	0.958
	计算					0.741	0.796	0.851	0.905	0.958

1.2.2 压缩性和膨胀性

(1)压缩性

在温度不变的情况下，流体的体积随压力的增加而变小的性质称为压缩性，可用体积压缩性系数 β_p 来表示。当压强由 p 增加 $\mathrm{d}p$ 时，体积被压缩了 $\mathrm{d}V$，则压缩性系数 β_p（单位：m^2/N）为

$$\beta_p = \frac{-\frac{\mathrm{d}V}{V}}{\mathrm{d}p} = -\frac{1}{V}\frac{\mathrm{d}V}{\mathrm{d}p} \tag{1.11a}$$

式中，$\frac{\mathrm{d}V}{V}$是体积的相对变化量。

因此，β_p 的物理意义是：当温度不变时，每增加单位压强所产生的流体体积的相对变化率。

流体被压缩时，体积 V 内的质量并没有改变，则有

$$\mathrm{d}M = \mathrm{d}(\rho V) = \rho \mathrm{d}V + V\mathrm{d}\rho = 0$$

所以

$$-\frac{\mathrm{d}V}{V} = \frac{\mathrm{d}\rho}{\rho}$$

压缩性系数又可表示为

$$\beta_p = \frac{1}{\rho}\frac{\mathrm{d}\rho}{\mathrm{d}p} \tag{1.11b}$$

体积压缩性系数的倒数称为流体体积弹性系数或体积弹性模数，以 E_V（单位：N/m^2）表示，即

$$E_V = \frac{1}{\beta_p} \tag{1.12}$$

在不太大的压强下，某些常见液体的体积弹性系数平均值如下：

水 $E_V = 1.962 \times 10^9\ N/m^2$

煤油 $E_V = 1.687 \times 10^9\ N/m^2$

柴油 $E_V = 1.570 \times 10^9\ N/m^2$

其他油品 $E_V = 1.324 \times 10^9\ N/m^2$

液体的压缩系数非常小，例如，对于 20 ℃的水，在 1～500 个标准大气压下，β_p 的平均值仅为 $4.32 \times 10^{-10}\ m^2/N$。因此，除在液体中以音速大小传播的波动现象外，在工程流体力学中，液体的压缩性影响可以忽略，认为 ρ 与 p 无关。

(2)膨胀性

在压强不变的情况下，流体的体积随温度的升高而变大的性质称为膨胀性。膨胀性大小用体积膨胀系数 β_T 来表示，β_T 的单位为$\frac{1}{K}$或$\frac{1}{℃}$。它代表增加单位温度时，所发生的体积相对变化量。

$$\beta_T = \frac{\frac{\mathrm{d}V}{V}}{\mathrm{d}T} = \frac{1}{V}\frac{\mathrm{d}V}{\mathrm{d}T} \tag{1.13a}$$

同理，体积膨胀性系数也可表示为

$$\beta_T = -\frac{1}{\rho}\frac{d\rho}{dT} \tag{1.13b}$$

在常压下,水在温度为 10 ~20 ℃时,其体积膨胀系数 $\beta_T = 1.5\times10^{-4}/℃$,即水在温度 10 ~ 20 ℃内,当温度增加 1 ℃时,所引起的密度变化约为 0.015%,这说明常见液体热胀性很小,一般情况下,可认为液体的密度不随温度而变。

1.3　流体的黏性

1.3.1　牛顿内摩擦定律

前已介绍流体平衡时不存在切应力的作用,一旦有微小剪切力的作用,就会发生连续变形。也就是说,在流动的流体内,流体层间必然存在剪切力(内摩擦力)的作用,以阻抗流体微团的变形,流体的这种性质称为黏滞性(黏性)。黏性可定义为:在流动的流体内部抗拒各流层之间作相对运动时产生内摩擦力的性质。

黏度产生的原因主要有:①分子之间的内聚力;②流体与固体壁之间的附着力;③分子之间的动量交换。液体主要是前两个原因,气体主要是最后一个原因。

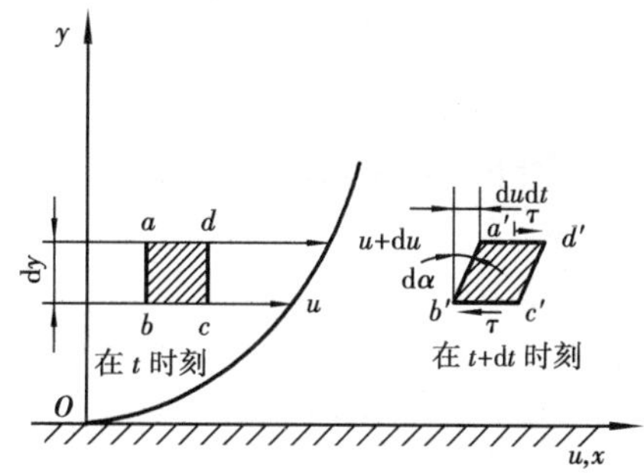

图 1.1　黏性流体流动的剪切变形

黏滞性是流体的一个重要物理性质。图 1.1 表示了一简单流动情况。它是流体作层流流动时沿 y 方向实测得到的速度分布曲线(层流流动见第 6 章 6.2 节)。在壁面上,由于附着力的作用,流体质点黏附于壁面上,速度为零。稍离壁面,流体质点虽发生运动,但由于黏滞性的作用,速度还较小,离开壁面越远,速度越大。这表明各流体层间发生了相对运动,因而在各流体层接触面上产生了摩擦力。运动较快的流体层带动运动较慢的流体层,运动较慢的流体层阻滞运动较快的流体层。在这样的运动中,在 t 时刻呈正长方形 $abcd$ 的流体微元,到 $t+dt$ 时刻,在 x 轴方向变形为 $a'b'c'd'$。流体微元变形是内摩擦力发生作用的结果。

该摩擦力的大小与流体的黏性大小和层间的速度差异程度有关。根据牛顿的总结:两相邻流层之间摩擦力的大小 T 与接触面积 A 成正比,与速度梯度成正比,与流体的黏性有关,与压强无关。其数学表达式为

$$T = \mu A\frac{du}{dy} \tag{1.14}$$

式中,μ 称为动力黏度。它定义为

$$\text{动力黏度} = \frac{\text{切应力}}{\text{速度梯度}} \tag{1.15}$$

在一点的变形率被定义为$\frac{d\alpha}{dt}$,由图 1.1 可得

$$\frac{d\alpha}{dt} \approx \frac{\tan(d\alpha)}{dt} = \frac{\frac{dudt}{dy}}{dt} = \frac{du}{dy} \tag{1.16}$$

式中,$\frac{\mathrm{d}u}{\mathrm{d}y}$称为速度梯度。由式(1.16)可见,切应变率(也称角变形速度)也可理解为速度梯度。

将式(1.15)和式(1.16)合并,并用μ表示动力黏度,τ表示切应力,牛顿内摩擦定律也可写为

$$\tau = \mu \frac{\mathrm{d}u}{\mathrm{d}y} \tag{1.17}$$

上式表明,切应力与速度梯度和流体的黏滞性(黏度)成正比。

1.3.2 流体的黏度

(1)动力黏度

式(1.17)中的μ称为动力黏度,也称为绝对黏度。其单位为$\mathrm{N \cdot s/m^2}$或$\mathrm{Pa \cdot s}$,在物理单位中,μ的单位是达因·秒/厘米^2,称为泊,代号为P。P与Pa·s的关系为

$$1\ \mathrm{P} = 0.1\ \mathrm{Pa \cdot s} \quad 或 \quad 1\ \mathrm{Pa \cdot s} = 10\ \mathrm{P}$$

有时动力黏度P的单位过大,取其1/100称为厘泊,其代号为cP,它们之间的换算关系如下:

$$1\ \mathrm{cP} = 10^{-2}\ \mathrm{P} = 10^{-3}\ \mathrm{Pa \cdot s}$$

(2)运动黏度

在研究流体流动时,常出现动力黏度μ与流体密度ρ之比,为简化起见,用ν表示,即

$$\nu = \frac{\mu}{\rho} \tag{1.18}$$

式中,ν称为运动黏度。μ的单位为$\mathrm{N \cdot s/m^2 = kg/(m \cdot s)}$,$\rho$的单位为$\mathrm{kg/m^3}$,所以$\nu$的单位为$\mathrm{m^2/s}$。物理单位中$\nu$的单位取$\mathrm{cm^2/s}$,称为斯(Stokes),代号为St,其1/100称为厘斯,代号为cSt,即

$$1\ \mathrm{St} = 10^{-4}\ \mathrm{m^2/s}$$

$$1\ \mathrm{cSt} = 10^{-2}\ \mathrm{St} = 10^{-6}\ \mathrm{m^2/s}$$

泊和斯的单位由来已久,至今仍然在石油和机械行业中被广泛采用,读者要熟记其数值和换算关系。

(3)恩氏黏度

恩氏黏度是指200 mL被测液体在给定温度下从恩氏黏度计泄尽所需时间t_1与同体积、20 ℃的蒸馏水从该黏度计泄尽所需时间t_2的比值,以°E表示,即

$$°E = \frac{t_1}{t_2} \tag{1.19}$$

恩氏黏度与动力黏度、运动黏度之间的关系可用下列经验公式换算,即

$$\mu = \left(7.31°E - \frac{6.31}{°E}\right) \times 10^{-3} S \tag{1.20}$$

式中,S为流体相对密度。

$$\nu = \left(7.31°E - \frac{6.31}{°E}\right) \times 10^{-6} \tag{1.21}$$

1.3.3 流体的黏温特性

流体的黏温特性对于工程设计和生产管理来说,是必须要考虑的重要问题。由流体黏滞性

的产生原因可知：对于液体，当温度升高时，分子之间的内聚力将减小，其黏性就减小；对于气体，当温度升高时，分子活动加剧，分子碰撞的机会增多，动量交换增大，其黏性反而相应加大。

1）黏温特性的一般模型方程

对于牛顿流体（如图 1.2 所示），黏温特性的一般数学模型方程常用以下三种：

①塔曼—汉斯公式

$$\nu = a e^{b/(t-c)} \tag{1.22}$$

式中，a、b、c 为通过曲线方程模拟而得到的三个参数（见表 1.5）；t 为流体的实际温度，℃。上式也称为三参数指数关系式。

②重对数计算式

$$\lg \lg(\nu + c) = a - b \lg T \tag{1.23}$$

式中，a、b、c 同上，为三个参数；T 为流体的实际温度，K。

上面两式中，ν 为实际运动黏度，一般单位为厘斯（cSt）。

③数值多项式

$$\nu^k = a + bt + ct^2 \tag{1.24}$$

式中，a、b、c 同前；t 为实际温度，℃；k 为温度指数，一般 $k=1$。应用上面三种模型式（1.22）~式（1.24），关键是确定方程的三个未知系数 a、b、c。直接插值法最为简便，但误差较大。最小二乘法一般只适合多项式形式。但需事先确定常数 c，可用直接插值法求得。关于式（1.23）中的 c 值，一些石油类书籍中常数：$c=0.6$。通过大量计算表明，这种将 c 值取为定值的做法并不可取。通过大量计算还发现，重对数式（1.23）易造成数值错误，使得计算结果不正确，而指数式（1.22）既简单实用，精度也很高，因此，推荐使用指数型黏温关系式作为黏温特性的基本方程。

在式（1.22）中，令：$Y=\ln \nu$，$A_1=\ln a$，$A_2=b$，$X=1/(t-c)$，则式（1.22）即可化为线性回归方程式。其中，c 可以用三个实验数据直接插值得到。

2）常见液体和石油产品的黏温特性

表 1.5 给出了部分流体指数型黏温特性方程的三个计算参数。其中运动黏度 ν 的单位为 cSt 。

表 1.5　部分流体指数型黏温特性方程的 a、b、c 值

油品名称	a	b	c	最大相对误差/%
95/130 号航空汽油	0.137 032 1	276.646 8	−162.372 1	1.96
100/130 号航空汽油	0.240 001 8	134.119 2	−116.583 7	1.7
0 号柴油	0.102 291	554.575 9	−127.249 8	0.274
10 号柴油	$8.617\ 17\times10^{-2}$	606.218 9	−133.404 3	0.577
35 号柴油	0.056 734 3	726.258 3	−147.027 4	1.41
水	$4.326\ 696\times10^{-2}$	405.043 8	−108.872 5	0.15
8 号稠化机油	$4.850\ 709\times10^{-2}$	1 092.029	−127.037	2.02
8 号航空润滑油	$5.279\ 493\times10^{-2}$	787.766 5	−105.755 5	0.864
14 号航空润滑油	$6.395\ 639\times10^{-2}$	1 180.24	−114.322	1.796
严寒区双曲线齿轮油	$1.605\ 013\times10^{-2}$	1 382.847	−125.285 9	2.367

1.3.4 牛顿流体与非牛顿流体

牛顿内摩擦定律并非是所有流体都满足的关系式。根据切应力与速度梯度的关系，可将流体分为牛顿流体和非牛顿流体。凡遵循牛顿内摩擦定律的流体，称为牛顿流体。这类流体如水、酒精、苯及各种黏度不太大的石油产品等，τ 与 $\frac{\mathrm{d}u}{\mathrm{d}y}$的关系是线性的，如图 1.2 中的 A。相反，凡与牛顿内摩擦定律有偏离的流体称为非牛顿流体。非牛顿流体种类很多，如泥浆、血浆、纸浆等。

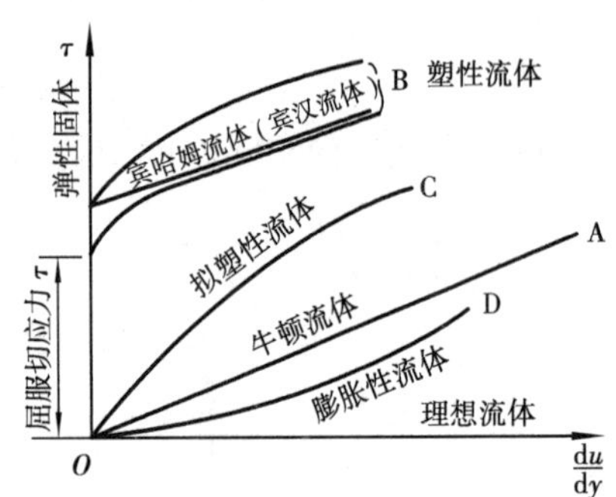

图 1.2 牛顿流体与非牛顿流体的 τ 与$\frac{\mathrm{d}u}{\mathrm{d}y}$的关系

例 1.1 某润滑油的动力黏度 $\mu=12$ P，油的相对密度 $S=0.92$，试求以 SI 制表示的运动黏度值。

解 1 P=0.1 Pa·s

$\mu=12\ \mathrm{P}=12\times0.1\ \mathrm{Pa\cdot s}=1.2\ \mathrm{Pa\cdot s}$

$\rho=\rho_{水}\cdot S=1\ 000\times0.92\ \mathrm{kg/m^3}=920\ \mathrm{kg/m^3}$

$\nu=\frac{\mu}{\rho}=\frac{1.2}{920}\ \mathrm{m^2/s}=1.304\times10^{-3}\ \mathrm{m^2/s}=1\ 304\ \mathrm{cSt}$

例 1.2 如图 1.3 所示的一轴承，其长度 $L=0.5$ m，轴的直径 $d=150$ mm，转速 $n=400$ r/min，轴与轴承的间隙 $\delta=0.25$ mm，其间润滑油的动力黏度 $\mu=0.49$ P，求轴转动时所需的功率。

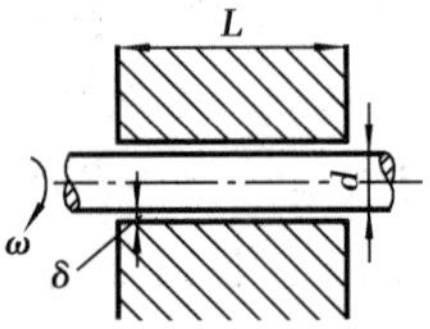

图 1.3 例 1.2 图

解 轴转动时产生的摩擦力的大小为

$$T=\mu A\frac{\mathrm{d}u}{\mathrm{d}y}$$

$$u=\pi\times0.15\times\frac{400}{60}\ \mathrm{m/s}=3.14\ \mathrm{m/s}$$

$$\frac{\mathrm{d}u}{\mathrm{d}y}\approx\frac{\Delta u}{\Delta y}=\frac{3.14}{0.000\ 25}\ \mathrm{s^{-1}}=12\ 560\ \mathrm{s^{-1}}$$

$$A=\pi\times0.15\times0.5\ \mathrm{m^2}=0.236\ \mathrm{m^2}$$

$$T=0.049\times0.236\times12\ 560\ \mathrm{N}=145.2\ \mathrm{N}$$

轴转动时所需功率 N 为

$$N=T\cdot u=145.2\times3.14\ \mathrm{W}=455.9\ \mathrm{W}$$

1.4 流体的表面张力与毛细现象

由于液体的分子引力极小，一般来说，它只能承受压力，不能承受张力。但是，在液体与大气相接触的自由表面上，由于气体分子的内聚力和液体分子的内聚力有显著差别，使自由表面上液体分子有向液体内部收缩的倾向，这时沿自由表面必定有拉紧的作用力，使自由表面处于拉伸状态。单位长度上这种拉力便定义为表面张力，以表面张力系数 σ 来表示。

表面张力除产生在液体和气体相接触的自由表面外，在液体与固体相接触的表面上，也会产生附着力。因表面张力系数 σ 值不大，在工程上一般可以忽略不计。但是，在毛细管中，这种张力可以引起显著的液面上升和下降现象，即所谓毛细管现象。因此，在用某些玻璃管制成的水力仪表中，必须注意到表面张力的影响。如图 1.4 所示，当玻璃管插入水（或其他能够润湿管壁的液体）中时，由于水的内聚力小于水同玻璃间的附着力，水将湿润玻璃管的内外壁面，在内壁面由于管径小，水的表面张力使水面向上弯曲并升高。当玻璃管插入水银（或其他不湿润管壁的液体）中时，由于水银的内聚力大于水银同玻璃间的附着力，水银不能湿润玻璃，水银面向下弯曲，表面张力将使玻璃管内的液柱下降。

现以水为例推导毛细管中液面升高的数值。如图 1.5 所示，表面张力拉液柱向上，直到表面张力在垂直方向上的分力与所升高液柱的重力相等时，液柱就达到平衡。如果 D 为管径，θ 为液体与玻璃的接触角，γ 为液体重度，h 为液柱上升高度，则管壁圆周上总表面张力在垂直方向的分力为

$$\pi D\sigma\cos\theta$$

其方向向上。

上升液柱质量为

$$\gamma\frac{\pi}{4}D^2h$$

其方向向下。

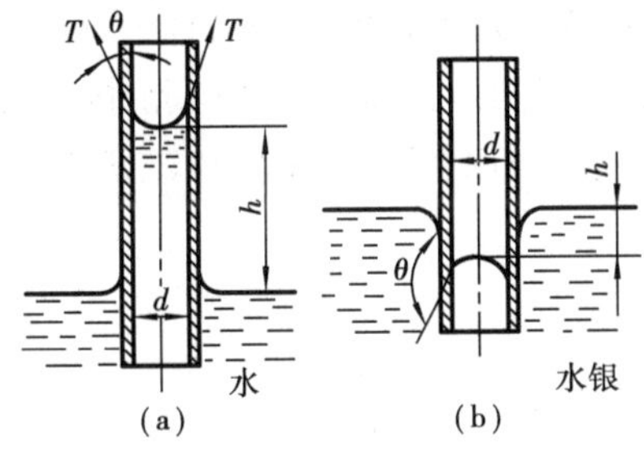

图 1.4　毛细管现象

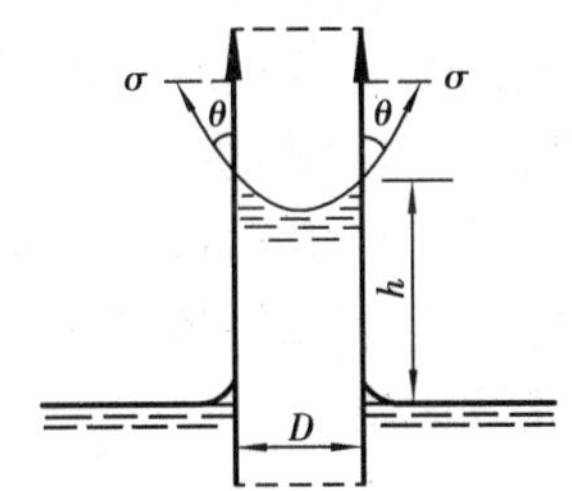

图 1.5　毛细管升高

由以上两式可得

$$\pi D\sigma\cos\theta=\gamma\frac{\pi}{4}D^2h$$

所以

$$h=\frac{4\sigma\cos\theta}{\gamma D} \tag{1.25}$$

可见，液体上升高度与管子直径成反比，并与液体种类及管子材料有关。在 20 ℃时，水与玻璃的接触角 θ 为 8°～9°，水银与玻璃接触角 $\theta=139°$，考虑水与水银的 σ 及 γ 值后，即可得出 20 ℃时水在玻璃毛细管中上升高度为 $h=\frac{29.8}{D}$ mm，水银在玻璃毛细管中下降的高度为 $h=\frac{10.15}{D}$ mm，式中 D 的单位为 mm。

1.5 流体的热力学性质

1.5.1 比热、内能、焓

与液体不同,气体容易被压缩,当气体的体积变化时,在一般情况下,它的压强和温度也发生变化。对于理想气体,这种关系可用下式表示,即

$$p\nu = RT \tag{1.26}$$

即气体状态方程,式中 p 是绝对压强;ν 是比容;T 是绝对温度;R 是气体常数,其单位为m · N/(kg · K)或J/(kg · K)。对于空气,R=287.1 J/(kg · K)。其他气体,R 由下式计算,即

$$R = \frac{8\ 314}{M} \tag{1.27}$$

式中,M 为气体的分子量。式(1.26)称为理想气体状态方程。

对于压强低于临界压强而温度又高于临界温度的真实气体趋向于服从理想气体状态方程,随着压强增加,其偏差增大。本书后面所述的各种热力关系和可压缩流体的流动,一般都只限于理想气体。这里所说的理想气体与理想流体的定义不同,理想气体是指服从状态方程(1.26)并具有定比热的一种物质,而理想流体是指无黏性和不可压缩的流体。理想气体具有黏性,因而可产生切应力,且可压缩。

比热分为定容比热和定压比热两种。

(1)**定容比热**

一般定容比热 c_v 定义为

$$c_v = \left(\frac{\partial u}{\partial T}\right)_v \tag{1.28}$$

式中,u 是单位质量的内能。c_v 是当流体体积不变时,单位质量的气体温度升高 1 ℃所需要增加内能总值。理想气体的内能 u 仅是温度的函数,故式(1.28)可写为

$$\mathrm{d}u = c_v \mathrm{d}T \tag{1.29}$$

(2)**定压比热**

定压比热 c_p 定义为

$$c_p = \left(\frac{\partial h}{\partial T}\right)_v \tag{1.30}$$

式中,h 是单位质量的焓。由热力学可知:

$$h = u + \frac{p}{\rho} \tag{1.31}$$

对于理想气体,由于 $p/\rho=RT$,而内能 u 仅是温度的函数,所以 h 也仅是温度的函数,故式(1.30)可写为

$$\mathrm{d}h = c_p \mathrm{d}T \tag{1.32}$$

因式(1.31)可写为

$$h = u + \frac{p}{\rho} = u + RT$$

微分得

$$dh = du + RdT$$

将式(1.29)及式(1.32)代入上式得

$$c_p = c_v + R \tag{1.33}$$

由式(1.33)可知，c_p、c_v 具有与 R 相同的单位。

在研究气体流动时，会遇到绝热指数 k，定义为

$$k = \frac{c_p}{c_v} \tag{1.34}$$

利用式(1.33)，解得

$$c_p = \frac{k}{k-1}R$$

$$c_v = \frac{1}{k-1}R \tag{1.35}$$

1.5.2　蒸汽压强

所有的液体都会发生蒸发或汽化现象，这是由于液体分子克服液体表面张力而逸入液面上方空间。如果空间是有限的（密闭的），则在空间内就会产生分压强，称为蒸汽压强。当时间足够长时，逸出液面的分子的速率与返回液面并凝结成液体的分子的速率相等，此时的蒸汽压强称为饱和蒸汽压强或汽化压强。

分子的活动性随着温度的升高而增加，因而饱和蒸汽压强随温度升高而增大。在任何温度下液面上的压强可以大于饱和蒸汽压强，但不可能小于它。因为稍微小于此值时就会诱导液体快速蒸发（即沸腾）。因此，饱和蒸汽压强也可称为给定温度下的沸腾压强。饱和蒸汽压强用 p_V 表示。图1.6所示为几种石油产品及水的饱和蒸汽压强与温度的关系曲线。

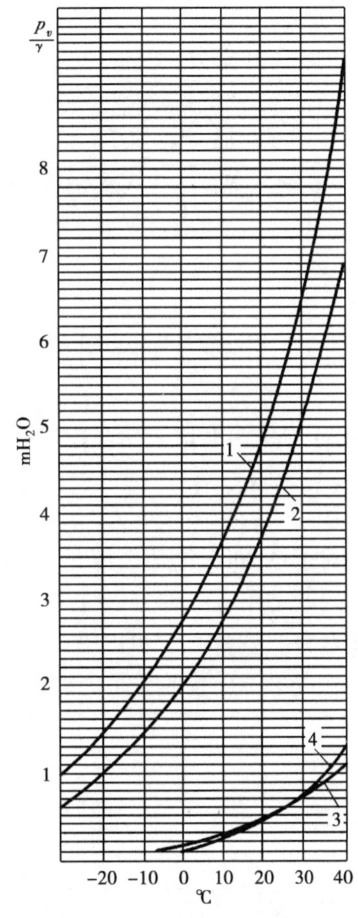

图1.6　几种石油产品和水的汽化压强与温度的关系曲线
1—车用汽油；2—航空汽油；3—航空煤油；4—水

在工程中，液体在一定温度和压强下能汽化的这种性质十分有用。如汽化器、喷雾器、发动机的燃烧室等，需要液体汽化进行得均匀充分，因而应创造条件促进汽化。但是，在液体流动的各种系统中，某些部位可能会出现很低的压强，当它等于该温度下的饱和蒸汽压强时，就发生汽化现象，这对流动系统及设备是十分有害的。例如，在液体机械的入口处、液压传动的小孔节流处、管式流量计的喉部等可能发生这种现象，这种现象称为汽穴或空穴。汽穴的产生，轻则阻塞流道，降低液

体机械(如泵、水轮机)的运行性能,重则产生更为有害的汽蚀现象,造成震动、噪声,甚至使机件产生机械性或化学性的损坏。因此,汽穴现象是管道系统、泵、水轮机、船舶和液压传动中必须设法避免和消除的有害现象。

1.6 作用在流体上的力

力是使物体的运动状态发生变化的原因,因此,在研究流体的平衡及运动规律时,必须正确分析作用在流体上的力。按力的性质可分为两类:一类是质量力,另一类表面力。

1.6.1 质量力

质量力是作用在流体每个质点上与质量成正比的力。这种力是一种没有物理接触的作用力(如重力、各种惯性力)。在均质流体中,质量力也必然与受作用的流体体积成正比,故称体积力。

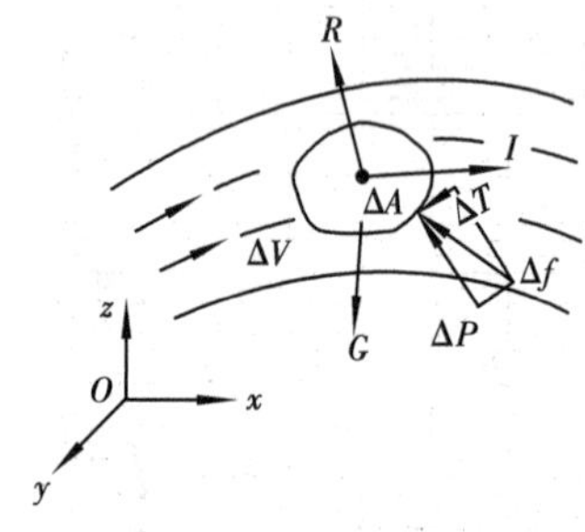

图 1.7 作用在流体上的力

设在密度为 ρ 的运动流体中分出某一被任意表面包围的流体微团的体积 ΔV 的分离体,如图 1.7 所示。该体积流体的质量 $\Delta m=\rho\Delta V$,则作用在该体积的质量力有:直线惯性力、离心惯性力和重力。

(1)**直线惯性力**

$$I = \Delta m \cdot a \tag{1.36}$$

式中,a 为直线加速度。

(2)**离心惯性力**

$$R = \Delta m \cdot r\omega^2 \tag{1.37}$$

式中,ω 为角速度;r 为质点距回转轴的距离。

(3)**重力**

$$G = \Delta m \cdot g \tag{1.38}$$

对于重力,无论什么情况,流体都受它的作用。而惯性力中,哪一个须加考虑,要看所研究的问题是用哪一种方法解决来定。各种惯性力与重力的合力 F 便是作用在该流体质点上的质量力。质量力 F 可以沿 x、y、z 轴分解为三个轴向分量,以 F_x、F_y 及 F_z 表示。通常将质量力表示成单位质量的质量力,其三个轴向分量用 X、Y 和 Z 表示。

$$\begin{cases} X = \dfrac{F_x}{M} \\ Y = \dfrac{F_y}{M} \\ Z = \dfrac{F_z}{M} \end{cases} \tag{1.39}$$

单位质量力及其分量 X、Y、Z 的单位可从牛顿第二定律 $F=ma$ 看出,它们均具有加速度的量纲——LT^{-2}。如果作用在流体上的质量力只有重力,则三个分量分别为

$$\begin{cases} X = 0 \\ Y = 0 \\ Z = -g \end{cases}$$

式中的负号是表示重力方向与所取 Z 轴的方向相反。

1.6.2 表面力

表面力是作用在流体体积表面上，大小与面积成正比的力。这种力需要有物理接触，才能进行力的传递。属于这类力的有：流体间的摩擦力和压力，以及固体表面对流体的压力。设 Δf 为作用于微小平面 ΔA 上的表面力。一般情况下，该力的方向与微小平面 ΔA 的法线方向成一夹角 α。可将此力分解为与表面垂直的法向分力 ΔP 和与表面相切的切向分力 ΔT，因为流体内部不能承受拉力，所以法向分力 ΔP 只能是压力，因此

$$\begin{cases} \overline{p} = \dfrac{\Delta P}{\Delta A} \\ \overline{\tau} = \dfrac{\Delta T}{\Delta A} \end{cases} \tag{1.40}$$

式中，$\overline{p}$ 称为面积上平均压应力，简称平均压强；$\overline{\tau}$ 称为面积 ΔA 上的平均切应力。如果面积 ΔA 无限缩小趋近于零，则

$$\begin{cases} p = \lim \dfrac{\Delta P}{\Delta A} \\ \tau = \lim \dfrac{\Delta T}{\Delta A} \end{cases} \tag{1.41}$$

p 及 τ 称为点上的压强及切应力。从以上分析可知，流体受质量力和表面力两类力的作用，在一般运动中，这些力都是存在着的。但在一些特例中，可能只存在其中的某几个。正确分析作用在流体上的力，是研究流体平衡和运动规律的基础。

习　题

1.1　重度和密度有何区别及联系？

1.2　有一长 L=40 cm、直径 d=150 mm 的密闭油缸，其中充满体积膨胀系数 $\beta_t=6.5\times10^{-4}$ 1/℃的油，密闭容器一端的活塞可以移动，若活塞上的外负载不变，油温从-20 ℃升到 20 ℃，求活塞能移动的距离。

1.3　直径 d=400 mm、长 L=2 000 m 的输水管作水压试验，管内水的压强达 7.35×10^6 Pa，经 1 h 后压强降至 6.86×10^6 Pa，不计水管变形，求引起压降所流出的水量。水的体积压缩系数 $\beta_p=5.097\times10^{-10}$ m^2/N。

1.4　采暖系统在顶部设置一个膨胀水箱，系统内的水在温度升高时可自由膨胀进入水箱。若系统内水的总体积为 8 m^3，温度最大升高 50 ℃，水的体积膨胀系数 β_t=0.000 151/℃，则膨胀水箱最少应有多大的容积？

1.5　20 ℃时水的重度 $\gamma=9.789\times10^3$ N/m^3，$\mu=1.005\times10^{-3}$(N·s)/m^2，求其运动黏度 ν。

1.6　空气的重度 $\gamma=11.5\ \mathrm{N/m^3}$，运动黏度 $\nu=0.157\ \mathrm{cm^2/s}$，求它的动力黏度 μ(P)。

1.7　如题图 1.1 所示，近似地求润滑油的动力黏度 μ 及运动黏度 ν。已知平板面积 $A=30\ \mathrm{cm}\times 30\ \mathrm{cm}$，质量为 11.3 kg，平板以等速 $v=0.183\ \mathrm{m/s}$ 下滑，$\delta=1.2\ \mathrm{mm}$，$\rho=900\ \mathrm{kg/m^3}$。

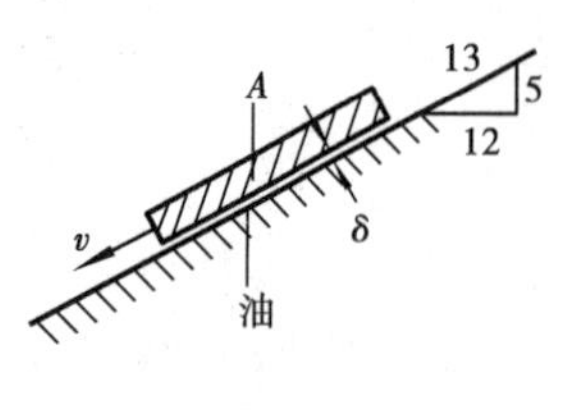

题图 1.1

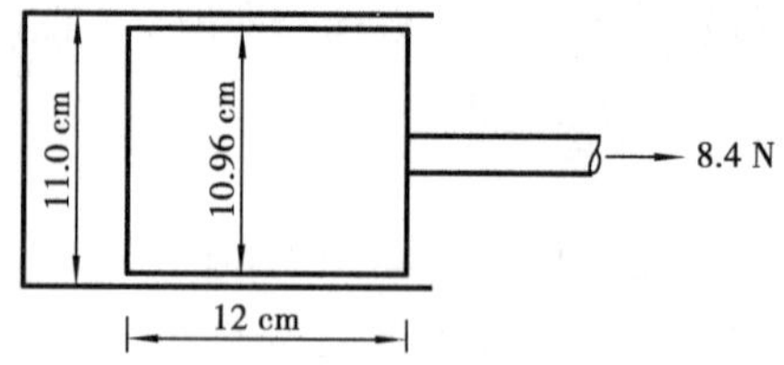

题图 1.2

1.8　已知某黏油的动力黏度 $\mu=50\ \mathrm{cP}$，其重度 $\gamma=8\ 534\ \mathrm{N/m^3}$，试换算成运动黏度为若干厘斯(cSt)。

1.9　有一活塞直径为 10.96 cm，长为 12 cm，在直径为 11 cm 的活塞筒内作往复运动，如题图 1.2 所示。活塞与筒之间充以润滑油($\rho=900\ \mathrm{kg/m^3}$)，如在活塞柄上施以 8.4 N 的力，则活塞运动的速度为 0.45 m/s，求润滑油的黏度 μ 值(泊)。

1.10　两个同心圆筒套在一起，其长为 300 mm，内筒直径为 200 mm，外筒直径为 210 mm，两筒间充满有相对密度为 0.9 和运动黏度 $\nu=0.260\times 10^{-3}\ \mathrm{m^2/s}$ 的液体，现内筒以角速度 $\omega=10\ \mathrm{rad/s}$ 的速度转动，求转动时所需要的转矩。

1.11　有一黏性系数 $\mu=0.048\ \mathrm{Pa\cdot s}$ 的流体通过两平行平板的间隙，间隙宽 $\delta=4\ \mathrm{mm}$，流体在间隙内的速度分布为 $u=\dfrac{Cy(\delta-y)}{\delta^2}$，其中 C 为常数，y 为垂直于平板的方向，设最大流速 $u_{\max}=4\ \mathrm{m/s}$，试求最大流速在间隙的位置和平板壁面上的切应力。

1.12　如题图 1.3 所示的上下两平行圆盘，直径均为 d，两盘间间隙厚度为 δ，间隙中液体的动力黏度为 μ，若下盘固定不动，上盘以角速度 ω 旋转，求所需力矩 M 的表达式。

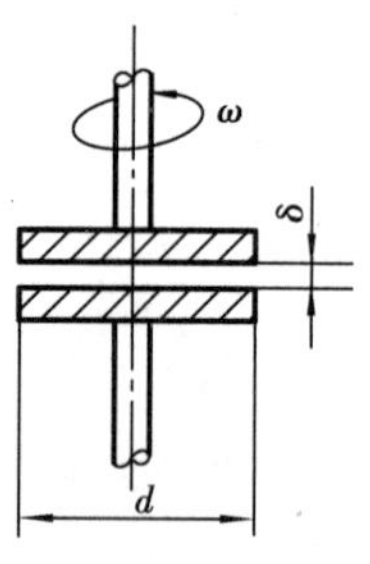

题图 1.3

第 2 章 流体静力学

流体静力学是研究流体在静止状态下的平衡规律及其应用的科学。平时,人们所遇到的流体静止状态乃是在地球表面上的静止,尽管地球本身在运动,但是在正常的精度范围内,对一个相对于地球固定不动的坐标系而言,其绝对加速度是可以忽略不计的,这样的坐标系称为惯性坐标系。另一方面,如果流体相对于坐标系是固定的,而坐标系本身却有很大的绝对加速度,那么就称这样的坐标系为非惯性坐标系。例如,铁路油罐车里的液体在油罐车以某一加速度作直线运动或绕某一段弯曲轨道行驶时,液体与油罐车的情况,就是这种非惯性坐标系的例子。习惯上,将相对于惯性坐标系的静止称为绝对静止,而相对于非惯性坐标系的静止称为相对静止。如图 2.1 所示装在固定于地球表面上的油罐中液体是绝对静止的平衡情况,而图 2.2 中液体整体随同油罐车相对于地球以等加速度 a 运动,但液体内质点间无相对运动,相对地也达到了平衡,就是相对静止的情况。可见,一切平衡都是相对于坐标系的相对平衡,流体静力学研究的是流体质点相对于参考坐标系没有运动的情况。

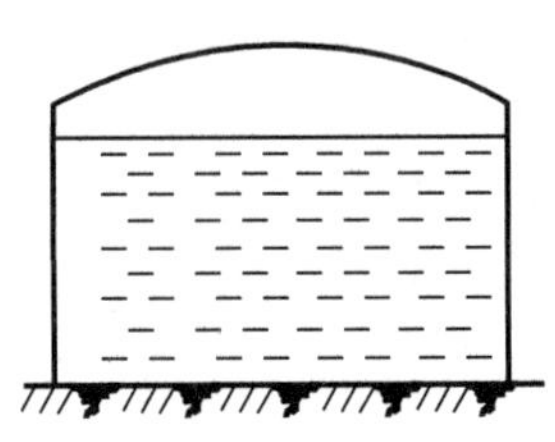

图 2.1　绝对静止

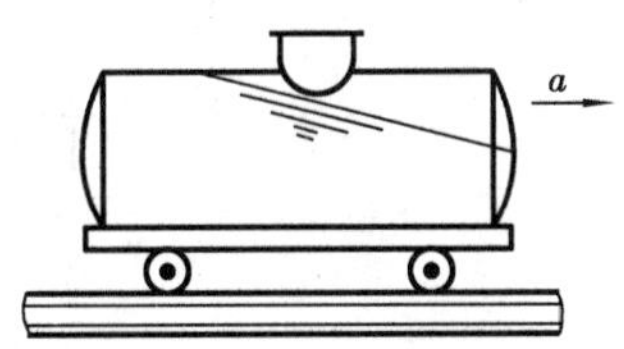

图 2.2　相对静止

由于流体处在静止状态时,流体质点之间以及质点与壁面之间的作用是通过压力形式来表现的,所以本章研究的基本问题是根据平衡条件来研究静止状态下流体压力的分布规律,进而确定静止流体作用在各种表面上总压力的大小、方向和作用点。因此,流体静力学对工程实践有重要意义,也为流体动力学打下必要的基础。

2.1 流体静压强及其性质

根据流体定义,静止流体内不存在切应力,因而表面力只有垂直于作用面的压力。作用于流体单位面积上的压力称为压强。在平衡的流体微团表面取一微元面 ΔA,设作用在 ΔA 上的压力为 ΔP,则 $\bar{p}=\dfrac{\Delta P}{\Delta A}$称为 ΔA 面上的平均压强,当 ΔA 缩小为一点时,有

$$p=\lim_{\Delta A\to 0}\left(\frac{\Delta P}{\Delta A}\right)=\frac{\mathrm{d}P}{\mathrm{d}A}$$

称为点上的流体静压强。流体静压强有两个重要特性:一是流体静压强的方向与作用面的方位有关,它始终沿着作用面的内法线方向,读者可自行加以证明;二是压强的大小与作用面的方位无关,静止流体内任一点上的压强沿各方向相等。为了证明这一性质,在绝对静止流体内的任一点(x,y)取出一单位宽度的微小楔形分离体,如图 2.3 所示,因为该分离体没有切力的作用,只有重力和垂直于各表面上的压力,所以沿 x 和 z 向的平衡方程为

$$\begin{cases}\sum F_x=p_x\delta z-p_s\delta s\sin\theta=0\\ \sum F_z=p_z\delta x-p_s\delta s\cos\theta-\gamma\dfrac{\delta x\delta z}{2}=0\end{cases}$$

式中,p_x、p_z 及 p_s 分别是三个面上的平均压强,γ 是流体的重度,ρ 是密度。

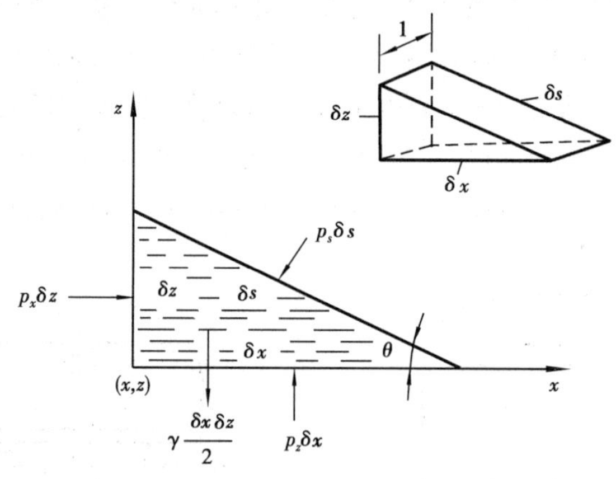

图 2.3　静压强特性

根据几何关系:

$$\begin{cases}\delta s\cdot\sin\theta=\delta z\\ \delta s\cdot\cos\theta=\delta x\end{cases}$$

上述方程组简化为

$$\begin{cases}p_x\delta z-p_s\delta z=0\\ p_z\delta x-p_s\delta x-\gamma\dfrac{\delta x\delta z}{2}=0\end{cases}$$

忽略高阶无穷小量$\dfrac{\delta x\delta z}{2}$可得

$$p_x = p_z = p_s$$

因为 θ 是任意角，所以上式就证明了在静止流体内任一点上的静压强各方向相同。对于由三个坐标面和一个任意斜面构成的微小四面体的三维情况，利用平衡方程，同样可证明。

$$p_x = p_y = p_z = p_s$$

不难证明，在还有其他惯性力作用的相对静止流体内，也可得到同样的结果。

虽然同一点上的静压强沿各方向相等，但是不同的点一般说来其大小不同。由于流体可看作连续介质，所以流体静压强应是空间坐标的连续函数，即

$$p = p(x, y, z) \tag{2.1}$$

2.2　流体静力学基本方程

2.2.1　流体平衡微分方程及其积分

为不失一般性，下面研究相对平衡流体的平衡微分方程。

如图 2.4 所示，在相对平衡流体中任取一个边长为 δx、δy 及 δz 的微小六面体。该六面体受表面力及质量力的作用而处于平衡状态。设六面体中心点 $A(x,y,z)$ 的压强为 p，因为压强在平衡流体中是空间坐标的连续函数，即 $p=p(x,y,z)$，按照多元连续函数的泰勒级数展开式，略去二阶以上的微量后，便得到微小六面体各侧面上的压强，从而可计算得各侧面的表面力。

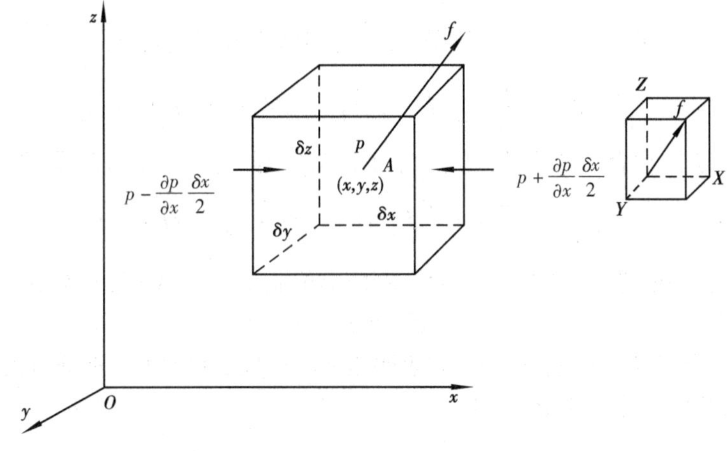

图 2.4　平衡微小六面体

以与 x 轴正交的左右两个侧面为例：

左侧面
$$p-\frac{\partial p}{\partial x}\frac{\delta x}{2}$$

右侧面
$$p+\frac{\partial p}{\partial x}\frac{\delta x}{2}$$

则 x 向的表面力合力为

$$\delta P_x = \left(p - \frac{\partial p}{\partial x}\frac{\delta x}{2}\right)\delta y\delta z - \left(p + \frac{\partial p}{\partial x}\frac{\delta x}{2}\right)\delta y\delta z$$

$$= -\frac{\partial p}{\partial x}\delta x\delta y\delta z$$

同理可得出 y、z 向的表面力的合力，即

$$\delta P_y = -\frac{\partial p}{\partial y}\delta x\delta y\delta z$$

$$\delta P_z = -\frac{\partial p}{\partial z}\delta x\delta y\delta z$$

除了表面力外，该微小六面体还受质量力的作用。设单位质量力 f 为空间任意方向，它在各轴向的分量为 X、Y、Z，故 x 向的质量力为 $X\rho\delta x\delta y\delta z$，$y$ 向为 $Y\rho\delta x\delta y\delta z$，$z$ 向为 $Z\rho\delta x\delta y\delta z$。

由此可得各轴向的合力分别为

x 向 $$\delta F_x = -\frac{\partial p}{\partial x}\delta x\delta y\delta z + X\rho\,\delta x\delta y\delta z$$

y 向 $$\delta F_y = -\frac{\partial p}{\partial y}\delta x\delta y\delta z + Y\rho\,\delta x\delta y\delta z$$

z 向 $$\delta F_z = -\frac{\partial p}{\partial z}\delta x\delta y\delta z + Z\rho\,\delta x\delta y\delta z$$

作用在该微小六面体上的合力矢量用下式表示，即

$$\delta F = \delta F_x \boldsymbol{i} + \delta F_y \boldsymbol{j} + \delta F_z \boldsymbol{k}$$

$$= -\left(\frac{\partial p}{\partial x}\boldsymbol{i} + \frac{\partial p}{\partial y}\boldsymbol{j} + \frac{\partial p}{\partial z}\boldsymbol{k}\right)\delta x\delta y\delta z + (X\boldsymbol{i} + Y\boldsymbol{j} + Z\boldsymbol{k})\rho\delta x\delta y\delta z$$

用该微元体的体积 $\delta x\delta y\delta z = \delta v$ 除上式后，便得到精确的表达式，即

$$\frac{\delta F}{\delta V} = -\left(\frac{\partial}{\partial x}\boldsymbol{i} + \frac{\partial}{\partial y}\boldsymbol{j} + \frac{\partial}{\partial z}\boldsymbol{k}\right)p + \rho(X\boldsymbol{i} + Y\boldsymbol{j} + Z\boldsymbol{k})$$

这就是一点上单位体积合力的表达式。对于平衡流体，此合力必定等于零，即

$$-\left(\frac{\partial}{\partial x}\boldsymbol{i} + \frac{\partial}{\partial y}\boldsymbol{j} + \frac{\partial}{\partial z}\boldsymbol{k}\right)p + \rho(X\boldsymbol{i} + Y\boldsymbol{j} + Z\boldsymbol{k}) = 0 \tag{2.2}$$

式中，第一项括号内的量是梯度∇，第二括号内是单位质量力 $\boldsymbol{f} = X\boldsymbol{i} + Y\boldsymbol{j} + Z\boldsymbol{k}$，则式(2.2)可写为

$$\rho\boldsymbol{f} - \nabla p = 0 \tag{2.3}$$

式(2.3)是流体静力学的基本公式，它表明压强的最大变化率发生在质量力矢量的方向上。

式(2.3)也可写成分量的形式，即

$$\begin{cases} X - \dfrac{1}{\rho}\dfrac{\partial p}{\partial x} = 0 \\ Y - \dfrac{1}{\rho}\dfrac{\partial p}{\partial y} = 0 \\ Z - \dfrac{1}{\rho}\dfrac{\partial p}{\partial z} = 0 \end{cases} \tag{2.4}$$

此式为流体平衡微分方程式。它由欧拉在 1755 年最先导出，故称欧拉平衡方程式。它说明在平衡流体中作用于单位体积上同一轴向的质量力分量（ρX、ρY、ρZ）与表面力分量$\left(\frac{\partial p}{\partial x}、\frac{\partial p}{\partial y}、\frac{\partial p}{\partial z}\right)$相等。表明压强沿某轴向的变化率等于该轴向单位体积上的质量力分量。因

此，如果平衡流体中某方向无质量力的分量，则该方向就没有压强的变化。

式(2.4)还可以写成另一种表达式，将各式依次乘以 $\mathrm{d}x$、$\mathrm{d}y$、$\mathrm{d}z$，然后相加经移项得

$$\frac{\partial p}{\partial x}\mathrm{d}x + \frac{\partial p}{\partial y}\mathrm{d}y + \frac{\partial p}{\partial z}\mathrm{d}z = \rho(X\mathrm{d}x + Y\mathrm{d}y + Z\mathrm{d}z)$$

因为 $p=p(x,y,z)$，所以上式等号左边为静压强 p 的全微分 $\mathrm{d}p$，则平衡方程又可表示为

$$\mathrm{d}p = \rho(X\mathrm{d}x + Y\mathrm{d}y + Z\mathrm{d}z) \tag{2.5}$$

流体密度 ρ 是个常数，因而从数学角度来分析，式(2.5)右边括号内三项总和必然是某一函数 $W(x,y,z)$ 的全微分，即

$$\mathrm{d}W = X\mathrm{d}x + Y\mathrm{d}y + Z\mathrm{d}z \tag{2.6}$$

而

$$\mathrm{d}W = \frac{\partial W}{\partial x}\mathrm{d}x + \frac{\partial W}{\partial y}\mathrm{d}y + \frac{\partial W}{\partial z}\mathrm{d}z$$

由此得

$$\begin{cases} X = \dfrac{\partial W}{\partial x} \\ Y = \dfrac{\partial W}{\partial y} \\ Z = \dfrac{\partial W}{\partial z} \end{cases} \tag{2.7}$$

满足式(2.7)的函数 $W(x,y,z)$ 称为力函数(势函数)，具有这样力函数的质量力称为有势力。由此可得到结论：流体只有在有势的质量力的作用下才能保持平衡。

将质量力用势函数表示，则平衡方程又可表示为

$$\mathrm{d}p = \rho\mathrm{d}W \tag{2.8}$$

积分得 $p=\rho W+C$，C 为积分常数。若已知液体内部或表面某点处的力函数 W_0 和压强 p_0，则有

$$p = p_0 + \rho(W - W_0) \tag{2.9}$$

这就是不可压缩流体平衡微分方程积分后静止流体内任一点压强 p 的普遍表达式。

2.2.2　等压面

在同一种连续的静止流体中，压强相等的点所组成的面称为等压面。等压面可以用 $p=p(x,y,z)$ 等于常数来表示。不同的等压面，其常数值不同。在实际问题中，常需确定等压面的位置、形状和方程式。

由式(2.5)可以得出等压面的方程式为

$$X\mathrm{d}x + Y\mathrm{d}y + Z\mathrm{d}z = 0 \tag{2.10}$$

在等压面上，$\mathrm{d}p=0$，由式(2.8)可得 $\mathrm{d}W=0$，即 $W=$常数，这就是说，在不可压缩的流体中，等压面也是等势面。式(2.10)的左边可表示为 $\boldsymbol{f}\cdot\mathrm{d}\boldsymbol{l}$，即单位质量力 $\boldsymbol{f}$ 沿某一方向 $\mathrm{d}\boldsymbol{l}$ 所做的功。质量力本身不是零，必然有 $\boldsymbol{f}$ 垂直于 $\mathrm{d}\boldsymbol{l}$，因而可以得到等压面的一个重要性质：等压面与质量力的方向相互垂直，如图2.5所示。

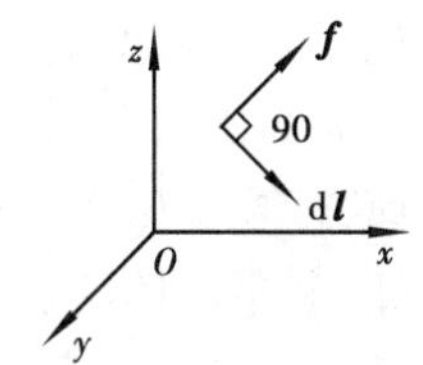

图2.5　等压面与质量力方向的关系

2.3 重力作用下流体静压强的基本计算公式

工程中常遇到的流体平衡问题是流体相对地球没有相对运动的静止状态,此时作用在流体上的质量力只有重力,即

$$\begin{cases} X = 0 \\ Y = 0 \\ Z = -g \end{cases}$$

则流体平衡微分方程式(2.8)可以写为

$$dp = \rho dW = -\rho g dz \tag{2.11}$$

2.3.1 不可压缩流体的静压强基本公式

对于连续、均质的不可压缩流体,其密度为常数,式(2.11)可写为

$$d\left(z + \frac{p}{\gamma}\right) = 0$$

在流体连续区域内积分,可得

$$z + \frac{p}{\gamma} = C \tag{2.12}$$

这就是连续、均质不可压缩流体中静压强基本公式,积分常数 C 可由边界条件确定。如图2.6所示,若已知液面上的铅直坐标为 z_0,压强为 p_0,则 $C=z_0+\frac{p_0}{\gamma}$,则式(2.12)写为

$$z + \frac{p}{\gamma} = z_0 + \frac{p_0}{\gamma}$$

移项得

$$p = p_0 + \gamma(z_0 - z)$$

由图中关系得 $z_0-z=h$,所以上式可表达为十分直观的压强分布规律公式,即

$$p = p_0 + \gamma h \tag{2.13}$$

式中,h 是液体中任意点在自由液面下的深度,简称深度。由式(2.13)看出:

①在静止液体中,任一点的压强 p 由两部分组成:一部分为表面压强 p_0;另一部分是从该点到表面(或自由表面)单位面积上的液柱重 γh。

②表面压强 p_0 等值地传递到液体内各点。

③位于同一深度的各点具有相同的压强值。也就是说,质量力只有重力作用下的平衡液体内等压面为水平平面,证明了等压面与质量力方向垂直。因此,在静止的液体中,只要作一水平平面,就是等压面。但要注意这个结论必须具备两个前提:一是质量力只有重力作用的静止液体;二是液体区域必须是由同一种均质液体连通起来。如果是连通但非均质的液体,或者均质的液体之间隔有气体或另一种液体,则其中同一水平平面就不再是等压面。如图2.7所示,Ⅰ—Ⅰ是一水平平面,但容器中点1与细管中点1′不是同一种液体,点1上的压强不等于点1′上的压强。相对于容器和细管中液体而言,Ⅰ—Ⅰ不是等压面。而水平平面

Ⅱ—Ⅱ及Ⅲ—Ⅲ则为等压面，因为都通过同一种液体中。此时，$p_2=p_2'$，$p_3=p_3'$。

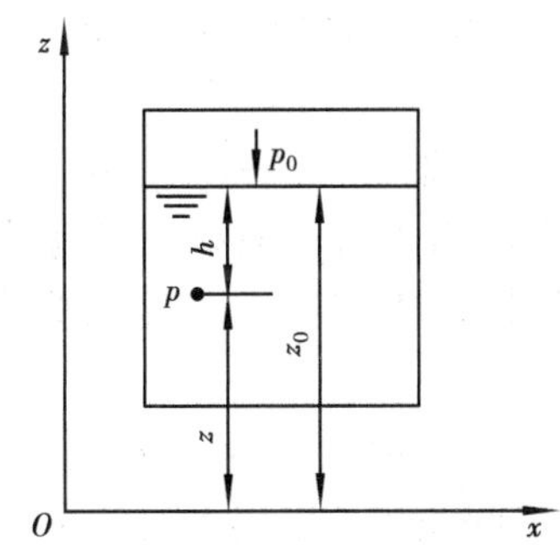

图 2.6　重力场中静止液体内的压强分布

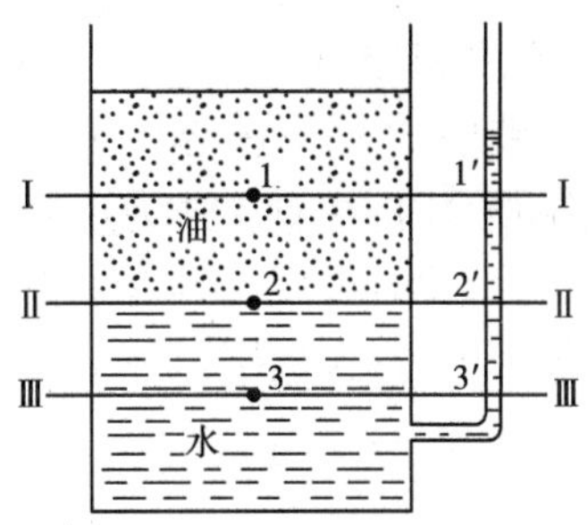

图 2.7　等压面概念

等压面概念十分重要，在应用基本方程式（2.13）时，常借助等压面概念来解决工程计算问题，尤其在液柱式测压仪器计算中，经常要用到，必须很好地掌握其运用方法。

例 2.1　已知油罐中液面上的压强 $p_0=102\ 000\ \text{N/m}^2$，油的密度 $\rho=680\ \text{kg/m}^3$，$g=9.81\ \text{m/s}^2$，试求油面下深度为 7 m 处的压强是多少？

解　根据式（2.13）得

$p=p_0+\rho gh=(102\ 000+680\times9.81\times7)\ \text{N/m}^2=148.7\ \text{kN/m}^2$

例 2.2　如图 2.8 所示，容器内盛装相对密度 $S=0.9$ 的油品，A 点上的大气压强为标准大气压（$101\ 325\ \text{N/m}^2$），C 与 A 点位于同一水平面上，$h_1=6$ m，$h_2=9$ m，求 B、C 及 D 点上的压强。

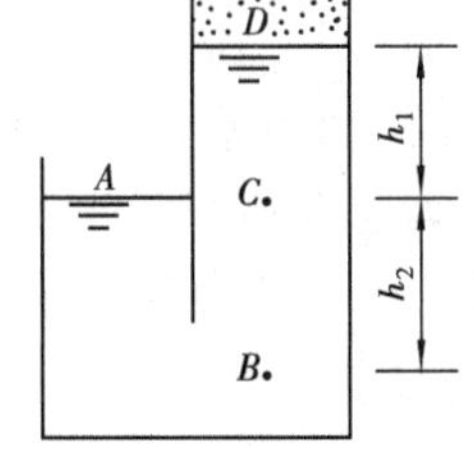

图 2.8　例 2.2 图

解　①B 点的压强

因为 B 点相对于 A 点的深度为 h_2，由式（2.13）得

$$\begin{aligned}p_B&=p_A+\rho gh_2\\&=(101\ 325+900\times9.81\times9)\ \text{N/m}^2\\&=180\ 786\ \text{N/m}^2\\&=181\ \text{kN/m}^2\end{aligned}$$

②C 点的压强

因为 C 点与 A 点位于同一水平面上（等压面），故 $p_C=p_A=101\ 325\ \text{N/m}^2$。

③D 点的压强

因为 $p_C=p_D+\rho gh_1$，由此得

$$\begin{aligned}p_D&=p_A-\rho gh_1=(101\ 325-900\times9.81\times6)\ \text{N/m}^2=48\ 351\ \text{N/m}^2\\&\approx48.4\ \text{kN/m}^2\end{aligned}$$

2.3.2　绝对压强和相对压强、表压强和真空度

（1）绝对压强和相对压强

类似温度，压强的大小可以从不同的基准（即起算点）起算，因而有不同的表示方法，常用的有绝对基准和相对基准。绝对基准是以设想没有气体的完全真空，压强等于零时为计算起始点，这样算得的压强值称为绝对压强。例如在式（2.13）中，若表面 p_0 等于大气压强，则由该式算得的压强便是绝对压强。相对基准是以当地大气压强为起算点，这样算得的压强为相

对压强。在工程中的各种结构物及液体的表面上，常有当地大气压强的作用，流体压强对结构物的有效作用是绝对压强与大气压强的差值，此差值称为相对压强或计示压强。

（2）**表压强和真空度**

在工程实践中，气体或液体内某点的绝对压强可能比当地大气压强大或小。当绝对压强比当地大气压强大时，相对压强为正值，称为表压强；相反，当绝对压强小于当地大气压强时，相对压强为负值，此时说该点具有真空，而真空的程度用真空度表示。它定义为当绝对压强小于当地大气压强时，大气压强与绝对压强的差。

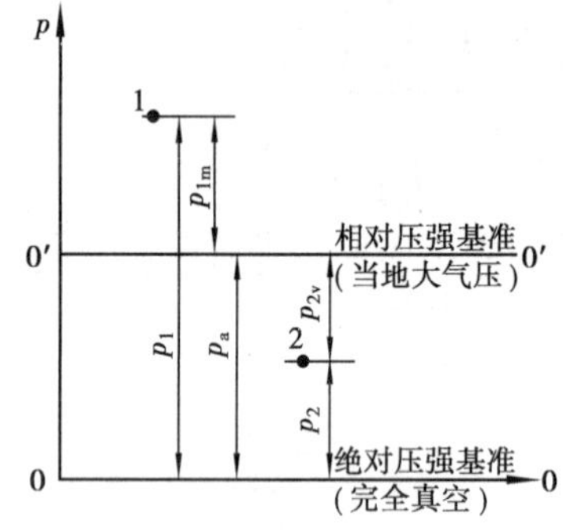

图 2.9　绝对压强、表压强和真空度之间的关系

综上所述，如果以 p 表示绝对压强，p_m 表示表压强，p_v 表示真空度，则它们之间关系可以用下列公式表示，即

$$p_m = p - p_a (p > p_a) \tag{2.14}$$

$$p_v = p_a - p \ (p < p_a) \tag{2.15}$$

式中，p_a 为当地的大气压强。

绝对压强、表压强及真空度三者之间的关系也可以用如图 2.9 所示的关系表示出来。“0—0”表示绝对压强的起算基准（完全真空），“0′—0′”为相对压强的起算基准（当地大气压强）。点 1 的绝对压强大于当地的大气压强，该点的绝对压强是 p_1，而表压强为 p_{1m}（即 p_1-p_a）；点 2 的绝对压强小于当地大气压强，其真空度值为 p_{2v}（即 p_a-p_2）。因此，真空度也可理解为绝对压强小于当地大气压强时，其不足于大气压强的那一部分数值。

例 2.3　在例 2.2 中，求 B 点的表压强及 D 点的真空度各为多少？

解　①B 点的表压强 p_{Bm}

因为 B 点位于 A 点（该点为当地大气压强 p_a）的下方，根据静压强变化规律，B 点绝对压强应大于当地大气压强。根据式（2.13）可得

$p_A = p_a$

$p_B = p_a + \rho g h_2$

得　$p_{Bm} = p_B - p_a = \gamma h_2 = 79.5\ \text{kPa}$

②D 点的真空度 p_{DV}

因为 D 点在 A 点的上方，所以 $p_D < p_a$，由式（2.13）得

$p_A = p_a$

$p_a = p_D + \rho g h_1$

故　$p_{D_V} = p_a - p_D = \gamma h_1 = 900 \times 9.81 \times 6\ \text{Pa} = 52.97\ \text{kPa}$。

2.3.3　流体静压强基本方程式的物理意义及几何意义

如图 2.10 所示，如果液体中任一点 1 上流体微元的质量为 m，它相对于某一水平基准面的高度为 z_1，具有的位置势能是 mgz_1；另外，点 1 上的压强为 p_1。如果用一根下部与点 1 连通、上部密闭并抽成完全真空的玻璃管（测压管）连接起来，在 p_1 的作用下，液体上升到 h_1 的高度，玻璃管内液面上的压强为零（完全真空），根据式（2.13）得

$$h_1 = \frac{p_1}{\gamma}$$

由此可见,液体上升的高度 h_1 是压强 p_1 做功的结果。根据物理学,若位于点1上的液体微元的体积为 δV,则该流体微元具有的压能为

$$p_1\delta V = p_1 \frac{mg}{\gamma}$$

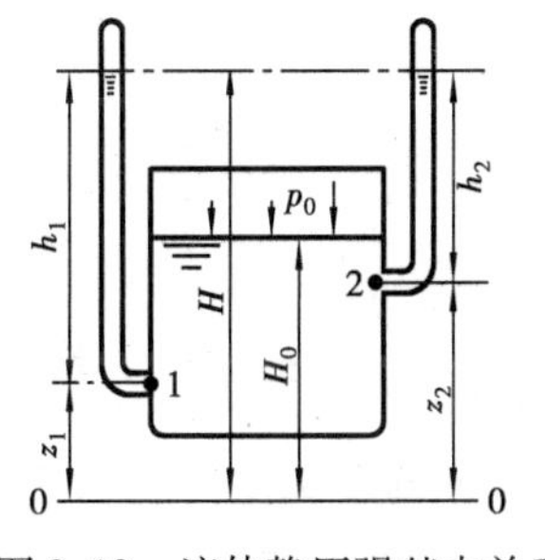

图2.10　流体静压强基本关系式的物理意义及几何意义

点1上流体微元具有的总能量应为其位能和压能之和,即

$$mg\left(z_1 + \frac{p_1}{\gamma}\right)$$

除以 mg,得

$$z_1 + \frac{p_1}{\gamma}$$

由此可见,z_1 表示该点单位质量液体相对某水平基准面具有的位能,即比位能;$\frac{p_1}{\gamma}$表示该点单位质量液体具有的压强能(即比压能)。因为位能和压强能均属势能,因而 $z_1+\frac{p_1}{\gamma}$表示点1上单位质量液体具有的势能(简称单位势能)。因此,流体静压强基本方程式(2.12)的物理意义是静止液体内各点的单位势能相等。例如,在图2.10中的点2,接上与点1一样上端密闭并抽成完全真空的玻璃管,则液体上升高度 $h_2=\frac{p_2}{\gamma}$。应该有

$$z_1 + \frac{p_1}{\gamma} = z_2 + \frac{p_2}{\gamma} = h$$

从几何角度来看,流体力学中习惯将高度称为头。式(2.12)中,z 称为位置头,$\frac{p}{\gamma}$称为压强(水)头,$z+\frac{p}{\gamma}$称为测压管(水)头。因而流体静压强基本方程式的几何意义表示静止液体内各点的测压管(水)头相等。测压管抽成完全真空是不可能的,实际的测压管顶端往往是开口连通大气,如图2.11所示。这样,开口测压管中液体上升的高度要比抽成完全真空的闭口测压管低$\frac{p_a}{\gamma}$这一段的液柱高度。因而开口测压管所示的高度为该点相对压强所对应的压强(水)头。

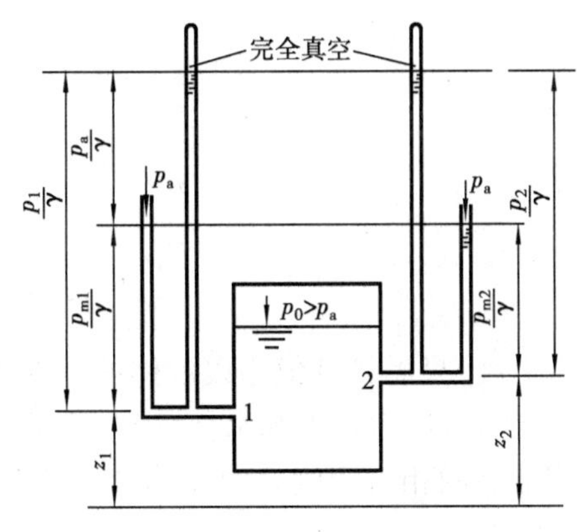

图2.11　开口测压管与闭口测压管比较

2.4 流体压强的测量

2.4.1 压强的计量单位

压强的计量单位有三种:应力单位、工程大气压和液柱高度。

(1)**应力单位**

从压强定义出发,以单位面积上所受的压力表示。SI 制中取 $1\ N/m^2 = 1\ Pa$,$1\ bar = 10^5\ Pa$。工程单位制中是 kgf/cm^2(千克力/厘米^2)。因为 $1\ kgf = 9.81\ N$,故工程单位制与 SI 制以应力单位表示的压强之间关系是 $1\ kgf/cm^2 = 9.81\times10^4\ Pa$。

(2)**工程大气压**

工程大气压是用大气压的倍数来表示。国际规定:1 标准大气压为 101 325 Pa,即相当于 760 mm 水银柱。用工程单位制表示时,它等于 $1.033\ 23\ kgf/cm^2$,为了便于计算,取 kgf/cm^2 作为计算单位,称为工程大气压,以 at 表示。

$$1\ at = 1\ kgf/cm^2 = 98\ 066\ Pa \approx 98\ 100\ Pa$$

(3)**液柱高度**

压强也可用某种液体的液柱高度表示。根据前面的讨论可知,某点的压强,包括绝对压强、表压强和真空度均可用与其相当的某液柱高度来表示,如同一个标准大气压可用与其相当的 760 mm 水银柱表示那样。

①绝对压强

$$h = \frac{p}{\gamma} \tag{2.16}$$

②表压强

$$h = \frac{p_m}{\gamma} = \frac{p - p_a}{\gamma} \tag{2.17}$$

③真空度

$$h = \frac{p_v}{\gamma} = \frac{p_a - p}{\gamma} \tag{2.18}$$

由此可见,要用液柱高度表示绝对压强、表压强及真空度,只需将其值除以液体的重度即可,得出的 h 值称为"若干米某液柱"。例如,γ 是水的重度时,称为若干米水柱;当 γ 为某种油品的重度时,称为若干米油柱,但在数值后面须注明该油品的相对密度。例如,液柱高度为 80 m,相对密度 $S=0.8$ 的某种油品,写作"80 m 油柱($s=0.8$)"。

式(2.16)至式(2.18)表明,同一压强值,用不同液体表示液柱高度时,其数值不同。例如,一个工程大气压,用不同液体表示的液柱高度:

水:$h=\dfrac{9.81\times10^4\ N/m^2}{9.81\times10^3\ N/m^3}=10\ mH_2O$

水银:$h=\dfrac{9.81\times10^4\ N/m^2}{133\ 375\ N/m^3}=0.736\ mHg$

汽油：$h=\dfrac{9.81\times10^4\ \text{N/m}^2}{0.73\times9\ 810\ \text{N/m}^3}=13.70\ \text{m}$ 油柱（$S=0.73$）

例 2.4　某输煤油泵的出口压力表读数为 15 kgf/cm^2，煤油的相对密度 $S=0.8$，试换算成该油柱高度。

解　$h=\dfrac{p_\text{m}}{\gamma}=\dfrac{15\times9.81\times10^4}{0.8\times9.81\times10^3}\ \text{m}=187.5\ \text{m}$ 油柱（$S=0.8$）

2.4.2　液柱式测压计

测量流体静压强的仪表有很多，根据测量原理的不同可分为三种：液柱式、机械式和电气式。这里仅介绍液柱式测压计的几种基本形式及测压原理。

(1)测压管

测压管是液柱式测压计中最简单的测压计，如图 2.12(a)所示。它由一根细直的玻璃管制成，铅垂地安装，下端与欲测的测点连接，上端通大气。它用于测量表压强，若玻璃管中液体上升高度为 h，则测点 A 的表压强为

$$p_{A\text{m}}=\gamma h$$

图 2.12(b)所示为用于测气体中小于大气压的真空度，点 A 的真空度为

$$p_{A\text{v}}=\gamma h$$

各种液柱式测压计要注意毛细管现象的影响，其内径以大于 8 mm 为宜。

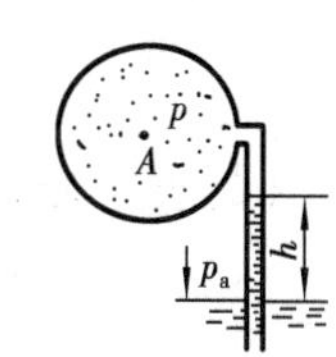

(a)测表压强　　(b)测真空度

图 2.12　测压管

(2)微压计

如所测的压强较小，为了提高精度，可将测压管倾斜放置。如图 2.13 所示，此时标尺读数 L 比 h 放大了一些，便于测读。此时，A 点的压强为

$$p_{A\text{m}}=\gamma L\sin\theta$$

测气体微小压强时，其构造原理如图 2.14 所示。

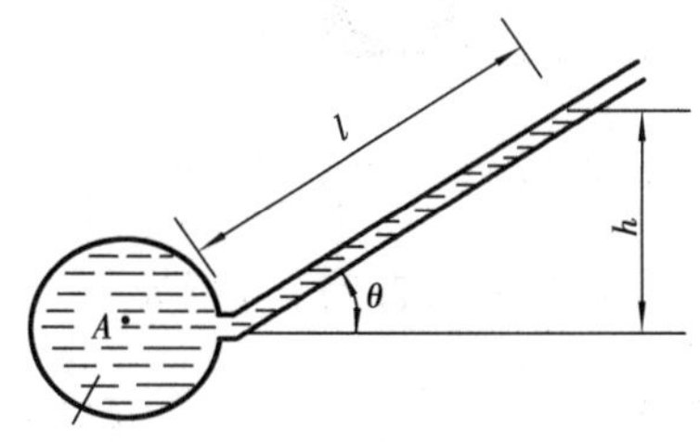

图 2.13　微压计

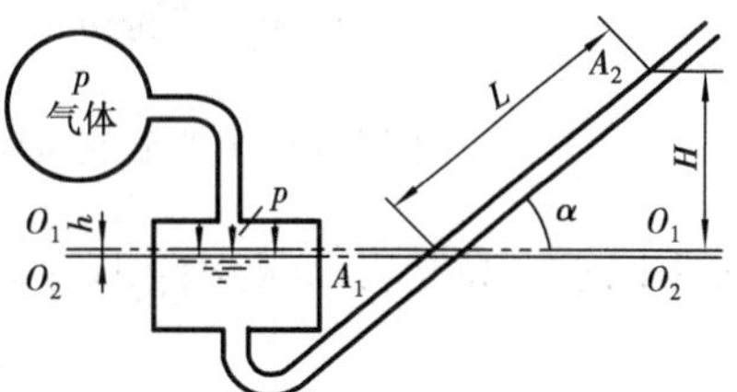

图 2.14　微压计

设圆管内气体的压强为 p，微压计盛装液体的容器的横截面积 A_1，测压管的横截面积为 A_2，液压计中液体的密度为 ρ，测压管倾斜角为 α。当微压计两端与大气相通时，容器液面为 $O_1—O_1$。微压计与欲测点接通后，如果被测压强 p 大于压强 p_a，则容器液面下降到 $O_2—O_2$ 位置，而测压管液面上升到 H 高度，这两个液面高差为 $H+h$，则测点的表压强（忽略气柱引起的极微小压强）为

$$p_\text{m}=\gamma(H+h)\tag{2.19}$$

因为 $H+h$ 很小，读测时容易发生误差，因而微压计是通过读测标尺 L 来计算压强 p_m。根

据容器中液体下降的体积等于测压管中液体上升的体积的原理得

$$A_1h = A_2L \text{ 或 } h = \frac{A_2}{A_1}L$$

及
$$H = L\sin\alpha$$

将 h 及 H 代入式(2.19)得

$$p_{\mathrm{m}} = \gamma L\left(\sin\alpha + \frac{A_2}{A_1}\right) \tag{2.20}$$

一般地,$A_2 \ll A_1$,则$\frac{A_2}{A_1}$项可忽略不计。实际使用时,该微压计的计算公式为

$$p_{\mathrm{m}} = \gamma L\sin\alpha \tag{2.21}$$

(3)U **形管测压计**

当测量较大的压强时,可采用 U 形管测压计,如图 2.15 所示。设被测流体的重度为 γ,U 形管测压计中的液体一般为水银、四氯化碳等密度较大的液体,最常用的是水银。

图 2.15 所示为测点 A 的压强大于大气压的情况。因 B、C 是等压面上的两点,有

$$p_{C\mathrm{m}} = p_{A\mathrm{m}} + \gamma h_2$$
$$p_{B\mathrm{m}} = \gamma_{汞} h_1$$

故点 A 的表压强为

$$p_{A\mathrm{m}} = \gamma_{汞} h_1 - \gamma h_2 \tag{2.22}$$

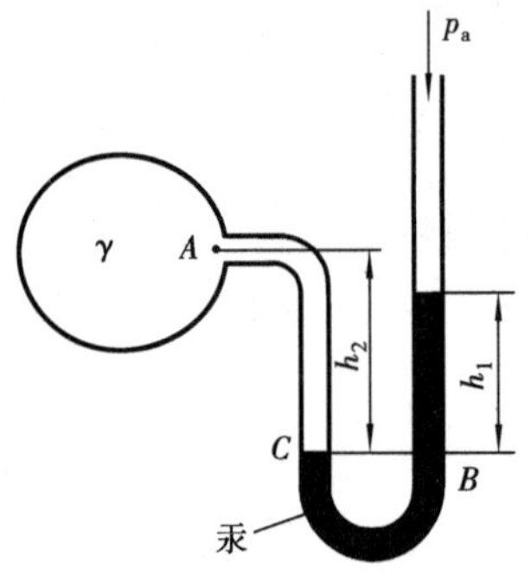

图 2.15　U 形管测压计

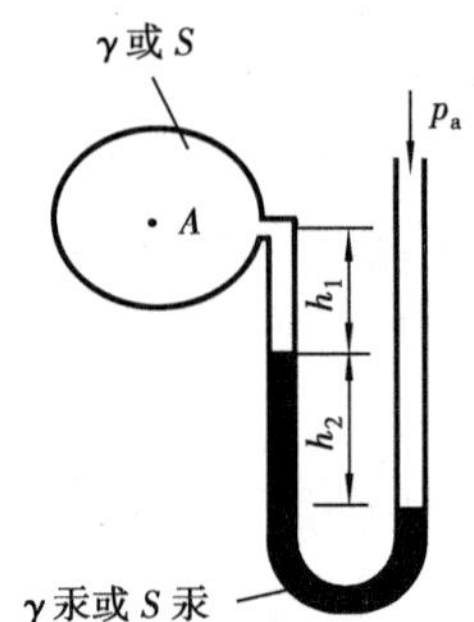

图 2.16　测真空度

如果以水柱高度表示,各项除以 $\gamma_{水}$,并注意$\frac{\gamma}{\gamma_{水}} = S$,$\frac{\gamma_{汞}}{\gamma_{水}} = S_{汞}$,则式(2.22)可写为

$$h_{A\mathrm{m}} = S_{汞} h_1 - Sh_2 \quad \mathrm{mH_2O} \tag{2.23}$$

当测点 A 具有真空度时,则 U 形管测压管中的液位情况如图 2.16 所示。此时,A 点真空度为

$$p_{A\mathrm{v}} = \gamma h_1 + \gamma_{汞} h_2$$

或
$$h_{A\mathrm{v}} = Sh_1 + S_{汞} h_2 \quad \mathrm{mH_2O}$$

U 形管测压计也可用来测定某两点的压强差(实际上测表压强和真空度就是压强差),因而也称压差计。如图 2.17 所示,设 A 点和 B 点的高差为 Z,所测的液体重度为 γ,则 A、B 两点的压强差可按下列步骤求得。

因为 M-M 为等压面,则

$$p_A + \gamma h_1 = p_B + \gamma h_2 + \gamma_{汞} h$$

得
$$p_A - p_B = \gamma h_2 + \gamma_{汞} h - \gamma h_1$$

因为 $h_1+z=h+h_2$,所以 $h_2-h_1=z-h$,代入上式得

$$p_A - p_B = \gamma_{汞} h + \gamma(z - h) = (\gamma_{汞} - \gamma)h + \gamma z$$

用水柱表示压强差时,则

$$h_A - h_B = \frac{p_A - p_B}{\gamma_{水}} = (S_{汞} - S)h + Sz \quad \mathrm{mH_2O}$$

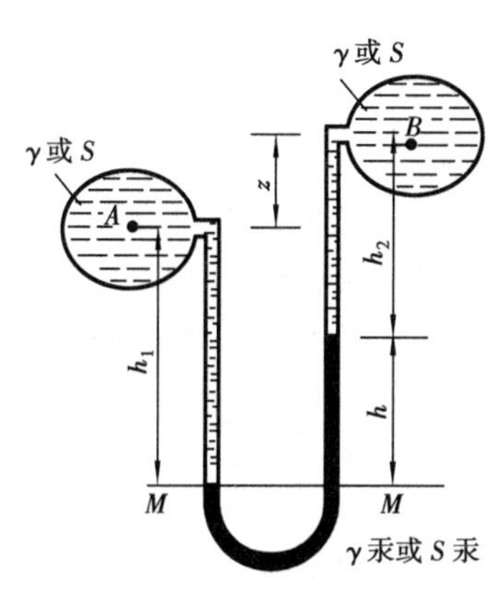

图 2. 17　测压强差

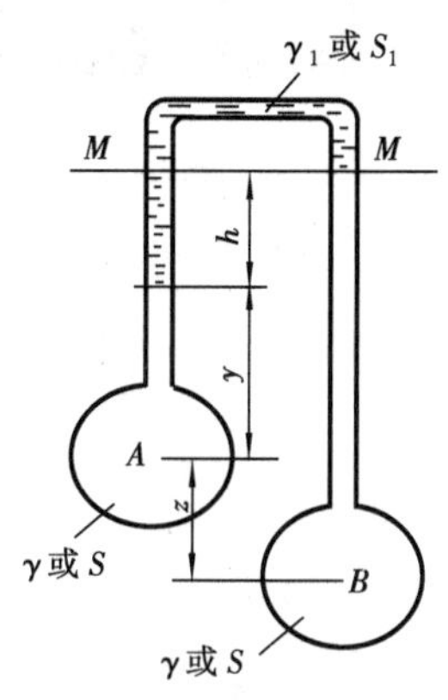

图 2. 18　微压差计

如图 2. 18 所示为一种工作介质相对密度小于所测定液体相对密度的一种压差计,它用来测定较小的压差。设测定液体的相对密度为 S,工作介质的相对密度为 S_1,A、B 两点的高差为 z,测压计两分界面读数(垂直距离)为 h,则 A、B 两点之压差用下述步骤求得。

因为 M—M 为等压面,所以

$$p_A - \gamma y - \gamma_1 h = p_B - \gamma(z + y + h)$$

得
$$p_A - p_B = (\gamma_1 - \gamma)h - \gamma z$$

或
$$p_B - p_A = (\gamma - \gamma_1)h + \gamma z$$

如果用水柱表示,则

$$h_B - h_A = (S - S_1)h + Sz \quad \mathrm{mH_2O}$$

通过上述各种液柱式测压计测定压强的计算例题,可归纳其计算程序如下:

①从一端(或分界面,假如路线连续)开始用统一的单位(如帕)和适当的符号写出该点的压强。

②用相同的单位将从该点到下一个分界面引起的压强变化相加。相加时注意走向,若向上,取负号;若向下,则取正号;遇等压面平移。

③连续相加直到另一端,写出等号,并在等式右边写出该点的压强。

例如,在图 2. 18 中,根据上述程序,从 A 点开始:

$$p_A - \gamma y - \gamma_1 h + \gamma(z + y + h) = p_B$$

故
$$p_A - p_B = (\gamma_1 - \gamma)h - \gamma z$$

所得出的结果一样。如果从 B 点开始,也得到同样的结果。

例 2. 5　如图 2. 19 所示为一复式 U 形水银测压计,已知 $\gamma=9\ 810\ \mathrm{N/m^3}$,$h_1=0.7\ \mathrm{m}$,$h_2=$

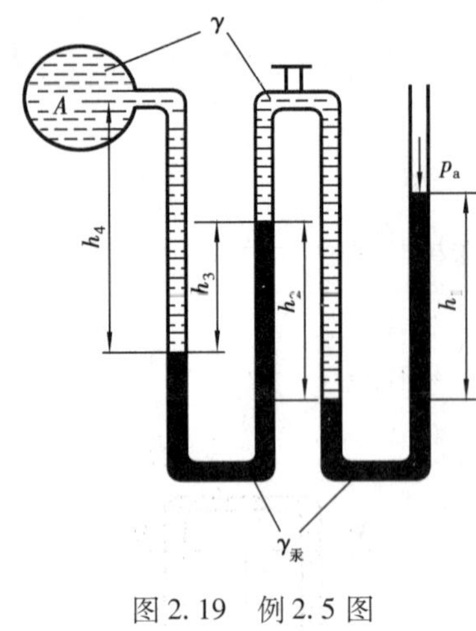

图 2.19　例 2.5 图

0.5 m, $h_3=0.3$ m, $h_4=0.6$ m，求 A 点的绝对压强及表压强（$Pa=1$ at）。

解　从右边开始，接前述程序写出方程。

①求 A 点的绝对压强

$$p_a+\gamma_{汞}h_1-\gamma h_2+\gamma_{汞}h_3-\gamma h_4=p_A$$

即 A 点绝对压强为

$$\begin{aligned}p_A&=p_a+\gamma_{汞}h_1-\gamma h_2+\gamma_{汞}h_3-\gamma h_4\\&=[98\ 100+13\ 600\times 9.81\times 0.7-9\ 810\times 0.5+13\ 600\times 9.81\times 0.3-9\ 810\times 0.6]\ \mathrm{N/m^2}\\&=220.7\ \mathrm{kN/m^2}(2.25\ \mathrm{kgf/cm^2})\end{aligned}$$

②求 A 点的表压强

$$\begin{aligned}p_{Am}&=p_A-p_a=(220.7\times 10^3-98\ 100)\ \mathrm{N/m^2}\\&=122.6\ \mathrm{kN/m^2}(1.5\ \mathrm{kgf/cm^2})\end{aligned}$$

2.5　流体的相对平衡

前面研究了重力场中静止流体的平衡规律，属于惯性坐标系中的平衡情况。本节则研究非惯性坐标中的静止情况，即流体的相对平衡。

工程上比较常见的相对平衡有随同容器作匀加速直线运动及绕固定轴作等速旋转运动容器中液体的相对平衡。此时，虽然液体质点相对地球有运动，但液体质点之间并没有相对运动。如果将坐标取在运动容器上，相对此坐标系而言流体是处于静止的。这就是非惯性坐标系中液体处于平衡状态，称为相对平衡。

2.5.1　等加速水平运动容器中流体的相对平衡

如图 2.20 所示，装有液体的容器以等加速度 a 作水平直线运动，液体处于相对平衡状态。将坐标原点选在液面的中心，坐标系随流体一起运动。根据理论力学中的达朗伯原理，在此将流体运动当作静力学问题处理时，应在流体上虚加一个惯性力，其大小等于流体的质量乘以加速度，方向与加速度的方向相反。因此，作用在流体上的质量力就有惯性力和重力。作用在单位质量流体上的质量力为

$$X=-a, Y=0, Z=-g$$

下面分别求出流体静压分布规律和等压面方程。

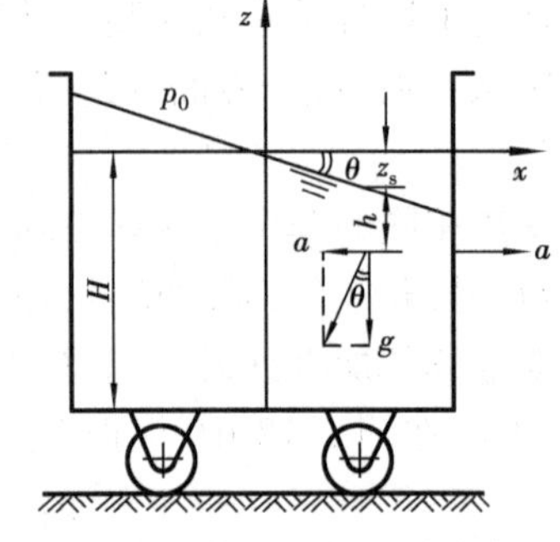

图 2.20　等加速水平运动容器中的液体平衡

(1)压强分布规律

将单位质量力代入流体平衡微分方程式(2.5)得

$$dp=\rho(-a dx-g dz)$$

积分上式，得

$$p=-\rho(ax+gz)+C$$

式中，C 为积分常数。引入边界条件：$x=0$，$z=0$ 时，$p=p_0$，得 $C=p_0$，于是

$$p = p_0 - \rho(ax + gz) \tag{2.24}$$

这就是等加速水平运动容器中流体静压强分布规律。它表明压强不仅随 z 变化，而且随 x 变化。

(2)**等压面方程**

将单位质量力的分力代入等压面微分方程式(2.10)得

$$a\mathrm{d}x + g\mathrm{d}z = 0$$

积分上式，得

$$ax + gz = C \tag{2.25}$$

这就是等加速水平运动容器中流体的等压面方程，它不再是一簇水平平面，而是一簇倾斜平面。等压面与 x 方向的倾角大小为

$$\theta = \mathrm{artan}\left(\frac{a}{g}\right)$$

当 $x=0, z=0$ 时，可得积分常数 $C=0$，此时处于自由面，故自由面方程为

$$ax + gz_s = 0 \tag{2.26}$$

式中，z_s 为自由面上的 z 坐标。由于自由液面是等压面，它应与重力及惯性力的合力方向相垂直。

在图2.20中，任意点 m 处的压力 p，由式(2.24)和式(2.26)可得

$$p = p_0 + \gamma(z_s - z) = p_0 + \gamma h \tag{2.27}$$

该式与绝对静止流体中静压力计算公式相同。即流体内任一点的静压强等于液面上的压强 p_0 加上液体的重度与该点在自由液面下深度的乘积。

例2.6　图2.21为一个盛满相对密度为0.8燃料油的油箱。在油箱上 A 点有一小孔，油箱以加速度 $a=4.903\ \mathrm{m/s^2}$ 作直线运动。试确定 B 和 C 处的相对压强；若使 B 点的压强为零，则加速度 a 为多少？

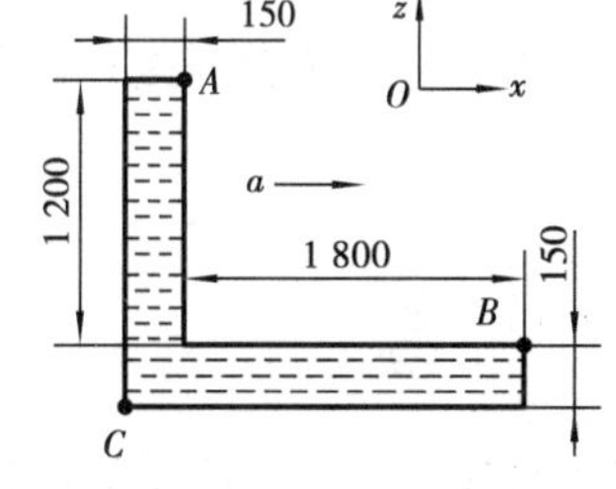

图2.21　完全充液油箱

解　选取 A 点为坐标原点，坐标方位如图2.21所示。由式(2.24)得

$$p_m = -\rho(ax+gz)$$

对 B 点，$x=1.8, z=-1.2$，则

$$p_{Bm} = -[4.903\times1.8+9.81\times(-1.2)]\times0.8\times1\ 000\ \mathrm{Pa} = 2.36\ \mathrm{kPa}$$

对 C 点，$x=-0.15, z=-1.35$，则

$$p_{Cm} = -[4.903\times(-0.15)+9.81\times(-1.35)]\times0.8\times1\ 000\ \mathrm{Pa} = 11.18\ \mathrm{kPa}$$

若 B 点的压强为零，则有

$$1.8a - 9.81\times1.2 = 0$$

得

$$a = 6.54\ \mathrm{m/s^2}$$

2.5.2　绕铅直定轴等角速旋转容器中液体的平衡

(1)**压强分布**

设盛装有液体直立圆筒容器，以等角速度 ω 绕其中心轴旋转，如图2.22所示。在开始旋转时，液体很快被甩向外周，但很快成为一整体并随容器一起旋转，液体质点间没有相对运

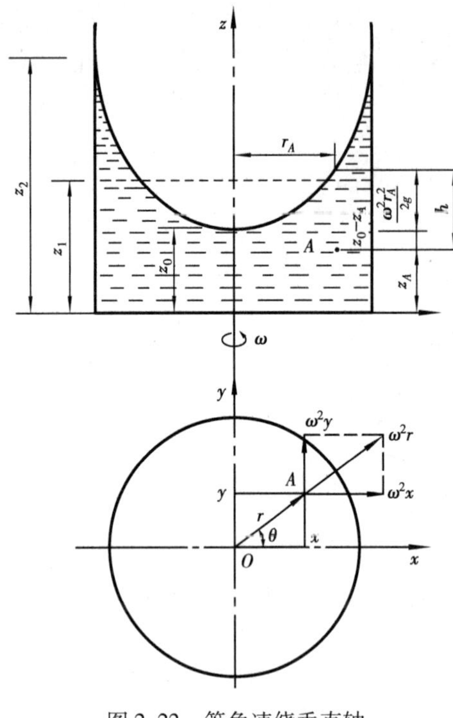

图 2.22　等角速绕垂直轴旋转容器中的液体

动，处于相对平衡。此时，作用在液体质点上的质量力除重力外，根据达朗伯原理，应虚加一个离心惯性力。因为向心加速度为 $\omega^2 r$，所以单位质量流体离心惯性力就等于 $\omega^2 r$，方向与向心加速度相反。该力可分解为 x 向和 y 向的两个分量，即

$$\begin{cases} X = \omega^2 r\cos\theta = \omega^2 x \\ Y = \omega^2 r\sin\theta = \omega^2 y \end{cases}$$

同时，$Z=-g$。

根据式(2.5)得

$$dp = \rho(\omega^2 x dx + \omega^2 y dy - g dz)$$

积分，得

$$p = \rho\left(\frac{\omega^2 x^2}{2} + \frac{\omega^2 y^2}{2} - gz\right) + C$$

$$= \rho\left(\frac{\omega^2 r^2}{2} - gz\right) + C$$

由边界条件：$r=0$，$z=z_0$ 时，$p=p_0$（敞开时为 p_a），得 $C=p_0+\rho g z_0$，于是

$$p = p_0 + \rho g\left(\frac{\omega^2 r^2}{2g} - z + z_0\right) \tag{2.28}$$

式(2.28)为压强分布规律的公式。

令

$$\frac{\omega^2 r^2}{2g} - z + z_0 = h$$

则上式变为

$$p = p_0 + \gamma h$$

与绝对静止液体中所得的压强分布规律类似。

（2）等压面方程

根据等压面微分方程式(2.10)，将 $X=\omega^2 x$，$Y=\omega^2 y$ 及 $z=-g$ 代入并积分，便得等压面方程为

$$z = \frac{\omega^2 r^2}{2g} + C \tag{2.29}$$

因此，等角速旋转容器中液体的等压面为一族旋转抛物面。

在液面上，由边界条件，$r=0$，$z=z_0$，代入式(2.29)得 $C=z_0$，于是

$$z = z_0 + \frac{\omega^2 r^2}{2g} \tag{2.30}$$

这是旋转容器中液体的自由液面方程，它是顶点高度为 z_0 的旋转抛物面，自由面也是等压面。

实际应用式(2.28)时，还需算出抛物面顶点高度 z_0 的大小。设 z_1 为容器未转动时容器中液面的高度，R 为容器的半径。根据自由液面方程式(2.30)，液体在容器边缘所到达的高度 z_2 为

$$z_2 = z_0 + \frac{\omega^2 R^2}{2g}$$

由数学推导可知，旋转抛物面所围成的体积等于同高柱体体积的$\frac{1}{2}$。故根据旋转前及旋转后液体体积不变的原理得

$$\pi R^2 z_1 = \pi R^2 z_0 + \frac{1}{2}\pi R^2 \frac{\omega^2 R^2}{2g}$$

化简整理得

$$z_0 = z_1 - \frac{\omega^2 R^2}{4g} \tag{2.31}$$

采用等角速旋转而增大外缘液体压强在工程上很有实用价值。某些机械零件（如轴瓦、轮毂、铸件等）常采用离心铸造的方法，使外缘压强增大，以密实铸件而提高质量。

例 2.7　浇铸车轮如图 2.23 所示，已知 $H=180$ mm，$D=600$ mm，铁水密度 $\rho=7\ 000$ kg/m³，求 M 点的压强；如果采用离心铸造，转速 $n=600$ r/min，则 M 点压强将为多少？

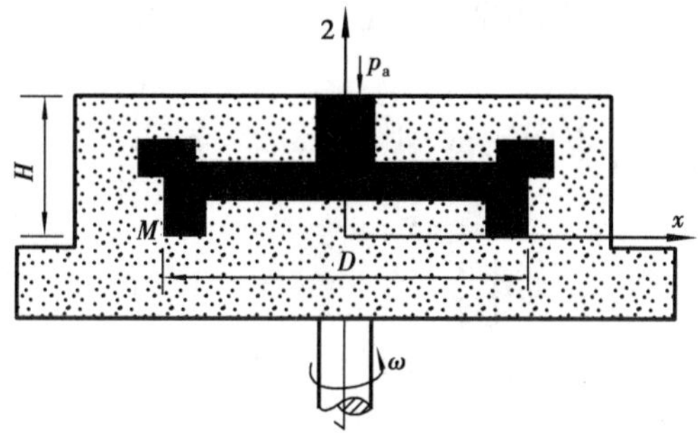

图 2.23　浇铸车轮

解　不用离心铸造时 M 点的压强（表压强）为

$p_{Mm}=\rho gH=7\ 000\times 9.81\times 0.18\ \text{N/m}^2=12\ 360\ \text{N/m}^2=12.36\ \text{kPa}$

如果采用离心铸造，因为浇注口位于中心，所以抛物面顶点 $z_0=H$，由式(2.28)得

$$p_{Mm}=\rho g\left(\frac{\omega^2 R^2}{2g}-z+z_0\right)$$

式中，$z=0$，$\omega=\frac{2\pi n}{60}=\frac{2\pi\times 600}{60}=20\pi(1/\text{s})$，$R=\frac{D}{2}=0.3$ m，代入上式得

$$p_{Mm}=7\ 000\times 9.81\times\left(\frac{(20\pi)^2\times 0.3^2}{2\times 9.81}+0.18\right)\ \text{Pa}$$

$$=1\ 255\ 931\ \text{Pa}\approx 1.25\ \text{MPa}$$

即采用离心铸造时 M 点的压强将增大约 100 倍。

2.5.3　绕水平轴转动容器中液体的相对平衡

离心泵在出口完全关闭时，泵腔内的液体在叶轮带动下旋转，在这种场合下，可以认为液体像刚体一样转动，即处于相对平衡状态。现来求泵壳内空间 C 的液体内压强分布规律及等压面的性质，如图 2.24 所示。

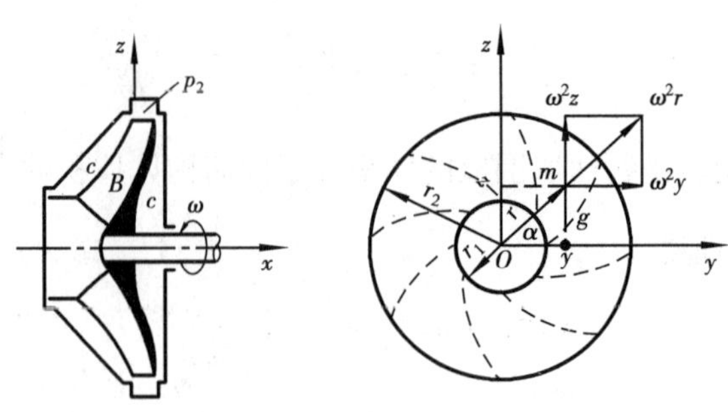

图 2.24　绕水平轴转动容器内液体的平衡

(1)**压强分布规律**

作用在距转轴为 r 的点 m 上的液体质点上单位质量流体的质量力为

$$X = 0$$

$$Y = \omega^2 r \cos \alpha = \omega^2 y$$

$$Z = \omega^2 r \sin \alpha - g = \omega^2 z - g$$

将其代入式(2.5)

$$\mathrm{d}p = \rho[\omega^2 y \mathrm{d}y + (\omega^2 z - g)\mathrm{d}z]$$

积分,得

$$p = \rho\left[\frac{\omega^2}{2}(y^2 + z^2) - gz\right] + C$$

由于离心泵转速很高,其离心惯性力很大,重力作用可略去不计,则得压强分布规律表达式为

$$p = \rho \frac{\omega^2}{2}(y^2 + z^2) + C$$

或

$$p = \rho \frac{\omega^2 r^2}{2} + C$$

常数 C 可根据泵工作叶轮出口半径 r_2 及出口压强 p_2 的边界条件得

$$C = p_2 - \rho \frac{\omega^2 r_2^2}{2}$$

这样,压强分布规律可用下式表示为

$$p = p_2 - \rho \frac{\omega^2}{2}(r_2^2 - r^2) \tag{2.32}$$

(2)**等压面方程**

绕水平轴旋转液体等压面方程可将 X、Y 及 Z 值代入式(2.10)就得等压面方程式,即

$$\frac{\omega^2}{2}(y^2 + z^2) - gz = C$$

这个方程可以变成如下的形式,即

$$y^2 + \left(z - \frac{g}{\omega^2}\right)^2 = C_1$$

由此可见，等压面为一簇同心圆柱面，其中心轴平行于 x 轴并沿 z 轴向上移了一段 $\frac{g}{\omega^2}$的距离。

如果将液体质量略去不计，则等压面的方程式为

$$\frac{\omega^2}{2}(y^2 + z^2) = C_2 \tag{2.33}$$

在这种情况下，等压面也是圆柱面，其中心轴和 x 轴重合。

2.6　静止流体作用在平壁面上的总压力

流体工程中的流体容器，水工建筑物中的水坝、水闸、船闸，以及流体机械的外壳和部件等的壁面，有的是平面，也有的是曲面。设计中常须要知道流体对这些壁面的作用力大小及其作用点。流体总压力的计算实质上是求受压面上分布力的合力问题。在计算总压力大小时，只需考虑相对压强的作用，因此，下面的计算都按相对压强考虑。

如图 2.25 所示，设在静止流体中有一块任意形状的平面，该平面与水平面的夹角为 α。为了便于说明，将原与纸面垂直的平面位置绕 Oy 轴旋转 90°，使之与纸面重合，成为图 2.25 中的形状。

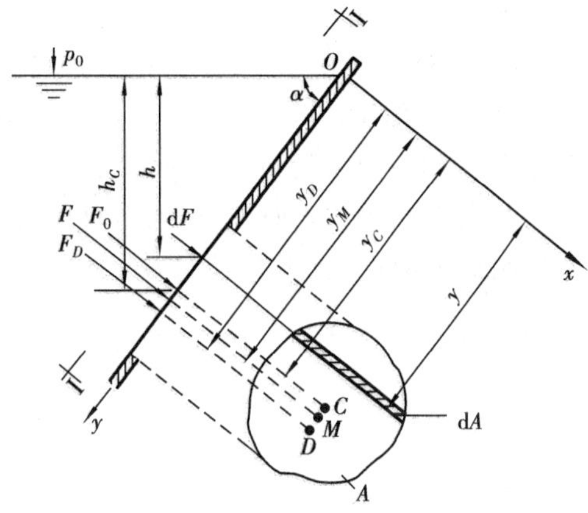

图 2.25　平面上的总压力

2.6.1　总压力的大小

设平面的面积为 A，液面上的绝对压强为 p_0。在平面上深度为 h 处取一微小面积 dA，则作用在微小面积 dA 的压力为

$$dF = p_{相}\, dA = (p_0 - p_a + \gamma h)\, dA$$

式中，$h = y\sin\alpha$，y 是微小面积 dA 到 Ox 轴的距离，故上式变为

$$dF = (p_0 - p_a + \gamma y\sin\alpha)\, dA$$

积分后就得到液体对平面面积 A 总压力的大小，即

$$F = \int_A (p_0 - p_a + \gamma y\sin\alpha)\, dA$$

因为 p_0、p_a、γ 及 $\sin\alpha$ 均是常数，于是

$$F = (p_0 - p_a)\int_A dA + \gamma\sin\alpha\int_A y\, dA$$

$$= (p_0 - p_a)A + \gamma\sin\alpha\int_A y\, dA$$

等式右边最后一项中的积分式 $\int_A y\, dA$ 是整个面积 A 对 Ox 轴的静面矩，它等于面积 A 与其形心

坐标 y_C 的乘积，即$\int_A y\mathrm{d}A = y_C A$ 代入上式得

$$F = (p_0 - p_a)A + \gamma y_C \sin \alpha A \tag{2.34}$$

从图中关系知：$y_C \sin \alpha = h_C$，故总压力计算公式可写为

$$F = (p_0 - p_a)A + \gamma h_C A \tag{2.35}$$

由式(2.35)可得出结论：作用于任意方位平面上的总压力的大小等于该平面形心上的相对压强与该平面面积的乘积。这个结论对任意形状的平面均适用。在工程技术中，平面图形通常较规则，它的形心位置比较容易确定，因此，用式(2.35)来计算平面上液体总压力是不困难的。

2.6.2 总压力的作用点——压力中心

总压力作用线与作用面的交点称为作用点，也称为压力中心，以 M 表示。

分析式(2.35)可知，总压力 F 由两部分组成：一是$(p_0-p_a)A$，二是 $\gamma h_C A$。前者因相对压强(p_0-p_a)在整个面积 A 上均匀分布，所以$(p_0-p_a)A$ 这一部分压力的作用点位于形心上；而后者因为是液体重力引起的压强对平面作用的结果，此压强随深度而增加，其压力的作用点必然在形心 C 的下边。设点 D 表示该压力的作用点，根据力学上合力对某轴的力矩等于各分力对同轴的力矩的代数和原理，可求得总压力的作用点 M 的位置。

按照这个原理，总压力 F 对 Ox 轴的力矩，应该等于微小压力 $\mathrm{d}F$ 对 Ox 轴的力矩之和，即

$$\begin{aligned} F \cdot y_M &= \int_A y\mathrm{d}F \\ &= \int_A (p_0 - p_a + \gamma y \sin \alpha) y\mathrm{d}A \\ &= (p_0 - p_a)\int_A y\mathrm{d}A + \gamma \sin \alpha \int_A y^2 \mathrm{d}A \\ &= (p_0 - p_a)Ay_C + \gamma \sin \alpha \int_A y^2 \mathrm{d}A \end{aligned}$$

式中，$\int_A y^2 \mathrm{d}A$ 是面积 A 对 Ox 轴的惯性矩，用符号 I_x 表示，即

$$F \cdot y_M = (p_0 - p_a)Ay_C + I_x \gamma \sin \alpha$$

根据惯性矩平移定理，$I_x = I_C + y_C^2 A$，则上式变为

$$F \cdot y_M = (p_0 - p_a)Ay_C + (I_C + y_C^2 A)\gamma \sin \alpha$$

得压力中心计算公式为

$$y_M = \frac{(p_0 - p_a)Ay_C + (I_C + y_C^2 A)\gamma \sin \alpha}{F} \tag{2.36}$$

或

$$y_M = \frac{(p_0 - p_a)Ay_C + (I_C + y_C^2 A)\gamma \sin \alpha}{(p_0 - p_a)A + \gamma y_C \sin \alpha A} \tag{2.37}$$

式中，I_C 是平面 A 对通过形心 C 并且平行于 Ox 轴之惯性矩。

如果 $p_0 = p_a$，则式(2.37)变为

$$y_M = y_D = \frac{(I_C + y_C^2 A)\gamma \sin \alpha}{\gamma y_C \sin \alpha A} = y_C + \frac{I_C}{y_C A} \tag{2.38}$$

即此时作用点 M 与 D 点重合。

因为$\frac{I_C}{y_C A}$恒为正值，所以 $y_M > y_C$，即总压力作用点 M 永远在平面形心 C 的下边。至于作用点 M 的 x 坐标，可用类似的方法求得。不过在工程实践中，平面图形常常是对称的，所以通常只需求得作用点的 y 坐标即可。常见平面图形的 I_C、y_C 及 A 值见表 2.1。

表 2.1　几种平面图形对于通过形心轴的惯性矩 I_C、形心坐标 y_C 及面积 A 之值

几何图形名称	I_C	y_C	A
矩形	$\frac{1}{12}bh^3$	$\frac{1}{2}h$	bh
三角形	$\frac{1}{36}bh^3$	$\frac{2}{3}h$	$\frac{1}{2}bh$
梯形	$\frac{1}{36}h^3\left(\frac{a^2+4ab+b^2}{a+b}\right)$	$\frac{1}{3}h\,\frac{a+2b}{a+b}$	$\frac{1}{2}h(a+b)$
圆形	$\frac{\pi}{4}r^4$	r	πr^2
半圆形	$\frac{9\pi^2-64}{72\pi}r^4$	$\frac{4r}{3\pi}$	$\frac{1}{2}\pi r^2$
椭圆形	$\frac{1}{4}\pi a^3 b$	a	πab

例 2.8　如图 2.26 所示，上部是矩形断面，而下部是三角形断面的水道，在入口处设置同样形状的闸门，求作用在闸门上的液体(水)总压力及作用点(压力中心)。

解　将闸门分成矩形和三角形断面两部分，分别求出作用在它们上的液体总压力及作用点，然后算出总的结果。

①矩形断面的总压力 F_1 及作用点 h_{D_1}

因为 $p_0 = p_a$，所以

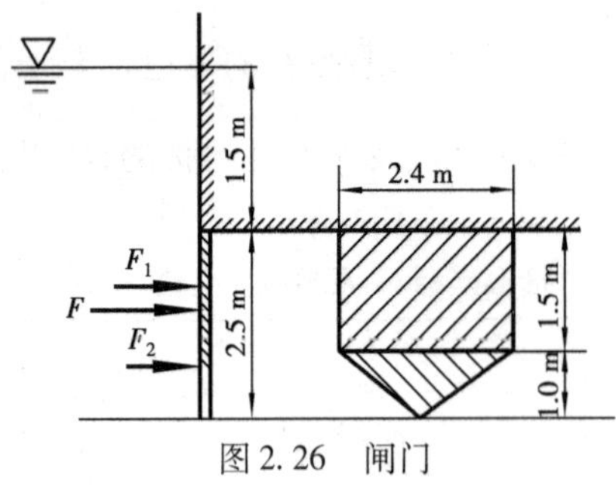

图 2.26 闸门

$$F_1=\gamma h_{C_1}A_1$$
$$=9.81\times103\times(1.5+0.75)\times(2.4\times1.5)$$
$$=79.46\ \text{kN}$$

$$I_{C_1}=\frac{1}{12}bh^3=\frac{1}{12}\times2.4\times1.5^3\ \text{m}^4=0.675\ \text{m}^4$$

由式(2.38)得

$$h_{D_1}=h_{C_1}+\frac{I_{C_1}}{h_{C_1}A_1}=\left(2.25+\frac{0.675}{2.25\times2.4\times1.5}\right)\text{m}$$
$$=2.33\ \text{m}$$

②三角形断面上的 F_2 及 h_{D2}

三角形的特征量由表 2.1 查得。这里 $b=2.4$ m，$h=1.0$ m，图形形心位置距上边$\frac{h}{3}$，得

$$I_{C_2}=\frac{bh^3}{36}$$

$$F_2=\gamma h_{C_2}A_2=9.81\times10^3\times\left(3.0+\frac{1}{3}\times1\right)\times\left(\frac{1}{2}\times2.4\times1\right)\text{N}=39.24\ \text{kN}$$

$$h_{D_2}=h_{C_2}+\frac{I_{C_2}}{h_{C_2}A_2}=\left(3.33+\frac{\frac{1}{36}\times2.4\times1}{3.33\times2.4\times\frac{1}{2}}\right)\text{m}=3.35\ \text{m}$$

③总压力 F 及其作用点 h_M

$$F=F_1+F_2=(79.461+39.24)\text{kN}=118.701\ \text{kN}$$

$$h_M=\frac{F_1h_{D_1}+F_2h_{D_2}}{F}$$
$$=\frac{79.461\times2.33+39.24\times3.35}{118.701}\ \text{m}$$
$$=2.667\ \text{m}$$

例 2.9 图 2.27 为储油罐内部保险阀。已知阀板为椭圆形，长轴 $2b=120$ mm，短轴 $2a=112$ mm，重力 19.61 N，$H=5$ m，$\gamma=7\ 651\ \text{N/m}^3$，求开启阀门时所需拉力 T。

解 由表 2.1 查得椭圆形特征量

$$A=\pi ab=\pi\times\frac{0.112}{2}\times\frac{0.12}{2}\ \text{m}^2=0.010\ 56\ \text{m}^2$$

惯性矩 I_C 是对长轴的公式，本题应为

$$I_C=\frac{\pi}{4}b^3a$$
$$=\frac{\pi}{4}\times\left(\frac{0.12}{2}\right)^3\times\frac{0.112}{2}\ \text{m}^4$$
$$=9.5\times10^{-6}\ \text{m}^4$$

$$y_C=\frac{H}{\sin 60^\circ}=\frac{5}{0.866}\ \text{m}=5.774\ \text{m}$$

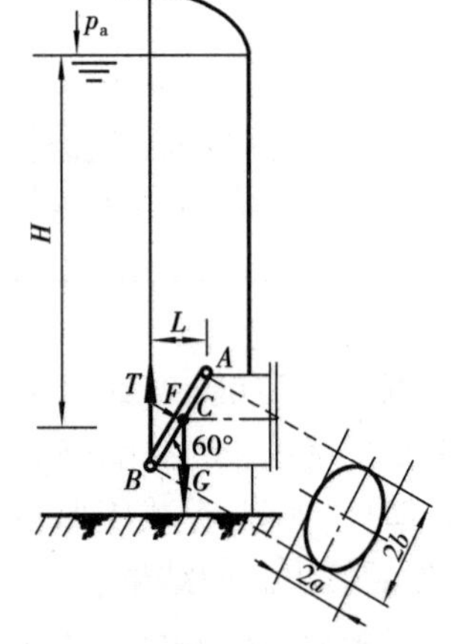

图 2.27 油罐内部保险阀

①总压力大小 F

$F=\gamma h_C A=7\ 651\times5\times0.010\ 56\ \mathrm{N}=404\ \mathrm{N}$

②作用点 y_D

由式(2.38)得

$$y_D=y_C+\frac{I_C}{y_C A}$$

$$=5.774+\frac{9.5\times10^{-6}}{5.774\times0.010\ 56}\ (\mathrm{m})$$

$$\approx5.774\ (\mathrm{m})$$

计算结果表明，当受压面的形心深度较大，受压面又较小时，近似地认为作用点位于形心上。

③拉力 T

将各力对 A 点取矩，得

$$TL=F\cdot\overline{AC}+G\times\frac{L}{2}$$

式中，$\overline{AC}=b=0.06\ \mathrm{m}$，$L=2b\cos60°=2\times0.06\times\cos60°\ \mathrm{m}=0.06\ \mathrm{m}$，代入上式，得

$$T=\frac{404\times0.06+19.61\times\frac{0.06}{2}}{0.06}\ (\mathrm{N})$$

$$=414\ (\mathrm{N})$$

2.7　静止流体作用在曲面上的总压力

工业中的各种流体容器，尤其大型容器，其壁面几乎都制成曲面的形状。例如，立式和卧式储油罐的罐身、罐顶，球形罐的整个罐壁都是曲面的。在水利工程方面，如弧形闸门、拱坝的表面等也是曲面的。因此，学会计算作用在曲面上的流体总压力，在工程中有着特别重要的意义。

由于曲面上各点的法线方向不同，既不平行也不一定交于一点。因此，作用在曲面各微元面积上微元压力的大小和方向各不相同，为空间力系，不能用前面求平面总压力的方法直接积分求解。但是，可通过计算它的水平分量和铅直分量的方法来确定。方法是将作用在曲面各微元面积上的压力 dF 分解为 F_x、F_y、F_z，则得到三组平行力系，分别进行积分求其代数和，便得到总压力的三个分量 F_x、F_y 及 F_z，由此可求得其合力 F，即

$$F=\sqrt{F_x^2+F_y^2+F_z^2}\tag{2.39}$$

为了便于分析，下面以二元曲面(即具有平行母线的柱面)为例，说明总压力的计算方法，所得结论可以推广到任意曲面。

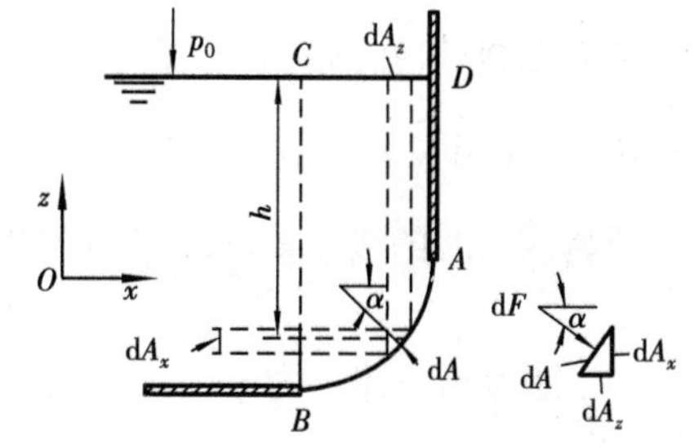

图 2.28　曲面上的总压力计算

图2.28所示为盛装液体的容器。其壁面AB部分为二元曲面，其母线平行于Oy轴，即垂直于纸面。

设液体自由液面的绝对压强为p_0，不一定等于大气压。在曲面上任取一微元面积$\mathrm{d}A$，其形心点深度为h，则作用在$\mathrm{d}A$面上的压力$\mathrm{d}F=p\mathrm{d}A$，其在x、z轴上的分量为

$$\mathrm{d}F_x = \mathrm{d}F\cos\alpha = p\cos\alpha\,\mathrm{d}A \tag{2.40}$$

$$\mathrm{d}F_z = \mathrm{d}F\sin\alpha = p\sin\alpha\,\mathrm{d}A \tag{2.41}$$

式中，α为$\mathrm{d}F$与水平平面的夹角。根据几何关系，$\cos\alpha\,\mathrm{d}A$是$\mathrm{d}A$在x向的法平面（即垂直于x轴的平面）上的投影面积，即$\cos\alpha\,\mathrm{d}A=\mathrm{d}A_x$，同理，$\sin\alpha\,\mathrm{d}A=\mathrm{d}A_z$。

另外，式中压强p应为相对压强，即$p=p_0-p_\mathrm{a}+\gamma h$。将上述关系代入式(2.40)及式(2.41)并积分，得到总压力的水平分量和铅直分量。

2.7.1　总压力的水平分量

$$\mathrm{d}F_x = p\cos\alpha\,\mathrm{d}A = (p_0 - p_\mathrm{a} + \gamma h)\mathrm{d}A_x$$

积分，得

$$F_x = \int_{A_x}(p_0 - p_\mathrm{a} + \gamma h)\mathrm{d}A_x$$

将这个积分分成两项：

$$F_x = \int_{A_x}(p_0 - p_\mathrm{a})\mathrm{d}A_x + \int_{A_x}\gamma h\mathrm{d}A_x$$

第一项，p_0-p_a=恒量，第二项积分与平面上总压力计算相同，得

$$F_x = (p_0 - p_\mathrm{a})A_x + \gamma h_C A_x \tag{2.42}$$

式中，h_C为曲面(AB)的投影面A_x的形心淹没深度。可见，作用在曲面上流体总压力的水平分量等于该曲面在垂直于水平投影轴（x或y轴）的平面上的投影面上的总压力。其作用线的位置按平面压力的方法确定。

2.7.2　总压力的铅直分量

在式(2.41)中，将$\sin\alpha\,\mathrm{d}A=\mathrm{d}A_z$，$p=p_0-p_\mathrm{a}+\gamma h$代入，得

$$\mathrm{d}F_z = (p_0 - p_\mathrm{a})\mathrm{d}A_z + \gamma h\mathrm{d}A_z$$

$$F_z = \int_{A_z}(p_0 - p_\mathrm{a})\mathrm{d}A_z + \int_{A_z}\gamma h\mathrm{d}A_z$$

$$= (p_0 - p_\mathrm{a})A_z + \int_{A_z}\gamma h\mathrm{d}A_z$$

从图2.28可知，$\gamma h\mathrm{d}A_z$为微小曲面$\mathrm{d}A$与其在自由液面的投影面$\mathrm{d}A_z$之间的液柱重量。由此看出，$\int_{A_z}\gamma h\mathrm{d}A_z$表示整个曲面$AB$与其在自由液面（有时是自由液面的延长面）上的投影面A_z之间所构成空间的液体重量，即图中$ABCD$空间的液体重量。因此，上式的积分结果可写为

$$F_z = (p_0 - p_\mathrm{a})A_z + \gamma V_p \tag{2.43}$$

式中，V_p称为压力体。力γV_p的作用线通过压力体V_p的重心；而$(p_0-p_\mathrm{a})A_z$的作用线通过A_z的形心。

压力体是一个重要概念，它是由曲面本身及其在自由液面（或自由液面的延长面）的投影

面与从曲面的周边引至自由液面的铅垂侧面所组成的体积。换句话说，压力体的底面为所研究的曲面本身，它的顶面是该曲面在自由液面（或自由液面的延长面）的投影面，其侧面为沿该曲面边缘引向自由液面的铅垂面所构成。计算压力体的“液重”这一部分压力时，要特别注意其方向。它可能有两种情况：一是像上述所分析的情况，此时压力体中都充满了液体，如图2.29(a)所示的阴影部分，V_P=体积$ABCD$，这部分的“液重”对曲面的压力是向下的，称为实压力体。相反，假使液体位于曲面的右侧，同是曲面AB，按照压力体的定义，其压力体的体积V_P=体积$A'B'C'D'$，如图2.29(b)所示的斜阴影部分。它与左边的压力体$ABCD$相等，但内部并无液体，这部分的“液重”对曲面的压力是向上的，称为虚压力体。由此得出结论：当压力体与液体都位于曲面的同一侧时，压力体的“液重”对曲面的压力是向下的；相反，当压力体与液体不在曲面的同一侧时，其对曲面的压力是向上的。对于较复杂的曲面，例如，卧式油罐（图2.30）曲面abc部分的压力体，ab段的压力体为体积$abcd$，液体与压力体都位于曲面ab的同侧，对曲面ab的压力向下，为实压力体[图2.30(a)]；bc段的压力体为bcd[图3.30(b)]，压力体与液体不在曲面的同一侧，对曲面bc的压力是向上的，为虚压力体。整个曲面abc的压力体应为这两部分压力体的代数和，由于体积bcd部分为两段曲面所共有，其压力大小相等而方向相反，因而互相抵消，所以曲面abc的压力体最后为如图3.30(c)所示的阴影部分，为实压力体，压力方向向下。

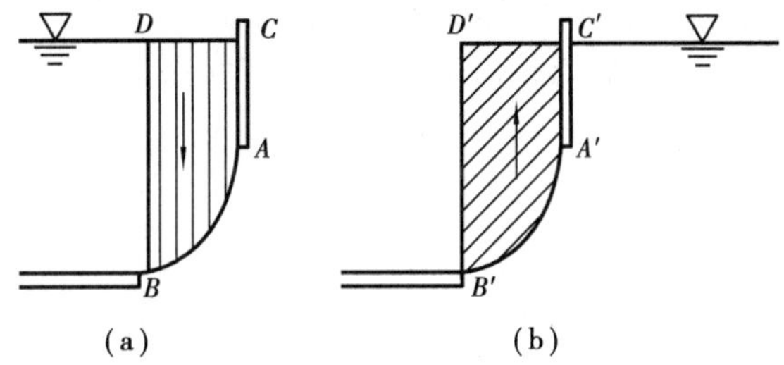

图2.29　压力体

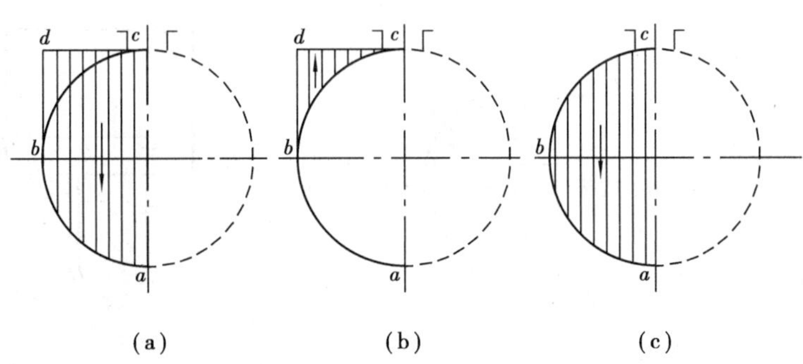

图2.30　abc曲面的压力体

例2.10　如图2.31所示为一立式圆柱形储油罐，内装密度为$\rho=730\ \mathrm{kg/m^3}$的汽油。已知油罐直径$D=15.25\ \mathrm{m}$，装油高度$H=9.6\ \mathrm{m}$，油罐内液面上的表压强为220 mm水柱。求罐身半个壁面的流体总压力和罐顶铅垂向上的总压力各为若干。

解　①罐身的半个罐壁的流体总压力

因为罐身垂直安装，罐身只有水平总压力，由式(2.42)得

$F_x=(p_0-p_a)A_x+\gamma h_C A_x$

式中：

$A_x = DH = 15.25 \times 9.6\ \text{m}^2 = 146.4\ \text{m}^2$

$h_C = \dfrac{H}{2} = \dfrac{9.6}{2}\ \text{m} = 4.8\ \text{m}$

$p_0 - p_a = \gamma_{H_2O} h = 9\ 810 \times 0.22\ \text{N/m}^2 = 2\ 158.2\ \text{N/m}^2$

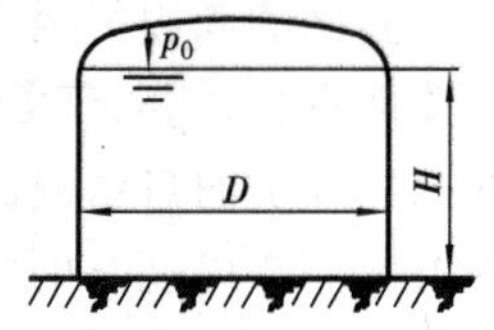

图 2.31　立式柱形储油罐

代入式(2.42)中得

$F_x = (2\ 158.2 \times 146.4 + 730 \times 9.81 \times 4.8 \times 146.4)\ \text{kN} = 5\ 348.349\ \text{kN}$

②罐顶的总压力

因为罐顶上压力体 v_p 等于零，由式(2.43)得

$$F_z = (p_0 - p_a) A_z$$

$$= (p_0 - p_a) \times \frac{\pi}{4} D^2 = 2\ 158.2 \times \frac{1}{4} \pi \times 15.25^2\ \text{kN} = 394.204\ \text{kN}$$

例 2.11　有一敷设于地上的管路如图 2.32 所示，管内表压强为 p，试确定当管材抗拉强度为$[\sigma]$，管壁厚度 δ 与压强 p 及 D 之间的关系式（按薄壁管计算，只考虑周向（环向）拉应力，纵向拉应力忽略）。

解　为了分析方便，截取单位长度管段并沿直径切开，取其一半分析其受力的作用。

因为管内压强 p 通常很大，忽略液体重量影响，认为压强均匀分布。图示 z 方向的压力互相抵消，只有 x 方向的分压力 F_x，它与拉力 T 平衡，因 $A_x = d \times 1$，故

$$T = F_x = pA_x = pd$$

根据强度理论

$$T \leqslant 2\delta \times 1 \times [\sigma]$$

则　$\delta \geqslant \dfrac{pd}{2[\sigma]}$

设计管道时，如果不考虑其他载荷，可用该公式确定壁厚。

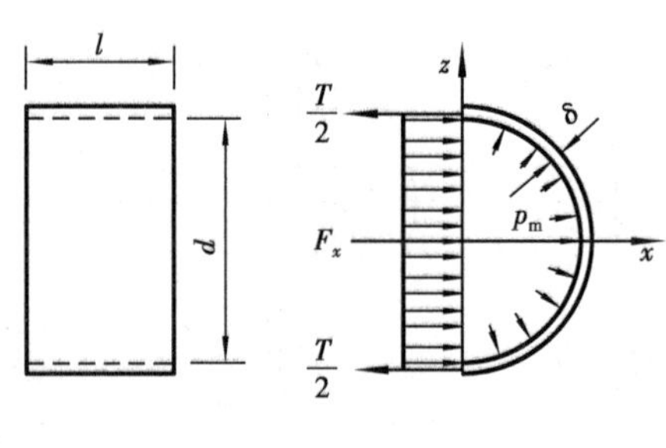

图 2.32　管路

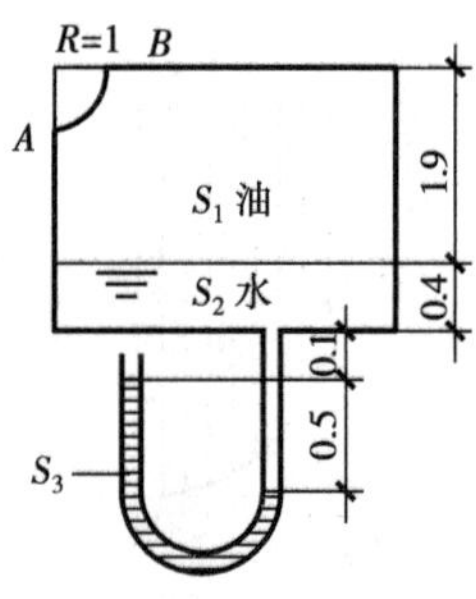

图 2.33　压力储油箱

例 2.12　如图 2.33 所示的压力储油箱垂直纸面的宽度 $b = 2$ m，油品相对密度 $S_1 = 0.8$，油层下有积水，箱底装有一 U 形测压计，$S_3 = 13.6$，相关尺寸如图所示，试求作用在圆柱面 AB 上的总压力的大小。

解　先求出 B 点的压强

$$p_B + \gamma_1 \times 1.9 + \gamma_2 (0.4 + 0.1 + 0.5) = \gamma_3 \times 0.5$$

则　$$p_B = 9\ 810 \times (0.5 \times 13.6 - 0.8 \times 1.9 - 1 \times 1)\ \text{Pa} = 41\ 986.8\ \text{Pa}$$

水平方向的压力为

$F_x = P_B A_x + \gamma h_C A_x$

式中，$A_x = 1 \times 2\ \text{m}^2 = 2\ \text{m}^2$

$h_C = 0.5\ \text{m}$

则　$F_x = (41\ 986.8 \times 2 + 0.8 \times 9\ 810 \times 0.5 \times 2)\ \text{N} = 91.8\ \text{kN}$

垂直方向的压力

$F_z = p_B A_z + \gamma V_{压}$

其中：$A_z = 1 \times 2\ \text{m}^2 = 2\ \text{m}^2$

$V_{压} = \dfrac{1}{4} \pi \times 1^2 \times 2\ \text{m}^3 = 1.57\ \text{m}^3$

则　$F_z = (41\ 986.8 \times 2 + 0.8 \times 9\ 810 \times 1.57)\ \text{N} = 96.3\ \text{kN}$

总压力为

$F = \sqrt{F_x^2 + F_z^2} = \sqrt{91.8^2 + 96.3^2}\ \text{N} = 133\ \text{kN}$

2.8　浮力及潜(浮)体的平衡与稳定性

在生产实践中经常遇到物体浸入液体的情况，为了求解这类问题，需讨论液体对物体的浮力影响及其计算方法。

漂浮在液面上的物体称为浮体，完全潜[illegible]称为潜体。浮体和潜体与液体接触的表面将[illegible]

图 2.34 中的物体 *ABCD* 浸在平衡液[illegible]受总压力的计算方法，即

$$F = \sqrt{F_x^2 + F_y^2 + F_z^2} \tag{2.44}$$

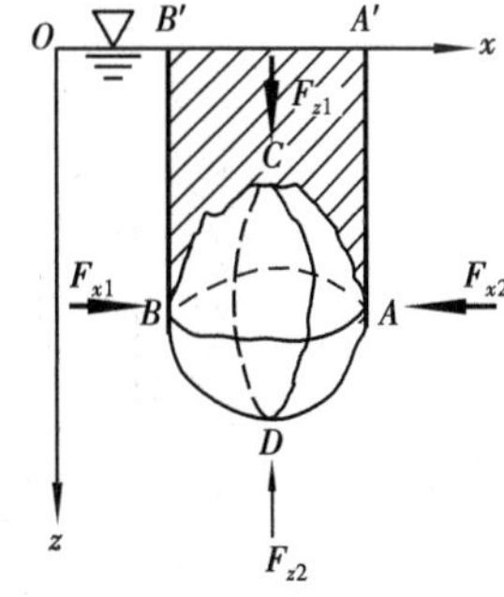

图 2.34　液体的浮力

式中　F——物体表面上所受到的液体总压力；

F_x——总压力 F 在 Ox 方向的分力；

F_y——总压力 F 在 Oy 方向的分力；

F_z——总压力 F 在 Oz 方向的分力。

因为沉没物体或漂浮物体的淹没部分受压面两侧在铅垂面的投影面积大小相等，所以作用在物体两侧面上液体压力的水平分力大小相等，方向相反，互相抵消。这样，式(2.44)变为

$$F = \sqrt{F_z^2} = F_z$$

从上面作用于物体上的压力为

$$F_{z1} = \gamma V_{AA'B'BCA}$$

从下面作用于物体上的压力为

$$F_{z2} = \gamma V_{AA'B'BDA}$$

因而物体受到垂直方向的总压力，方向朝上，大小为 F_{z2} 与 F_{z1} 之差，即

$$F_z = \gamma V_{ACBDA}$$

或写为

$$F_z = \gamma V \tag{2.45}$$

浸没在液体中的物体所受的液体总压力是一个垂直压力，它的大小等于与物体同体积的

液体重力，方向朝上，作用线通过物体的几何中心（又称浮心），这就是著名的阿基米德原理。这个垂直压力 F_z 又称为浮力。从上面分析可以看出：浮力的存在就是物体表面上作用的液体压力不平衡的结果。

还必须指出，阿基米德原理无论对于完全潜没在液体的潜体或漂浮在液面上的浮体都是正确的。

下面进一步讨论潜体及浮体的平衡及稳定问题。

2.8.1 潜体的平衡及稳定

潜体受到两个力的作用：一个是物体本身的重力 G，它通过物体的重心，如图 2.35 所示；另一个是浮力 F，它通过所排开同体积液体的重心，也就是通过物体本身的几何中心 C。

潜体平衡有两个条件：

①重力和浮力大小相等，即 $G=F$。如果 $G>F$，则物体下沉，直到遇有底部的固体边界为止；如果 $G<F$，则物体上浮，最后就变成浮体而不是潜体了。

②重心与浮心要在一条垂直线上。因为重心与浮心如果不在一条垂直线上，就会构成一个力偶，使潜体倾倒。只有重心和浮心在一条垂直线上，才不产生力偶。这时，通过重心与浮心而连成的垂直线称为浮轴。

潜体的稳定性是指平衡潜体受某种外力作用发生倾斜后不依靠外力而恢复原来平衡状态的能力。

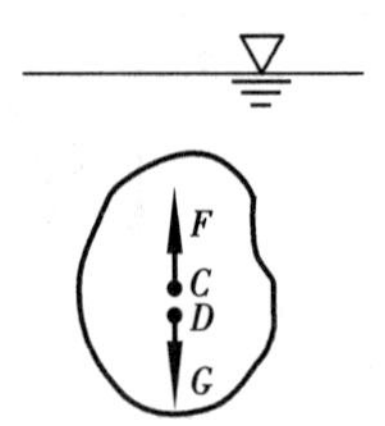

图 2.35 潜体的平衡

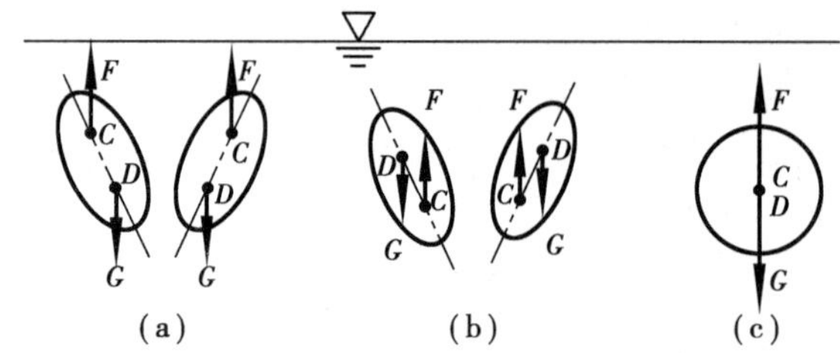

图 2.36 潜体的稳定分析

根据重心 D 与浮心 C 的相互位置，可以分以下三种情况来讨论潜体稳定性：

①D 在 C 之下，如图 2.36(a)所示，潜体如发生倾斜，重力与浮力 F 形成一个使潜体恢复到原来平衡状态的转动力矩，以反抗使其继续倾斜的趋势。一旦去掉外界干扰，潜体将自动恢复平衡。这种情况称为稳定平衡。

②D 在 C 之上，如图 2.36(b)所示，潜体如有倾斜，重力 G 与浮力 F 将产生一个使潜体继续翻转的转动力矩，潜体不能恢复平衡位置，这种情况称为不稳定平衡。

③D 与 C 重合，如图 2.36(c)所示，潜体处于任何位置都是平衡的，称为随遇平衡。

由此可见，为了保持潜体的稳定，潜体的浮心 C 必须位于重心 D 之上。

2.8.2 浮体的平衡及稳定

浮体平衡的条件和潜体相同，即作用于浮体的重力 G 与浮力 F 相等，并且重心 D 与浮心 C 在同一条垂直线上。

浮体的稳定性取决于重心 D 与浮心 C 的相互位置，物体重心 D 与浮心 C 的相互位置可分为三种情况：

①D在C之下,如图2.37(a)所示。浮体如发生倾斜,由于沉没的体积形状发生变化,所以原来平衡时的浮心C变到新的浮心C'的位置上,重心D仍不变,这样在倾斜后,一旦去掉外界干扰,便由F及G组成的转动力矩使浮体恢复到原来位置,这称为稳定平衡。

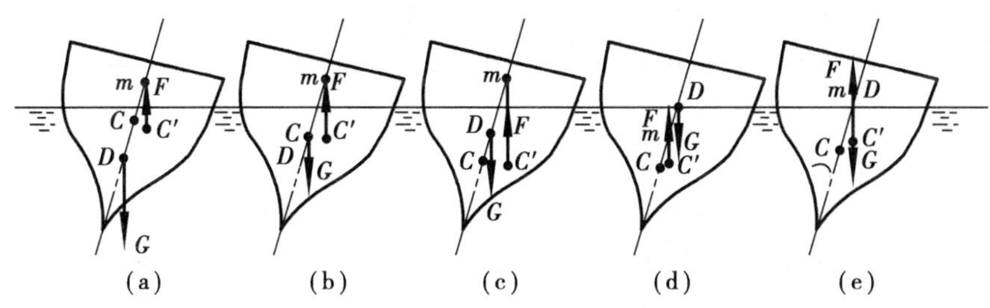

图2.37　浮体的稳定分析

②D与C重合,如图2.37(b)所示。浮体如发生倾斜,由于浮心C变到C',所以,立刻产生一个由F及G所组成转动力矩,它与浮体倾斜方向相反,使浮体又恢复到原来位置,亦为稳定平衡。

③D在C之上,这种情况比较复杂,在这里先说明一下定倾中心的概念。浮体发生倾斜时,其浮心C变为新的浮心C',这时通过浮心C'的浮力作用线与浮体原来平衡时的浮轴的交点,称为定倾中心,以m表示。

重心D在浮心C之上的情况又可根据定倾中心m与重心D的相互位置而分为如下三种情况:

①m在D之上,如图2.37(c)所示,这与图2.37(a)相同,是一种稳定平衡。

②m在D之下,如图2.37(d)所示,浮体倾斜后,F与G组成的转动力矩和倾斜方向相同,因而使浮体继续倾倒,这是一种不稳定平衡。

③m与D重合,如图2.37(e)所示,倾斜后F与G仍在一条直线上不产生力矩,一旦去掉外界干扰,浮体即在新位置上得到平衡,因而这是随遇平衡。

例2.13　有一卧式放空罐,其理论容积52 m^3,油罐自重35.91 kN,若被地下水淹没一半,求油罐所受的实际向上作用力。

解　油罐所受的浮力为

$$F_z=\gamma\cdot V=\gamma\cdot\frac{1}{2}V_{罐}=9.81\times10^3\times\frac{1}{2}\times52\ \mathrm{N}=2.551\times10^5\ \mathrm{N}$$

向上的合力为

$$F=F_z-G=2.51\times10^5-35.1\times10^3(\mathrm{N})=2.16\times10^5(\mathrm{N})$$

可见,向上的作用力是很大的。因此,在安装地下油罐时,应尽量避开地下水位高的地方,否则应采取加固措施,防止事故。

习　题

2.1　已知海水的相对密度$S=1.025$,标准大气压$p_a=101\ 300$ Pa,试求海面下深度为100 m处的绝对压强和表压强。

2.2 储油罐中装入相对密度 $S=0.8$ 的石油产品，罐内液面上的压强(表压强)为 200 mm 水柱，当地的大气压强为 755 mm 水银柱，试求深度为 8 m 处的绝对压强及表压强 p_m。

2.3 在 2.2 题中，若液面上的真空度为 50 mm 水柱，则该点的表压强为若干?

2.4 用米水柱表示 3 个工程大气压及气压计读数为 750 mmHg 的压强。

2.5 计算题图 2.1 中 A、B、C 和 D 各点的表压强。已知：$h_1=0.91$ m，$h_2=0.61$ m，$h_3=h_4=0.305$ m，$\gamma_{水}=9\ 789$ N/m^3，$\rho_{油}=900$ kg/m^3。

题图 2.1

2.6 某输油泵排出口压力表读数为 2.5 kgf/cm^2(1 kgf=9.81 N)，油品密度 $\rho=680$ kg/m^3，试用该油柱高表示该压强。

2.7 如题图 2.2 所示，已知：$H=6$ m，$h=2$ m，$p_a=9.81\times10^4$ Pa，$S=0.8$，试确定 A 点及容器内液面上的真空度为若干毫米水银柱?

2.8 如题图 2.3 所示，已知：$h=4$ m，$S=1.0$，$p_a=98\ 100$ Pa，计算 A 点的绝对压强及真空度。

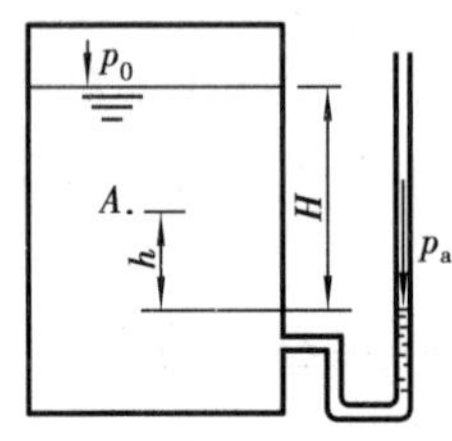

题图 2.2

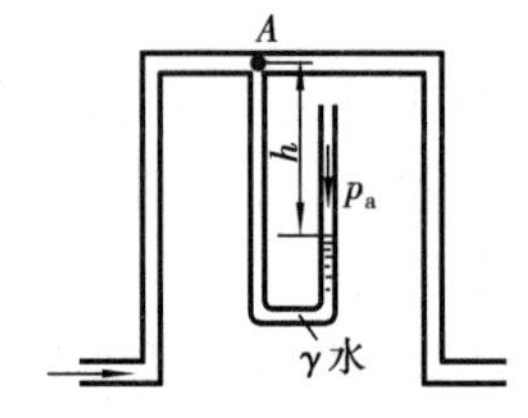

题图 2.3

2.9 如题图 2.4 所示为测定容器中 A 点的真空度。已知：$z=1$ m，$h=2$ m，当地大气压强 $p_a=10^5$ Pa，求 A 点的绝对压强和真空度。

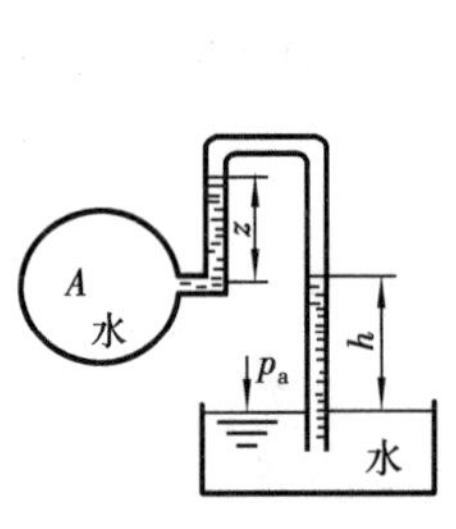

题图 2.4

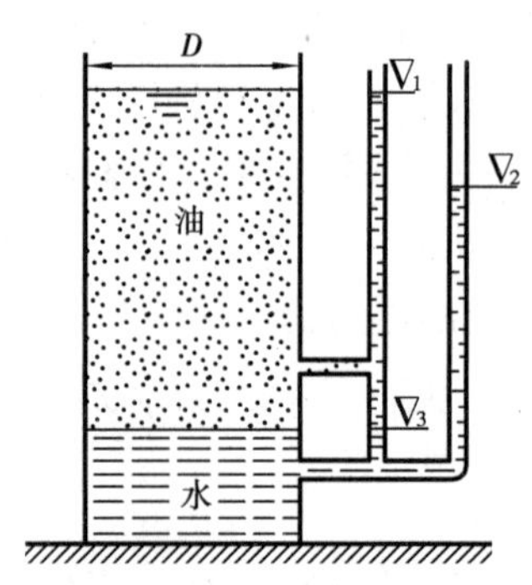

题图 2.5

2.10 圆柱式油水分离器如题图 2.5 所示，下部为水，上部为油。测得 $\nabla_3=0.5$ m，$\nabla_2=1.4$ m，$\nabla_1=1.6$ m，容器直径 $D=0.4$ m，求油的重度 γ 和重量。

2.11 题图 2.6 管中充满油($S=0.85$)，试以水柱为单位表示 A 点和 B 点的压强(表压强或真空度)。

2.12 如题图 2.7 所示为一水平输水管，欲测 A、B 两点的压强差，在 A、B 两点接一 U 形水银测压计，若 $\Delta h=350$ mm，计算 p_A-p_B 的值。

2.13 某油罐装有水银测压计，如题图 2.8 所示。测得数据如下：$h_1=440$ mm，

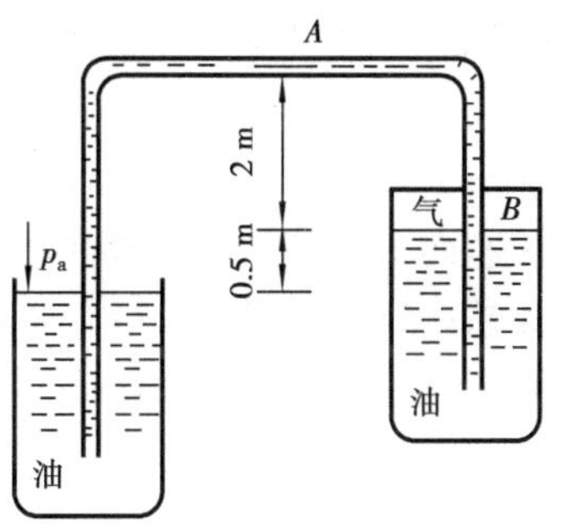

题图 2.6

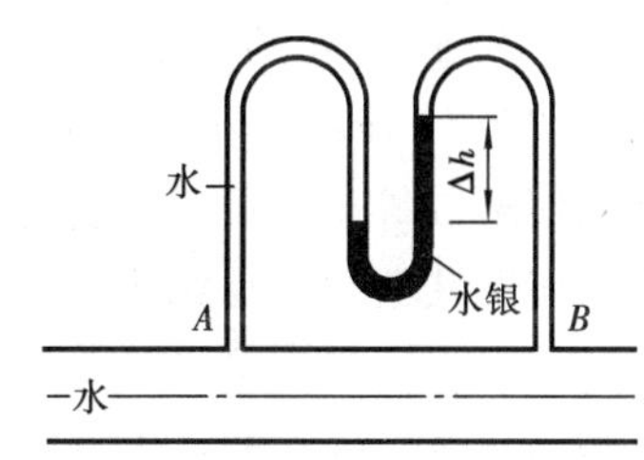

题图 2.7

$h_2=190$ mm，$h_0=300$ mm，油的相对密度 $S=0.74$，求罐内装油高度 H(mm)。

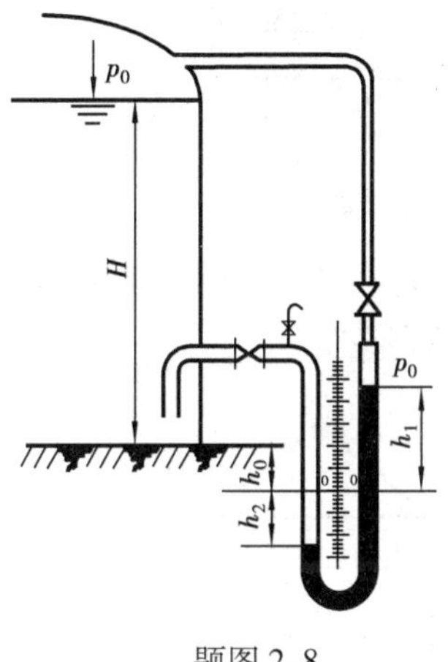

题图 2.8

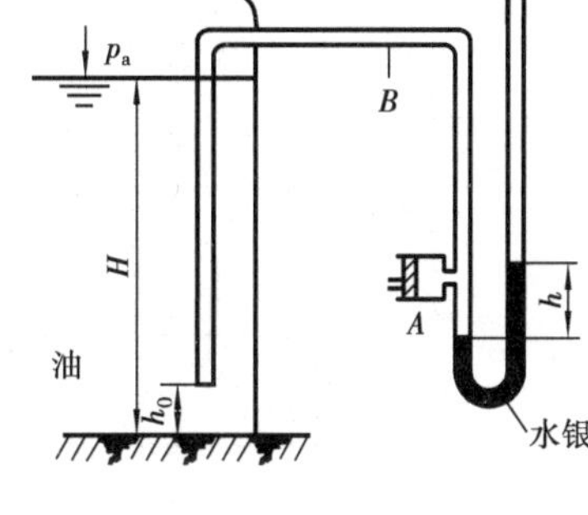

题图 2.9

2.14 如题图 2.9 所示为测定汽油罐内油面的高度 H。在图示装置中由柱塞泵 A 将压缩空气压入测管 B 中，当空气完全充满 B 管时，h 读数不变，若测得 $h=523$ mm，已知油的相对密度 $S=0.687$，$h_0=500$ mm，求 H。

2.15 如题图 2.10 所示为一多管式测压计。如果 $p_m=24.525$ kPa，$h=500$ mm，$h_1=200$ mm，$h_2=250$ mm，$h_3=150$ mm，水银的密度 $\rho=13\ 600$ kg/m^3，酒精的密度 $\rho=843$ kg/m^3，求容器 B 内的压强值。

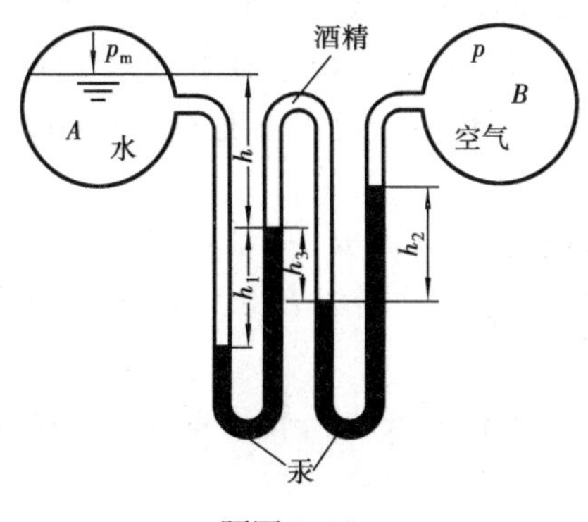

题图 2.10

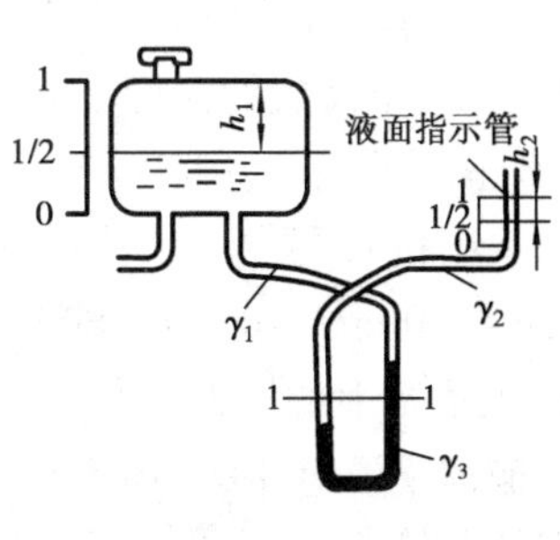

题图 2.11

2.16 如题图 2.11 所示为燃料油箱液面指示器，它能在液面指示管上成比例地指出油箱中液面的下降情况。在图示的三液交叉式 U 形管中，装有汽油 γ_1、水银 γ_3 和水 γ_2。汽油装满时，U形管液面为1—1，液面指示管中的液位在刻度1处，当油箱下降 h_1 时，指示管中液面下降 h_2，试导出 h_2 与 h_1 之间的关系式。

2.17　如题图2.12所示为圆柱形容器，其直径 $D=40$ mm，高度 $H=100$ mm，充水到一半，当该容器绕其几何轴以等角速旋转时，问应有多大极限转速而不致使水从容器中溢出？

2.18　为了使铸铁车轮边缘组织细密，采用离心浇注法。如车轮直径 $D=0.8$ m，浇口至 A 点的距离 $h=0.4$ m，如题图2.13所示，沙箱围绕通过轮心的轴等角速旋转，转速 $n=30$ r/min。求 A 点处的压强，铸铁的密度 $\rho=7\ 790$ kg/m^3。

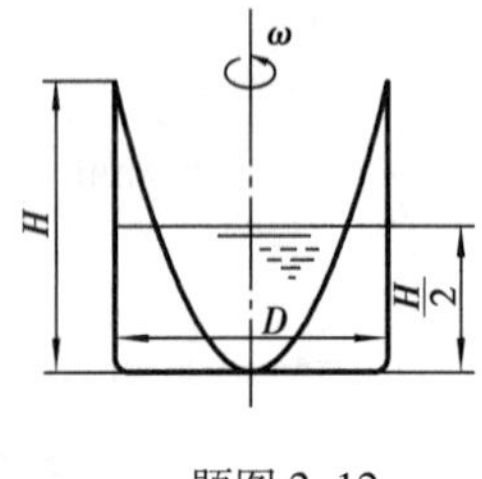

题图2.12

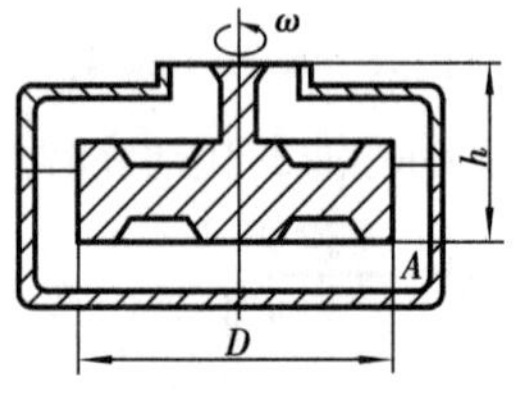

题图2.13

2.19　如题图2.14所示，$a_x=9.806$ m/s^2，$a_z=0$，求 A、B 及 C 点上的表压强。若 $a_x=4.903$ m/s^2，$a_z=9.806$ m/s^2，则 A、B 及 C 的表压强变成多少？

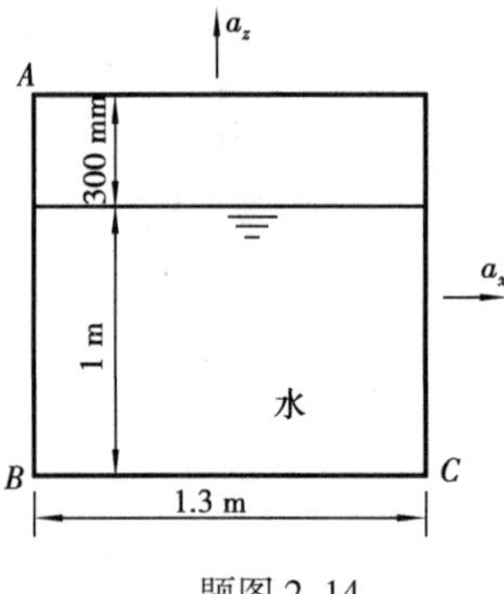

题图2.14

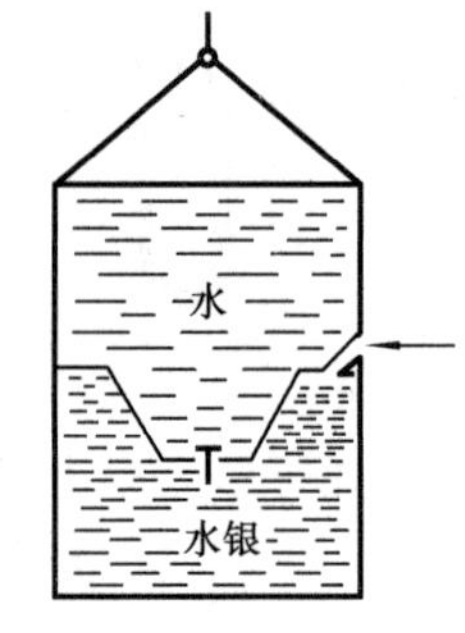

题图2.15

2.20　如题图2.15所示。液压式海深测定仪系由一坚固而具有隔板的钢制容器制成，其隔板凹进部分设有一单向阀，容器的上部充满水，下部充满水银。当此仪器下沉到海底时，海水在压强作用下经过小孔压入容器下部，迫使水银推动单向阀进入上部，容器上部的水因受压而容积缩小（$\beta_p=4.79\times10^{-10}$ m^2/N）。如果已知仪器放入海底后，有重力为5.89 N的水银进入容器上部，求海底的深度。容器上部原有水为1 000 cm^3，海水重度 $\gamma=10\ 300$ N/m^3，可视为常数，水银压缩性可忽略不计。

2.21　水压机如题图2.16所示，其大活塞直径 $D=0.5$ m，小活塞直径 $d=0.2$ m，$a=0.25$ m，$b=1.0$ m，$h=0.4$ m，试求：①当力 $F=200$ N时，A 块受力多少？②若小活塞上压强增加 Δp 时，大活塞上的压强及总压力增加多少？

2.22　输油管道试压时，压力表M读数为20 at（工程大气压），管道直径 $d=309$ mm，求作用在管端法兰堵头（如题图2.17）的总压力。

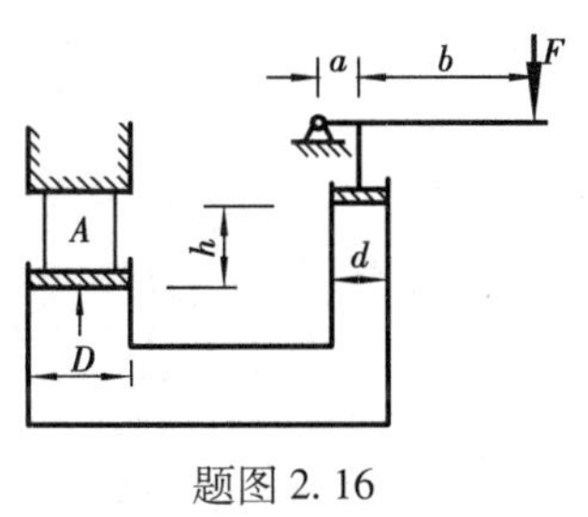

题图 2.16

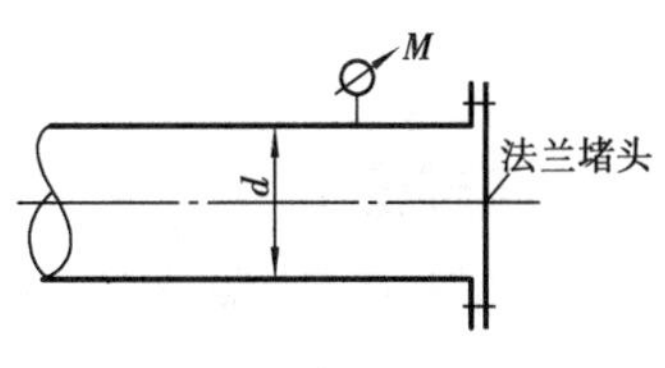

题图 2.17

2.23 如题图 2.18 所示，试求汽油罐人孔螺钉的总拉力。已知人孔直径 $D=550$ mm，$H=8$ m，汽油的相对密度 $S=0.74$，$p_0=1.02\times10^5$ Pa（绝对压强），$p_a=1$ at。

2.24 如题图 2.19 所示，在水深 5 m 的矩形断面渠道上做一止水墙，用 4 根水平横梁支撑，为了使每根横梁平均承受水压力，横梁应怎样配置？

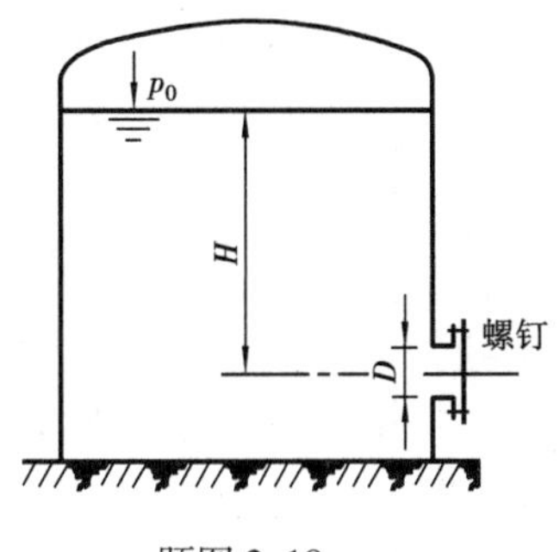

题图 2.18

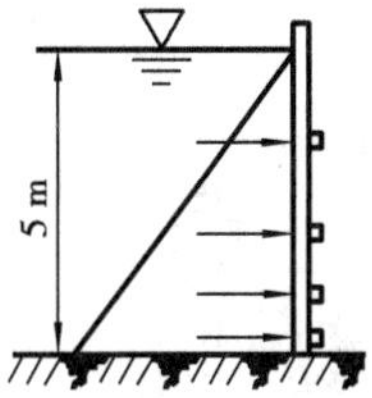

题图 2.19

2.25 绕铰轴 O 转动的自动开启式水闸如题图 2.20 所示。当水位超过 $H=2$ m 时，闸门自动开启，若闸门另一侧的水位 $h=0.4$ m，$\alpha=60°$，试求铰链的位置 x。

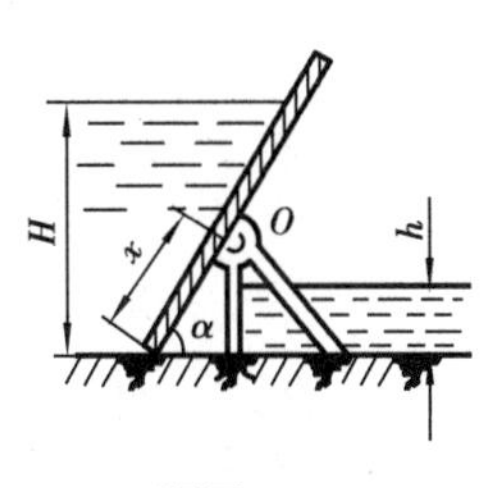

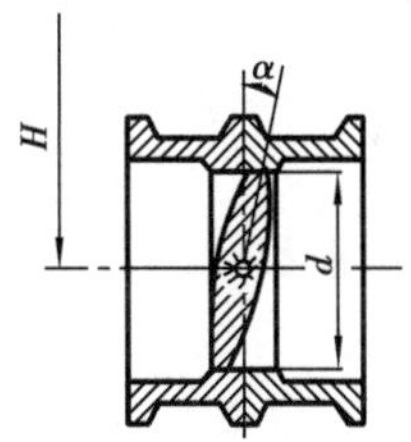

题图 2.20

题图 2.21

2.26 输水管道上安装一个可转动之节流阀，如题图 2.21 所示，其直径 $d=1.5$ m，水头高 $H=15$ m，试求开启该阀所需之力矩。计算时忽略活瓣面上之曲率、斜角 α 及轴上的摩擦力。

2.27 船闸宽度 $B=25$ m，上游水位 $H_1=63$ m，下游水位 $H_2=48$ m，船闸用两扇矩形闸门开闭，如题图 2.22 所示，试求作用在每闸门上的总压力大小及作用点距基底的标高。

2.28 直径 $D=125$ m，高 $H=4.5$ m，重量 $G=4.4\times10^5$ N 的煤气罐中充满相对密度为 0.54×10^{-3} 的煤气，如题图 2.23 所示。忽略摩擦，为了在煤气罐中保持 $p=2\ 000$ Pa 的表压强，试确定所必需的荷重 Q，并求出煤气罐内外的水位差 h。

2.29 在铸模内注入铁水，铸造长度为 $L=500$ mm 的圆柱形铁盖，如题图 2.24 所示。设沙箱上部的砂重 7 358 N，而 $r=500$ mm，$\delta=15$ mm，$d_1=150$ mm，$d_2=30$ mm，$h_1=100$ mm，$h_2=$

300 mm,熔化生铁的密度 $\rho=7\ 000\ kg/m^3$,试求作用于螺栓 A 上的总拉力。

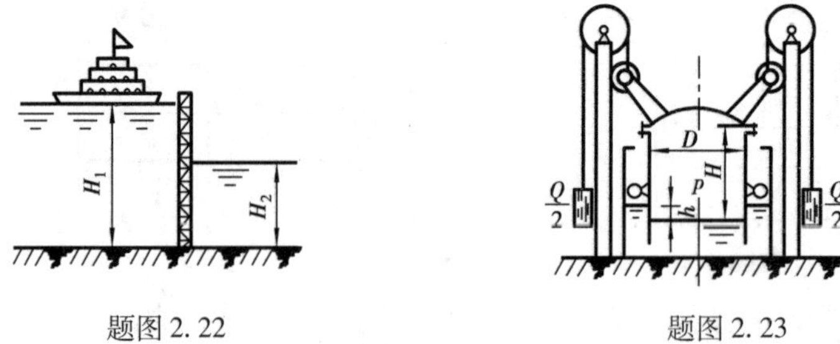

题图 2.22　　题图 2.23

2.30　有一球形容器,由两个半球铆接而成,下半球固定,容器充满水,如题图 2.25 所示。已知 $h=1$ m,$D=2$ m,求全铆钉所受之总拉力。

2.31　如题图 2.26 所示的锅炉汽包的柱体部分直径 $D=1$ m,两端为半球形盖,壁后 $\delta=2$ mm,压力表读数 $p=600\ kN/m^2$,求柱体部分壁面所受的纵向和横向拉应力。

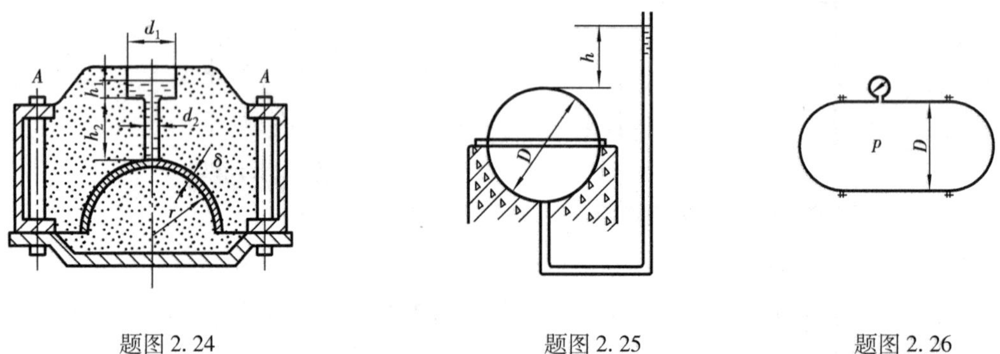

题图 2.24　　题图 2.25　　题图 2.26

第3章 流体运动学基础

在研究流体运动时，要涉及液体和气体，气体比液体可压缩性高得多。但是，在任何一个具体的流动过程中，对于显著的压缩，必有可观的压强变化。如果气流的速度不大，气体所展布的高度不高，流动有效断面又不太大，则压强的变化就远比平均压强小，于是体积的变化就很小，为了简化计算，体积的变化一般就可以完全忽略不计。在这种情形下，气体的流动就与不可压缩的液体的流动毫无区别。假设1%的体积变化可以忽略，就可以将关于不可压缩液体流动的公式应用到常温下的空气、天然气等的流动中去。例如，只要它的流动速度不超过约50 m/s，而高度不超过100 m时就可以应用，何况在速度为150 m/s时，体积的改变只约为10%。但当流速变得和声速（约340 m/s）同数量级的时候，体积的变化就很可观，而使流动状况（流场特征）起显著的变化。当流速超过声速的时候，流动的特征甚至完全不同于平常液体的一般情况。

与静止或相对静止情况不同，流体在流动的时候，流体的黏滞性将发生作用。因此，在流动中除了受质量力、压力外，还受到流体抵抗变形的黏性阻力（内摩擦力）的作用。由于黏滞性的作用，在流动流体中，任一点上的压强（称为动压强）不仅与该点的所在空间位置有关，也与方向有关，这就与静压强有所区别。但是，经理论推导证明（见第10章），流动流体中任一点在三个正交方向的压强的平均值为一常数，即

$$\frac{1}{3}(p_x + p_y + p_z) = p$$

式中p是一常数，它不随这三个正交方向的选取而变化。这个平均值就作为点的压强值。在本章及以后的章节中，流动流体的动压强和流体的静压强，一般在概念和命名上不予区别，一律称为压强。

由于流体具有黏滞性，流体与固体壁面有黏附作用，因此，流体在固体壁面上没有滑移现象，在垂直于流动方向上常有速度梯度，如图3.1所示。因此，实际流体流动时至少是二元的，一般情况下多为三元流。例如，将飞机模型放在风洞中，使风洞中的风呈均匀流动，这时飞机周围的流动是三元的复杂流动，如图3.2所

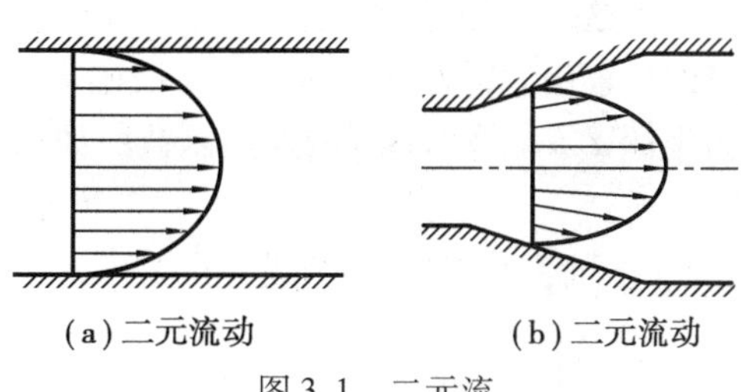

(a)二元流动　(b)二元流动

图3.1　二元流

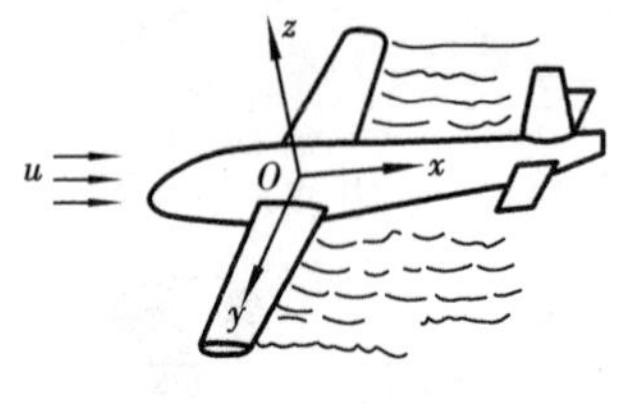

图 3.2　二元流动

示。但是,三元流的分析一般是非常困难的,所以多用二元模型来代替,作为二元流动进行分析。如上例的飞机,可用像图 3.3 所示的那样翼型周围的流动来分析,就可作为二元流动来处理。在许多实际工程问题中,流体的运动参数(速度、压强、密度等)在正交于主流方向上的变化与沿主流方向的变化比较起来很小,因而可以忽略不计,这时可以将它简化为一元流。例如,管道中的流体主要沿管轴方向流动,河渠中的水流主要沿河渠主流轴线方向流动。虽然严格来讲是属于二元流动,但是它们的流速常常用断面平均流速(见图 3.4)来描述,认为断面上各点的速度是均匀分布,其运动参数只沿主流方向变化。这样,就可以沿流动的主流方向选取坐标(一般情况下是曲线坐标),将整个流股(总流)作为研究对象,分析运动参数沿主流方向的变化规律及相互关系,从而可使问题大为简化,避免复杂的数学分析。这样的处理,对于实际应用的目的而言往往是足够正确的。

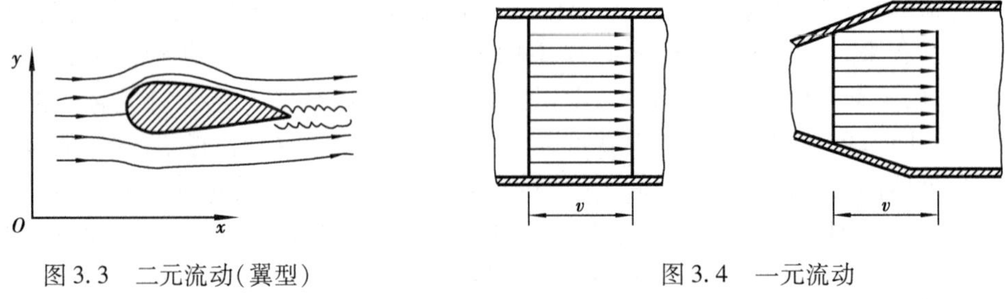

图 3.3　二元流动(翼型)　　图 3.4　一元流动

3.1　描述流体运动的方法

表征运动流体的物理量(如流体质点的位移、速度、加速度、密度、压强、流量、动量、能量等)统称为参数或运动要素。研究流体运动就是研究这些流动参数随空间和时间的连续变化规律及其相应的方程表达式。为此,在流体力学中,根据不同的观点,采用两种不同的方法,即拉格朗日法和欧拉法。

3.1.1　拉格朗日法

这是一种追踪流体质点历程的方法,所以也称为跟踪追迹法。它实际上是承袭一般力学里求质点的轨迹一样,研究流体中每一质点随时间在空间位置的改变,同时观察和分析各质点在运动历程中各运动参数的变化,综合足够多质点的运动情况后,便得到整个流体运动规律。

由于这一方法是以流体质点作为研究对象,因此需识别不同的质点。设在某一时刻 t_0,质点的位置由它的起始坐标 a、b、c 所确定。显然,该质点在任何时刻 t 的位置将是该质点的起始坐标 a、b、c 及时向 t 的连续函数。如以 $\boldsymbol{r}$ 表示质点在时刻 t 的向径,则

$$\boldsymbol{r} = r(a,b,c,t) \tag{3.1}$$

$\boldsymbol{r}$ 在 x、y、z 轴上的投影,分别为

$$\begin{cases} x = x(a,b,c,t) \\ y = y(a,b,c,t) \\ z = z(a,b,c,t) \end{cases} \tag{3.2}$$

这里用来识别不同的流体质点的起始坐标 a、b、c 都应当作是自变量，它们和时间 t 一起称为拉格朗日变量。拉格朗日变量是各自独立的，质点的初始坐标(a、b、c)与时间 t 无关，这样 $\boldsymbol{r}$ 或 x、y、z 只是时间 t 的函数。在这种情况下，式(3.1)或式(3.2)所表达的是流体质点运动的迹线(或轨迹)如图3.5所示。

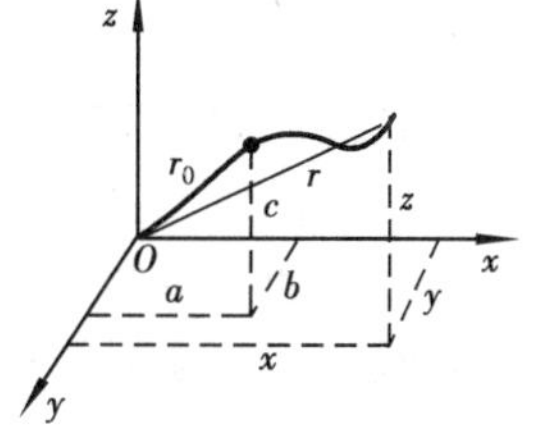

图3.5　拉格朗日法

如果要求得某一质点在任一瞬时 t 时的速度向量 $\boldsymbol{u}$，只要将式(3.1)对时间取偏导数即可，即

$$\boldsymbol{u} = \frac{\partial \boldsymbol{r}}{\partial t} = \frac{\partial \boldsymbol{r}(a,b,c,t)}{\partial t} \tag{3.3}$$

其在 x、y、z 轴向的分量分别为

$$\left.\begin{aligned} u_x &= \frac{\partial x}{\partial t} = \frac{\partial x(a,b,c,t)}{\partial t} \\ u_y &= \frac{\partial y}{\partial t} = \frac{\partial y(a,b,c,t)}{\partial t} \\ u_z &= \frac{\partial z}{\partial t} = \frac{\partial z(a,b,c,t)}{\partial t} \end{aligned}\right\} \tag{3.4}$$

在求得上述的偏导数以后，如令 a、b、c 为常数，t 为变数，则可得出某一质点在不同时间中的速度变化情况；反之，如果令 t 为常数，a、b、c 为变数，则可得某一时刻流体内部各质点的流速分布情况。

流体质点的其他流动参数如压强 p、密度 ρ、温度 T 等也可以用类似的方法予以表示，即

$$p = p(a,b,c,t) \tag{3.5}$$

$$\rho = \rho(a,b,c,t) \tag{3.6}$$

$$T = T(a,b,c,t) \tag{3.7}$$

拉格朗日法是直接研究流体质点的运动，似乎是一个很简单很具体的方法，但实际上由于流体质点不像固体质点那样受到较大的约束，追踪质点是一个很复杂的问题，在数学处理上非常麻烦和困难，因此，除了少数特殊问题(如紊动的扩散作用)外，极少使用。实用上，并无必要知道每一个流体质点的详细历史，只要能描绘出每一时刻流体运动参数在流场中每一固定点上的数值及其变化规律，而不必关注那些质点究竟在什么地方。例如，欲确定作用在流场内一个静止物体上的力，就要求知道物体上各点的压强和切应力，而无须知道这些点上的压强和切应力是由哪些质点作用的。提供这一简便方法的就是流体力学中广泛采用的第二种方法——欧拉法。

3.1.2　欧拉法

欧拉法只着眼于流场各固定点，研究各瞬时这些点的流动情况，而无论这些运动情况是由哪些质点表现出来的，也无论这些质点的来龙去脉，而将流体的速度 u、压强 p、密度 ρ 等运动参数作为空间点坐标(x,y,z)和时间 t 的函数而论述的一种方法。以 u 为例：

$$u = u(x,y,z,t) \tag{3.8}$$

或

$$\begin{cases} u_x = u_x(x,y,z,t) \\ u_y = u_y(x,y,z,t) \\ u_z = u_z(x,y,z,t) \end{cases} \tag{3.9}$$

在式(3.8)中,如令(x,y,z)为常数,t为变数,可以得不同瞬时通过空间相应固定点的流体流速的变化情况;如令t为常数,(x,y,z)为变数,则可得同一瞬时在流场内通过不同空间点的流体流速的分布情况,即此时瞬时的速度场;如令(x,y,z)及t均为变数,则研究的对象将是任意时刻t通过空间任意点(x,y,z)的流体质点的运动情况。

在欧拉法中,当时刻为t时,假设流体质点由空间位置和时间所确定的物理量为$\theta(x,y,z,t)$,则该质点的物理量θ对时间的变化率为$\frac{\mathrm{d}\theta}{\mathrm{d}t}$,根据多元偏导数的概念可得

$$\frac{\mathrm{d}\theta}{\mathrm{d}t} = \frac{\partial\theta}{\partial t} + u_x\frac{\partial\theta}{\partial x} + u_y\frac{\partial\theta}{\partial y} + u_z\frac{\partial\theta}{\partial z} \tag{3.10}$$

称$\mathrm{d}\theta/\mathrm{d}t$为流体力学的质点导数,式(3.10)也可写为

$$\frac{\mathrm{d}\theta}{\mathrm{d}t} = \frac{\partial\theta}{\partial t} + (\boldsymbol{u}\cdot\nabla)\theta \tag{3.11}$$

式中,$\nabla=\boldsymbol{i}\frac{\partial}{\partial x}+\boldsymbol{j}\frac{\partial}{\partial y}+\boldsymbol{k}\frac{\partial}{\partial z}$,称为哈密顿算子(Hamiltonian operator,"∇"读作"del"或"nabla")。

作为例子,假设质点的位置向量为$\boldsymbol{r}(x,y,z,t)$,按照速度物理意义,$\frac{\mathrm{d}\boldsymbol{r}}{\mathrm{d}t}$表示的应该是速度$\boldsymbol{u}$,而实际上,若取$\boldsymbol{r}$的分量$x,y,z$作为式(3.10)的$\theta$(注意:在欧拉法中,$(x,y,z)$和$t$是独立变数),则

$$\frac{\mathrm{d}x}{\mathrm{d}t} = \frac{\partial x}{\partial t} + u_x\frac{\partial x}{\partial x} + u_y\frac{\partial x}{\partial y} + u_z\frac{\partial x}{\partial z} = u_x$$

同理

$$\frac{\mathrm{d}y}{\mathrm{d}t} = u_y,\ \frac{\mathrm{d}z}{\mathrm{d}t} = u_z$$

又若取速度u作为θ,则可得到加速度的表达式为

$$\frac{\mathrm{d}\boldsymbol{u}}{\mathrm{d}t} = \boldsymbol{a} = \frac{\partial\boldsymbol{u}}{\partial t} + (\boldsymbol{u}\cdot\nabla)\boldsymbol{u} \tag{3.12}$$

写成分量形式,即

$$\left.\begin{aligned} \frac{\mathrm{d}u_x}{\mathrm{d}t} = a_x = \frac{\partial u_x}{\partial t} + u_x\frac{\partial u_x}{\partial x} + u_y\frac{\partial u_x}{\partial y} + u_z\frac{\partial u_x}{\partial z} \\ \frac{\mathrm{d}u_y}{\mathrm{d}t} = a_y = \frac{\partial u_y}{\partial t} + u_x\frac{\partial u_y}{\partial x} + u_y\frac{\partial u_y}{\partial y} + u_z\frac{\partial u_y}{\partial z} \\ \frac{\mathrm{d}u_z}{\mathrm{d}t} = a_z = \frac{\partial u_z}{\partial t} + u_x\frac{\partial u_z}{\partial x} + u_y\frac{\partial u_z}{\partial y} + u_z\frac{\partial u_z}{\partial z} \end{aligned}\right\} \tag{3.13}$$

由式(3.12)或式(3.13)可知,用欧拉法求得的流体质点的加速度由两部分组成:第一部分为$\frac{\partial u}{\partial t}\left(\text{或}\frac{\partial u_x}{\partial t},\frac{\partial u_y}{\partial t},\frac{\partial u_z}{\partial t}\right)$,称为当地加速度或时变加速度,它表示在某一固定空间点上因时间的变化而引起的速度变化率。第二部分为$(\boldsymbol{u}\cdot\nabla)\boldsymbol{u}$(或式(3.13)中的后三项之和),

称为迁移加速度或位变加速度，它表示流体质点在 dt 时间内从该固定点作微小位移（位变）过程中，由于流场随空间位置变化的非均匀性，引起质点速度的变化率。对于均匀流场，这部分的加速度应等于零。当地加速度及迁移加速度的物理意义可以图3.6所示的简例说明。装在水箱的水经过水箱底的一段等径管路 AB 及变径喷嘴 BC 向外流出。设管轴上有1、2、3三个点，在点1和点2位于等径段上，点3位于变径管上。若箱中水位保持恒定，则质点由点1流向点2时既没有当地加速度也没有迁移加速度；质点从点2流向点3时，虽没有当地加速度，但却有迁移加速度。如果箱中水位不断下降，质点从点1流向点2时，虽然没有迁移加速度，但却有当地加速度；而质点从点2流向点3时，既有当地加速度，又有迁移加速度。

例3.1　在图3.6中，若点2的速度 $u_2=4\ \text{m/s}$，点3的速度 $u_3=8\ \text{m/s}$，点2至点3的距离 $l=0.4\ \text{m}$，试求点3的迁移加速度。

解　因为沿管轴线上流动为一元流，则由点2到点3的速度梯度为

$$\frac{du}{dx}=\frac{8-4}{0.4}\ \text{s}^{-1}=10\ \text{s}^{-1}$$

故点3的迁移加速度为

$$u_3\frac{du}{dx}=8\times10\ \text{m/s}^2=80\ \text{m/s}^2$$

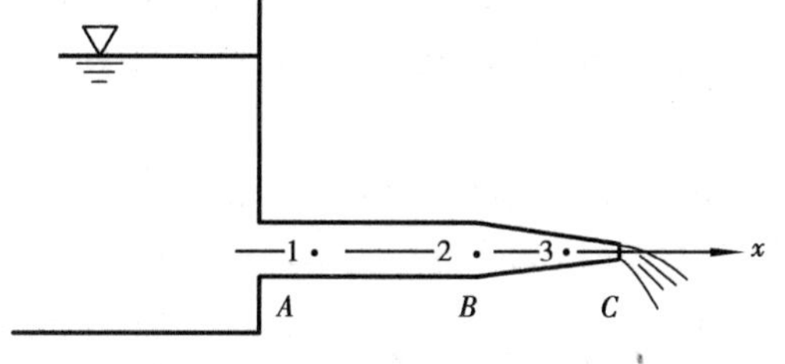

图3.6　当地加速度和迁移加速度

3.2　流体运动有关概念

3.2.1　恒定流动和非恒定流动

根据流场固定点上的流动参数是否随时间变化将流体的流动分为恒定流（定常流）和非恒定流（非定常流）。当流场固定点的流动参数不随时间而变的流动称为恒定流，否则为非恒定流。由此可知，恒定流时，流场中的流动参数只是空间点坐标的函数，即

$$u=u(x,y,z) \tag{3.14}$$

$$p=p(x,y,z) \tag{3.15}$$

$$\rho=\rho(x,y,z) \tag{3.16}$$

显然，上列流动参数对时间的偏导数等于零，即

$$\frac{\partial u}{\partial t}=0;\frac{\partial p}{\partial t}=0;\frac{\partial \rho}{\partial t}=0$$

流体的加速度简化为

$$\boldsymbol{a}=(\boldsymbol{u}\cdot\nabla)\boldsymbol{u} \tag{3.17}$$

或

$$
\left.\begin{aligned}
a_x &= u_x \frac{\partial u_x}{\partial x} + u_y \frac{\partial u_x}{\partial y} + u_z \frac{\partial u_x}{\partial z} \\
a_y &= u_x \frac{\partial u_y}{\partial x} + u_y \frac{\partial u_y}{\partial y} + u_z \frac{\partial u_y}{\partial z} \\
a_z &= u_x \frac{\partial u_z}{\partial x} + u_y \frac{\partial u_z}{\partial y} + u_z \frac{\partial u_z}{\partial z}
\end{aligned}\right\} \tag{3.18}
$$

3.2.2 迹线和流线

(1)迹线

流场中某一流体质点运动的轨迹称为迹线。它表示同一流体质点在不同时刻的运动方向。拉格朗日法是研究流体质点的运动情况的,用拉格朗日法可直接得到迹线方程。在拉格朗日法中,式(3.2)就是质点迹线的参数方程。

(2)流线

流线是某一瞬时在流场中绘出的一条曲线,在该曲线上各点的速度矢量相切于这条曲线。设想在流场 $u=u(x,y,z,t)$ 中(见图 3.7),任取一点 1 绘出 t 瞬时点 1 上的速度矢量 $\boldsymbol{u}_1$,在 $\boldsymbol{u}_1$ 矢量线上取与点 1 相距极近的点 2,绘出同一瞬时点 2 的速度矢量 $\boldsymbol{u}_2$,再在 $\boldsymbol{u}_2$ 的矢量线上取与点 2 相距极近的点 3,绘出同一瞬时点 3 的速度矢量 $\boldsymbol{u}_3$,以此类推,就可得到 1、2、3、4 出发的一条流线。流线可以形象地描述出流场内的流动状态。假如在流场各空间点都绘出同一瞬时的流线,那么这些流线的综合就可描绘出整个空间在该瞬时的流动图景。例如,将细的铝粉末撒在流动的水流表面上,进行曝光时间极短的快速摄影,则在照片上可以得到表示比例于流速 u 的大小和方向的小线段。若所撒的颗粒适当加密,将那些小线连接起来就可以得到表示速度方向的流线谱,此流线谱就展示了该瞬时流场中的流动图景。

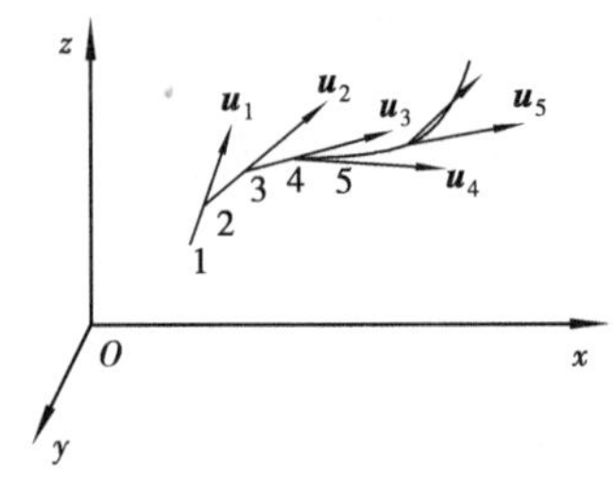

图 3.7　流线

流线具有下列两个特性:

①在恒定流时,因为流速场不随时间而变化,则流线的形状也不随时间变化。同时,经过某一共同点的流线和迹线相互重合,因此,流体质点沿着流线运动而决不离开流线。非恒定流时只有瞬时流线,不同瞬时,一般说来有不同的流线,因此,流线与迹线不相重合。

②根据流线定义,通过某一空间点在给定瞬时只能有一条流线,一般情况下,流线不能相交和分支,否则在同一空间点上流体质点将同时有几个不同的流动方向。只有流速场中速度为零或无穷大的那些点,流线可以相交,这是因为在这些点上会出现在同一点上而存在不同的流场方向的问题。

(3)流线微分方程式

根据流线的定义可以导出流线的微分方程式。在流场中取一点 M,在某瞬时 t 通过点 M 的流线 s,如图 3.8 所示。

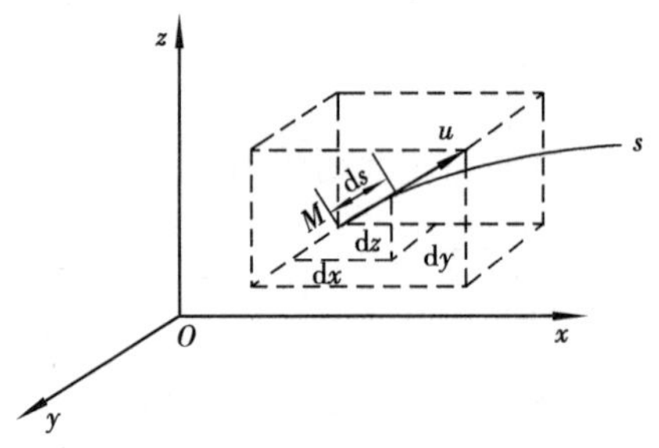

图 3.8　流线微分方程式

在流线上从点 M 取一微段 ds,可以将它近似成直线，它在坐标轴的投影为 dx、dy、dz，因为流线上每一点的速度向量均与流线相切，过点 M 的速度向量 $\boldsymbol{u}$ 可以看成与 ds 重合，$\boldsymbol{u}$ 在坐标轴方向的分量为 u_x、u_y、u_z，则方向余弦为

$$\cos(u,x)=\frac{u_x}{u}=\frac{\mathrm{d}x}{\mathrm{d}s}$$

$$\cos(u,y)=\frac{u_y}{u}=\frac{\mathrm{d}y}{\mathrm{d}s}$$

$$\cos(u,z)=\frac{u_z}{u}=\frac{\mathrm{d}z}{\mathrm{d}s}$$

由此可得

$$\frac{\mathrm{d}x}{u_x}=\frac{\mathrm{d}y}{u_y}=\frac{\mathrm{d}z}{u_z} \tag{3.19}$$

这就是流线的微分方程式，式中 u_x、u_y、u_z 都是 (x,y,z) 和 t 的函数。不同瞬时有不同的流线，时间 t 是流线方程的参变数。

用矢量表示的流线方程为

$$\boldsymbol{u}\times \mathrm{d}\boldsymbol{r}=0 \tag{3.20}$$

式中，$\boldsymbol{r}$ 为空间某点的向径，$\mathrm{d}\boldsymbol{r}$ 为流线的微元长，如图 3.9 所示。

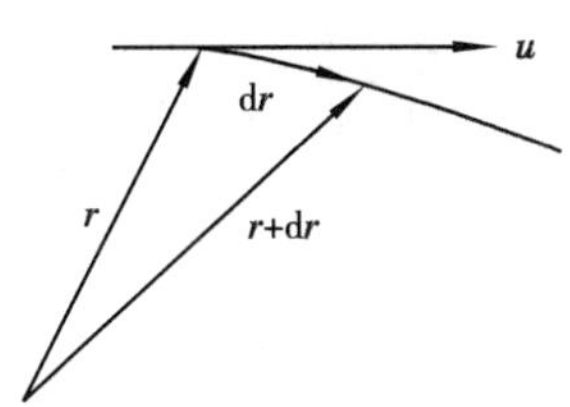

图 3.9　速度及向径矢量

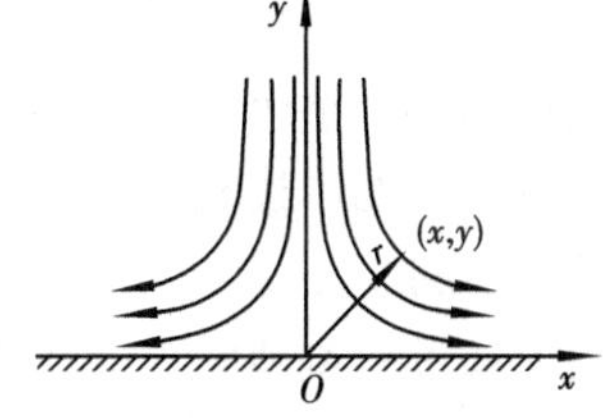

图 3.10　双曲线形流线

例 3.2　有一 $u_x=cx$，$u_y=-cy$，$u_z=0$ 的速度场，其中 c 为常数，且 $y\geqslant 0$，试求流场中质点的加速度及流线方程。

解　从 $u_z=0$ 及 $y\geqslant 0$，可见流体运动只限于 xOy 坐标系的上半平面。

①质点的速度

因为　$u=\sqrt{u_x^2+u_y^2}=c\sqrt{x^2+y^2}=cr$

则质点的加速度

$$a_x=\frac{\mathrm{d}u_x}{\mathrm{d}t}=u_x\frac{\partial u_x}{\partial x}=cx^2$$

$$a_y=\frac{\mathrm{d}u_y}{\mathrm{d}t}=u_y\frac{\partial u_y}{\partial x}=cy^2$$

$$a_z=0$$

故　$a=\sqrt{a_x^2+a_y^2}=c\sqrt{x^2+y^2}=c^2r$

②流线方程

由流线微分方程式(3.19)，得

$$\frac{\mathrm{d}x}{cx}=\frac{\mathrm{d}y}{-cy}$$

消去 c，积分得

$\ln x = -\ln y + \ln c$

即　$xy = c$

流线如图 3.10 所示的一簇等角双曲线，质点离原点越近，即 r 越小，其速度和加速度均越小，在 $r=0$ 处速度与加速度均为零。流体力学中称速度为零的点为驻点或滞止点，图中 O 点即是。相反，在 $r\to\infty$ 的无穷远处，u 及 a 均趋于无穷大；流体力学上称速度趋近无穷大的点为奇点，驻点和奇点是流场中的极端情况。一般流场中不一定都存在驻点或奇点。

3.2.3　流管、流束、流量和平均流速

(1)流管、元流和总流

在流场中设想一条不是流线的微小封闭曲线，通过这条曲线上的每一点可以引出一条流线，这些流线就形成一个假想的管状面，称为流管，如图 3.11 所示。流管内充满流动着的流体称为元流或流束。当元流封闭曲线围成的面积无限缩小趋近于零时，元流将达到它的极限——流线。在恒定流中，因流线的形状不随时间而变化，所以恒定流元流的形状也不随时间而变。由于元流的侧面都是流线，所以没有物质点穿越元流侧壁流入或流出。

图 3.11　流管

由无数个元流构成的整个流体称为总流，如管道、河渠中的整个流体就是总流。总流的边界线就是管壁或河渠的岸边槽底及与气体的分界面等。

(2)流量、平均流速

在单位时间内通过元流或总流某个断面的流体的质量或体积，称为流量。前者称为质量流量，后者称为体积流量。质量流量以 $\dot{M}$ 表示，体积流量以 Q 表示。

1)质量流量

如图 3.12 所示为一元流。在元流取一任意断面 ds，由于元流断面面积很小，断面上各点的流速和密度可认为相同，则

$$\mathrm{d}\dot{M} = \rho u_n \mathrm{d}s$$

式中，u_n 为断面 ds 法线方向的流速分量。由于

$$u_n = u\cos\theta$$

所以

$$\mathrm{d}\dot{M} = \rho u\cos\theta\,\mathrm{d}s = \rho u\mathrm{d}A \tag{3.21}$$

式中，dA 是与元流流线垂直的横断面面积，称为过流断面。

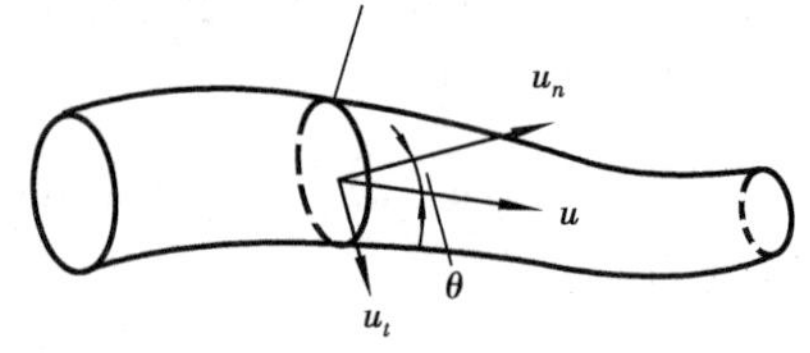

图 3.12　流量

对于总流来说，由于过流断面上各点的流速和密度一般是不相等的，因此要求得总流的质量流量，就应对过流断面积分，即

$$\dot{M} = \int_A \rho u\mathrm{d}A \tag{3.22}$$

2)体积流量

根据体积流量定义，对于元流

$$\mathrm{d}Q = u\mathrm{d}A \tag{3.23}$$

对于总流，将式(3.23)对整个过流断面积分，得

$$Q = \int_A u\mathrm{d}A \tag{3.24}$$

要求得过流断面上的流速分布规律通常是很困难的，在实际计算中，常用断面平均流速 v 进行计算。断面平均流速 v 是一个假想的流速，假想过流断面上各点的流速都相同（都等于 v），以该流速通过的流量与以实际流速通过该断面的流量相等，则这个流速 v 就称为断面平均流速。根据这个定义，式(3.24)可写为

$$Q = \int_A u\mathrm{d}A = vA$$

由此得

$$v = \frac{Q}{A} \tag{3.25}$$

所以，流量 Q 除以过流面积得到平均流速 v。

对于不可压缩流体而言，质量流量和体积流量之间的关系为

$$\dot{M} = \rho Q \tag{3.26}$$

质量流量的单位为 kg/s；体积流量的单位为 m^3/s，工程上体积流量常用的单位为 m^3/h。

3.2.4　系统和控制体的概念

在第 2 章中，导出以流体平衡微分方程式(2.3)或式(2.4)，是针对一个系统的。在流体运动学中，需要研究系统的力学规律，但由于流体流动的复杂性，对于研究对象的取法有很大的影响。实际上在前面的分析问题中提到了取隔离体的概念，它本质上指的就是控制体。

所谓系统，指的是一团流体质点的集合。它包含有确定的质量，系统的外界形成一个封闭的表面，称为边界。一个系统可以随着运动的变化而改变它的形状和空间位置，但它包含的物质质量不随运动改变。

所谓控制体，指的是流场中某一个确定的空间区域，它的边界称为控制面。控制体的质量可以随时间变化，但它的形状及空间位置不变。如图 3.13 所示，系统状态Ⅰ，其边界用虚线所示，体积为 V_0，而此时的控制体和系统重合，控制面用实线表示，体积为 V，且有 $V=V_0$。在 $t+\mathrm{d}t$ 瞬时，系统的位置和形状改变，体积也变成 V'，但系统的质量不变；而此时的控制体，其位置和形状未变，体积未变，仍为 V_0，但质量已有改变，如图 3.14 所示。

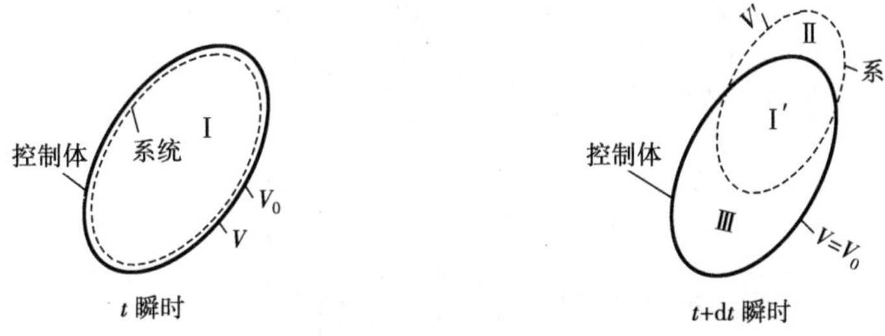

图 3.13　t 瞬时的系统与控制体　　图 3.14　$t+\mathrm{d}t$ 瞬时的系统与控制体

流体力学所研究的是系统的物理量，但这些量的变化又与所选定的控制体有关。控制体积的大小和形状完全是任意的，有些部分常取其与固体边界相重合，有些边界为了分析简便取与流速方向垂直。而系统可以按照自身运动规律穿越控制体表面流入流出该控制体。

由于流体有极大的流动性,使得识别一个特定的系统成为一个十分复杂而艰难的问题。而利用控制体的方法,既可以克服对系统辨别上的困难,又能使其对流体的分析大为简化。因此,在本章的若干节里,将分别把基本物理定律从系统方法转换为控制体方法,导出这些定律在流体力学中的表达式。

3.3 流体微团的运动分析

在讨论了流体运动的有关概念后,本节对流体的运动作进一步的分析,研究流体微团的运动特征。通过对流体微团的运动分析,得出流体运动的一些基本规律。

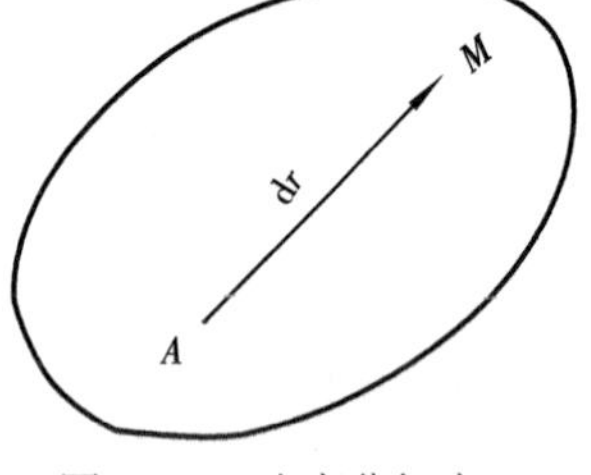

图 3.15　速度分解定理

在固体力学中,刚体运动可以分解为随极点的移动和绕极点转动两种。流体运动与固体运动的本质区别是流体在运动时不断存在变形。因此,流体微团的运动可以分解为平移、转动和变形三种,称之为柯西-亥姆霍兹定理,如图 3.15 所示。

3.3.1　柯西-亥姆霍兹(Cauchy-Helmholtz)速度分解定理

任一流体微团在 t 瞬时由极点 A 运动到 M 点后,由 Helmholtz 速度分解定理可表示为

$$\boldsymbol{U}_M=\boldsymbol{U}_{移动}+\boldsymbol{U}_{转动}+\boldsymbol{U}_{变形} \tag{3.27}$$

下面推导式(3.27)的具体表达式及含义:

t 瞬时极点 $A(x,y,z)$ 的速度为

$$\boldsymbol{u}_A=\boldsymbol{u}_A(x,y,z,t)$$

同时刻 M 点,$M(x+\mathrm{d}x,y+\mathrm{d}y,z+\mathrm{d}z)$ 的速度可用泰勒级数展开,当略去二阶以上微量时可以表示为

$$\begin{cases} u_{Mx}=u_x+\dfrac{\partial u_x}{\partial x}\mathrm{d}x+\dfrac{\partial u_x}{\partial y}\mathrm{d}y+\dfrac{\partial u_x}{\partial z}\mathrm{d}z \\ u_{My}=u_y+\dfrac{\partial u_y}{\partial x}\mathrm{d}x+\dfrac{\partial u_y}{\partial y}\mathrm{d}y+\dfrac{\partial u_y}{\partial z}\mathrm{d}z \\ u_{Mz}=u_z+\dfrac{\partial u_z}{\partial x}\mathrm{d}x+\dfrac{\partial u_z}{\partial y}\mathrm{d}y+\dfrac{\partial u_z}{\partial z}\mathrm{d}z \end{cases} \tag{3.28}$$

或

$$\boldsymbol{u}_M=\boldsymbol{u}_A+\begin{bmatrix} \dfrac{\partial u_x}{\partial x} & \dfrac{\partial u_x}{\partial y} & \dfrac{\partial u_x}{\partial z} \\ \dfrac{\partial u_y}{\partial x} & \dfrac{\partial u_y}{\partial y} & \dfrac{\partial u_y}{\partial z} \\ \dfrac{\partial u_z}{\partial x} & \dfrac{\partial u_z}{\partial y} & \dfrac{\partial u_z}{\partial z} \end{bmatrix}\begin{Bmatrix} \mathrm{d}x \\ \mathrm{d}y \\ \mathrm{d}z \end{Bmatrix} \tag{3.29}$$

3.3.2　平移运动、变形运动和旋转运动

为了简化讨论,取平面运动进行分析。由于流体微团上各点的速度不同,经过 $\mathrm{d}t$ 时段,

该流体微团的位置、形状都将发生变化，现在来分析这些是由哪些运动构成的。为此，考虑作平面运动的流体微团在 t 时刻为 $ABCD$，经过 $\mathrm{d}t$ 后移动到另一个位置成为 $A'B'C'D'$，如图 3.16 所示，并变形而且转动。由图可知，微团中各点的运动可以分解为：

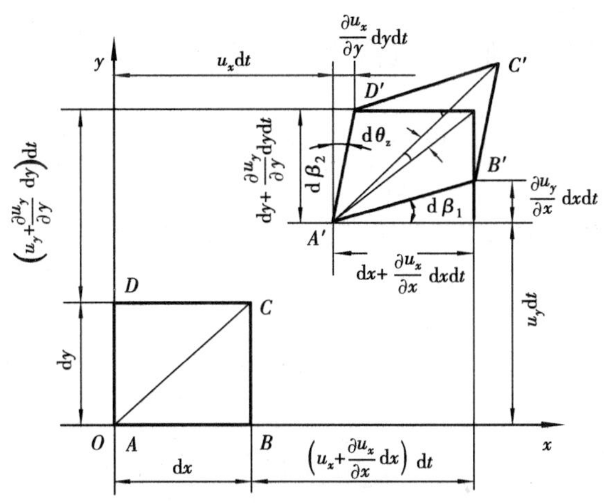

图 3.16　流体的变形运动

(1) **平移运动和线变形运动**

平移运动和线变形运动，即由 A 点平移至 A' 点所构成的运动，并设想在运动过程中，形状不变。其移动距离为 $u_x\mathrm{d}t$、$u_y\mathrm{d}t$，移动方向由 A 点 t 时刻的速度方向所确定。

流体微团上各点由于位置不同会引起速度的变化，这将使得流体微团在 $\mathrm{d}t$ 时段内产生沿坐标轴方向的线变形，即各边伸长或缩短。如图 3.16 所示，AB 和 AD 边经过 $\mathrm{d}t$ 时段后变为 $A'B'$ 和 $A'D'$ 所形成的线变形为

$$\frac{\partial u_x}{\partial x}\mathrm{d}x\mathrm{d}t \qquad \frac{\partial u_y}{\partial y}\mathrm{d}y\mathrm{d}t$$

用 ε 表示单位时间单位长度的线变形（称为线变率），则有流体微团沿 x 方向的线变率为

同理，有

$$\begin{cases} \varepsilon_{xx} = \dfrac{\dfrac{\partial u_x}{\partial x}\mathrm{d}x\mathrm{d}t}{\mathrm{d}x\mathrm{d}t} = \dfrac{\partial u_x}{\partial x} \\ \varepsilon_{yy} = \dfrac{\partial u_y}{\partial y} \\ \varepsilon_{zz} = \dfrac{\partial u_z}{\partial z} \end{cases}$$

上式即为式(3.29)矩阵中主对角线的三个元素。流体微团的体积膨胀率 ε 为 x、y、z 三个方向上线变率之和，即

$$\varepsilon = \varepsilon_{xx} + \varepsilon_{yy} + \varepsilon_{zz} = \frac{\partial u_x}{\partial x} + \frac{\partial u_y}{\partial y} + \frac{\partial u_z}{\partial z} \tag{3.30}$$

(2) **角变形运动和旋转运动**

角变形指流体微团中某一平面角在变形前后的变化量。由图 3.16 中的几何关系可知，变形角度 $\mathrm{d}\beta_1$ 为

$$\tan \mathrm{d}\beta_1 \approx \mathrm{d}\beta_1 = \frac{\partial u_y}{\partial x}\mathrm{d}t$$

同理，有

$$\tan \mathrm{d}\beta_2 \approx \mathrm{d}\beta_2 = \frac{\partial u_x}{\partial y}\mathrm{d}t$$

习惯上将单位时间的角变形之半定义为角变率。因角变形发生在 xOy 平面上，故用 ε_{xy} 表示，即

$$\varepsilon_{xy} = \frac{1}{2}\frac{\mathrm{d}\beta_1 + \mathrm{d}\beta_2}{\mathrm{d}t} = \frac{1}{2}\left(\frac{\partial u_y}{\partial x} + \frac{\partial u_x}{\partial y}\right) = \varepsilon_{yx}$$

推广到三维，则有流体微团的角变率为

$$\begin{cases} \varepsilon_{xy} = \varepsilon_{yx} = \dfrac{1}{2}\left(\dfrac{\partial u_y}{\partial x} + \dfrac{\partial u_x}{\partial y}\right) \\ \varepsilon_{yz} = \varepsilon_{zy} = \dfrac{1}{2}\left(\dfrac{\partial u_z}{\partial y} + \dfrac{\partial u_y}{\partial z}\right) \\ \varepsilon_{zx} = \varepsilon_{xz} = \dfrac{1}{2}\left(\dfrac{\partial u_x}{\partial z} + \dfrac{\partial u_z}{\partial x}\right) \end{cases} \tag{3.31}$$

角变形的不同还会引起旋转。旋转指的是流体微团运动前后角平分线的位置是否有变化。在图 3.16 中，运动前角平分线为 AC，运动后角平分线为 $A'C'$，它们之间的夹角为 $\mathrm{d}\theta_z$，即为旋转角，反映变形前后主对角线的变形，其下标 z 表示 xOy 面上 $ABCD$ 绕 z 轴旋转。由图可见，$\mathrm{d}\theta_z$ 与 $\mathrm{d}\beta_1$、$\mathrm{d}\beta_2$ 有关，但在旋转情况下，应考虑转角的正负性（逆时针为正，顺时针为负）。单位时间的旋转角变形（角变率）称为旋转角速度，用 ω 表示，即

$$\omega_z = \frac{\mathrm{d}\theta_z}{\mathrm{d}t} = \frac{1}{2}\frac{(\mathrm{d}\beta_1 - \mathrm{d}\beta_2)}{\mathrm{d}t} = \frac{1}{2}\left(\frac{\partial u_y}{\partial x} - \frac{\partial u_x}{\partial y}\right)$$

同理可得 ω_x、ω_y，所以，流体微团的旋转角速度分量为

$$\begin{cases} \omega_x = \dfrac{1}{2}\left(\dfrac{\partial u_z}{\partial y} - \dfrac{\partial u_y}{\partial z}\right) \\ \omega_y = \dfrac{1}{2}\left(\dfrac{\partial u_x}{\partial z} - \dfrac{\partial u_z}{\partial x}\right) \\ \omega_z = \dfrac{1}{2}\left(\dfrac{\partial u_y}{\partial x} - \dfrac{\partial u_x}{\partial y}\right) \end{cases} \tag{3.32}$$

或

$$\boldsymbol{\omega} = \frac{1}{2}\nabla \times \boldsymbol{u} = \frac{1}{2}\mathrm{rot}\,\boldsymbol{u} \tag{3.33}$$

根据流体微团运动分析所得出的表达式，可对式(3.28) M 点的速度分量进一步变换。因为

$$\frac{\partial u_x}{\partial y} = \frac{1}{2}\left(\frac{\partial u_x}{\partial y} + \frac{\partial u_y}{\partial x}\right) - \frac{1}{2}\left(\frac{\partial u_y}{\partial x} - \frac{\partial u_x}{\partial y}\right) = \varepsilon_{xy} - \omega_z$$

同理

$$\frac{\partial u_x}{\partial z} = \varepsilon_{xz} + \omega_y$$

将这两个关系代入式(3.28)得第一式,简化后可得

$$\begin{cases} u_{Mx} = u_x + \left(\dfrac{\partial u_x}{\partial x}\mathrm{d}x + \varepsilon_{xy}\mathrm{d}y + \varepsilon_{xz}\mathrm{d}z\right) + (\omega_y\mathrm{d}z - \omega_z\mathrm{d}y) \\ u_{My} = u_y + \left(\dfrac{\partial u_y}{\partial y}\mathrm{d}y + \varepsilon_{yz}\mathrm{d}z + \varepsilon_{yx}\mathrm{d}x\right) + (\omega_z\mathrm{d}x - \omega_x\mathrm{d}z) \\ u_{Mz} = u_z + \left(\dfrac{\partial u_z}{\partial z}\mathrm{d}z + \varepsilon_{zx}\mathrm{d}x + \varepsilon_{zy}\mathrm{d}y\right) + (\omega_x\mathrm{d}y - \omega_y\mathrm{d}x) \end{cases} \tag{3.34}$$

式(3.34)即为流体微团的速度分解定理。式中可分为三个部分:第一部分为平移速度;第二部分为变形速度(包括线变形和角变形);第三部分为旋转速度。

例 3.3　设有平面流场,$u_x=x^2y+y^2$,$u_y=x^2-y^2x$,求此流场在点(1,2)处的线变率,角变率和旋转角速度。

解　因是平面流场,$u_z=0$,线变率:

$$\varepsilon_{xx}=\frac{\partial u_x}{\partial x}=2xy$$

$$\varepsilon_{xx}(1,2)=2\times1\times2=4$$

$$\varepsilon_{yy}=\frac{\partial u_y}{\partial y}=-2xy$$

$$\varepsilon_{yy}(1,2)=-2\times1\times2=-4$$

角变率:

$$\varepsilon_{xy}=\varepsilon_{yx}=\frac{1}{2}\left(\frac{\partial u_y}{\partial x}+\frac{\partial u_x}{\partial y}\right)=\frac{1}{2}[(2x-y^2)+(x^2+2y)]$$

$$=\frac{1}{2}[(x+y)(x-y+2)]$$

$$\varepsilon_{xy}(1,2)=\frac{1}{2}(1+2)(1-2+2)=\frac{3}{2}$$

旋转角速度:

$$\omega_z=\frac{1}{2}\left(\frac{\partial u_y}{\partial x}-\frac{\partial u_x}{\partial y}\right)=\frac{1}{2}[(2x-y^2)-(x^2-2y)]$$

$$=(x-y)-\frac{1}{2}(x^2+y^2)$$

$$\omega_z(1,2)=(1-2)-\frac{1}{2}(1^2+2^2)=-\frac{7}{2}$$

3.4　运动连续性微分方程

对于三元直角坐标系,可以在流场中取一边长为 δx、δy、δz 的微小平行六面体为控制体积,如图 3.17 所示。其中心位于(x,y,z),中心 x、y、z 方向的流速分量分别为 u_x、u_y、u_z,密度为 ρ。首先考虑垂直于 x 方向的一对控制表面(平面)的质量流量。因假定各处的 ρ 和 u_x 为连续变化,故经右侧面流出的质量流量为

$$\left[\rho u_x + \frac{\partial}{\partial x}(\rho u_x)\frac{\delta x}{2}\right]\delta y\delta z$$

式中,$\rho u_x\delta y\delta z$ 是垂直于 x 轴中间平面的质量流量。第二项是质量流量对 x 的变化率乘以到右侧面距离$\frac{\delta x}{2}$。同理,左侧面流入控制体积的质量流量应为

$$\left[\rho u_x - \frac{\partial}{\partial x}(\rho u_x)\frac{\delta x}{2}\right]\delta y\delta z$$

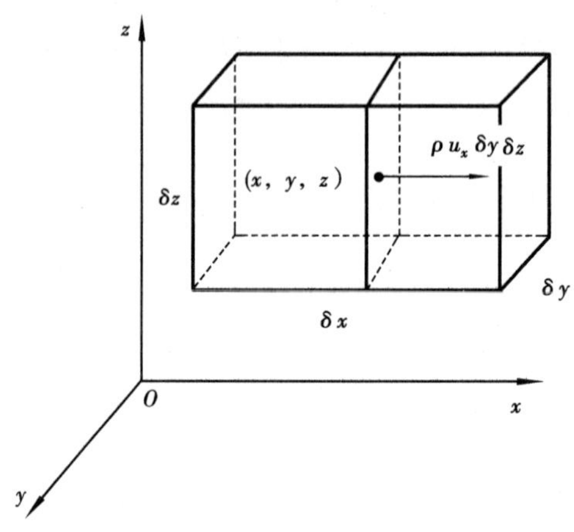

图 3. 17　直角坐标中推导三元流连续性方程的控制体

流出两平面的净质量流量为

$$\frac{\partial}{\partial x}(\rho u_x)\delta x\delta y\delta z$$

对另两方向可得类似表达式,因此总净流出质量流量为

$$\left[\frac{\partial}{\partial x}(\rho u_x) + \frac{\partial}{\partial y}(\rho u_y) + \frac{\partial}{\partial z}(\rho u_z)\right]\delta x\delta y\delta z \tag{3.35}$$

对于微元控制体积内,质量减少率应为

$$-\frac{\partial \rho}{\partial t}\delta x\delta y\delta z \tag{3.36}$$

根据质量守恒定律,式(3. 35)与式(3. 36)应相等。令其相等后除以微元体积 $\delta x\delta y\delta z$,并取极限,δx、δy、δz 趋于零,于是对于一点的连续方程为

$$\frac{\partial}{\partial x}(\rho u_x) + \frac{\partial}{\partial y}(\rho u_y) + \frac{\partial}{\partial z}(\rho u_z) = -\frac{\partial \rho}{\partial t} \tag{3.37}$$

该式对恒定流、非恒定流、可压缩或不可压缩流动中任一点都适用。对不可压缩流动,可简化成

$$\frac{\partial u_x}{\partial x} + \frac{\partial u_y}{\partial y} + \frac{\partial u_z}{\partial z} = 0 \tag{3.38}$$

对恒定流,$\frac{\partial \rho}{\partial t}=0$,得

$$\frac{\partial}{\partial x}(\rho u_x) + \frac{\partial}{\partial y}(\rho u_y) + \frac{\partial}{\partial z}(\rho u_z) = 0 \tag{3.39}$$

式(3.37)、式(3.38)及式(3.39)可用矢量形式表达,式(3.37)写为

$$\nabla \cdot \rho \boldsymbol{u} + \frac{\partial \rho}{\partial t} = 0 \tag{3.40}$$

对不可压缩流:

$$\nabla \cdot \boldsymbol{u} = 0 \tag{3.41}$$

对恒定流:

$$\nabla \cdot \rho \boldsymbol{u} = 0 \tag{3.42}$$

式中,点积$\nabla \cdot \boldsymbol{u}$ 称为流速矢 $\boldsymbol{u}$ 的散度,它的意义是一点处单位体积流出的净流量,对于不可压缩流动,它必然等于零。

对于二元流,一般假定流动平面同 x、y 平面平行,$u_z=0$,相对于 z 方向流动没有变化,因此,$\frac{\partial}{\partial z}=0$,其连续方程由简化三元流连续方程而得。

例 3.4　二元不可压缩流的流速分布由下式表示,即

$$u_x=-\frac{x}{x^2+y^2}, u_y=-\frac{y}{x^2+y^2}$$

证明此流动满足连续性方程。

证明　由式(3.38),二元流的连续性方程为

$$\frac{\partial u_x}{\partial x}+\frac{\partial u_y}{\partial y}=0$$

因 $$\frac{\partial u_x}{\partial x}=-\frac{1}{x^2+y^2}+\frac{2x^2}{(x^2+y^2)^2}$$

$$\frac{\partial u_y}{\partial y}=-\frac{1}{x^2+y^2}+\frac{2y^2}{(x^2+y^2)^2}$$

代入连续性方程,它们之和为 0,故该流动满足连续性方程。

习　题

3.1　有一渐扩管段如题图 3.1 所示,已知 $u_1=8$ m/s,$u_2=2$ m/s,$l=1.5$ m,试计算点 2 的迁移速度。

3.2　在二元流动中,有一速度矢量的表示式为 $\boldsymbol{u}=10\boldsymbol{i}+20x\,\boldsymbol{j}$ m/s,式中 x 的单位是米,试确定在点(2,2)处,速度矢量在与 x 轴成 30°方向上的分量。

3.3　水在一个圆形管内流动,其速度分布为 $u=6\left(1-\frac{r^2}{16}\right)$ m/s,求在直径 $d=800$ mm 内水的平均流速是多少?

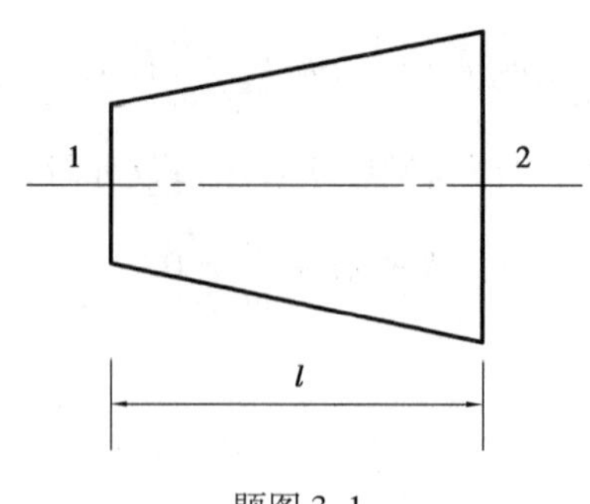

题图 3.1

3.4　圆管内的速度分布曲线由方程$\frac{u}{u_{max}}=\left(1-\frac{r}{R}\right)^{\frac{1}{7}}$给出，式中 R 为圆管半径，u_{max} 为管中心的流速，试求圆管内的平均流速。

3.5　间距为 a 的两平行板间的流速分布是 $u=-10\frac{y}{a}+20\frac{y}{a}\left(1-\frac{y}{a}\right)$，式中 u 为与板平行的速度分量，y 是沿垂直于下板计量，试求体积流量和平均流速。

3.6　设空间不可压缩流体的两个分速为：

①$u_x=ax^2+by^2+cz^2$，$u_y=-dxy-eyz-fzx$

②$u_x=\ln\left(\frac{y^2}{b^2}+\frac{z^2}{c^2}\right)$，$u_y=\sin\left(\frac{x^2}{a^2}+\frac{z^2}{c^2}\right)$

其中，a、b、c、d、e、f 均为常数，试求 u_z。

3.7　已知流体运动的速度场为：$u_x=2yt+at^2$，$u_y=2xt$，$u_z=0$。式中，a 为常数，试求 $t=1$ 时，过(a,b)点的流线方程。

第 4 章 一元不可压缩流体动力学基础

4.1 恒定总流的连续性方程

除了核物理现象外，质量守恒定律是自然界中的普遍定律之一，它在流体力学中的具体表现形式就是连续性方程式，它是流体力学中最基本也是最重要的关系式之一。

在过流断面为 A_1 及 A_2 的总流流段（控制体）中任取一流束，其两断面面积和流速分别为 dA_1、u_1 及 dA_2、u_2，密度分别为 ρ_1、ρ_2，如图 4.1 所示。由于微小流束表面是由流线围成的，所以没有流体的穿入或穿出，只有两端 dA_1 和 dA_2 流体的流入和流出。

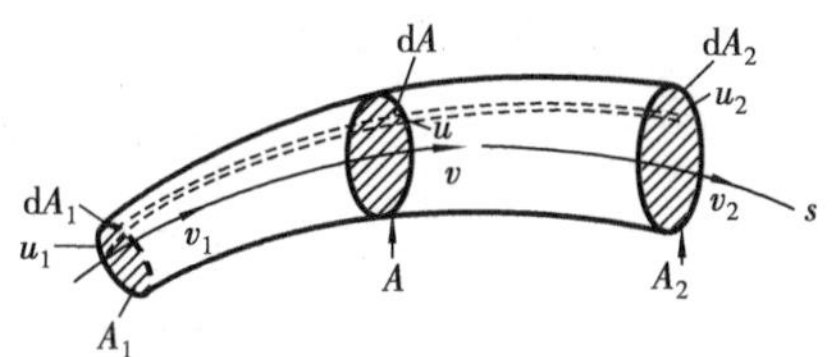

图 4.1　连续性方程

现考虑 dt 时间内，dA_1 流入的流体质量为 $\rho_1 u_1 dA_1$；同理，由 dA_2 流出的流体质量为 $\rho_2 u_2 dA_2$。因此，在 dt 时间里通过此微小流束的实际流体质量为

$$dM = \rho_1 u_1 dA_1 - \rho_2 u_2 dA_2$$

对于恒定流动，微小流束的形状及各运动参数（如 u、p 等）都不随时间变化，又因为流体是无空隙的连续介质，所以根据质量守恒定律，在 dt 时间里微小流束的控制体（dA_1 及 dA_2 断面所包围的体积）内，流体质量保持不变，即

$$dM = 0$$

故有

$$\rho_1 u_1 dA_1 = \rho_2 u_2 dA_2 \tag{4.1}$$

式(4.1)就是微小流束恒定流时的连续性方程。对于不可压缩流体，ρ=常数，则有

$$u_1 dA_1 = u_2 dA_2 \tag{4.2}$$

式(4.2)就是不可压缩流体恒定流束的连续性方程。将式(4.1)和式(4.2)两边沿总流段整

个过流断面 A_1 及 A_2 积分，就可得到总流的连续性方程，即

$$\rho_{1均}\int_{A_1} u_1 \mathrm{d}A_1 = \rho_{2均}\int_{A_2} u_2 \mathrm{d}A_2$$

积分得

$$\rho_{1均}\, Q_1 = \rho_{2均}\, Q_2$$

或

$$\rho_{1均}\, v_1 A_1 = \rho_{2均}\, v_2 A_2 \tag{4.3}$$

式(4.3)表明，对任意流体(可压缩)恒定总流的流动，沿流程的质量流量保持不变，为一常数。式中 ρ 是断面上的平均密度。

对于不可压缩流体，ρ = 常数，则式(4.3)为

或

$$\begin{cases} Q = v_1 A_1 = v_2 A_2 = 常数 \\ \dfrac{v_1}{v_2} = \dfrac{A_2}{A_1} \end{cases} \tag{4.4}$$

式(4.4)为不可压缩流体恒定总流的连续性方程。它确定了一元总流在恒定流条件下沿流程保持体积流量不变，为一常数；沿流程各过流断面上的平均流速与其断面积成反比，即断面大流速小，断面小流速大。这是不可压缩流体总流流动的一个基本规律。

注意：式(4.4)是针对控制面侧面无附加流体流入或流出的情况。对于在侧壁有流体的流出，即管道有分支或开岔，如图4.2所示，则根据连续性原理，应有

$$Q_1 = Q_2 + Q_3$$

上式左端表示流入的体积流量，右端表示流出控制体各断面的体积流量之和，因而可得到恒定总流更一般形式的连续性方程为

$$\sum Q_{进} = \sum Q_{出} \tag{4.5}$$

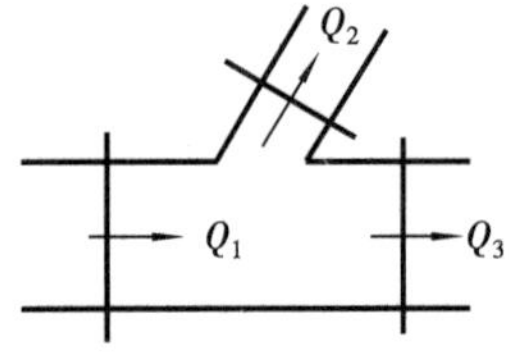

图4.2　管道分支

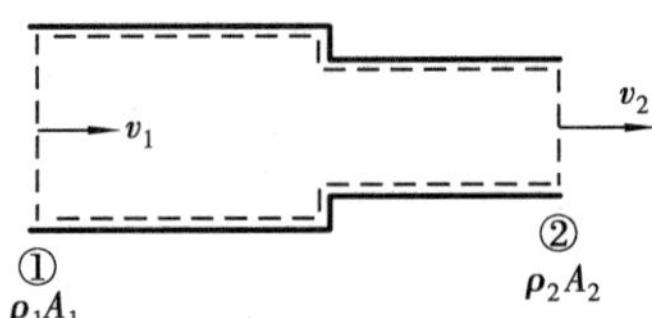

图4.3　串联管流的控制体积

例4.1　一输水管如图4.3所示，断面①的平均流速 v_1 = 2 m/s，管径为500 mm；断面②的管径为300 mm，试求体积流量 Q 及断面②的平均流速 v_2。

解　由式(4.5)得

$$Q = v_1 A_1 = 2\times\frac{\pi}{4}\times 0.5^2\ \mathrm{m^3/s} = 0.393\ \mathrm{m^3/s}$$

及　$v_2 = \dfrac{Q}{A_2} = \dfrac{0.393}{\frac{\pi}{4}\times 0.3^2}\ \mathrm{m/s} = 5.56\ \mathrm{m/s}$

4.2　伯努利方程及应用

4.2.1　实际流体沿流线(元流)的恒定流伯努利方程

实际流体流动时,黏滞性将发生作用。而实际流体运动时,除与上一节一样受质量力和压力的作用外,还受因黏滞性而引起的摩擦力的作用。如图4.4所示为以流线为中心轴取一微元柱体隔离体。

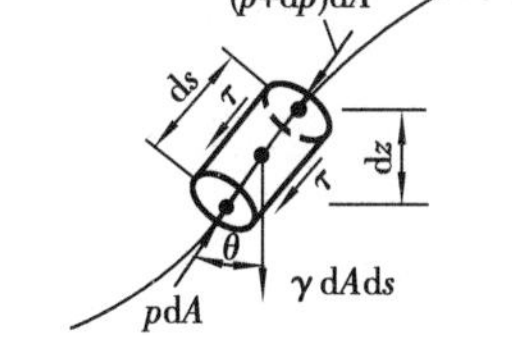

图4.4　在流线上的微柱体

微元柱体的底面积为 dA,则作用在柱体两底面的压力为

$$p\mathrm{d}A-(p+\mathrm{d}p)\mathrm{d}A=-\mathrm{d}p\mathrm{d}A$$

作用在该柱体侧面的表面力有压力及摩擦力,但压力的方向与运动方向正交,不考虑,而摩擦力的大小为

$$-\tau(2\pi r)\mathrm{d}s$$

此处 τ 为切应力。如果质量力只有重力,其沿运动方向的分量为

$$-\rho g\mathrm{d}s\mathrm{d}A(\mathrm{d}z/\mathrm{d}s)=-\rho g\mathrm{d}A\mathrm{d}z$$

微元柱体的质量是 $\rho\mathrm{d}A\mathrm{d}s$,而其加速度的计算,对恒定流来说,可用式(3.17)。因为沿流线,可写作 $u(\mathrm{d}u/\mathrm{d}s)$。因此,按照牛顿第二运动定律,即 $\sum \boldsymbol{F}=m\boldsymbol{a}$,得

$$-\mathrm{d}p\mathrm{d}A-\rho g\mathrm{d}A\mathrm{d}z-\tau(2\pi r)\mathrm{d}s=\rho\mathrm{d}s\mathrm{d}Au\frac{\mathrm{d}u}{\mathrm{d}s}$$

这里 $\mathrm{d}A=\pi r^2$,代入并各项除以 $-\rho\pi r^2$ 得

$$\frac{\mathrm{d}p}{\rho}+u\mathrm{d}u+g\mathrm{d}z=-\frac{2\tau\mathrm{d}s}{\rho r} \tag{4.6}$$

或

$$\mathrm{d}z+\frac{\mathrm{d}p}{\gamma}+\mathrm{d}\frac{u^2}{2g}=-\frac{2\tau\mathrm{d}s}{\gamma r} \tag{4.7}$$

式(4.7)对于可压缩或不可压缩实际流体恒定流均适用。

对于不可压缩流体,可以对该式直接积分,积分从某一点1至点2,两点之间的长度是 L,则得

$$z_2-z_1+\frac{p_2}{\gamma}-\frac{p_1}{\gamma}+\frac{u_2^2}{2g}-\frac{u_1^2}{2g}=-\frac{2\tau L}{\gamma r}$$

或

$$z_1+\frac{p_1}{\gamma}+\frac{u_1^2}{2g}=z_2+\frac{p_2}{\gamma}+\frac{u_2^2}{2g}+\frac{2\tau L}{\gamma r} \tag{4.8}$$

令

$$h'_w=\frac{2\tau L}{\gamma r} \tag{4.9}$$

则式(4.8)写为

$$z_1+\frac{p_1}{\gamma}+\frac{u_1^2}{2g}=z_2+\frac{p_2}{\gamma}+\frac{u_2^2}{2g}+h'_w \tag{4.10}$$

h'_w 称为摩阻损失(水力学中称为水头损失),它的计算式将在第 6 章讨论。上式称为伯努利方程,是流体力学中一个重要的关系式。若为理想不可压缩流体,则 h'_w 为零。此时有

$$z+\frac{p}{\gamma}+\frac{u^2}{2g}=\text{con }st \tag{4.11}$$

在式(4.11)中,第一项 z 及第二项$\frac{p}{\gamma}$的物理意义和几何意义在第 2 章中已介绍过,这里只就第三项$\frac{u^2}{2g}$的物理意义和几何意义加以说明。$\frac{u^2}{2g}$是流体在运动情况下产生的,速度为 u,质量为 m 的流体微元具有的动能是$\frac{1}{2}mu^2$,对于单位重量流体来说,应除以 mg,即

$$\frac{\frac{1}{2}mu^2}{mg}=\frac{u^2}{2g}$$

式中,$\frac{u^2}{2g}$这一项表示单位重量流体所具有的动能。同时,它也具有长度的量纲,所以称为速度水头。上式表明:理想流体中,沿同一条流线上各点单位重量流体所具有的位能、压能和动能三者之间可以互相转化,但三者之和为一常数。它是机械能守恒定律在流体力学的表达式,所以也称为能量方程。从几何意义来说,$z+\frac{p}{\gamma}$和流体静力学一样,称为测压管(水)能头,而$z+\frac{p}{\gamma}+\frac{u^2}{2g}$称为总能头(或测速管水头)。因此,理想流体沿流线各点的总能头相等。

例 4.2　皮托测速管如图 4.5 所示,明渠水流中,两根皮托管连接在差压计上,差压计中液体的 $S=0.82$,求 u_A 和 u_B。

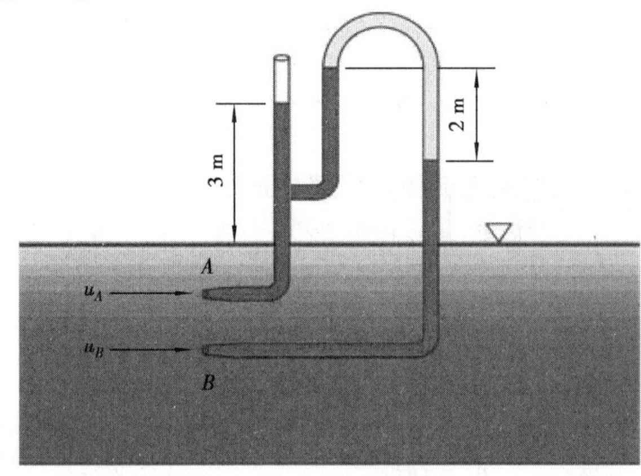

图 4.5　皮托测速管

解　因为　$\frac{u_A^2}{2g}=3\ \text{m}$

所以　$u_A=\sqrt{2gh}=\sqrt{2\times3\times9.81}\ \text{m/s}=7.672\ \text{m/s}$

由静力学可得

$$\frac{u_A^2}{2g}-\frac{u_B^2}{2g}=\left(1-\frac{S}{S_{H_2O}}\right)\Delta h=(1-0.82)2\ \text{m}=0.36\ \text{m}$$

故　$u_B=\sqrt{2g(3-0.36)}\ \text{m/s}=7.197\ \text{m/s}$

4.2.2　总流的伯努利方程

前面已经求得实际流体沿流线或元流的伯努利方程,可以用来解决某些实际问题。但是,流线只是描述流体流动的一种抽象概念,工程实践中遇到的往往是过流断面具有有限大小的流动,即总流。因此,应将沿流线的实际流体伯努利方程推广到适用于总流上去。总流是由无数流线或元流所组成的,总流过流断面上各点,流体质点的位置高度 z、压强 p 和流速 u 是不同的。利用实际流体流线伯努利方程推导总流伯努利方程时,在对总流过流断面进行积分,将遇到一定的困难,这就需要再引入一些限制条件和修正系数,使之易于用来解决工程计算问题。

(1)渐变流和急变流

在总流沿程中,流动边界可能有均匀直线的、有弯曲的、有突然扩大或缩小的、分支的等,如图 4.6 所示。对于流线几乎为平行直线的流动,称为渐变流。换言之,如果同时满足条件:①流线之间的夹角很小;②流线的曲率半径很大,则这样的流动称为渐变流。相反,如果不满足上述条件之一者称为急变流。渐变流是个比较含糊的概念,夹角很小,曲率半径很大,究竟多小多大,并未给予明确规定,因而在确定流动为渐变流时有一定程度的灵活性,其衡量标准就看对工程计算误差要求而定。

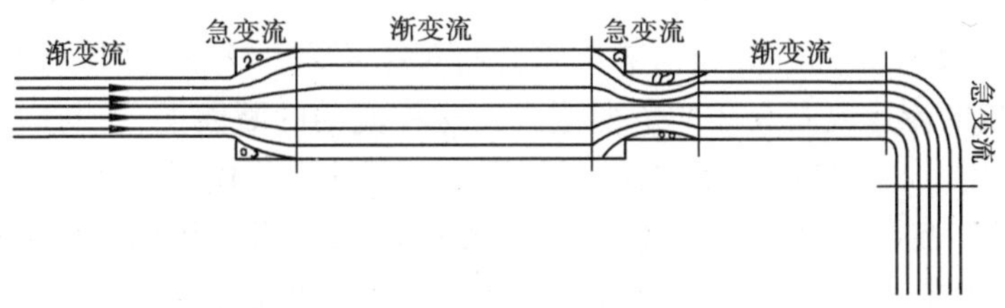

图 4.6　渐变流和急变流

(2)渐变流过流断面的压强分布

在渐变流段上所取的过流断面称为渐变流过流断面。根据渐变流和过流断面定义,渐变流过流断面可近似认为是平面。

为了求得渐变过流断面上的压强分布,在渐变流处取断面 $n—n$,在断面 $n—n$ 取一微小柱体为隔离体,如图 4.7 所示。因为渐变流的流线几乎是互相平行的直线,因而作用在微小柱体的质量力只有重力(惯性力忽略)。表面力有压力和黏性阻力,但是黏性阻力是阻碍流层间作相对运动,它沿着流速方向作用,在垂直于流速方向没有分量。而微小柱体侧面上的压力与 $n—n$ 垂直,对断面的压强分布也没有影响。假设微小柱体断面积为 dA,柱长

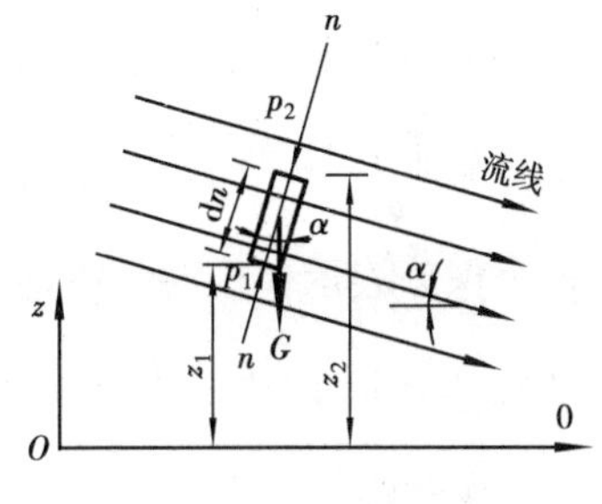

图 4.7　渐变流过流断面

为 $\mathrm{d}n$，下底的压强为 p_1，上底的压强为 p_2，则因为垂直流速方向没有加速度分量，因此，微柱体在上述各种作用下沿断面处于平衡。沿 $n—n$ 的平衡方程为

$$p_1\mathrm{d}A - p_2\mathrm{d}A - \rho g\mathrm{d}n\mathrm{d}A\cos\alpha = 0$$

因为

$$\mathrm{d}n\cos\alpha = z_2 - z_1$$

则得

$$z_1 + \frac{p_1}{\gamma} = z_2 + \frac{p_2}{\gamma}$$

可见，渐变流过流断面上的压强按静压强分布规律分布。这个结论可用如图 4.8 所示的实验证实。图中是一圆直管，流动为渐变流，在同一过流断面的不同点上分别接上测压管，则测压管液面都在同一水平面上。但不同断面上有不同的测压管(水)头。对同一均匀流段而言，下游断面上的测压管(水)头要低一些，这是因为黏性阻力消耗了部分能量而使下游断面的能头降低了。

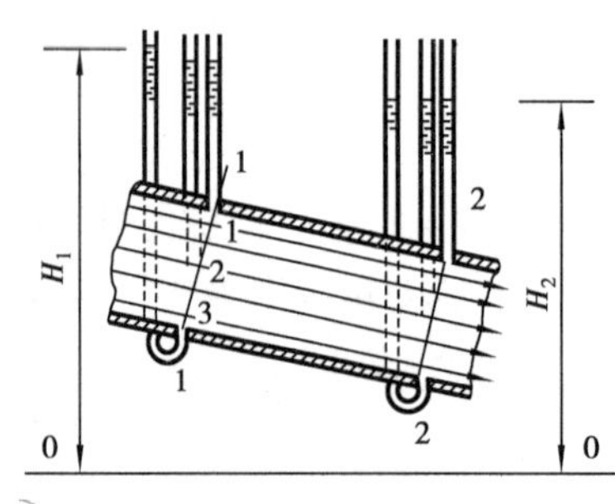

图 4.8　渐变流过流断面压强分布

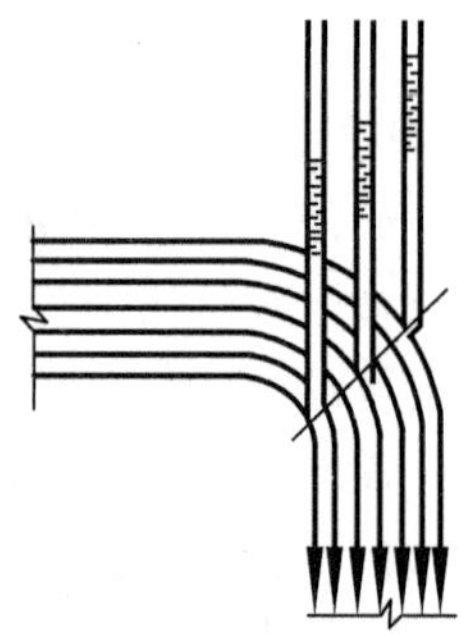

图 4.9　急变流过流断面的压强分布

急变流过流断面上的压强分布与静压强分布规律不同。例如，液体在弯管中流动，流线显著弯曲，是典型的流速方向变化的急变流。在这种流动的断面上，有与向心加速度相反的离心惯性力的作用。与渐变流断面相比，增加了离心惯性力的作用，因此，沿离心惯性力的方向压强增加，例如，在图 4.9 的断面上，3 个点分别接入 3 根测压管，则沿半径方向测压管(水)头增加。一般情况下，急变流过流断面的压强分布常常通过实测确定。

(3)**恒定总流的伯努利方程**

将实际流体沿流线的伯努利方程式(4.10)乘以 $\gamma\mathrm{d}Q$，然后对整个总流过流断面积分，就获得恒定总流的能量关系式，即

$$\int_Q\left(z_1 + \frac{p_1}{\gamma} + \frac{u_1^2}{2g}\right)\gamma\mathrm{d}Q = \int_Q\left(z_2 + \frac{p_2}{\gamma} + \frac{u_2^2}{2g}\right)\gamma\mathrm{d}Q + \int_Q h'_{\mathrm{w}}\gamma\mathrm{d}Q \tag{4.12}$$

式(4.12)的各项积分，不按断面的类别，而按能量的类型，分别讨论其积分：

①势能 $\int_Q\left(z + \frac{p}{\gamma}\right)\gamma\mathrm{d}Q$ 积分

这个积分表示单位时间内通过某断面 A 的势能总和。这个积分不易求得，但如果断面 A 为渐变流过流断面，则 $z+\frac{p}{\gamma}=$常数，则式(4.12)中势能的积分为

$$\int_Q\left(z + \frac{p}{\gamma}\right)\gamma\mathrm{d}Q = \left(z + \frac{p}{\gamma}\right)\gamma\int_Q\mathrm{d}Q = \left(z + \frac{p}{\gamma}\right)\gamma Q \tag{a}$$

②动能 $\int_Q \frac{u^2}{2g}\gamma \mathrm{d}Q$ 的积分

此积分为单位时间内通过断面 A 的流体动能总和。因为断面上流速 u 是变量,通常其在断面上的分布规律不易求得,常用平均流速来计算。但由此必然会引起计算误差,因而用一个系数 α 来加以修正。此时有

$$\int_Q \frac{u^2}{2g}\gamma \mathrm{d}Q = \frac{\gamma}{2g}\int_A u^3 \mathrm{d}A = \frac{\gamma}{2g}\alpha v^3 A = \alpha \frac{v^2}{2g}\gamma Q \tag{b}$$

由式(b)可以看出,要使得等式成立,则有

$$\alpha = \frac{\int_A u^3 \mathrm{d}A}{v^3 A}$$

系数 α 是断面上的实际动能与以平均流速计算的动能的比值,称为动能修正系数。它的值总是大于 1,并与流速分布有关,流速分布越不均匀,α 值越大;当流速分布较均匀时,α 接近于 1。对于管道,当流态为层流时,$\alpha=2$;当流态为紊流时,$\alpha=1.05$。

③ $\int_Q h'_{\mathrm{w}}\gamma \mathrm{d}Q$ 的积分

这个积分与第①、第②类积分不同,它不是在断面上的。它表示单位时间内流体克服在总流两断面间的摩擦阻力做功而消耗掉的机械能。如果令 h_{w} 为总流两断面单位重量流体能量损失的平均值,则

$$\int h'_{\mathrm{w}}\gamma \mathrm{d}Q = \gamma h_{\mathrm{w}}\int_Q \mathrm{d}Q = h_{\mathrm{w}}\gamma Q \tag{c}$$

将式(a)、(b)及(c)代入式(4.12),并各项同除以 γQ,得

$$z_1 + \frac{p_1}{\gamma} + \frac{\alpha_1 v_1^2}{2g} = z_2 + \frac{p_2}{\gamma} + \frac{\alpha_2 v_2^2}{2g} + h_{\mathrm{w}} \tag{4.13}$$

这就是不可压缩流体恒定总流的伯努利方程,也称能量方程。它与连续性方程一起,是分析流体流动问题的基本方程式。

(4)总流伯努利方程的几何表示

不可压缩实际流体伯努利方程可以用几何表示各项之间的关系。如图 4.10 所示为一流段,由 1—2 等直径管段、2—3 逐渐扩大锥形管段及 3— 4 的较大等直径管段组成,分别在不同直径连接处接上测压管,将各测压管中液面连接起来得到一条线,称为测压管(水)头线或水力坡线(Hydraulic Grade Line)。由此线到管中心的高度表示该断面的压强高度。如果此线位于管中心下方,则表示真空高度。管中心至基准面的高度是位置高度 z。在水力坡线上方,沿流程截取表示各断面速度头$\frac{\alpha v^2}{2g}$的高度,将此高度各点连接起来得到另一条线,称为总(水)头线或能坡线(Energy Grade Line),能坡线与基准面的距离 $z+\frac{p}{\gamma}+\frac{\alpha v^2}{2g}$表示相应断面上的单位重量流体具有的总机械能。由于有摩阻损失,能坡线总是沿流程下降的。两断面间能坡线的下降值即为摩阻损失,即

$$\left(z_1 + \frac{p_1}{\gamma} + \frac{\alpha_1 v_1^2}{2g}\right) - \left(z_2 + \frac{p_2}{\gamma} + \frac{\alpha v_2^2}{2g}\right) = h_{\mathrm{w}1-2}$$

至于水力坡线,是沿程上升或下降,要视流动边界的变化及摩阻损失的程度计算确定。沿流

程单位长度能坡线的降低值称为能坡线坡度(简称能坡度),以 i 表示。若能坡线是倾斜直线,则

$$i=-\frac{\left(z_2+\frac{p_2}{\gamma}+\frac{\alpha v_2^2}{2g}\right)-\left(z_1+\frac{p_1}{\gamma}+\frac{\alpha_1 v_1^2}{2g}\right)}{l}=\frac{h_w}{l}$$

式中,l 为两断面间流程长度。若能坡线为曲线,则

$$i=\frac{\mathrm{d}\left(z+\frac{p}{\gamma}+\frac{\alpha v^2}{2g}\right)}{\mathrm{d}l}=\frac{\mathrm{d}h_w}{\mathrm{d}l} \tag{4.14}$$

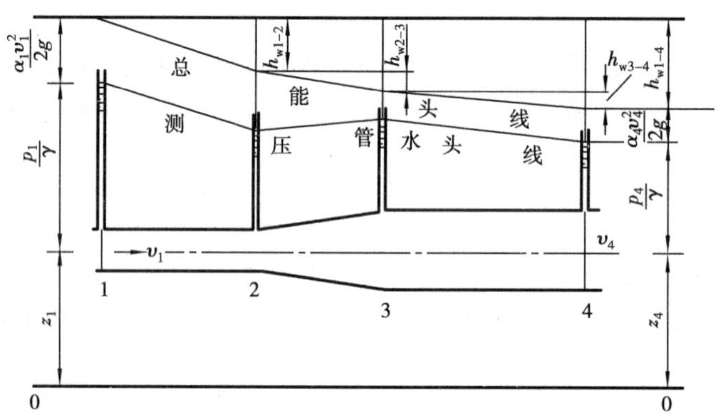

图 4.10　能量方程的几何表示

沿流程单位长度的水力坡线的下降(或上升)值称为水力坡度,以 i_p 表示。当水力坡线为直线时,有

$$i_p=\pm\frac{\left(z_2+\frac{p_2}{\gamma}\right)-\left(z_1+\frac{p_1}{\gamma}\right)}{l} \tag{4.15}$$

水力坡线为曲线时,有

$$i_p=\pm\frac{d\left(z+\frac{p}{\gamma}\right)}{\mathrm{d}l} \tag{4.16}$$

式中,当水力坡线沿程上升时,取"+"号;相反,取"-"号。在均匀(等直径)流段,能坡线与水力坡线相互平行,$i=i_p$,如图 4.10 所示。在管流中,能坡线与水力坡线能清晰地表示沿流程单位总机械能及势能$\left(z+\frac{p}{\gamma}\right)$的变化情况。在输油管设计中,常用绘制能坡线或水力坡线的方法来校核压强及确定泵站位置等,因此,是一个很有用的概念。

4.2.3　总流伯努利方程式适用条件的说明

总流伯努利方程式(4.13)的适用条件是在推导过程中不断引入的。主要有:①流动为恒定流,不可压缩流体;②质量力只有重力;③过流断面为渐变流;④流量沿程不变。因此,在应用式(4.13)时,必须注意它的适用条件,但是要做到完全满足这些条件,在实际应用中将会遇

到许多困难,所以,作如下的补充说明:

①流动为恒定流。如果流动不是恒定流,伯努利方程将是另一种复杂的形式。但是,要做到真正恒定流,在工程实践中是少见的。只能做到“准”恒定流。例如,水库、大容器中的液面变化很缓慢,在这种情况下可作恒定流看待,方程式仍适用。

②作用于液体上的质量力只有重力,所研究的流动边界相对地球是静止的。除摩阻损失外,两断面间没有能量输入或输出,即两断面间没有装入水力机械(如泵或水轮机)。

③所取的两个断面必须是渐变流过流断面,以满足断面上$\left(z+\dfrac{p}{\gamma}\right)$=常数的条件,但在两断面之间,不必满足渐变流条件。在根据题意选定渐变流过流断面之后,在断面上选取计算点时,由于$z+\dfrac{p}{\gamma}$=常数,可以选取在已知条件较多的点上。例如,容器、水库及河渠中的液面上,管路出口取在管中心点上,因为这些点的 z 及 p 常常是已知的。

④式中 p_1 及 p_2 应采用同一计算基准的压强。如同时用绝对压强或相对压强,切不能在方程式中 p_1 为绝对压强,而 p_2 为相对压强。采用哪一种压强,要根据计算目的而定。

⑤关于流量沿程不变,方程式在推导过程中流量是沿程不变的,前后两个断面的流量相等。但如果两断面间中途有流量流入或流出时方程式应怎样写呢?

在此研究如图 4.11 所示的有流量流出的情况。假定主流 1—1 断面上的流量为 Q_1,支流断面 2—2 的流量为 Q_2,断面 3—3 的流量为 Q_3,$Q_1=Q_3+Q_2$。在分出的节点处,流动为急变流,不满足在该处取断面写方程的条件。为此,在靠近节点的上游处取渐变流断面 K—K,并想象将其分成两个断面 α_1 及 α_2 两部分,通过的流量分别等于 Q_2 和 Q_3。因此,可列出 1—1 和 K—K、K—K、2—2 以及 K—K 和 3—3 断面的伯努利方程,即

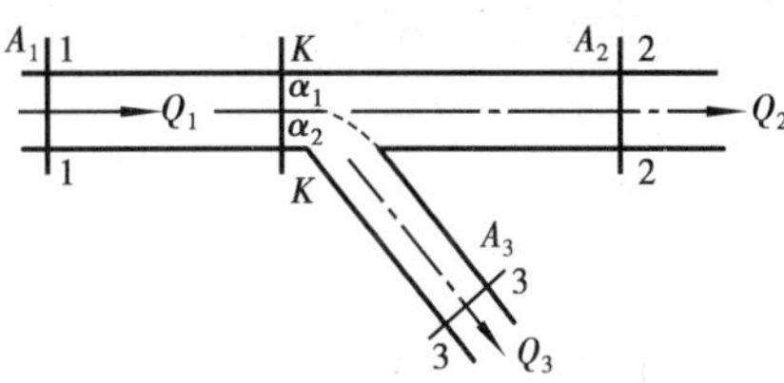

图 4.11　两断面间有分流

$$z_1+\frac{p_1}{\gamma}+\frac{\alpha v_1^2}{2g}=z_k+\frac{p_k}{\gamma}+\frac{\alpha_k v_k^2}{2g}+h_{w1-k} \tag{1}$$

$$z_k+\frac{p_k}{\gamma}+\frac{\alpha_k v_k^2}{2g}=z_2+\frac{p_2}{\gamma}+\frac{\alpha v_2^2}{2g}+h_{wk-2} \tag{2}$$

$$z_k+\frac{p_k}{\gamma}+\frac{\alpha_k v_k^2}{2g}=z_3+\frac{p_3}{\gamma}+\frac{\alpha v_3^2}{2g}+h_{wk-3} \tag{3}$$

将式(1)和式(2)相加,得

$$z_1+\frac{p_1}{\gamma}+\frac{\alpha v_1^2}{2g}=z_2+\frac{p_2}{\gamma}+\frac{\alpha v_2^2}{2g}+h_{w1-k}+h_{wk-2}$$

将式(1)和式(3)相加,得

$$z_1+\frac{p_1}{\gamma}+\frac{\alpha v_1^2}{2g}=z_3+\frac{p_3}{\gamma}+\frac{\alpha v_3^2}{2g}+h_{w1-k}+h_{wk-3}$$

由此看出,对于两个断面间有分流时,伯努利方程同样可以列出,只是此时摩阻损失应分段按对应的流量分别计算。对于有流量汇入,也可用类似的方法计算。

⑥基准面的选取一定取成水平的,其位置原则上可以任选。但为了计算方便,选取的位

置应使 $z \geqslant 0$,通常取通过两断面中的最低的那个断面的计算点,以便使其中的一个位置高度 z 等于零。

⑦动能修正系数,紊流 $\alpha_1 \approx \alpha_2 = 1$,层流 $\alpha_1 = \alpha_2 = 2$。层流及紊流概念见第 6 章。

⑧在容器或水库中取断面时,速度水头可忽略不计。

例 4.3　有一汽油储油罐如图 4.12 所示,用直径 $d = 100$ mm 向油罐车装油。已知油的相对密度 $s = 0.68$,油罐液面通大气,$H = 10$ m,管道长度 30 m,摩阻损失按 $h_w = 0.023 \dfrac{l}{d}\dfrac{v^2}{2g}$ 计算,式中 l 为管道长度,求装油流量 Q。

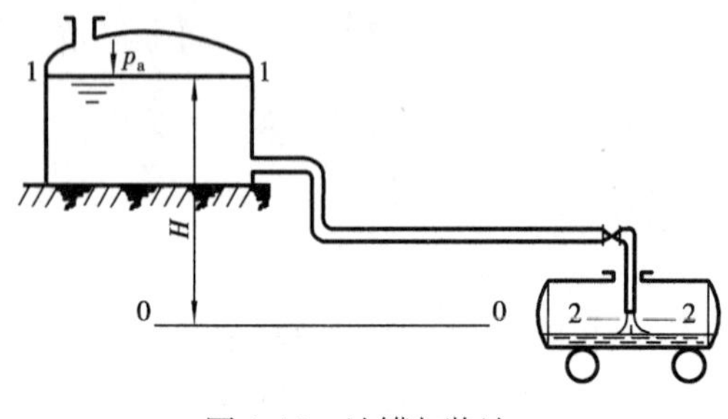

图 4.12　油罐与装油

解　因装油过程中储油罐液面变化很缓慢,可认为恒定流动。依题意及渐变流条件,断面 1—1 及断面 2—2 分别取在储油罐液面及管道出口,并通过 2—2 断面取水平基准面 0—0。

列 1—1 及 2—2 断面的伯努利方程,即

$$H + \frac{p_a}{\gamma} + \frac{\alpha_1 v_1^2}{2g} = 0 + \frac{p_a}{\gamma} + \frac{\alpha_2 v_2^2}{2g} + h_w$$

因为容器断面相对管道断面很大,$v_1 = 0$,对黏度与水相近的流体,取 $\alpha_1 = \alpha_2 = 1$,则上式变为

$$H = \frac{v_2^2}{2g} + 0.023\,\frac{l}{d}\frac{v^2}{2g}$$

因为 $v_2 = v$,所以

$$H = \left(1 + 0.023\,\frac{l}{d}\right)\frac{v^2}{2g}$$

$$v = \sqrt{\frac{2gH}{1 + 0.023\,\dfrac{l}{d}}} = \sqrt{\frac{2 \times 9.81 \times 10}{1 + 0.023 \times \dfrac{30}{0.1}}}\ \text{m/s} = 44.98\ \text{m/s}$$

故　$Q = vA = 4.98 \times \dfrac{\pi}{4} \times 0.1^2\ \text{m}^3/\text{s} = 0.039\ \text{m}^3/\text{s} = 141\ \text{m}^3/\text{h}$

例 4.4　有一离心水泵如图 4.13 所示。已知 $H_g = 3$ m,吸水管水头损失 $h_w = 0.52\ \text{mH}_2\text{O}$,该泵输水量 $Q = 150\ \text{m}^3/\text{h}$,吸入管内径 $d = 150$ mm,求该泵吸入口真空表读数为若干 mmHg?

解　取水池液面为基准面,并经过液面取 1—1 断面,泵吸入口处(装真空表)取 2—2 断面,列伯努利方程,即

$$0 + \frac{p_a}{\gamma} + \frac{\alpha_1 v_1^2}{2g} = H_g + \frac{p_2}{\gamma} + \frac{\alpha_2 v_2^2}{2g} + h_w$$

式中,$\dfrac{\alpha_1 v_1^2}{2g} \approx 0$,$\alpha_2 = 1$,则上式为

$$\frac{p_a - p_2}{\gamma} = H_g + \frac{v_2^2}{2g} + h_w$$

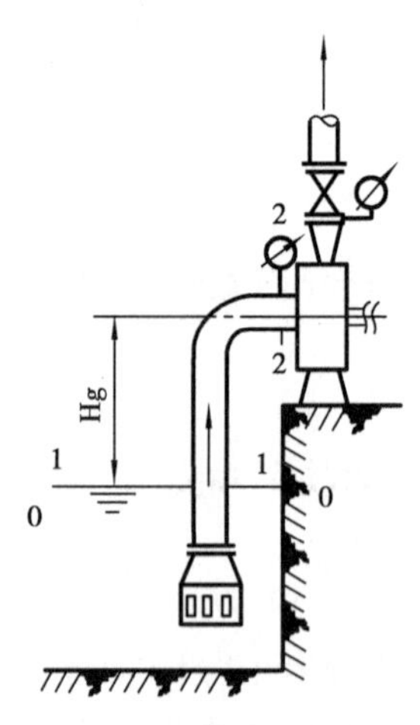

图 4.13　离心水泵

式中　$v_2=\frac{4Q}{\pi d^2}=\frac{4\times150/3\ 600}{\pi\times0.15^2}$ m/s = 2.36 m/s，

$\frac{p_a-p_2}{\gamma}$即为真空度，于是

$$\frac{p_v}{\gamma}=\frac{p_a-p_2}{\gamma}=3+\frac{2.36^2}{2\times9.81}+0.5=3.78\ \mathrm{mH_2O}=278\ \mathrm{mmHg}$$

例 4.5　有一文丘里管流量计如图 4.14 所示，若水银压差计的读数 h = 360 mmHg，并设从断面①流到断面②的摩阻损失为 0.2 $\mathrm{mH_2O}$，d_1 = 300 mm，d_2 = 150 mm，水平安装，试求此时通过文丘里管流量计的流量是多少？

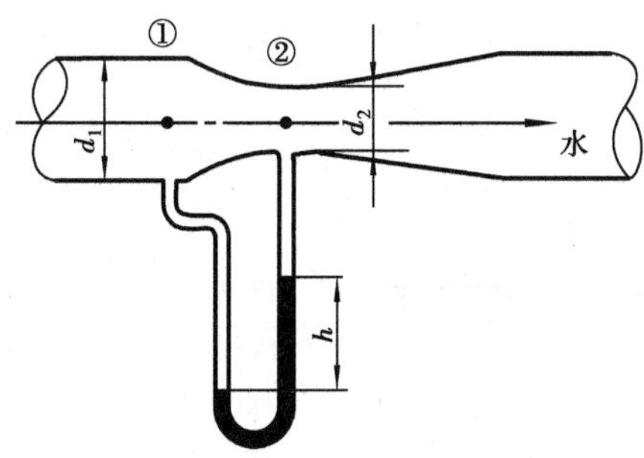

图 4.14　文丘里流量计

解　以①及②断面列伯努利方程，即

$$0+\frac{p_1}{\gamma}+\frac{\alpha_1 v_1^2}{2g}=0+\frac{p_2}{\gamma}+\frac{\alpha_2 v_2^2}{2g}+h_w$$

$$\frac{p_1}{\gamma}-\frac{p_2}{\gamma}=\frac{\alpha_2 v_2^2}{2g}-\frac{\alpha_1 v_1^2}{2g}+h_w \tag{a}$$

由连续性方程：$v_1A_1=v_2A_2$，得 $v_1=\left(\frac{d_2}{d_1}\right)^2\cdot v_2$　　(b)

由水银压差计读数 $\frac{p_1}{\gamma}-\frac{p_2}{\gamma}=\left(\frac{\gamma_{Hg}}{\gamma}-1\right)h=12.6h$　　(c)

将(b)及(c)代入(a)式中，并取 $\alpha_1=\alpha_2=1$，得

$$\left(\frac{\gamma_{Hg}}{\gamma}-1\right)h=\left[1-\left(\frac{d_2}{d_1}\right)^4\right]\frac{v_2^2}{2g}+0.2$$

$$v_2=\sqrt{\frac{2g(12.6h-0.2)}{1-\left(\frac{d_2}{d_1}\right)^4}}\ \mathrm{m/s}=\sqrt{\frac{2\times9.81\times(12.6\times0.36-0.2)}{1-\left(\frac{150}{300}\right)^4}}\ \mathrm{m/s}$$

$$=9.53\ \mathrm{m/s}$$

故　$Q=v_2A_2=9.53\times\frac{\pi}{4}\times0.15^2\ \mathrm{m^3/s}=0.168\ \mathrm{m^3/s}$

4.3 恒定总流的动量方程及其应用

流体动力学有三大基本方程，前面已介绍了连续性方程和能量方程，现在讨论恒定总流的动量方程。在生产实践上，有些流动问题不能只用连续性方程和能量方程来解决，而要借助动量方程来解决新的问题。例如，高压消防水龙头末端的喷嘴，要解决水流喷射时对人体的冲力有多大；又如弯管中的液流，受弯管的压迫使液流转向，液流对弯管就有力的作用，这个作用力有多大；等等。应用动量方程就能很容易解决这些问题。

动量方程由动量定律推导而得。物理学上的动量定律指的是：作用在物体上的所有外力之和等于物体的动量对时间的变化率，即

$$\sum \boldsymbol{F}=\frac{\mathrm{d}\boldsymbol{M}}{\mathrm{d}t}=\frac{\mathrm{d}(m\boldsymbol{u})}{\mathrm{d}t}$$

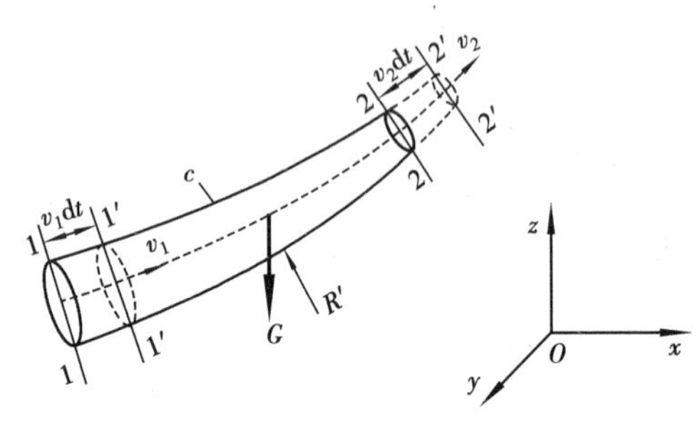

图 4.15 动量方程的推导

为了将动量定律应用到流体流动中，在恒定总流内取 1—1、2—2 所包围的一股流体作为控制体如图 4.15 所示。假定该两断面都为渐变流或均匀流过流断面，在控制体的控制面内流体从断面 1—1 流进，从断面 2—2 流出。现在可以考虑流体从 t 时刻到 $t+\mathrm{d}t$ 时刻内动量的变化。

在 t 时刻控制面 1—1、2—2 内的流体，在外力作用下作恒定流动，在 $t+\mathrm{d}t$ 时刻，移动到 1′—1′、2′—2′位置。由于为恒定流动，在移动过程中，1′—1′、2—2 这个空间内虽有流体质点的流动和更换，但这部分流体的质量没有变，各点的流速没有变，则动量不变。因此，运动前后这股流体的动量变化等于 2—2 至 2′—2′和 1—1 至 1′—1′两块流体的动量差，即

$$\mathrm{d}\boldsymbol{M}=\boldsymbol{M}_{1'-2'}-\boldsymbol{M}_{1-2}=\boldsymbol{M}_{2-2'}-\boldsymbol{M}_{1-1'}$$

由于 $\mathrm{d}t$ 很小，1—1、1′—1′和 2—2、2′—2′两微段的速度、压强可认为近似不变，而

$$\boldsymbol{M}=\int_A \boldsymbol{u}\mathrm{d}m=\int_A \vec{\boldsymbol{u}}\rho\mathrm{d}Q\mathrm{d}t=\int_A \rho u\boldsymbol{u}\mathrm{d}A\mathrm{d}t$$

$$=\rho Q\mathrm{d}t\alpha'\vec{\boldsymbol{v}}$$

因此有

$$\mathrm{d}\boldsymbol{M}=\rho Q\mathrm{d}t\alpha_2'\vec{\boldsymbol{v}}_2-\rho Q\mathrm{d}t\alpha_1'\vec{\boldsymbol{v}}_1$$

故有恒定总流的动量方程为

$$\sum \boldsymbol{F}=\frac{\mathrm{d}\boldsymbol{M}}{\mathrm{d}t}=\rho Q(\alpha_2'\vec{\boldsymbol{v}}_2-\alpha_1'\vec{\boldsymbol{v}}_1) \tag{4.17}$$

$$\alpha'=\frac{\int_A u^2\mathrm{d}A}{v^2A} \tag{4.18}$$

式中，α'为动量修正系数。对于管道层流，$\alpha'=\frac{4}{3}$；对于紊流，$\alpha'=1.005\sim1.05$。一般无特别

说明,可近似取 $\alpha' \approx 1.0$。

为了便于计算,一般将动量方程写成投影形式,即

$$\begin{cases} \sum F_x = \rho Q(\alpha_2' v_{2x} - \alpha_1' v_{1x}) \\ \sum F_y = \rho Q(\alpha_2' v_{2y} - \alpha_1' v_{1y}) \\ \sum F_z = \rho Q(\alpha_2' v_{2z} - \alpha_1' v_{1z}) \end{cases} \tag{4.19}$$

应用式(4.19)时应注意流量沿程不变,若流量沿程有变化,此时有更一般形式的动量方程,即

$$\sum \boldsymbol{F} = \sum (\rho Q \alpha' \vec{\boldsymbol{v}})_{出} - \sum (\rho Q \alpha' \vec{\boldsymbol{v}})_{进} \tag{4.20}$$

应用动量方程时还应注意以下几点:

①适当选取渐变流或均匀流控制断面,以便于计算断面平均流速和压强。

②作用在控制体上的外力主要包括:(a)重力 $G=\gamma V$,但一般当控制体体积难以计算时,由于这部分力与其他外力比较较小,可以忽略;(b)控制体各断面上的压力,注意压强一般取表压强计算;(c)边界反力 R',注意边界反力与流体对边界的作用力大小相等方向相反,当坐标选定后,边界反力的方向可任意假设;(d)流体沿边界的摩擦阻力,通常忽略不计。

③根据题意,适当选定坐标方向,此时外力和速度对坐标轴投影时,同向为正,反向为负。

④注意动量变化为流出和流入之差,不能混淆。

⑤应用时各断面平均流速及压强计算通常还要与连续性方程和能量方程配合使用进行求解。

下面结合实例说明动量方程的应用:

例 4.6　在输油管中有一段 60°拐角的水平弯管,如图 4.16 所示。已知管道内径 $d=150$ mm,流量 $Q=150\ \text{m}^3/\text{h}$,压强 $p_1=3\ 139$ kPa,$\gamma=8\ 500\ \text{N/m}^3$,弯管摩阻损失按 $h_w=0.5\dfrac{v^2}{2g}$计算,流动为恒定流,求油流作用在弯管上的水平力。

解　取控制体如图 4.16 中的虚线所示。

由连续性方程

$$v_1 = v_2 = \frac{4Q}{\pi d^2} = \frac{4\times150/3\ 600}{\pi\times0.15^2}\ \text{m/s} \approx 2.36\ \text{m/s}$$

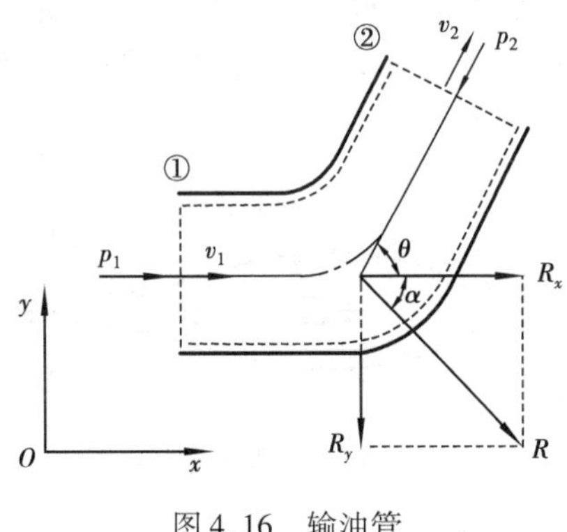

图 4.16　输油管

由伯努利方程

$$\frac{p_1}{\gamma}+\frac{v_1^2}{2g}=\frac{p_2}{\gamma}+\frac{v_2^2}{2g}+h_w$$

得

$$p_2 = p_1 - \gamma h_w = 3\ 139\times10^3 - 8\ 500\times0.5\times\frac{2.36^2}{2\times9.8}(\text{Pa}) = 3\ 136.6(\text{kPa})$$

由式(4.17)和式(4.19),并考虑恒定流,得 x 方向:

$$R'_x+p_1A_1-p_2A_2\cos\theta=(v_2\cos\theta)(v_2\rho A_2)+v_1(-v_1\rho A_1)$$
$$=\rho Q(v_2\cos\theta-v_1)$$

所以 $R'_x=\rho Q(v_2\cos\theta-v_1)+p_2A_2\cos\theta-p_1A_1$

$$=\frac{8\ 500}{9.81}\times150\div3\ 600\times(2.36\cos60°-2.36)+3\ 136.6\times10^3\times\frac{\pi}{4}\times0.15^2\cos60°-3\ 139\times10^3\times\frac{\pi}{4}\times0.15^2$$
$$=-5.553\times10^4(\text{N})$$

y 方向

$$R'_y-p_2A_2\sin\theta=v_2(v_2\rho A_2)\sin\theta$$
$$R'_y=\rho Qv_2\sin\theta+p_2A_2\sin\theta$$
$$=\frac{8\ 500}{9.81}\times\frac{150}{3\ 600}\times2.36\times\sin60°+3\ 136.6\times10^3\times\frac{\pi}{4}\times0.15^2\times\sin60°$$
$$=5.55\times10^4(\text{N})$$

因为假设 R'_x 和 R'_y 与 x 方向和 y 方向一致,所以根据作用力与反作用力的原理,流体对弯管的作用力水平分量分别为

$$R_x=-R'_x=-(-5.553\times10^4)\ \text{N}=55.53\ \text{kN}$$
$$R_y=-R'_y=-55.5\ \text{kN}$$

合力为

$$R=\sqrt{55.53^2+55.5^2}\ \text{N}=78.51\ \text{kN}$$

与水平方向夹角 α 为

$$\alpha=\arctan\left(\frac{R_y}{R_x}\right)=\arctan\frac{-55.5}{55.53}=-45°(\text{或 }135°)$$

例 4.7 如图 4.17 所示为一喷气式飞机,其航行速度为 900 km/h,气体从飞机尾部喷管排出的速度为 420 m/s,吸入的空气量为 $\dot{M}=26$ kg/s,加入燃料为吸气量的 3%,求气体给飞机的推力。

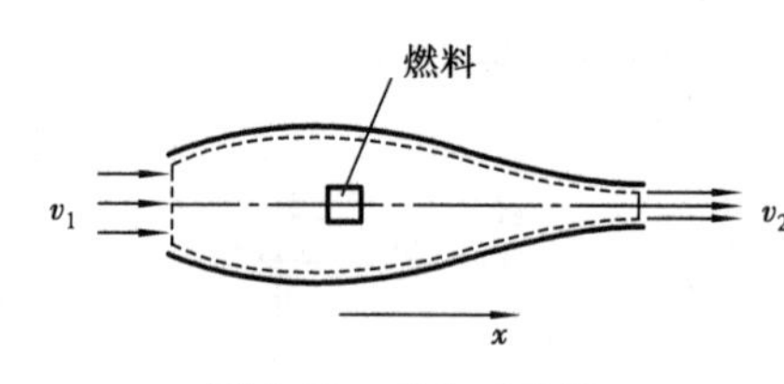

图 4.17 喷气式飞机

解 取如图所示虚线为控制面内的控制体,由式(4.19)得

$$R'_x=v_2(\rho_2v_2A_2)-v_1(\rho_1v_1A_1)$$
$$=\rho_2Q_2v_2-\rho_1Q_1v_1$$
$$=\dot{M}_2v_2-\dot{M}_1v_1$$

式中

$$\dot{M}_1=26\ \text{kg/s}$$
$$\dot{M}_2=\dot{M}_1+\dot{M}_1\times\frac{3}{100}$$
$$=26+26\times\frac{3}{100}$$
$$=26.8\ (\text{kg/s})$$

$v_1=\frac{900\ 000}{3\ 600}\ \text{m/s}=250\ \text{m/s}$

$v_2=420\ \text{m/s}$

代入上式

$R'_x=26.8\times420-26\times250=4\ 756(\text{N})$

所以　$R=-R'_x=-4\ 756\ \text{N}$

4.4　动量矩方程

除了动量方程外，在流体工程中有时还要用到动量矩方程，如流体机械中的泵或水轮机，流体在叶轮中流动时产生的力矩或功率的计算等。如果将动量矩定理应用于总流流动的流体上来，就可以很容易得出动量矩方程。

对于恒定总流，将动量方程式(4.17)对某固定点取矩，也就是用某固定点到控制体中某一点的矢径 $\boldsymbol{r}$，对动量方程式两端进行矢量叉积，就可以得到恒定总流的动量矩方程，即

$$\rho Q(\alpha'_2\boldsymbol{r}_2\times\vec{v}_2-\alpha'_1\boldsymbol{r}_1\times\vec{v}_1)=\boldsymbol{r}\times\sum\boldsymbol{F}=\sum\boldsymbol{M}\tag{4.21}$$

式中，$\boldsymbol{r}_1$、$\boldsymbol{r}_2$ 为某固定点至进出过流断面上各点的平均矢径，通常取为过流断面中心点的矢径；$\sum\boldsymbol{F}$ 为作用在控制体上表面力和质量力的矢量和；$\sum\boldsymbol{M}$ 为作用在控制体上的诸外力对某固定点的合力矩矢量。

习　题

4.1　一管道输送相对密度为 0.86 的油，通过内径为 200 mm 的管道，其平均流速 $v=2$ m/s，另一断面直径是 75 mm，试求此断面的平均流速及质量流量 $\dot{M}$。

4.2　温度 $t=40$ ℃，表压 $p_{\text{m}}=200$ kPa 的空气在直径 $d=150$ mm 的圆管中流动，若平均流速 $v=3.2$ m/s，大气压强为 101.356 kPa，求通过管道的重量流量。

4.3　密度 $\rho=3.12\ \text{kg/m}^3$ 的蒸汽以流速 $v=22$ m/s 沿直径 $d=100$ mm 的主管道流入两支管道，如题图 4.1 所示。已知 $d_1=60$ mm，$\rho_1=2.78\ \text{kg/m}^3$，$d_2=40$ mm，$\rho_2=2.54\ \text{kg/m}^3$，试求两支管中的平均流速各为多大时才能够使两支管的质量流量相等。

4.4　用皮托管和静压管测量管中水的流速，如题图 4.2 所示。若 U 形管中的液体为四氯化碳($S=1.59$)，并测定 $\Delta h=35$ mm，试求管道中心的流速为多少？

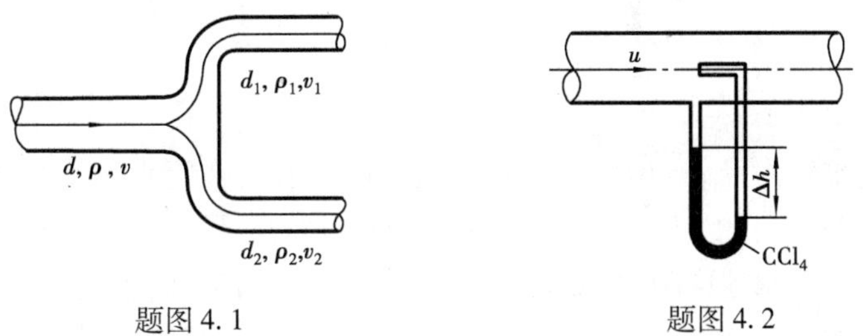

题图 4.1　　　　题图 4.2

4.5 一孔板流量计题图 4.3 所示，孔口直径 100 mm，管子直径为 260 mm，流量系数为 0.62，管内流过相对密度为 0.9 的油，孔板两侧接一 U 形管，内装水银，当油流过孔板时，水银柱高度差 Δh 为 780 mm，计算管道内油的流量。

4.6 如题图 4.4 所示的供应汽水加热器的水从 A 处的直径 10 cm 收缩到 B 处的直径 7 cm，如果管子是水平的，计算 A 处和 B 处的压差。已知 A 处水的流速是 4.5 m/s，这个压差使控制活塞起作用，该活塞在水平汽缸内（其直径为 20 cm）运动，如果忽略摩擦力和连杆的面积，求作用在活塞上的力是多少？

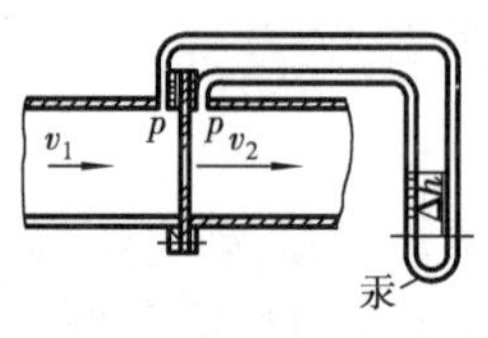

题图 4.3

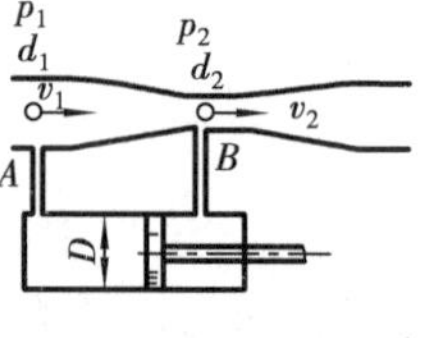

题图 4.4

4.7 如题图 4.5 所示为油品在管道中流动着，已知点 A 的速度是 2.4 m/s，$d_1=150$ mm，$d_2=100$ mm，$h_1=1.2$ m，$h_2=1.5$ m，试确定测压管 C 中液面的高度（忽略摩阻损失）。

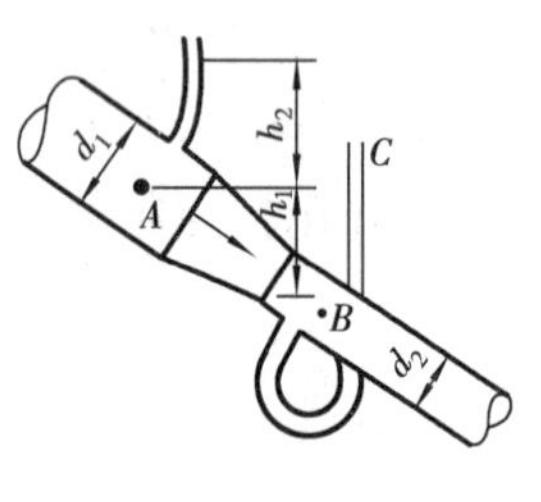

题图 4.5

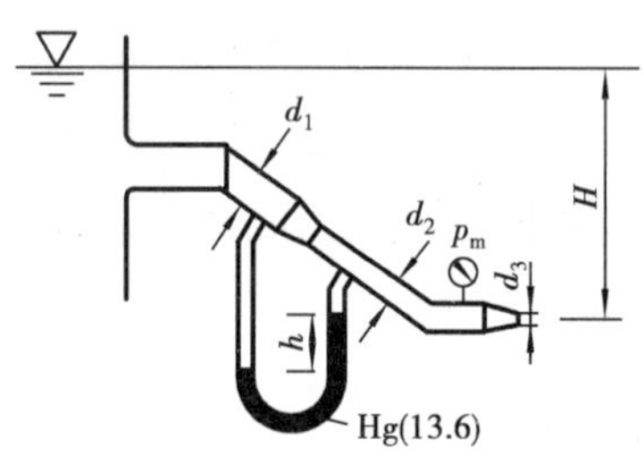

题图 4.6

4.8 如题图 4.6 所示，水在该管路系统流动，若忽略摩阻损失，已知 $d_1=125$ mm，$d_2=100$ mm，$d_3=75$ mm，水银测压计读数 $h=175$ mm，求 H 及压力表读数 p_m。

4.9 如题图 4.7 所示，当通过的流量为 0.28 m^3/s 时，导出使断面 1 和 2 的压强相同的条件下的断面 A_1 和 A_2 的关系式，同时，求出水银测压计的读数为若干（忽略摩阻损失）。

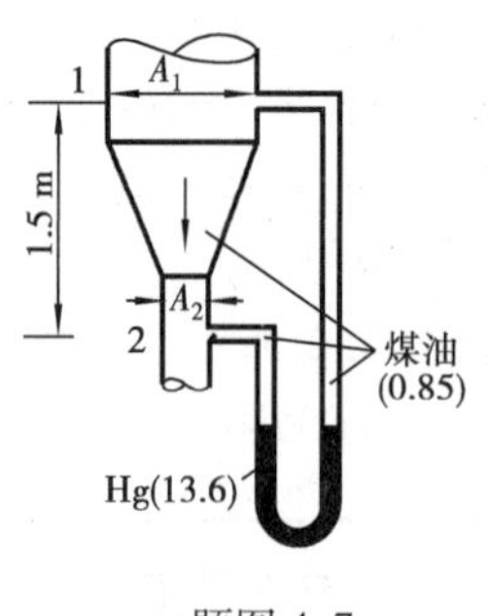

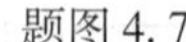
题图 4.7

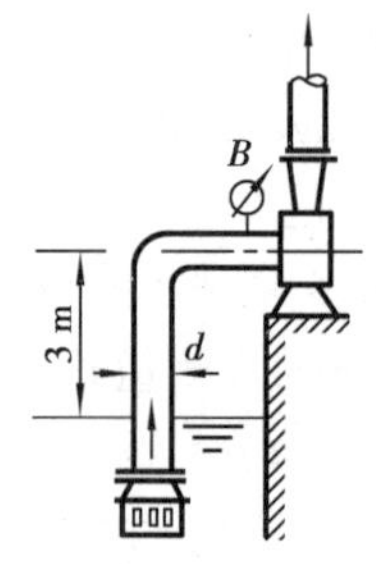

题图 4.8

4.10 有一吸水管内径 $d=100$ mm 的离心式水泵，安装在距水面上方 3 m 的位置，如题图 4.8 所示，若真空表 B 读数为 310 mm 汞柱时，求水泵的流量（不计损失）。

4.11 用虹吸管自水池中吸水，如题图 4.9 所示，如不计管中的摩阻损失，试求断面 3 处的真空度。如 3 处的真空度不得超过 7 m 水柱，问 h_1 与 h_2 值有何限制？

4.12　已知水泵的流量 $Q=30$ L/s,吸水管直径 $d=150$ mm,泵吸入口处允许最大真空度为 6.8 m 水柱,吸水管摩阻损失 $h_w=1$ m,如题图 4.10 所示,若水池中的速度头忽略不计,试求离心泵的安装高度 h_s。

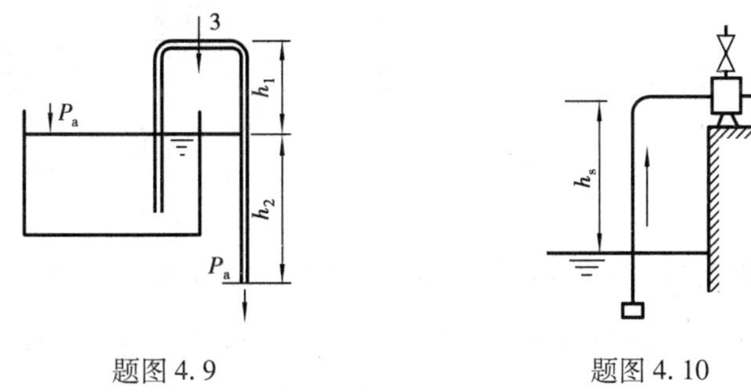

题图 4.9　　　　题图 4.10

4.13　离心式通风机通过喇叭形吸风口自大气中抽进空气,如题图 4.11 所示,吸风口直径 $D=200$ mm,其上装有测压计,若读数 $\Delta h=250$ mm 水柱,空气 $\rho=1.23$ kg/m^3,流速分布均匀,忽略摩阻损失,求通风机每秒吸入的风量。

4.14　如题图 4.12 所示的文丘里流量计和测压计,推导其体积流量与测压计读数的关系式。

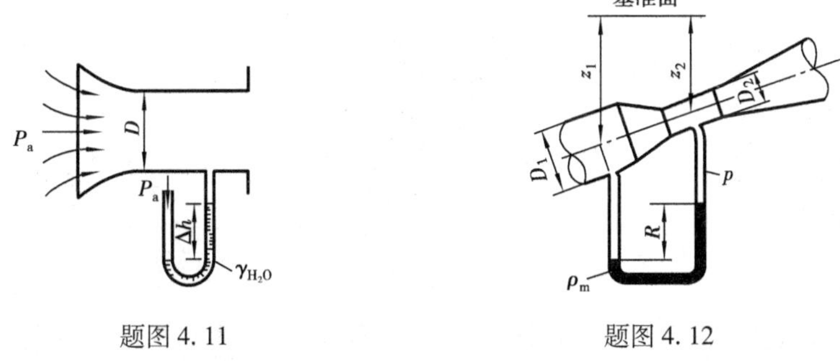

题图 4.11　　　　题图 4.12

4.15　一水管从一水池引水到一水面低 10 m 的水池,求流量 0.6 m^3/s 时能量损失(以N·m/N 及 kW 表示)。

4.16　一输水管在点 A 处的直径是 1 m,压强为 98 kPa 及流速 1 m/s,点 B 比点 A 高 2 m,直径 0.5 m,压强为 20 kPa,试确定流动方向。

4.17　消防水龙管的喷嘴是使水龙管受拉或是受压?

4.18　相对密度为 0.83 的石油产品流经一 90°的扩大弯管,弯管直径由 400 mm 到 600 mm。进口压强 130 kPa,损失不计,流量为 0.6 m^3/s,试求固定弯管所需的分力。

4.19　题 4.18 如果有摩阻损失 $h_w=0.6\dfrac{v_1}{2g}$ (v_1 为行进流速),计算固定此弯管所需的力,并与上题结果比较。

4.20　带胸墙的闸孔泄流如题图 4.13 所示,孔宽 3 m,$Q=45$ m^3/s,上游水深 $H=4.5$ m,闸孔下游水深 $h=2$ m,闸底水平。求作用在闸孔顶部胸墙上的水平推力,并与按静压强分布计算的结果进行比较。

4.21　在如题图 4.14 所示的控制体上,压强是不变的,而且在 x 方向的速度分量已在图中注明,试求流体作用在圆柱上的力,假设流动是不可压缩的,流体的密度为 ρ。

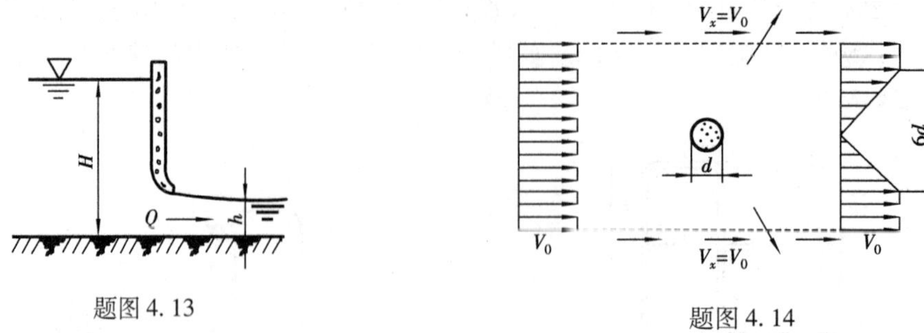

题图 4.13

题图 4.14

4.22　喷射推进船航行速度 $v_1=45$ km/h，推进力 $F=4\ 000$ N，出口面积 $A=0.02$ m^2。如题图 4.15 所示，试求射流出口的速度 v_2 及推进装置的效率 $\left[\text{提示：推进装置的输出功率 } N_{\text{出}}=Fv_1=\rho Q(v_2-v_1)v_1\text{，输入功率 } N_{\text{入}}=\gamma Q\left(\dfrac{v_2^2-v_1^2}{2g}\right)=\rho Q\left(\dfrac{v_2^2-v_1^2}{2}\right)\right]$。

4.23　混凝土建筑物中的引水分叉管如题图 4.16 所示，各管中心线在同一水平面上，主管直径 $D=3$ m，分叉管直径 $d=2$ m，转角 $\alpha=60°$。通过的总流量 $Q=35$ m^3/s，断面 1—1 的压强水头号 $\dfrac{p}{\gamma}=30$ m 水柱高，如不计损失，求水流对建筑物的作用力。

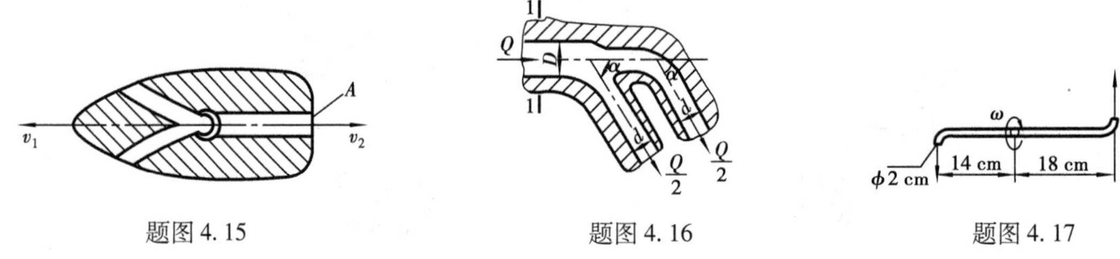

题图 4.15

题图 4.16

题图 4.17

4.24　喷水器如题图 4.17 所示，每个喷嘴每分钟喷出水量为 0.5 m^3。不计摩擦力，求旋臂的旋转速度。

4.25　密度 $\rho=1\ 025$ kg/m^3 的海水，以 0.060 6 m^3/s 的流量通过离心泵，如题图 4.18 所示，试求作用在叶轮上的转矩以及带动泵所需要的功率。假设水流进叶轮的绝对速度是径向的，有关参数为：$\omega=1\ 180$ r/min，$r_1=50$ mm，$r_2=203$ mm，$\theta_2=135°$，$t_1=13$ mm，$t_2=18$ mm。

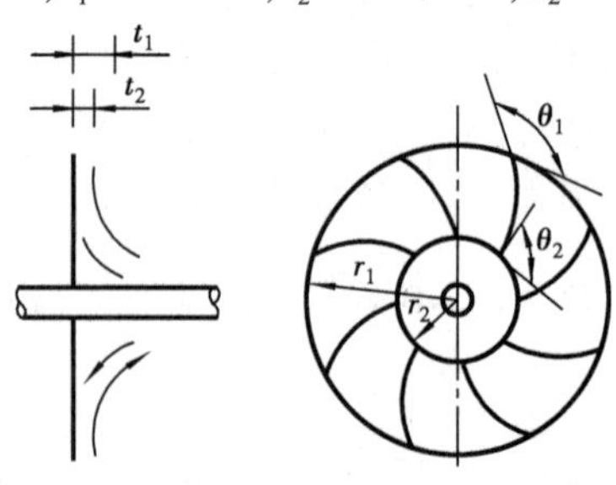

题图 4.18

第5章 管流阻力及能量损失

实际流体具有黏滞性,流动时会出现阻力,为了克服阻力,就要产生不可逆性的能量损失,这就是实际流体的黏性效应。

由于流体流动所处的环境不同,例如,在管道内流动,在固体外部的绕流运动,与固体不接触的射流运动,以及与固体边界部分接触的明渠内流动等,所以处理方法也不同。在本章中,将主要介绍有压管道中实际流体恒定流动的阻力规律及其引起能量损失的计算方法。所讨论的只限于不可压缩流体并假定流动是等温的,不考虑热力学的影响;当然,如果气体流动中压强变化比较小,也可以认为不可压缩,密度为常数。本章介绍的许多基本概念不仅对于管流是适用的,而且对于绕流和明渠流也是适用的。

5.1 管流阻力及能量损失的分类

5.1.1 产生能量损失的原因和分类

实际流体在管道中流动时,由于流动边界情况不同,产生阻力的原因也不同,通常将流动阻力分为沿程阻力和局部阻力两大类。

实际流体在管道中流动时,由于黏滞力的作用,在等直径(等断面)的直管内,流体之间所产生的摩擦力称为沿程阻力;因沿程阻力而引起的能量损失称为沿程损失,以 h_f 表示。沿程损失是发生在渐变流的整个流段上。

在管道系统中,由于生产工艺的需要,通常装有各种阀门、弯管(头)、变径段(俗称大小头)、三通等各种各样的管道配件,流体流经这些局部装置时,流体质点将发生急剧变形,速度分布迅速改变,并且往往出现漩涡区,产生附加阻力,称为局部阻力;因局部阻力而引起的能量损失,称为局部损失,以 h_j 表示。图 5.1 所示为局部装置处经常出现的速度的重新分布和漩涡区的情况。

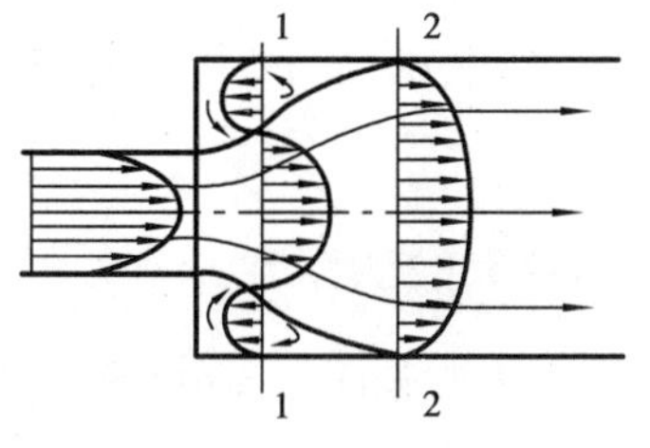

图 5.1　局部阻力

5.1.2 能量损失的计算公式

研究表明,流体在管道中流动时,沿程损失 h_f 与下列的因素有关:

①管道的内直径 d 和它的长度 l;

②流体的物理性质密度 ρ 和黏度 μ;

③流体在管道中的断面平均流速 v;

④管道壁面粗糙的平均凸起高度 Δ。

上列各物理量之间的一般函数关系为

$$\Delta p=f(v,d,\mu,\rho,l,\Delta) \tag{5.1}$$

式中,Δp 为在管段长度 l 内流体的压强损失,与沿程损失的关系式为

$$\Delta p=\gamma h_f \tag{5.2}$$

式(5.1)的函数关系是未知的,也可写为

$$f_1\left(\frac{\Delta p}{l},\mu,\rho,d,v,\Delta\right)=0 \tag{5.3}$$

注意沿程损失总是与所讨论的流段长度成正比例的。包括在式(5.3)中的物理量 $n=6$。基本量纲 $m=3$,即长度 L、时间 T 及质量 M。按照 π 定理,式(5.3)可写成含($n-m=3$)个量纲一的关系式,即

$$f_2(\pi_1,\pi_2,\pi_3)=0 \tag{5.4}$$

在式(5.3)中选取 d、v 及 ρ 作为基本物理量,则式(5.4)中的量纲一的数 π_1,π_2,π_3 分别为

$$\pi_1=d^{x_1}v^{y_1}\rho^{z_1}\mu$$

$$\pi_2=d^{x_2}v^{y_2}\rho^{z_2}\frac{\Delta p}{l}$$

$$\pi_3=d^{x_3}v^{y_3}\rho^{z_3}\Delta$$

根据量纲分析,不难求得各自的指数 x,y,z,得

$$\pi_1=\frac{vd\rho}{\mu}$$

$$\pi_2=\frac{\frac{\Delta p}{l}d}{v^2\rho}$$

$$\pi_3=\frac{\Delta}{d}$$

将 π_1,π_2 及 π_3 代入式(5.4)得

$$f_2\left(\frac{vd\rho}{\mu},\frac{\frac{\Delta p}{l}d}{v^2\rho},\frac{\Delta}{d}\right)=0$$

因为所关注的是沿程损失,所以这个方程可写为

$$\frac{\frac{\Delta p}{l}d}{v^2\rho}=f_3\left(\frac{vd\rho}{\mu},\frac{\Delta}{d}\right)$$

或

$$\Delta p=\frac{v^2\rho l}{d}f_3\left(\frac{vd\rho}{\mu},\frac{\Delta}{d}\right)$$

根据式(5.2),有

$$h_f=\frac{\Delta p}{\gamma}=\frac{v^2 l}{gd}f_3\left(\frac{vd\rho}{\mu},\frac{\Delta}{d}\right)$$

注意式中$\frac{vd\rho}{\mu}=Re$,代入并令

$$f_3\left(Re,\frac{\Delta}{d}\right)=\frac{\lambda}{2} \tag{5.5}$$

则得沿程损失的计算公式为

$$h_f=\lambda\ \frac{l}{d}\ \frac{v^2}{2g} \tag{5.6}$$

式中,λ 称为沿程阻力系数或沿程摩阻系数,是一个无因次数,其规律及计算将在后面讨论。

式(5.6)表明,流体在管道中流动时,h_f 随平均流速的增大而增大,与管道长度成正比,与直径成反比。此式是达西-魏斯巴赫(Darcy-weisbach)1857 年根据实验观测资料和实践经验首先总结、归纳出来的,称为达西公式。

对局部阻力及局部损失规律而言,尽管局部装置本身各种各样,但它发生的原因是共同的,即流体的变形和黏滞性共同作用引起。它的计算公式表示为如下形式,即

$$h_j=\zeta\ \frac{v^2}{2g} \tag{5.7}$$

式中,ζ 称为局部阻力系数,是一个无因次数;v 在没有说明时,指通过局部装置后的平均流速。式(5.7)的含义十分明显,它将局部损失折合成速度头的倍数,其倍数就是局部阻力系数 ζ。

在管道系统中,通常由不同直径的管段和各种管道配件组成,依照总流伯努利方程,两断面间的阻力损失应按叠加原理计算,即

$$h_w=\sum h_f+\sum h_j \tag{5.8}$$

式中　$\sum h_f$——相连接的各管段的沿程损失的总和;

$\sum h_j$——管道中所有局部损失的总和。

5.2　流体的两种流动形态及其判据

5.2.1　层流和紊流

经过长期的观察,哈根(Hagen)约在 1840 年发现并提出存在着不同的黏性流动形态——层流和紊流。

当相邻的两流层互相平稳滑动,层间只有分子量级的混合时,流动是有规则的,称为层流。第 1 章中介绍的牛顿内摩擦定律——黏性关系式就是针对这种流动形态导出的。层流

流动时，流体全部质点都在次序分明的平行层中流动，相邻的两层流体互相平稳滑动，层间只有分子量级的混合，流动是有规则的，流线为直线状。

第二种流动形态为紊流流动，在这种流动中，一些小的流体微团在层与层之间穿越，流体质点相互混掺，这种流动具有脉动的性质。紊流流动时，相邻层次的流体质点不断混扰，相互掺混，作紊乱的旋涡运动，流线为无规则形状。

5.2.2　流态的判别准则

虽然层流和紊流早已被人们所知，但是直至1883年才由雷诺（Osborne Reynolds，英国科学家）进行了定量描述，他的实验装置如图5.2所示。由水箱A引出玻璃管B，阀门C用以调节玻璃管中液体的流量。容器D内装有重度和水相近的颜色水，经细管E流入玻璃管中，阀门F用来调节颜色水的流量。试验时，容器A装满水，并使液面恒定，由K不断供水而多余的水由溢水管H溢出；然后稍微打开阀门C，便有少量的水经玻璃管流出，此时打开颜色水的阀门F，使颜色水也流入玻璃管中。

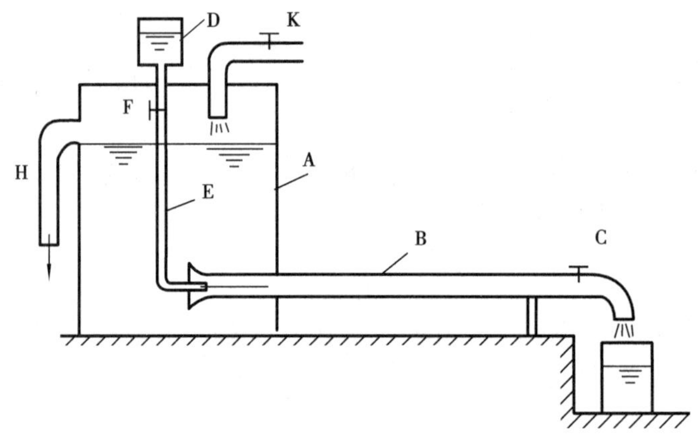

图5.2　雷诺实验

当玻璃管中流量小时，看到其中颜色呈明显的直线形状，如图5.3（a）所示，这说明整个管中的水都沿轴线方向流动，液体质点没有横向运动，不互相掺混，这种流动状态就是层流；若将阀门C继续徐徐开大，玻璃管中流速增大，当达到某一流速数值时，颜色水的线状出现微微震动（或摆动），如图5.3（b）所示。继续开大阀门C，流速相继增大，颜色水不再保持线状，而破裂成一种非常紊乱状态，如图5.3（c）所示，说明此时玻璃管中水的质点互相混掺，这种流动就是紊流。紊流时，液体质点的运动轨迹是极不规则的，不仅沿管轴方向有位移，而且也有沿管径方向的位移。固定点上的速度大小和方向是随时间而变的。

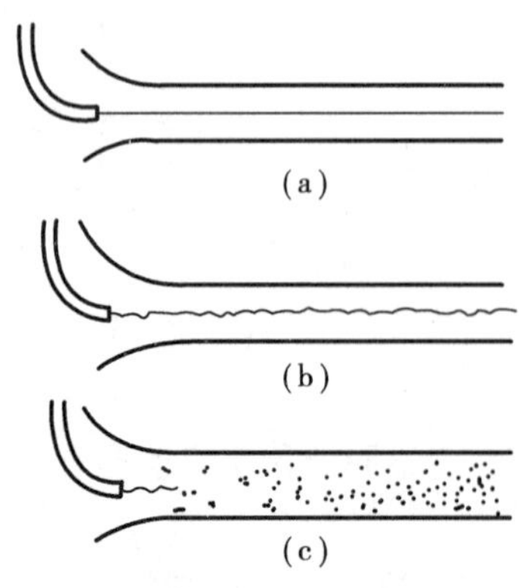

图5.3　层流、临界状态及紊流

如果试验程序沿相反方向进行，即在紊流情况下将阀门C徐徐关小，则颜色水将回到图（b）的形状，再关小又回到图（a）的形状。将图（b）的那种运动状态称为临界状态或过渡状态，而临界状态时的平均速度称为临界流速。

试验表明：

①如果管径一定，液体的黏度ν一定，则由层流转变为

紊流时的临界流速 v'_c(称为上临界流速)和由紊流变成层流时的临界流速 v_c(称为下临界流速)是不一样的,$v'_c>v_c$。

②临界流速的数值与管径 d 及液体的黏度 ν 有关。但是,无论临界流速、管径及黏度 ν 怎样变化,临界状态时的雷诺数(称为临界雷诺数)是不变的。相应于上临界状态时的雷诺数,以 Re'_c 表示;相应于下临界状态时的雷诺数,称为下临界雷诺数,以 Re_c 表示。大量试验表明:

上临界雷诺数　　$Re'_c=\dfrac{v'_c d}{\nu}$　(Re'_c 取 4 000～20 000)

下临界雷诺数　　$Re_c=\dfrac{v_c d}{\nu}$　(Re_c 取 2 300)

上临界雷诺数是不稳定的,其数值与试验装置的状况及试验时所受到的扰动等情况有关。有的甚至达到 40 000,而下临界雷诺数却是稳定的。因此,在工程计算中,以下临界雷诺数作为判别流动形态的标准,即

$$\begin{aligned}&\text{层流 } Re\leqslant 2\ 300\\&\text{紊流 } Re>2\ 300\end{aligned}\tag{5.9}$$

准则式(5.9)是管道中流动形态的判别准则。欲知管道中的流动形态,只要算出管道流动时的雷诺数 Re 和 Re_c 比较,便可知流动是层流或紊流。

对于非圆断面的管道,因为雷诺数的一般表达式 $Re=\dfrac{vl}{\nu}$ 中的特征长度尺寸 l 在圆形管道中为直径 d,但在非圆形断面管道中用什么作为特征尺寸呢? 下面的关系式:

$$\frac{4A}{\chi}=\frac{4\times\dfrac{\pi}{4}d^2}{\pi d}=d$$

由上式得到启发,式中 A 是过流断面积;χ 是流体与过流断面固体壁面的接触周长。因此,非圆形管道的特征尺寸可以用过流断面积与过流断面上流体与固体接触的周长比值的4倍来表示,即

$$d_H=\frac{4A}{\chi}\tag{5.10}$$

式中,d_H 称为等效直径或水力直径;χ 在水力学中称为湿周。这样,非圆断面管道的雷诺数 $Re=\dfrac{vd_H}{\nu}$,它与圆形管道 $Re=\dfrac{vd}{\nu}$ 是一致的。

例如,如果断面是矩形如图5.4(a)所示的管道,等效直径为

$$d_H=\frac{4ab}{2(a+b)}=\frac{2ab}{a+b}$$

如果断面是环形如图5.4(b)所示的管道等效直径为

$$d_H=\frac{4\times\dfrac{\pi}{4}(D^2-d^2)}{\pi(D+d)}=D-d$$

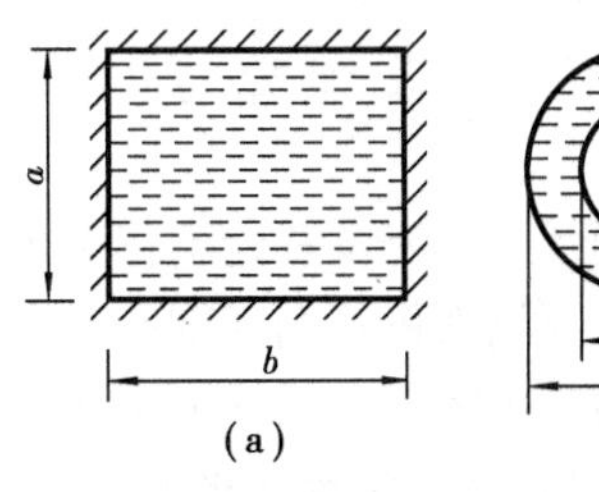

图5.4　非圆形断面

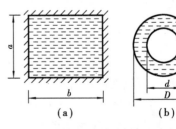

某些非圆形断面的下临界雷诺数,根据实验见表5.1。

表 5.1 非圆形管道的下临界雷诺数

流道形状	正方形	正三角形	同心缝隙	偏心缝隙
下临界雷诺数 Re_c	2 070	1 930	1 100	1 000

雷诺试验不仅显示了黏性流体存在不同的流态,而且也揭示了不同流态时摩擦阻力的性质。

5.2.3 水头损失与流速的关系

如果在雷诺实验的玻璃管 B 上取 1-1 及 2-2 断面,并在这两个断面上装测压管,如图 5.5 所示。对该两断面列总流伯努利方程为

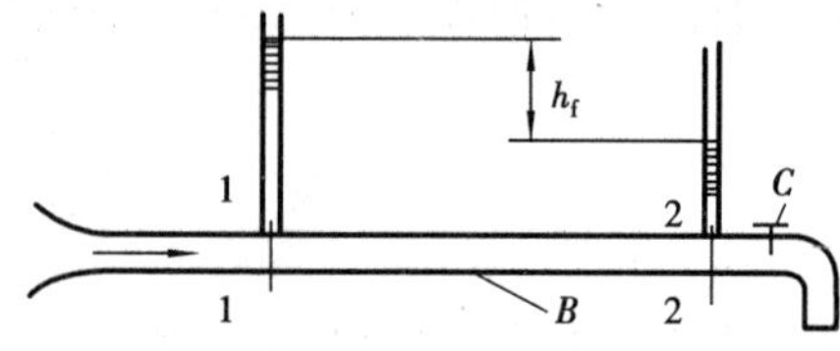

图 5.5 水头损失与流速的关系

$$z_1+\frac{p_1}{\gamma}+\frac{\alpha_1 v_1^2}{2g}=z_2+\frac{p_2}{\gamma}+\frac{\alpha_2 v_2^2}{2g}+h_f$$

因为试验管是等直径的,所以

$$h_f=\left(z_1+\frac{p_1}{\gamma}\right)-\left(z_2+\frac{p_2}{\gamma}\right)$$

即两根测压管的水头差等于 1-1、2-2 断面间沿程损失。在层流和紊流情况下,逐次测出 h_f 及相应的管中平均流速 v,并在对数坐标纸上将试验点标出,得出如图 5.6 所示的曲线。曲线中 $ABCD$ 表示逐渐增大流速的情况,而 $DCEA$ 则表示逐渐减小流速时的情况。由图可知,层流时的试验点落在图中的 AB 线上,这是一条与 $\lg v$ 轴成 45°角的斜线。紊流时试验点落在一条较大倾角 θ 的斜线 CD 段上。

如果将其写成函数式,对于层流,则

$$\lg h_f=\lg k_1+(\lg v)\tan 45°=\lg k_1 v$$

所以

$$h_f=k_1 v \tag{5.11}$$

即层流时沿程损失与速度的一次方成正比。

对于紊流,则

$$\lg h_f=\lg k_2+(\lg v)\cdot\tan\theta$$

令 $\tan\theta=m$,则

$$\lg h_f=\lg k_2+m\lg v=\lg k_2 v^m$$

所以

$$h_f=k_2 v^m \tag{5.12}$$

即紊流时沿程损失与速度 v 的 m 次方成正比。试验表明,$m=1.75-2$。即 h_f 与 v 的 1.75 ~ 2 次方成正比。

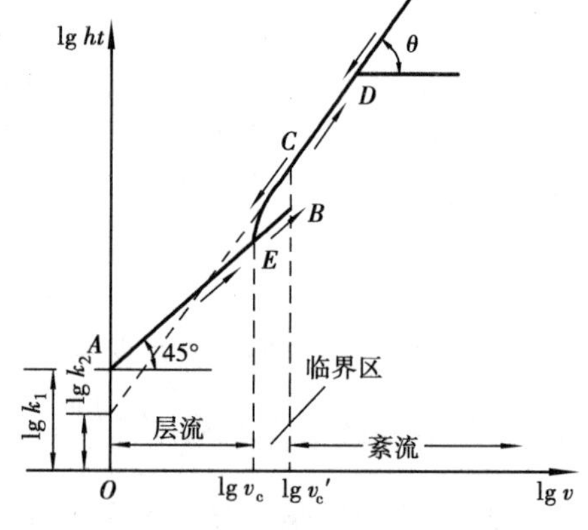

图 5.6 沿程摩阻损失与平均流速的关系

由此可见,层流及紊流不仅现象不同,而且对沿程损失的影响规律也不同,因此,在计算沿程损失时,应当将它们区别开来。

例 5.1 直径为 100 mm 的输油管,以流量 $Q=50\ m^3/h$ 输送喷气燃料,已知其运动黏度 $\nu=1.2$ cSt,试确定流动形态。

解 管道中的平均流速为

$$v=\frac{4Q}{\pi d^2}=\frac{4\times\frac{5}{3\ 600}}{\pi\times 0.1^2}\ \text{m/s}=1.77\ \text{m/s}=177\ \text{cm/s}$$

而 $\nu=1.2\ \mathrm{cSt}=0.012\ \mathrm{cm^2/s}$

所以

$$Re=\frac{vd}{\nu}=\frac{177\times 10}{0.012}=147\ 500$$

因雷诺数 147 500 大于下临界雷诺数 2 300，所以是紊流。

5.3　管流切应力与沿程损失关系的基本方程

本节讨论既适用层流和紊流，同时也适用于具有任何形状断面的管道。考虑在不变断面面积为 A 的管道内，流体作恒定流动如图 5.7 所示。设断面 1 和 2 的压强分别为 p_1 和 p_2，两断面间的距离为 l，对于恒定均匀流，作用在任一流体微元的合力必定等于零。因此，在流动方向上，有

$$p_1A-p_2A-\gamma lA\sin\alpha-\tau(\chi l)=0 \tag{5.13}$$

式中，τ 是管道(流股)界面上的平均切应力，定义为

$$\tau=\frac{\int_\chi \tau'\mathrm{d}\chi}{\chi}$$

式中，τ'是作用在湿周微增量 $\mathrm{d}\chi$ 上的当地切应力。对于以管轴为对称轴的圆形管道，切应力均匀分布。

注意：$\sin\alpha=\frac{z_2-z_1}{l}$，代入式(5.13)，并各项除以 γA，得

$$\frac{p_1}{\gamma}-\frac{p_2}{\gamma}-z_2+z_1=\tau\cdot\frac{\chi l}{\gamma A} \tag{5.14}$$

从图 5.7(a)知

$$h_f=\left(z_1+\frac{p_1}{\gamma}\right)-\left(z_2+\frac{p_2}{\gamma}\right)$$

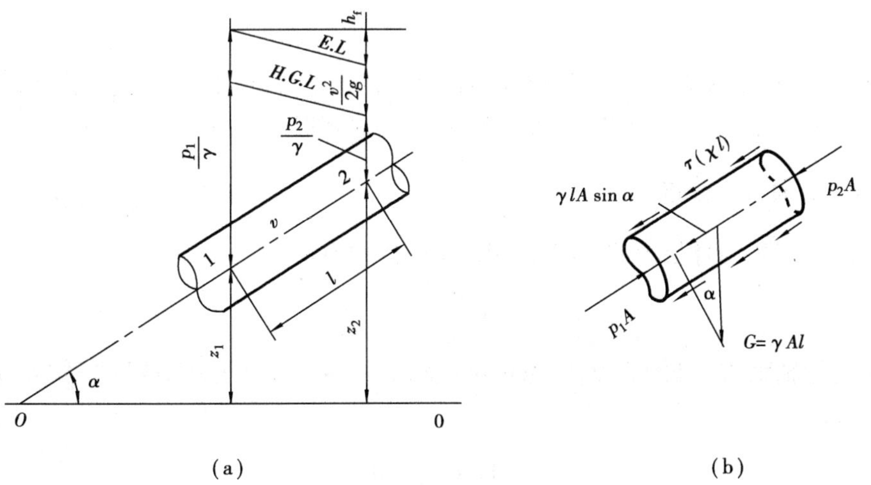

图 5.7　管流切应力与沿程损失关系

将其代入式(5.14),并注意式中$\frac{A}{\chi}=\frac{1}{4}d_{\mathrm{H}}$,得

$$h_{\mathrm{f}}=\frac{4\tau l}{d_{\mathrm{H}}\gamma} \tag{5.15}$$

或

$$\tau=\frac{h_{\mathrm{f}}d_{\mathrm{H}}\gamma}{4l}=\frac{d_{\mathrm{H}}\gamma}{4}i \tag{5.16}$$

式中,i 为能坡度。

式(5.15)或式(5.16)称为均匀流基本方程式,它适用于任何大小的流速,因此,可以扩大到均匀总速。设总流与管壁界面上的平均切应力为 τ_0,则

$$\tau_0=\frac{\gamma d_{\mathrm{H0}}}{4}i \tag{5.17}$$

式中,d_{H0} 为管道等效直径。

对于圆管流动,$d_{\mathrm{H0}}=d_0=2r_0$,$d_{\mathrm{H}}=2r$,则式(5.16)和式(5.17)可分别写为

$$\tau=\frac{\gamma r}{2}i \tag{5.16a}$$

$$\tau_0=\frac{\gamma r_0}{2}i \tag{5.17a}$$

式(5.16a)及式(5.17a)对圆管恒定层流及紊流都适用。

根据 $i=\frac{\lambda}{d}\frac{v^2}{2g}$,代入式(5.17a),整理得

$$\sqrt{\frac{\tau_0}{\rho}}=\sqrt{\frac{\lambda}{8}}\ v \tag{5.18}$$

该式表明了壁面切应力、摩阻系数及平均流速关系。该式对沿程摩阻的研究具有重要意义。

5.4 圆管中的层流运动

工程上层流情况很多,如石油管道,炼油厂及油库中的润滑油管道,化工管道以及机械工程中的液压系统、润滑系统等,许多技术问题中都会遇到层流运动。

5.4.1 断面流速分布

对于层流运动,流体层间的切应力,引用牛顿内摩擦定律。

$$\tau=\mu\frac{\mathrm{d}u}{\mathrm{d}y}=-\mu\frac{\mathrm{d}u}{\mathrm{d}r}$$

式中,u 为离管轴距离 r 处的流速,因为 u 随 r 而减少,为使 τ 为正值,故取“-”号。将其代入式(5.16a)得

$$\mathrm{d}u=-\frac{\gamma i}{2\mu}r\mathrm{d}r$$

积分后得

$$u=-\frac{\gamma i}{4\mu}r^2+c$$

利用管壁边界条件，即 $r=r_0$，$u=0$，则

$$c=\frac{\gamma i}{4\mu}r_0^2$$

因此，得

$$u=\frac{\gamma i}{4\mu}(r_0^2-r^2) \tag{5.19}$$

式(5.19)说明，圆管中层流断面流速以管轴为中心按旋转抛物面规律分布，如图 5.8 所示。在管轴上，$r=0$，流速为最大值，即

$$u_{\max}=\frac{\gamma i}{4\mu}r_0^2=\frac{\gamma i}{16\mu}d_0^2 \tag{5.20}$$

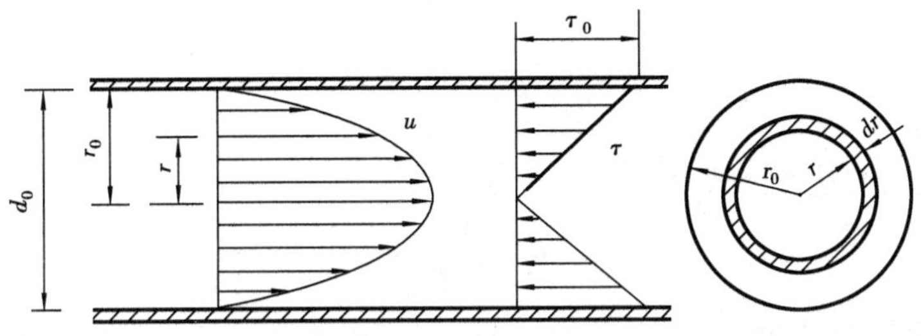

图 5.8　圆管层流断面流速分布及切应力分布

5.4.2　过流断面的流量及平均流速

(1)流量

流体通过管道断面的流量可在断面上任取一半径为 r、宽为 dr 的微小圆环形面积如图 5.8 所示，则通过该微小环形断面的微元流量为

$$\mathrm{d}Q=u\cdot 2\pi r\mathrm{d}r$$

将式(5.19)代入，积分得

$$Q=\int_0^{r_0}\frac{\gamma i}{4\mu}(r_0^2-r^2)2\pi r\mathrm{d}r$$

$$=\frac{\pi\gamma r_0^4 i}{8\mu}=\frac{\pi\gamma d_0^4 i}{128\mu} \tag{5.21}$$

这就是圆管层流流量基本计算公式。

(2)断面平均流速

$$v=\frac{Q}{A}=\frac{\dfrac{\pi\gamma d_0^4 i}{128\mu}}{\dfrac{1}{4}\pi d_0^2}=\frac{\gamma d_0^2}{32\mu}i \tag{5.22}$$

与式(5.20)比较得

$$v=\frac{1}{2}u_{\max} \tag{5.23}$$

即当圆管层流运动时,其平均流速等于最大流速的一半。

5.4.3 圆管层流的沿程水头损失

在式(5.22)中,因为 $i=\frac{h_f}{l}$,将其代入并整理得

$$h_f=\frac{32\mu lv}{\gamma d^2}=\frac{128\nu lQ}{\pi g d^4} \tag{5.24}$$

式(5.24)表明,圆管层流沿程损失与平均流速的一次方成正比,这就从理论上证实了5.2节实验所得的结论。

因为计算沿程损失时,通常按达西公式(5.6)的形式进行计算,所以可将式(5.24)改变为

$$h_f=\frac{32\mu lv}{\gamma d^2}=\frac{64\mu}{\rho vd}\cdot\frac{l}{d}\frac{v^2}{2g}=\frac{64}{Re}\cdot\frac{l}{d}\frac{v^2}{2g}$$

令

$$\lambda=\frac{64}{Re} \tag{5.25}$$

则式(5.24)便变为与达西公式一样。

$$h_f=\lambda\frac{l}{d}\frac{v^2}{2g}$$

式(5.25)表明,层流时沿程阻力系数 λ 只与雷诺数有关,与管壁的粗糙度无关,与前面用量纲分析法得到的式(5.5)有所不同。这是因为层流时,黏性摩擦力起着主要的作用,而管壁粗糙在这时不发生任何影响,试验也证实了这一点。

5.4.4 动能修正系数

圆管层流动能修正系数 α 由下式

$$\int_Q\frac{u^2}{2g}\gamma\mathrm{d}Q=\int_A\frac{u^3}{2g}\gamma\mathrm{d}A=\frac{\alpha v^2}{2g}\gamma Q$$

得

$$\alpha=\frac{1}{A}\int_A\left(\frac{u}{v}\right)^3\mathrm{d}A$$

将式(5.19)与式(5.22)代入,经整理

$$\alpha=\frac{1}{\pi r_0^2}\int_0^{r_0}\left\{2\left[1-\left(\frac{r}{r_0}\right)^2\right]\right\}^3 2\pi r\mathrm{d}r=2$$

由此可见,圆管层流的动能修正系数 $\alpha=2$。类似方法,可求得动量修正系数 $\alpha'=\frac{4}{3}$。

5.4.5 层流起始段

如图5.9所示,对于层流的速度抛物面规律,并不是刚入管口就能立刻形成,而是要经过一段距离,这段距离称为层流起始段。在起始段内,过流断面上的均匀速度不断向抛物面分布规律转化,因而在起始段内流体的内摩擦力大于完全发展了的层流中流体中的摩擦力。对于从管道入口开始到流动充分展开处为止的长度用 L' 表示,即起始段长度,此长度可用兰海

尔(Langhaar)提出的下述公式计算,即

$$L' = 0.057 Re \cdot d \tag{5.26}$$

式中,d 为管道内径。上述公式是用分析方法导出的,它与实验结果非常一致。

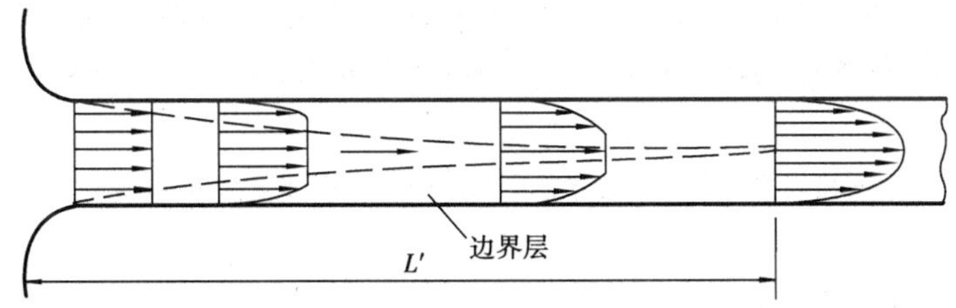

图 5.9　层流起始段

在起始段有两个因素会使得其摩阻系数要比充分发展的流动段中摩阻系数大。其一是,壁面速度梯度在起始段刚好处于最大值。这个梯度沿流程逐渐减小,而在速度充分展开处变为一常值。其二是,在黏性层外存在着流体“核心”。由于流动的连续性,使核心流速增大。于是,核心处的流体是加速的,从而会产生一个附加阻力,其效应也应包含在摩阻系数中。兰海尔对管道起始段层流的摩阻系数作了研究。他的研究表明,摩阻系数在入口附近是最高的,而后沿流动方向平缓地减小,直到充分发展流动时所对应的数值,表 5.2 给出了距入口为 x 一段管长平均摩阻系数 λ 的兰海尔结果。

表 5.2　圆管层流起始段的平均摩擦系数

$\dfrac{x/d}{Re}$	$\lambda\left(\dfrac{x}{d}\right)$	$\dfrac{x/d}{Re}$	$\lambda\left(\dfrac{x}{d}\right)$
0. 000 205	0. 212 0	0. 017 88	2. 188
0. 000 830	0. 396 0	0. 023 68	2. 636
0. 001 805	0. 565 2	0. 034 1	3. 380
0. 003 575	0. 830 0	0. 044 9	4. 112
0. 005 35	1. 042	0. 062 0	5. 232
0. 000 835	1. 360	0. 076 0	6. 152
0. 013 73	1. 844		

根据目前的资料,在许多情况下,流动完全充分展开需要很长的距离,比式(5. 26)计算值要长得多。因此,实际的摩擦系数要比根据充分展开流动的方程式计算出的数值大得多。

例 5. 2　计算石油通过管内径 $d = 50$ mm,长 $l = 100$ m 的输油管中的沿程损失,已知平均流速 $v = 0.6$ m/s,石油的运动黏度 $\nu = 0.2\ \text{cm}^2/\text{s}$,相对密度 $S = 0.86$。

解　该油在管中流动时的雷诺数为

$$Re = \frac{vd}{\nu} = \frac{0.6 \times 0.05}{0.2 \times 10^{-4}} = 1\ 500$$

因为雷诺数 $Re = 1\ 500 < 2\ 300$,所以为层流,沿程阻力系数 λ 按式(5. 25)为

$$\lambda = \frac{64}{Re} = \frac{64}{1\ 500} = 0.042\ 66$$

代入式(5.6)得

$$h_f=\lambda\frac{l}{d}\frac{v^2}{2g}=0.042\ 66\times\frac{100}{0.05}\times\frac{0.6^2}{2\times9.81}\ \text{m}=1.56\ \text{m 油柱}(S=0.86)$$

例 5.3 设有长度为 100 m,直径为 150 mm 的水平钢管,其两端的压强分别为 1.0 MPa 和 35 kPa,管中输送重燃油的运动黏度 ν 为 $400\times10^{-6}\ \text{m}^2/\text{s}$,密度为 920 kg/m^3,试求通过该管的流量。

解 对该管两端断面处列伯努利方程式,因管道是水平的,所以 $z_1=z_2$,又因管径不变,所以 $v_1=v_2=v$,于是

$$h_f=\frac{p_1-p_2}{\gamma}=\frac{1\times10^6-35\times10^3}{920\times9.81}\ \text{m}=106.92\ \text{m 油柱}(S=0.92)$$

因为 Q 未知,所以流态无法确定。暂假定流动为层流,根据式(5.24)得

$$Q=\frac{\pi g d^4 h_f}{128\nu l}=\frac{\pi\times9.81\times0.15^4\times106.92}{128\times400\times10^{-6}\times1\ 000}\ \text{m}^3/\text{s}=0.032\ 6\ \text{m}^3/\text{s}=117.3\ \text{m}^3/\text{h}$$

校核雷诺数

$$Re=\frac{vd}{\nu}=\frac{4Q}{\pi d\nu}=\frac{4\times0.032\ 6}{\pi\times0.15\times400\times10^{-6}}=692$$

因为 $Re<2\ 300$,所以是层流,与假定相符,上述流量之为所求。

5.5 圆管中的紊流运动

紊流流动是最常遇到的黏性流动,但对于紊流的分析,尚未达到像层流那样的水平。本节将研究紊流特征,特别是动量传递机理并由此导出紊流切应力,进而求出流速分布以及圆管紊流摩阻系数经验计算公式。

5.5.1 紊流的脉动现象及时均法

在紊流中,流体的流动变量随时间变化。例如,瞬时速度矢量与平均速度矢量无论是大小,还是方向都不相同。图 5.10 所示为用热线流速仪测量管内紊流流动轴向速度分量随时间变化形式。

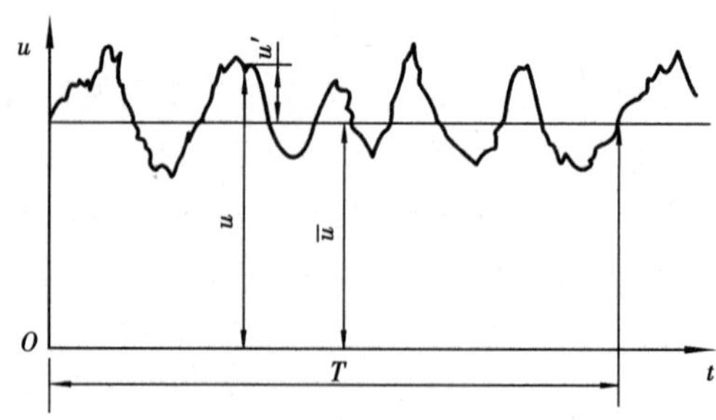

图 5.10 在紊流中速度随时间的变化情况

由图可见,虽然速度的平均值看起来是恒定的,但是围绕平均值存在着一些微小的无规则的脉动。因此,可用平均值加脉动值来表示流体流动变量。例如,X 方向的速度可表达为

$$u_x=\bar{u}_x(x,y,z)+u_x'(x,y,z,t) \tag{5.27}$$

式中，$\bar{u}_x(x,y,z)$代表在点(x,y,z)处的时间平均速度，简称时均流速。定义为

$$\bar{u}_x=\frac{1}{t_1}\int_0^{t_1}u_x(x,y,z,t)\,\mathrm{d}t \tag{5.28}$$

式中，t_1 是比任何一个脉动持续时间都要长得多的时间。$u_x'(x,y,z,t)$的时间平均值为零，可用下式表示，即

$$\overline{u_x'}=\frac{1}{t_1}\int_0^{t_1}u_x'(x,y,z,t)\,\mathrm{d}t=0$$

虽然紊流脉动的时均值为零，但这些脉动量可用于计算某些流动量的平均值。例如，单位体积的时均动能，即

$$\overline{KE}=\frac{1}{2}\rho\overline{[(\bar{u}_x+u_x')^2+(\bar{u}_y+u_y')^2+(\bar{u}_z+u_z')^2]}$$

因为和的平均值是平均值的和，因此，动能表达式变为

$$\overline{KE}=\frac{1}{2}\rho\overline{[(\bar{u}_x^2+2\bar{u}_xu_x'+u_x'^2)+(\bar{u}_y^2+2\bar{u}_yu_y'+u_y'^2)+(\bar{u}_z^2+2\bar{u}_zu_z'+u_z'^2)]}$$

由于$\overline{\bar{u}_xu_x'}=\bar{u}_x\overline{u_x'}=0$，所以

$$\overline{KE}=\frac{1}{2}\rho(\bar{u}_x^2+\bar{u}_y^2+\bar{u}_z^2+\overline{u_x'^2}+\overline{u_y'^2}+\overline{u_z'^2}) \tag{5.29}$$

由此可见，紊流总动能的一定部分与紊流脉动量的大小有关，这就表明脉动量的均方根值$(\overline{u_x'^2}+\overline{u_y'^2}+\overline{u_z'^2})^{\frac{1}{2}}$是一个重要的量。

到此，已经表述了紊流的脉动特性，紊流的这种随机特性适用于统计分析。以下进而分析紊流脉动对动量传递的影响。

5.5.2　紊流的特性与分区

层流时，全断面都是层流状态，因而速度分布规律适用于整个过流断面。而管中出现紊流时，并非整个断面都同样出现紊流状态。经观测，在靠近管壁处存在着一层极薄的层流层，称为黏性底层，如图 5.11 所示。这是因为分子附着力作用，管壁上有流体黏附，此处流体的运动速度为零。这种黏附作用必然影响壁面附近的流动，使紊流的脉动与质点的掺混在靠近管壁处受到抑制。由于管壁凹凸不平，有时这里也能产生涡漩和脉动因素，但这种现象往往不能持久。这里有时是涡漩紊动的发源地，但是，由于黏性的影响较大，紊流现象受到抑制。越是远离管壁，黏性影响逐渐减弱，到适当距离，变成为紊流运动了，此区域称为紊流核心。在紊流核心和黏性底层之间存在一个界限不很分明的过渡层，由于过薄，有时也将它算在紊流核心范围内，并简称为紊流区。

黏性底层的厚度 δ，并不是固定的，它与流体的黏度 ν 成正比，与流体的运动速度 v 成反比，而且与反映壁面粗糙度有关的沿程摩擦系数 λ 有关，通过理论与实验计算，得到一个近似计算公式，即

$$\delta=\frac{32.8d}{Re\sqrt{\lambda}} \tag{5.30}$$

这个公式计算起来很困难，因为 λ 与$\frac{\Delta}{d}$及 Re 有关的量有关。

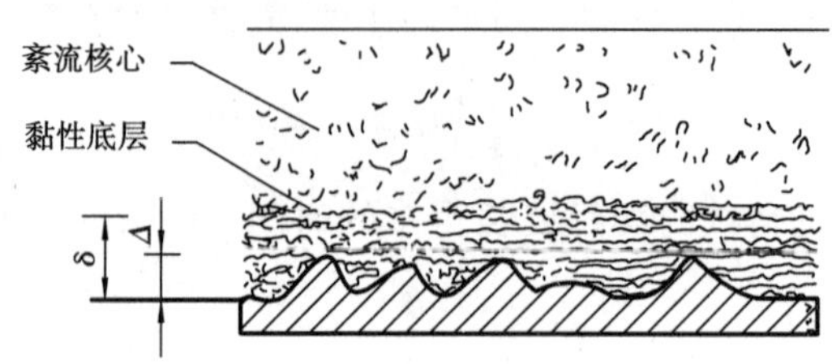

图 5.11　管中紊流结构

下面的半经验公式具有足够的精确度，计算方便，可以选用：

$$\delta=\frac{34.2d}{Re^{0.875}} \tag{5.31}$$

式中，d 为管道内直径。

黏性底层的厚度在紊流运动中通常只有十分之几毫米，但是，它对紊流流动的能量损失以及流体与管壁之间的热交换起着重要的影响。黏性底层的厚度越薄，换热就越强，摩阻损失越大。

任何管道，由于材质、加工、使用条件和年限等因素的影响，管道内壁总是凹凸不平，其粗糙凸出部分的平均高度 Δ 称为管壁的绝对粗糙度，将 Δ 与管子内径 d（或半径 r_0）的比值$\frac{\Delta}{d}$称为管壁的相对粗糙度，而将$\frac{d}{\Delta}\left(或\frac{r_0}{\Delta}\right)$称为相对光滑度。相对粗糙度越大，管道越粗糙；而相对光滑度越大，表明管道越光滑。但是，更为重要的是黏性底层厚度和绝对粗糙度 Δ 的对比关系。一般认为，当黏性底层厚度大于壁面绝对粗糙度时，即 $\delta>\Delta$ 时，Δ 淹没在黏性底层中，Δ 对流动阻力没有影响，而只是由于黏性底层的存在，黏滞性对阻力有一定影响，这种流动条件下的管道，称为水力光滑管。而当 $\delta<\Delta$ 时，黏性底层被破坏，这时流体的阻力主要决定于壁面绝对粗糙度，这种管道称为水力粗糙管。由此看出，这里的所谓水力光滑管或水力粗糙管，它决定于管内流体的运动情况，同一条管道，可以为水力光滑管，也可以为水力粗糙管，主要取决于黏性底层厚度 δ 与壁面绝对粗糙度 Δ 的对比。

5.5.3　紊流阻力与混合长度假说

(1)紊流阻力

在紊流中，一方面因时均流速不同，各流层间的相对运动，仍然存在着黏性切应力；另一方面还存在着由脉动引起的动量交换产生的惯性切应力。因此，紊流阻力包括黏性切应力和惯性切应力。

黏性切应力可由牛顿内摩擦定律计算。下面首先分析惯性切应力的产生原因。

在图 5.12 所示的恒定紊流中，时均流速沿 x 轴方向。脉动流速沿 x 和 y 方向的分量分别为 u'_x 和 u'_y。任取一水平截面 A—A，设在某一瞬时，原来位于低流速层 a 点处的质点，以脉动流速 u'_y 向上流动，穿过 A—A 截面到达 a'点，则单位时间内通过 A—A 截面单位面积的流体质量为 $\rho u'_y$。由于流体具有 x 方向的流速，其瞬间时值为 $u_x=\overline{u}_x+u'_x$，因而也就有 x 方向的动量由下层传入上层。单位时间内通过单位面积的动量为 $\rho u'_y(\overline{u}_x+u'_x)$，这样，截面 A—A

的下侧流体损失了动量，而上侧的流体增加了动量。根据动量定律：动量的变化率等于作用力。这里动量的变化率也就是通过截面 $A—A$ 的动量流量。因此,由横向脉动产生的 x 方向的动量传递,使 $A—A$ 截面上产生了 x 方向的作用力。这个单位面积上的切向作用力就称为惯性切应力。用 τ_2 表示,即

$$\tau_2=\rho u_y'(\bar{u}_x+u_x') \tag{5.32}$$

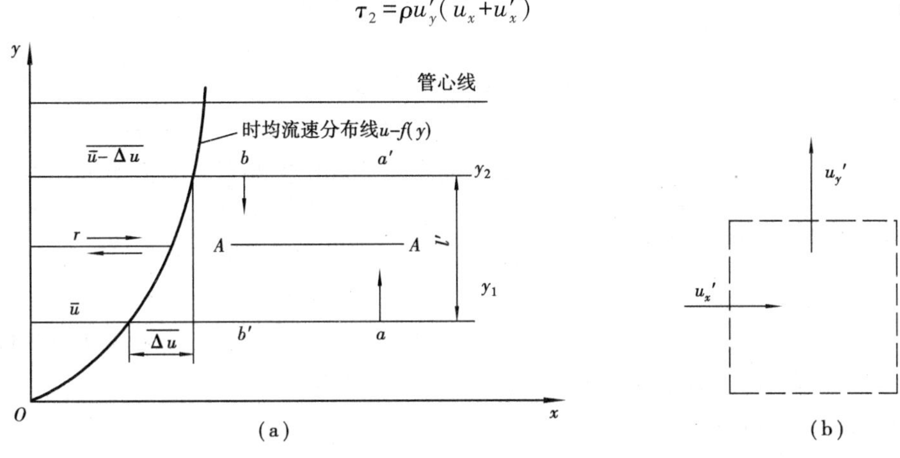

图 5.12　紊流的动量交换

这里 u_x' 和 u_y' 可能为正，也可能为负。图中所示流动的黏性切应力用 τ_1 表示。τ_2 的时均值，根据式(5.28)，有

$$\bar{\tau}_2=\overline{\rho u_y'(\bar{u}_x+u_x')}=\rho\frac{1}{t_1}\int_0^{t_1}u_y'(\bar{u}_x+u_x')\mathrm{d}t=\rho\left(\frac{1}{t_1}\int_0^{t_1}u_y'\bar{u}_x\mathrm{d}t+\frac{1}{t_1}\int_0^{t_1}u_y'u_x'\mathrm{d}t\right) \tag{5.33}$$

上式中，平均值 $\bar{u}_x$ 与积分变量无关，不难证明脉动量的时均值为零。

因为 $u_y=\bar{u}_y+u_y'$，两边取时均值，得

$$\bar{u}_y=\frac{1}{t_1}\int_0^{t_1}\bar{u}_y\mathrm{d}t+\bar{u}_y'=\bar{u}_y+\bar{u}_y'$$

所以

$$\overline{u_y'}=0$$

于是

$$\bar{\tau}_2=\rho\frac{1}{t_1}\int_0^{t_1}u_y'u_x'\mathrm{d}t=\rho\overline{u_x'u_y'} \tag{5.34}$$

现在分析惯性切应力的方向。当流体由下往上脉动时,u_y' 为正，由于 a 点处 x 方向的时均流速小于 a'处的时均流速，因此,当 a 处的质点到达 a'处时，在大多数情况下，对该处原有的质点的运动起阻滞作用，产生负的沿 x 方向的脉动流速 u_x';反之，原处于高流速层 b 点的流体，以脉动流速 u_y' 向下运动，则 u_y' 为负，到达 b'点时，对该处原有的质点的运动起向前推动的作用，产生正值的脉动流速 u_x'。这样正的 u_x' 和负的 u_y' 相对应，负的 u_x' 和正的 u_y' 相对应，其乘积 $u_x'u_y'$ 总是负值。此外，惯性切应力和黏性切应力的方向是一致的,下层流体(低流速层)对上层流体(高流速层)的运动起阻滞作用，而上层流体对下层流体的运动起推动作用。

为了使惯性切应力的符号与黏性切应力一致，以正值出现,因此,在式(5.34)中加一负号，得

$$\bar{\tau}_2=-\rho\overline{u_x'u_y'} \tag{5.35}$$

上式就是流速横向脉动产生得紊流惯性切应力,是雷诺于1895年首先提出的,故又称雷诺应力。但要提醒的是,即使对平均流动而言,流动朝着同一方向的紊流(例如直管内流动)在三个坐标方向都存在着流速的脉动分量。因此,一般的惯性切应力还在其他方向上存在。

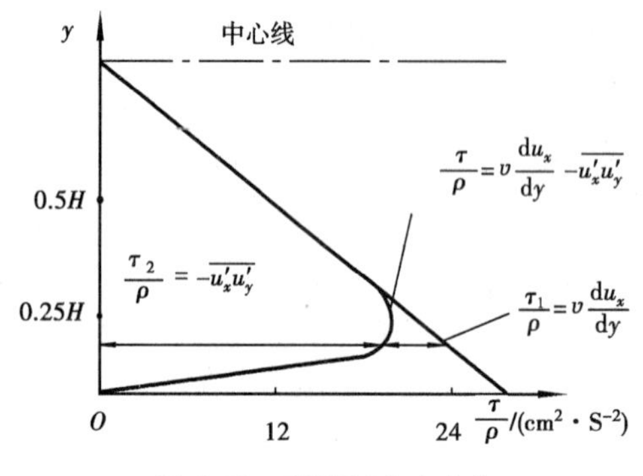

图 5.13　紊流切应力分布

时均紊流总的切应力为 $\bar{\tau}=\bar{\tau}_1+\bar{\tau}_2$,紊流切应力分为布如图5.13所示。

由于脉动量测量困难,因此利用脉动量直接计算惯性切应力实际上是不可能的。由于脉动量的存在和应用上主要关注的是平均值,因此,紊流理论主要就是研究脉动值和平均值之间的相互关系。紊流研究的方向主要有:

①紊流的统计理论;

②平均量的半经验理论。

半经验理论是工程中主要采用的方法。1925年普朗特提出的混合长度理论,就是经典的半经验理论。

(2)**混合长度理论**

宏观上流体微团的脉动引起惯性切应力,这与分子微观运动引起黏性切应力十分相似。因此,普朗特假设在脉动过程中,存在着一个与分子平均自由路程相当的距离 l',如图5.14所示。微团在该距离内不会和其他微团相碰,因而保持原有的物理属性。例如,保持动量不变,只是在经过这段距离后,才与周围流体相混合,并取得与新位置上原有流体相同的动量等。

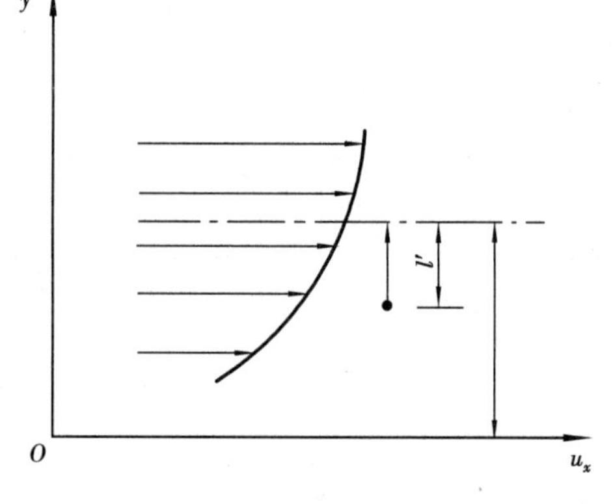

图 5.14　普朗特混合长度

现根据 l' 的两层流体的时均流速差为

$$\Delta\bar{u}=\bar{u}(y_2)-\bar{u}(y_1)=\left(\bar{u}(y_1)+\frac{d\bar{u}}{dy}l'\right)-\bar{u}(y_1)=\frac{d\bar{u}}{dy}l' \tag{5.36}$$

由于两层流体的时均流速不同,因此横向脉动动量的结果要引起纵向脉动。普朗特假设纵向脉动流速绝对值的时均值与时均流速差成比例,即

$$\overline{|u'_x|}\propto\frac{d\bar{u}}{dy}l'$$

同时,在紊流里,用一封闭边界隔离出一块流体,如图5.12所示。普朗特根据连续性原理认为:要维持质量守恒,纵向脉动必将影响横向脉动,即 u'_x 与 u'_y 是相关的。因此,$\overline{|u'_x|}$与$\overline{|u'_y|}$成比例,即

$$\overline{|u'_y|}\propto\overline{|u'_x|}\propto\frac{d\bar{u}}{dy}l'$$

$\overline{u'_xu'_y}$ 虽然与$\overline{|u'_x|}\cdot\overline{|u'_y|}$不等,但可以认为两者成比例关系,符号相反,则

$$-\overline{u'_xu'_y}=cl'^2\left(\frac{d\bar{u}}{dy}\right)^2$$

式中, c 为比例系数, 令 $l^2=cl'^2$, 则上式可变为

$$\overline{\tau_2}=\rho l^2\left(\frac{\mathrm{d}\bar{u}}{\mathrm{d}y}\right)^2 \tag{5.37}$$

这就是由普朗特的混合长度理论得到的以时均流速表示的紊流惯性切应力表达式, 式中 l 称为混合长度。于是,紊流切应力可写为

$$\tau=\tau_1+\tau_2=\mu\frac{\mathrm{d}\bar{u}}{\mathrm{d}y}+\rho l^2\left(\frac{\mathrm{d}\bar{u}}{\mathrm{d}y}\right)^2$$

层流时只有黏性切应力 τ_1, 紊流时 τ_2 有很大影响, 如果将 τ_1 和 τ_2 相比, 则

$$\frac{\tau_2}{\tau_1}=\frac{\rho l^2\left(\dfrac{\mathrm{d}\bar{u}}{\mathrm{d}y}\right)^2}{\mu\dfrac{\mathrm{d}\bar{u}}{\mathrm{d}y}}\approx\rho l\frac{\bar{u}}{\mu} \tag{5.38}$$

$\rho l\dfrac{\bar{u}}{\mu}$是雷诺数的形式, 因此,$\tau_2$ 和 τ_1 的比例与雷诺数有关。雷诺数越大, 紊动越剧烈, τ_1 的影响就越小, 当雷诺数很大时, τ_1 就可以忽略了, 于是

$$\tau=\rho l^2\left(\frac{\mathrm{d}u}{\mathrm{d}y}\right)^2 \tag{5.39}$$

为了简便起见, 从这里开始, 时均值就不再标以时均符号。

在式(5.39)中, 混合长度 l 是未知的, 要根据具体问题作出新的假定,结合实验结果才能确定。普朗特关于混合长度的假设有其局限性, 但在一些紊流流动中应用普朗特半经验理论所获得的结果与实践比较一致。

将式(5.39)运用于圆管紊流, 可以从理论上证明断面流速分布是对数型的,即

$$u=\frac{1}{k}\sqrt{\frac{\tau_0}{\rho}}\ \ln y+C \tag{5.40}$$

式中,y 为离圆管壁的距离;k 为卡门通用常数, 由实验定; C 为积分常数。

层流和紊流时,圆管内流速分布规律的差异是由于紊流时流体质点相互掺混使流体分布趋向于平均化造成的。层流时的切应力是由于分子运动的动量交换引起的黏性切应力;而紊流切应力除了黏性切应力外, 还包括流体微团脉动引起的动量交换所产生的惯性切应力。由于脉动交换远大于分子交换, 因此在紊流充分发展的流域内, 惯性切应力远大于黏性切应力, 也就是说, 紊流切应力主要是惯性切应力。

5.5.4　圆管紊流流速分布

本节介绍由混合长度理论导出的流速分布。混合长度理论的重要贡献之一,就在于它能够用来导出高雷诺数下的流速分布。

在黏性底层中,其切应力为(注意:此后各参数均省略去时均值符号)

$$\tau=\mu\frac{\mathrm{d}u}{\mathrm{d}y}\quad 即\quad \mathrm{d}u=\frac{\tau}{\mu}\mathrm{d}y$$

因为黏性底层很薄,速度梯度近似为常数,所以层内的切应力 $\tau=$ 常数,它就是壁面上的切应力 τ_0,于是积分得

$$u=\frac{\tau_0}{\mu}y \qquad (y\leqslant\delta) \tag{5.41}$$

由此可知,在黏性底层中速度分布是直线规律,这显然是层流速度抛物面规律在黏性底层中的近似结果。

设$\sqrt{\frac{\tau_0}{\rho}}=u_*$,它具有速度量纲,称为剪切速度,则式(5.41)可写为

$$\frac{u}{u_*}=\frac{u_* y}{\nu} \qquad (y\leqslant\delta) \tag{5.42}$$

在紊流区,即黏性底层外,$y>\delta$,黏性影响可以忽略,则式(5.39)成为

$$\tau=\rho l^2\left(\frac{\mathrm{d}u}{\mathrm{d}y}\right)^2$$

普朗特假设在靠近壁面处混合长度 l 与 y 成正比例变化(因为 y 越大,质点的紊动自由越大,紊流切应力也应越大),即 $l=ky$。根据尼古拉兹(J. Nikuradse)的实验资料证明,这个规律可以扩大到整个紊流区域。此外,还假设在整个紊流区内剪应力也为常数 τ_0,则

$$\tau_0=\rho k^2 y^2\left(\frac{\mathrm{d}u}{\mathrm{d}y}\right)^2$$

或

$$\frac{\mathrm{d}u}{u_*}=\frac{1}{k}\frac{\mathrm{d}y}{y}$$

积分之得

$$\frac{u}{u_*}=\frac{1}{k}\ln y+C \tag{5.43}$$

这说明紊流区中速度 u 与 y 成对数关系。积分常数 C 由边界条件确定,也可根据管道轴心处的最大速度 u_{max} 来确定。例如,对光滑管紊流,设紊流区与黏性底层交界面上的速度为 u_w,由式(5.42),当 $y=\delta$ 时,有

$$\frac{u_w}{u_*}=\frac{u_*\delta}{\nu}=N \tag{5.44}$$

式中,N 是根据上式推理,即由黏性底层转变成紊流时,$\frac{u_*\cdot\delta}{\nu}$应有一个临界值,因为$\frac{u_*\cdot\delta}{\nu}$形式上是一个雷诺数;另一方面,当 $y=\delta$ 时,$u=u_w$ 代入式(5.43),并利用式(5.44)得

$$\frac{u_w}{u_*}=N=\frac{1}{k}\ln\delta+c=\frac{1}{k}\ln\frac{N\nu}{u_*}+C$$

消去常数 C 得

$$\frac{u}{u_*}=\frac{1}{k}\ln\frac{yu_*}{\nu}+N-\frac{1}{k}\ln N$$

令

$$A=N-\frac{1}{k}\ln N$$

得

$$\frac{u}{u_*}=\frac{1}{k}\ln\frac{yu_*}{\nu}+A$$

式中，A 可通过实验绘制$\frac{u}{u_*}$对 $\ln\frac{yu_*}{\nu}$的曲线而求得。对于平板，$k=0.417$，$A=5.84$，而对于光滑管，尼古拉兹实验得 $k=0.4$，$A=5.5$。代入上式，得光滑管紊流速度分布公式，即

$$\frac{u}{u_*}=2.50\ln\frac{yu_*}{\nu}+5.5 \tag{5.45}$$

或

$$\frac{u}{u_*}=5.75\lg\frac{yu_*}{\nu}+5.5 \tag{5.45a}$$

在圆管轴心上，$y=r_0$，$u=u_{max}$，代入式(5.45)及式(5.45a)后并与该式相减得

$$\frac{u_{max}-u}{u_*}=2.50\ln\frac{r_0}{y} \tag{5.46}$$

$$\frac{u_{max}-u}{u_*}=5.75\lg\frac{r_0}{y} \tag{5.46a}$$

式(5.46)及式(5.46a)称为普朗特公式。由于消去了常数 5.5，并经大量实验证明，此式对光滑和粗糙管都适用。

对于圆管紊流，普朗特推导了一个使用较方便的指数速度分布公式，即

$$\frac{u}{u_{max}}=\left(\frac{y}{r_0}\right)^{\frac{1}{n}} \tag{5.47}$$

式中，n 随雷诺数而变。这个经验公式仅适用于离开管壁一定的距离。表 5.3 列出了 Re 与 n 的数值。

表 5.3　Re 与 n 的数值

Re	4.0×10^3	2.3×10^4	1.1×10^5	1.1×10^6	2.0×10^6	3.2×10^6
n	6.0	6.6	7.0	8.8	10	10
$\frac{v}{u_{max}}$	0.791	0.808	0.817	0.849	0.865	0.865

由式(5.47)，可求得断面平均流速与最大流速的比值，即

$$v\cdot\pi r_0^2=\int_0^{r_0}u2\pi(r_0-y)\,\mathrm{d}y=\int_0^{r_0}u_{max}\left(\frac{y}{r_0}\right)^{\frac{1}{n}}2\pi(r_0-y)\,\mathrm{d}y$$

得

$$\frac{v}{u_{max}}=\frac{2n^2}{(n+1)(2n+1)} \tag{5.48}$$

表 5.3 中也列出了对应于 n 的$\frac{v}{u_{max}}$值，因而可通过测定紊流管轴处最大流速 u_{max}，利用表 5.3 内的比值换算得平均流速 v，即可算出流量，十分简便。

流速分布公式(5.45)及式(5.47)都存在着在管轴处$\frac{\mathrm{d}u}{\mathrm{d}y}$为非零值的缺陷，这与实际应为零是

相矛盾的。尽管如此,它们与实际相当逼近,用这些方程来描述光滑管紊流还是极其有用的。

求流速分布公式的主要目的是要由此导出沿程摩阻系数 λ 的公式,由于其推演过程比较繁杂,且伴有实验数据修正,本书限于篇幅,这里不再详细叙述,读者如有兴趣,可参阅其他有关的流体力学文献。

例 5.4 求管道紊流平均流速 v 与最大流速 u_{max} 之间的关系。

解 由式(5.46)得

$$\frac{u}{u_*}=\frac{u_{max}}{u_*}-2.50\ln\frac{y}{r_0}$$

$$v=\frac{Q}{\pi r_0^2}=\frac{1}{\pi r_0^2}\int_0^{r_0-\delta}u2\pi r\mathrm{d}r$$

$$=\frac{2}{r_0^2}\int_\delta^{r_0}\left(u_{max}-2.5u_*\ln\frac{y}{r_0}\right)(r_0-y)\mathrm{d}y$$

因为紊流公式仅适用于紊流区,故不能积分到 $y=0$。但层流底层区的流量是如此之小,以致可以不计,于是

$$v=2\int_{\frac{\delta}{r_0}}^{1}\left(u_{max}-2.5u_*\ln\frac{y}{r_0}\right)\left(1-\frac{y}{r_0}\right)\mathrm{d}\left(\frac{y}{r_0}\right)$$

积分得

$$v=2\left\{u_{max}\left[\frac{y}{r_0}-\frac{1}{2}\left(\frac{y}{r_0}\right)^2\right]+2.5u_*\left[\frac{y}{r_0}\ln\frac{y}{r_0}-\frac{y}{r_0}-\frac{1}{2}\left(\frac{y}{r_0}\right)^2\ln\frac{y}{r_0}+\frac{1}{4}\left(\frac{y}{r_0}\right)^2\right]\right\}_{\frac{\delta}{r_0}}^{1}$$

因$\frac{\delta}{r_0}$很小,$\frac{\delta}{r_0}$和$\frac{\delta}{r_0}\ln\left(\frac{\delta}{r_0}\right)$均可忽略($\lim\limits_{x\to 0}\ln x\to 0$),于是

$$v=u_{max}-\frac{6}{2}\times\frac{2.5u_*}{2}$$

即

$$\frac{u_{max}-v}{u_*}=\frac{15}{4}$$

5.6 管流沿程摩阻系数

式(5.5)已经显示,管流沿程摩阻系数 λ 是 Re 及$\frac{\Delta}{d}$的函数。遗憾的是,至今还没有测定或确定工业管道壁面粗糙度 Δ 的科学方法。许多试验方法是通过人工粗糙管进行的,因此,粗糙度才从几何角度得以确定和描述。实验也表明了,摩擦不仅取决于壁面凸出高度(即粗糙度)的大小和形状,而且也取决于它们的分布规律或距离。但是,规律尚未完全找到,因此,在这个问题没有完全解决之前,尚须继续进行研究。

5.6.1 尼古拉兹实验

在试验方面最值得注意的是尼古拉兹的结果。尼古拉兹用人工方法制造不同粗糙度的

圆管,即用漆胶将颗粒大小相同的砂粒均匀地粘贴在管壁上,砂粒直径表示管壁粗糙突出高度 Δ。它用 3 种不同管径(25 mm、50 mm、100 mm)和 6 种不同的相对光滑度 $\frac{r_0}{\Delta}$ 值(15、30.6、60、126、252、507)进行试验,试验装置原理如图 5.15 所示。试验时,测定每种管道的不同的流量和相应于长度为 l 管段的沿程摩阻损失 h_f,然后再根据达西公式 $h_f=\lambda\frac{l}{d}\frac{v^2}{2g}$ 和雷诺数公式 $Re=\frac{vd}{\nu}$ 计算出 λ 和 Re,并以相对粗糙度 $\frac{\Delta}{d}$ 为参变数,将实验结果的关系曲线绘于同一坐标纸上,如图 5.16 所示。

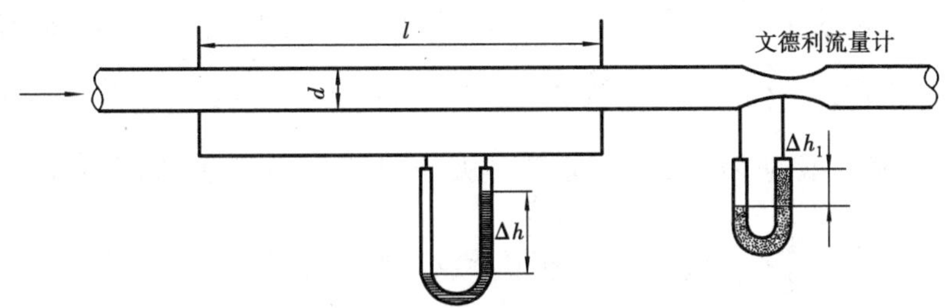

图 5.15　测定管道沿程损失的实验装置

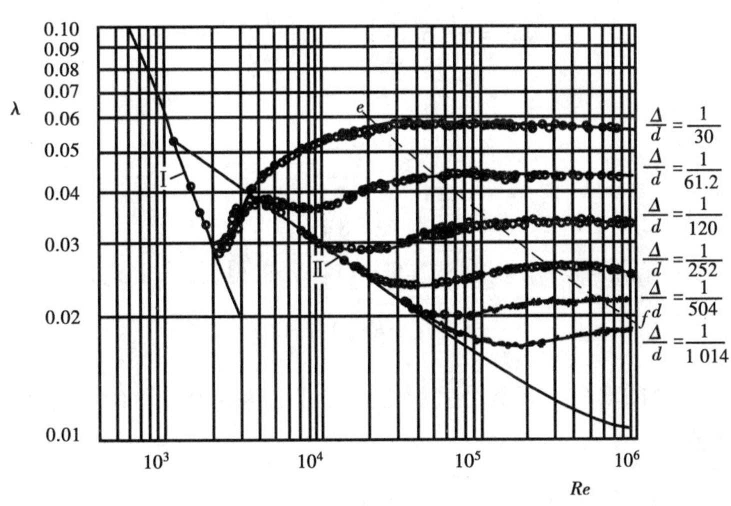

图 5.16　尼古拉兹人工粗糙管沿程摩阻系数 $\lambda=f\left(Re,\frac{\Delta}{d}\right)$ 图

分析这张图,可将此曲线分成 5 个区域:

(1)层流区

此区即为图中的直线 I 部分。当 $Re\leqslant 2\ 300$ 时,所有的 6 种相对粗糙度 $\frac{\Delta}{d}$ 的实验点都落在这条直线上,这说明层流流动时,沿程摩阻系数 λ 与管壁相对粗糙度 $\frac{\Delta}{d}$ 无关,而只与雷诺数有关,该直线的方程为

$$\lambda=\frac{64}{Re}$$

这与 5.4 节中理论分析得到的式(5.25)一样,证明理论分析的成果的正确性。

(2)**层流到紊流过渡区**

此区位于 $2\ 300<Re<4\ 000$。不同的相对粗糙度的实验点在 $Re=2\ 300$ 附近开始离开 Ⅰ 线。实验点也集中在一条很短的曲线上,但实验点稍为分散。这个区域实际上就是由层流向紊流(或相反)的转变过程。该区范围很小,实用意义不大,其计算方法略。

(3)**光滑管紊流区**

此区为直线Ⅱ部分。当 $4\ 000<Re\leqslant 59.6\left(\dfrac{r_0}{\Delta}\right)^{\frac{8}{7}}$ 或 $\delta>6\Delta$ 时,属于光滑管紊流区。各种不同的$\dfrac{\Delta}{d}$的实验点也都落在这条线上,只是不同的$\dfrac{\Delta}{d}$值,离开此线时的雷诺数 Re 值不同。这是由于黏性底层厚度还较大($\delta>6\Delta$),掩盖了粗糙突出高度 Δ 的影响,这就是光滑管紊流区。但是不同的$\dfrac{\Delta}{d}$,所占该直线的线段长度不同,$\dfrac{\Delta}{d}$越大,所占的线段越短,表明相对粗糙度越大,离开该线时雷诺数越小。$\dfrac{\Delta}{d}\geqslant\dfrac{1}{61.2}$的曲线,实际上没有光滑管紊流区。将实验曲线离开光滑管区时的雷诺数以 Re_s 表示,对于人工粗糙管道,有

$$Re_s=59.6\left(\frac{r_0}{\Delta}\right)^{\frac{8}{7}}=27\left(\frac{d}{\Delta}\right)^{\frac{8}{7}} \tag{5.49}$$

式中,d 为管道内直径。

根据式(5.18),即

$$\sqrt{\frac{\tau_0}{\rho}}=\sqrt{\left(\frac{\lambda}{8}\right)}\cdot v$$

式中,平均流速 v 可由光滑管紊流速度公式(5.45)积分求得,代入上式,简化后得

$$\frac{1}{\sqrt{\lambda}}=2\ \lg\ (Re\sqrt{\lambda})-0.8 \tag{5.50}$$

这就是光滑管紊流的普朗特阻力系数公式。它适应范围达到 $Re<3\times10^6$ 以内。

(4)**紊流过渡区**

此区为线Ⅱ和 ef 之间,称为紊流过渡区,简称过渡区。当 $27\left(\dfrac{d}{\Delta}\right)^{\frac{8}{7}}<Re\leqslant 382\ \dfrac{d}{\Delta}\ \lg\left(\dfrac{3.7d}{\Delta}\right)$ 或 $0.3\Delta<\delta<6\Delta$ 时,属于紊流过渡区。当雷诺数继续增大,黏性底层的厚度逐渐变薄。由图可知,$\dfrac{\Delta}{d}$较大的管子,实验点在 Re 较小时先离开直线Ⅱ而进入该区。其他$\dfrac{\Delta}{d}$较小的管子,在 Re 较大时才离开。在该区内,λ 与 Re 及$\dfrac{\Delta}{d}$有关,即 $\lambda=f\left(Re,\dfrac{\Delta}{d}\right)$。情况复杂,其计算公式尼古拉兹没有给出。

(5)**粗糙管紊流区**

此区为 ef 线的右边部分。当 $Re>382\ \dfrac{d}{\Delta}\ \lg\left(\dfrac{3.7d}{\Delta}\right)$ 或 $\delta<0.3\Delta$ 时,为粗糙管紊流区。随着雷诺数继续增大,试验点所连成的线为一水平直线。因为在这区域内,黏性底层厚度已经变

得非常薄，管壁粗糙度对流动阻力的作用已经大大超过黏滞性的影响。因此，在此区域中，沿程摩阻系数与雷诺数无关，只与相对粗糙度$\frac{\Delta}{d}$有关，即 $\lambda=f\left(\frac{\Delta}{d}\right)$。卡门（Karman）依据尼古拉兹试验资料，经整理得

$$\frac{1}{\sqrt{\lambda}}=-2\ \lg\left(\frac{\Delta}{3.7d}\right) \tag{5.51}$$

或

$$\frac{1}{\sqrt{\lambda}}=1.14-2\ \lg\left(\frac{\Delta}{d}\right) \tag{5.52}$$

式（5.51）表明，λ 与 Re 无关，即与 v、ν 无关，将其代入式（5.6），便知沿程损失与 v^2 成正比，因此，这个区域也称为平方阻力区。另外，因为雷诺数并不影响 λ 值，雷诺数对流动特征、力学性能均失去影响，在此状态下的紊流如果进行模型试验，可不必考虑其雷诺数相等的条件，此时，无论原型与模型的雷诺数是否相等，只要$\frac{\Delta}{d}$相等，它们的黏性力都会自动保持力学相似，因此，粗糙管紊流区也称为自动模型区。

前已述及，由于天然粗糙管（即实际材料的壁面粗糙）非常复杂，迄今尚无科学的方法测定。然而尼古拉兹的实验提供了解决问题的途径，可将砂粒粗糙管的粗糙高度 Δ 作为工作管道壁面粗糙的量度。方法是在粗糙管紊流区内，设已知工业管道在该区内的 λ 值，则它的 Δ 值可由式（5.52）算出。因此，工业管道的 Δ 值称为当量粗糙度，但习惯仍称为粗糙度。各种常用材料壁面当量粗糙度见表 5.4，供计算选取。

表 5.4　各种材料壁面当量粗糙度 Δ 值

序　号	壁面种类	Δ/mm
1	清洁铜管、玻璃管	0.001 5 ~ 0.001
2	新的无缝钢管	0.04 ~ 0.17
3	旧钢管、涂柏油钢管	0.12 ~ 0.21
4	普通新铸铁管	0.25 ~ 0.42
5	旧的生锈钢管	0.60 ~ 0.62
6	白铁皮管	0.15
7	污秽的金属管	0.75 ~ 0.97
8	清洁的镀锌管	0.25
9	无抹面的混凝土	1.0 ~ 2.0
10	有抹面的混凝土管	0.5 ~ 0.6
11	橡胶软管	0.01 ~ 0.03
12	铝管	0.001 5
13	塑料管	0.001
14	木材管	0.25 ~ 1.25

尼古拉兹的试验比较完整地反映了沿程摩阻系数的变化规律,揭示了紊流不同情况下沿程摩阻系数的影响因素。所得到的光滑管紊流及粗糙管紊流的摩阻计算公式都是依据普朗特的混合长度理论及速度分布公式的基础上得到的,它们的精确度较高。但是,工程中采用实际管道(钢管、铸管铁管、水泥管、塑料管等)的粗糙度与尼古拉兹的人工均匀粗糙度是不同的。对于实际管道,粗糙的突出高度、形状,以及分布的稠密和特性与人工粗糙是不同的。因此,人们也对实际管道进行了大量试验研究。结果表明,所获得的 $\lambda=f\left(Re,\dfrac{\Delta}{d}\right)$ 曲线与尼古拉兹曲线有所不同。图 5.17 是苏联 Ф. А. 谢维列夫(Ф. А. Щевепев)对不同直径的新钢管(尽管 Δ 不完全一样,但 d 不同,可得不同的$\dfrac{\Delta}{d}$值)进行试验的结果。比较尼古拉兹曲线图(图 5.16 和图 5.17)看出,对于钢管,在过渡区,系数 λ 的数值永远大于阻力平方区的数值,并且随雷诺数增大而不断减小;尼古拉兹所得的曲线却相反,在过渡区,λ 值随雷诺数的增大而增大,最后达到最大值,过渡区的 λ 值永远小于阻力平方区的数值。其次,还可以看出:在相同相对粗糙度的条件下,实际管道的雷诺数从光滑管区进入过渡区时要比人工粗糙管小得多,主要原因是实际管道的壁面粗糙尺寸大小不均匀,分布特性不规则,虽然雷诺数较小,即使黏性底层较厚的时候,尺寸较大的粗糙凸起高度首先对流动阻力发生了影响,因而在较小的雷诺数时就进入过渡区。根据对试验资料整理,对于钢管,流动由光滑管区进入过渡区时约略地在

$$Re_s=5.43\left(\frac{d}{\Delta}\right)^{\frac{8}{7}} \tag{5.53}$$

发生,即 $4\ 000<Re<5.43\left(\dfrac{d}{\Delta}\right)^{\frac{8}{7}}$ 时,流动处于光滑管紊流区。

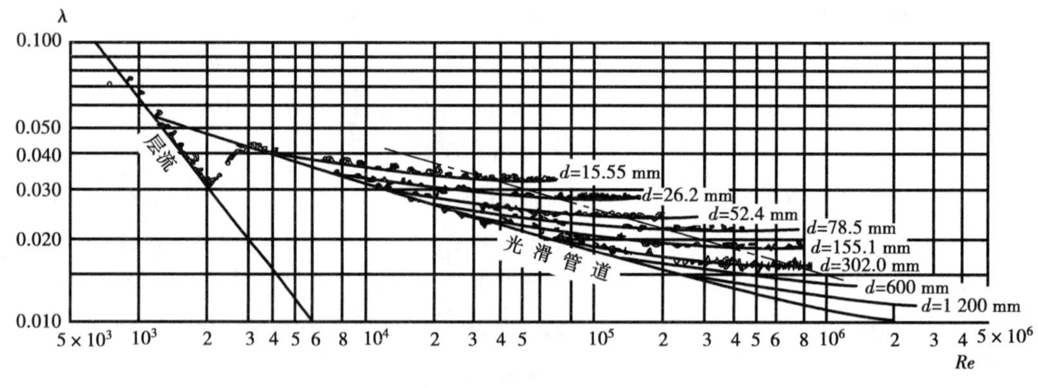

图 5.17　新钢管的 $\lambda=f(Re)$ 图

至于由紊流过渡区到达阻力平方区的雷诺数 Re_R,也比人工粗糙管要小些,但相差不很大。用 Re_R 表示由过渡区进入阻力平方区时的雷诺数,则根据资料整理,可用下式计算,即

$$Re_R=382\frac{d}{\Delta}\lg\left(\frac{3.7d}{\Delta}\right) \tag{5.54}$$

也可用下式近似计算,即

$$Re_R=603\left(\frac{d}{\Delta}\right)^{\frac{9}{8}} \tag{5.55}$$

综上所述,工业管道紊流 3 个阻力区的分界准则为:

$$
\begin{aligned}
&①光滑管紊流区:4\,000<Re\leqslant 5.43\left(\frac{d}{\Delta}\right)^{\frac{8}{7}} &(a)\\
&②紊流过渡区:5.43\left(\frac{d}{\Delta}\right)^{\frac{8}{7}}<Re\leqslant 603\left(\frac{d}{\Delta}\right)^{\frac{9}{8}} &(b)\\
&③粗糙管紊流区:Re>603\left(\frac{d}{\Delta}\right)^{\frac{9}{8}} &(c)
\end{aligned}
\tag{5.56}
$$

5.6.2　工业管道紊流沿程摩阻系数 λ 常用计算公式

除了层流运动能从理论分析推导得 λ 的计算公式外,工业管道紊流沿程摩阻系数计算公式都是半经验或经验性的,这方面的公式很多,这里介绍比较普遍采用的公式。

(1) **光滑管紊流区** $4\,000<Re\leqslant 5.43\left(\frac{d}{\Delta}\right)^{\frac{8}{7}}$

在光滑管紊流区时,沿程摩阻系数 λ 只与 Re 有关,与管道相对粗糙度$\frac{\Delta}{d}$无关,1913 年伯拉修斯(H. Blasius)在总结光滑管紊流大量试验资料的基础上,第一个得到 λ 的显式计算公式,即

$$\lambda=\frac{0.316\,4}{Re^{0.25}} \tag{5.57}$$

这个公式在满足式(5.56a)的条件下,在 $Re<10^5$ 与实验点非常吻合。如果 $Re>10^5$,则有所偏差,此时,用普朗特公式(5.50)计算,即

$$\frac{1}{\sqrt{\lambda}}=2\lg(Re\sqrt{\lambda})-0.8$$

此式精确,但缺点是隐式公式,计算时需用试算法才能求出 λ 值。

苏联富兰凯尔根据他的研究得到与式(5.50)同样适用范围的显式光滑管紊流公式,即

$$\frac{1}{\sqrt{\lambda}}=1.8\lg(Re)-1.5 \tag{5.58}$$

这个公式与 B · 米勒(B. Miller)1937 年提出的公式类似。所不同的是常数为-1.53,而不是-1.5。

(2) **紊流过渡区** $5.43\left(\frac{d}{\Delta}\right)^{\frac{8}{7}}<Re\leqslant 603\left(\frac{d}{\Delta}\right)^{\frac{9}{8}}$

在紊流过渡区中,$\lambda=f\left(Re,\frac{\Delta}{d}\right)$ 函数式反映该区的 λ 的变化规律。它的具体经验函数式,由柯列布鲁克(Colebrook)1939 年与怀特(C. M. White)合作,将普朗特光滑管紊流 λ 计算公式(5.50)及卡门粗糙管 λ 计算公式(5.51)机械地结合起来,得到过渡区紊流摩阻系数公式。简要过程如下:

式(5.50)可写为

$$\frac{1}{\sqrt{\lambda}}=-2\ \lg\left(\frac{2.51}{Re\sqrt{\lambda}}\right)$$

式(5.51)为

$$\frac{1}{\sqrt{\lambda}}=-2\ \lg\left(\frac{\Delta}{3.7d}\right)$$

注意上述两式自变数 Re 和$\frac{\Delta}{d}$的前面都有对数符号和相同的系数 2,考虑紊流过渡区公式应当有:当$\frac{\Delta}{d}\to 0$ 时,应该变为光滑管紊流公式,而在 $Re\to\infty$ 时,则应当变为粗糙管紊流公式,而在紊流过渡区的 λ 是 Re 和$\frac{\Delta}{d}$的函数。因此,将上述两式简单地结合起来得到表示过渡区紊流 λ 的函数关系式,即

$$\frac{1}{\sqrt{\lambda}}=-2\ \lg\left(\frac{\Delta}{3.7d}+\frac{2.51}{Rc\sqrt{\lambda}}\right) \tag{5.59}$$

这就是柯列布鲁克公式。注意该式中,当雷诺数较小,相对于$\frac{\Delta}{3.7d}$而言$\frac{2.51}{Re\sqrt{\lambda}}$很大,$\frac{\Delta}{3.7d}$可以忽略时,式(5.59)就变成光滑管紊流摩阻系数 λ 的计算式(5.50);当 Re 很大,$\frac{2.51}{Re\sqrt{\lambda}}$相对于$\frac{\Delta}{3.7d}$值可以忽略时,式(5.59)则变成粗糙管紊流摩阻系数 λ 的计算公式(5.51)。通常认为式(5.59)是适用于整个紊流区的综合计算公式。

图 5.18 表示在紊流过渡区尼古拉兹人工粗糙管实验数据与柯列布鲁克公式(5.59)所得的结果的比较。应当注意到柯列布鲁克并不停止在式(5.59)的分析解上,他对各种形式的工业管道进行了大量试验,发现同一组管道都有相同的曲线,与式(5.59)非常接近。式(5.59)求解比较困难,莫迪(L. F. Moody)以式(5.59)为基础,绘制了一种较为简便地确定工业管道摩阻系数的曲线图,他将 λ 表示为相对粗糙度$\frac{\Delta}{d}$及雷诺数 Re 的函数的一种斯坦顿(Stanton)图,即阻力系数与雷诺数的重对数图,如图 5.19 所示。整个图线也分为 5 个区域,即层流区、临界区、光滑管紊流区、紊流过渡区和完全紊流粗糙管区(平方阻力区)。利用莫迪图确定 λ 值是非常方便的,在实际计算时,根据 Re 及$\frac{\Delta}{d}$,从图中查得 λ 值,而不必先确定属于哪一区域。

柯列布鲁克公式是隐式公式,需用迭代法求解,比较复杂。因此,人们努力寻求较为简便的显式计算公式,基本思路是依照柯列布鲁克的方法。即当$\frac{\Delta}{d}\to 0$ 时,应该变为光滑管公式,而在 $Re\to\infty$ 时,则应当变为适用于粗糙管公式。按照柯列布鲁克方法,将式(5.58)改写为

$$\frac{1}{\sqrt{\lambda}}=1.8\ \lg(Re)-1.5=1.8\ \lg\frac{Re}{6.81}=-2\ \lg\left(\frac{6.81}{Re^{0.9}}\right)$$

再利用式(5.51),将其合并得

$$\frac{1}{\sqrt{\lambda}}=-2\ \lg\left(\frac{\Delta}{3.7d}+\frac{6.81}{Re^{0.9}}\right) \tag{5.60}$$

此即为苏联富兰凯尔(Н. З. ренкепъ)公式。同样的方法,如果将式(5.51)改写为

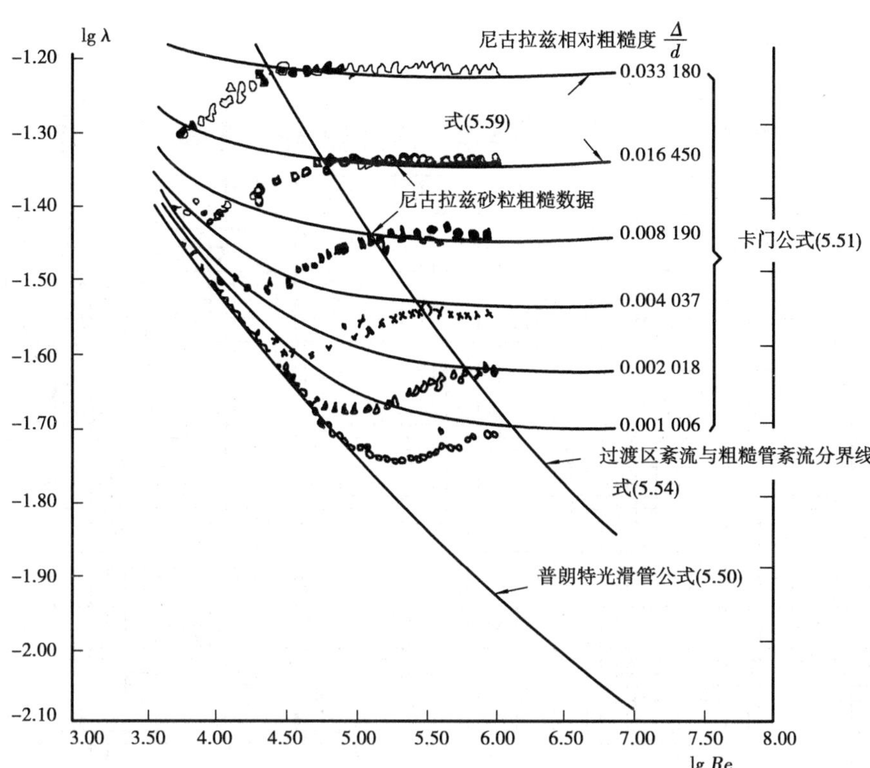

图 5.18　过渡区紊流尼古拉兹实验曲线与柯列布鲁克公式(5.59)沿程摩阻系数曲线比较

$$\frac{1}{\sqrt{\lambda}}=-2\ \lg\left(\frac{\Delta}{3.7d}\right)=-1.8\ \lg\left(\frac{\Delta}{3.7d}\right)^{1.11}$$

与式(5.58)合并,得

$$\frac{1}{\sqrt{\lambda}}=-1.8\ \lg\left[\left(\frac{\Delta}{3.7d}\right)^{1.11}+\frac{6.81}{Re}\right] \tag{5.61}$$

这就是我国石油工业部门常用苏联依萨也夫(Н. А. Исаев)公式。可见,式(5.59)与式(5.60)尽管在结构上不同,其结果十分近似,纯属异曲同工。

1976 年斯韦密(P. D. Swamee)和齐恩(A. K. Jain)提出与式(5.60)基本一样的公式,即

$$\frac{1}{\sqrt{\lambda}}=-2\ \lg\left(\frac{\Delta}{3.7d}+\frac{5.74}{Re^{0.9}}\right) \tag{5.62}$$

该式的适用范围为

$$10^{-6}\leqslant\frac{\Delta}{d}\leqslant10^{-2}$$

$$5\ 000\leqslant Re\leqslant10^{8}$$

在适用范围内与柯列布鲁克公式(5.59)相差在 1% 的范围内。除上述对数形式的公式外,还有一个指数形式的公式,即

$$\lambda=0.11\left(\frac{\Delta}{d}+\frac{68}{Re}\right)^{0.25} \tag{5.63}$$

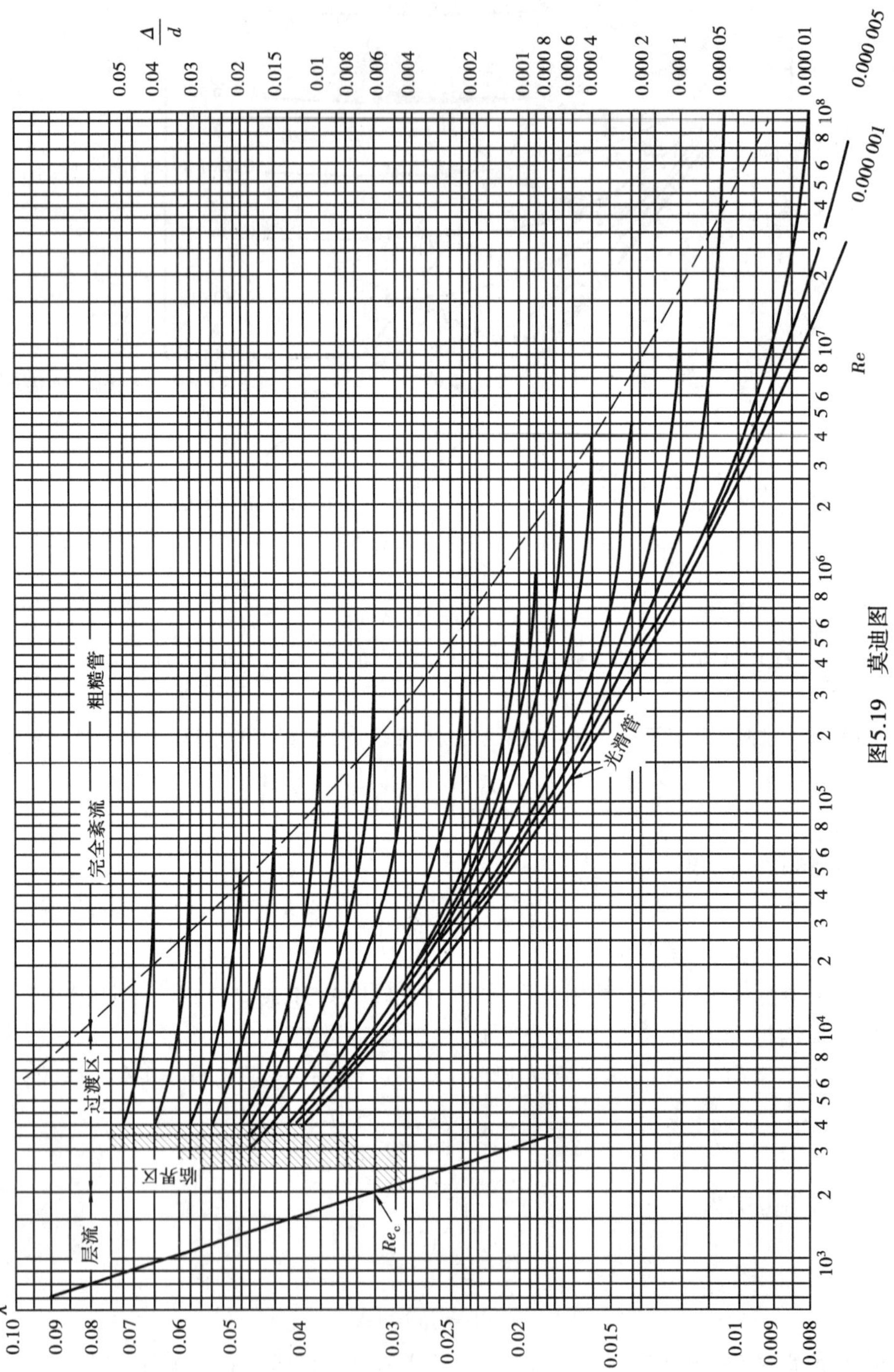

图5.19 莫迪图

这是苏联阿里特苏里(Апътщупъ)提出。它的推导与上述方法基本相同,都具有:当$\frac{\Delta}{d}\to 0$时,变为光滑管公式,而当$\frac{68}{Re}\to 0$(即 $Re\to\infty$ 时),变为粗糙管公式[见式(5.64)]。因而从式(5.60)到式(5.63)的任何一公式都可作为柯列布鲁克公式的近似。因为它们都是显式公式,用函数计算器求解都十分方便。表 5.5 列出了上述几个公式与柯列布鲁克公式的比较。可以看出,它们与柯列布鲁克公式的误差在 1% 左右。

表 5.5　过渡区之 λ 计算公式比较

$\frac{\Delta}{d}$	1×10^{-4}				1×10^{-3}			
公式	柯列布鲁克式	斯韦密式	依萨也夫式	阿里特苏里式	柯列布鲁克式	斯韦密式	依萨也夫式	阿里特苏里式
Re	(5.59)	(5.62)	(5.61)	(5.63)	(5.59)	(5.62)	(5.61)	(5.63)
5×10^3	0.037 56	0.037 97	0.037 63	0.037 65	0.038 56	0.039 10	0.038 47	0.038 24
1×10^4	0.031 08	0.031 15	0.031 70	0.030 88	0.032 42	0.032 67	0.032 06	0.032 69
5×10^4	0.021 27	0.021 16	0.021 50	0.020 43	0.024 03	0.024 18	0.023 67	0.024 24
1×10^5	0.018 53	0.018 45	0.018 38	0.018 22	0.022 18	0.022 34	0.021 91	0.022 27
5×10^5	0.014 44	0.014 47	0.013 63	0.014 23	0.020 23	0.020 35	0.020 16	0.020 19
1×10^5	0.013 44	0.013 51	0.012 52	0.013 30	0.019 94	0.020 03	0.019 90	0.019 89
5×10^6	0.012 34	0.012 40	0.011 37	0.012 30	0.019 69	0.019 73	0.019 69	0.019 63
1×10^6	0.012 16	0.012 22	0.011 18	0.012 14	0.019 66	0.019 69	0.019 66	0.019 59

(3)**粗糙管紊流区**

粗糙管紊流区仍可用式(5.51),即

$$\frac{1}{\sqrt{\lambda}}=-2\ \lg\left(\frac{\Delta}{3.7d}\right)$$

苏联希夫林松(шифринсон)给出指数形式的公式,即

$$\lambda=0.11\left(\frac{\Delta}{d}\right)^{0.25} \tag{5.64}$$

但是,式(5.51)被认为是最可接受的公式。

(4)**胶管沿程摩阻系数**

对于输油用的橡胶软管,其沿程摩阻系数可以参考以下的公式。

①螺旋钢丝胶管(紊流)

$$\lambda_{胶}=\lambda+\frac{16e^2}{ds} \tag{5.65}$$

式中　λ——与胶管同直径的钢管沿程摩阻系数;

e——螺旋钢丝凸出胶管壁面的高度；

d——胶管内径；

s——钢丝圈间距。

由于螺旋钢丝胶管凸出高度 e 和钢丝圈间距难以确定，同时，在使用胶管的场合中，胶管的长度通常不很长，其 λ 值（紊流）可大致选用表 5.6 中的数据。

表 5.6 螺旋胶管的 λ 值

内径 d/mm	25	50	75	100
摩阻系数 λ	0.091	0.082	0.065	0.05

②平滑橡胶软管

紊流时，λ 的计算公式为

$$\lambda = 0.011\ 13 + 0.917Re^{-0.41} \tag{5.66}$$

式(5.65)及式(5.66)是直胶管的计算公式。按该式算得的 λ 值视胶管安放情况可适当增大 10%左右。

对于其他类型的软管可采用下列近似的 λ 值：

a. 普通的麻织软管：$\lambda = 0.041\ 8$

b. 好的革制软管：$\lambda = 0.027\ 0$

例 5.5 输送石油的管道长 $l = 5\ 000$ m，直径 $d = 250$ mm 的旧无缝钢管，通过的质量流量 $M = 10^5$ kg/h，在冬季运动黏度 $\nu_1 = 1.09\times10^{-4}$ m²/s，在夏季 $\nu_2 = 0.36\times10^{-4}$ m²/s，若取密度 $\rho = 885$ kg/m³，试求沿程摩阻损失各为多少？

解 ①判别流态

$$Q = \frac{M}{\rho} = \frac{1\times10^5}{885}\ \text{m}^3/\text{h} = 112.99\ \text{m}^3/\text{h}$$

$$\text{冬季：}Re_1 = \frac{4Q}{\pi d\nu_1} = \frac{\dfrac{4\times112.99}{3\ 600}}{\pi\times0.25\times1.09\times10^{-4}} = 1\ 468 < 2\ 300 \qquad \text{（为层流）}$$

$$\text{夏季：}Re_2 = \frac{4Q}{\pi d\nu_2} = \frac{\dfrac{4\times112.99}{3\ 600}}{\pi\times0.25\times0.36\times10^{-4}} = 4\ 444 > 2\ 300 \qquad \text{（为紊流）}$$

紊流时，还必须判别阻力区域。对旧无缝钢管，由表 5.4，取 $\Delta = 0.18$ mm，则据式(5.53)得

$$Re_s = 5.43\left(\frac{d}{\Delta}\right)^{\frac{8}{7}} = 5.43\times\left(\frac{250}{0.18}\right)^{\frac{8}{7}} = 21\ 204 > 4\ 444$$

故流动处于光滑管紊流。

②计算沿程摩阻系数

$$\text{冬季：}\lambda_1 = \frac{64}{Re} = \frac{64}{1\ 468} = 0.043\ 6$$

夏季：因 $Re_2 < 10^5$，且处于光滑管紊流，用伯拉修斯公式(5.57)得

$$\lambda_2 = \frac{0.316\ 4}{Re^{0.25}} = \frac{0.316\ 4}{4\ 444^{0.25}} = 0.038\ 8$$

③求沿程摩阻损失

冬季：$h_{f_1}=\lambda_1\ \dfrac{l}{d}\dfrac{v^2}{2g}$

式中，$v=\dfrac{4Q}{\pi d^2}=\dfrac{\dfrac{4\times 112.99}{3\ 600}}{\pi\times 0.25^2}\ \text{m/s}=0.64\ \text{m/s}$

$h_{f_1}=0.043\ 6\times\dfrac{5\ 000}{0.25}\times\dfrac{0.64^2}{2\times 9.81}\ \text{m}=18.2\ \text{m}$ 油柱（$S=0.885$）

夏季：$h_{f_2}=0.038\ 8\times\dfrac{5\ 000}{0.25}\times\dfrac{0.64^2}{2\times 9.81}=16.2\ \text{m}$ 油柱（$S=0.885$）

例 5.6　已知铸铁输水管长 $l=500$ m，直径 $d=150$ mm，输水流量 $Q=160\ \text{m}^3/\text{h}$，若水温为 20 ℃（$\nu=0.013\ 1$ St），求沿程摩阻系数 λ。

解　①求雷诺数

$$Re=\frac{4Q}{\pi d\nu}=\frac{\dfrac{4\times 160}{3\ 600}}{\pi\times 0.15\times 1.31\times 10^{-4}}=2.88\times 10^5$$

②判别阻力区域

取 $\Delta=0.3$ mm

$$Re_s=5.43\left(\frac{d}{\Delta}\right)^{\frac{8}{7}}=5.43\times\left(\frac{150}{0.3}\right)^{\frac{8}{7}}=6\ 597$$

$$Re_R=382\ \frac{d}{\Delta}\ \lg\left(\frac{3.7d}{\Delta}\right)=382\times\frac{150}{0.3}\ \lg\left(\frac{3.7\times 150}{0.3}\right)=624\ 030$$

因为 $Re_s<Re<Re_R$，故流动处于紊流过渡区。

③计算

a. 用莫迪图

因为$\dfrac{\Delta}{d}=\dfrac{0.3}{150}=0.002$，$Re=2.88\times 10^5$，查得 $\lambda=0.024\ 2$

b. 用式（5.62）计算

$$\lambda=\frac{0.25}{\left[\lg\left(\dfrac{\Delta}{3.7d}+\dfrac{5.74}{Re^{0.9}}\right)\right]^2}=\frac{0.25}{\left[\lg\left(\dfrac{0.3}{3.7\times 150}+\dfrac{5.74}{(2.88\times 10^5)^{0.9}}\right)\right]^2}=0.024\ 2$$

c. 用式（5.61）计算

$$\lambda=\frac{0.25}{\left\{1.8\ \lg\left[\left(\dfrac{\Delta}{3.7d}\right)^{1.11}+\left(\dfrac{6.81}{Re}\right)\right]\right\}^2}=\frac{0.25}{\left\{1.8\ \lg\left[\left(\dfrac{0.3}{3.7\times 150}\right)^{1.11}+\left(\dfrac{6.81}{288\ 000}\right)\right]\right\}^2}=0.024\ 0$$

d. 用式（5.63）计算

$$\lambda=0.11\left(\frac{\Delta}{d}+\frac{68}{Re}\right)^{0.25}=0.11\left(\frac{0.3}{150}+\frac{68}{288\ 000}\right)^{0.25}=0.023\ 9$$

由上述各式计算结果表明，它们之间的误差都不超过 1%。

例 5.7 有一输油管，直径 $d=150$ mm，内壁粗糙度 $\Delta=0.15$ mm，油的运动黏度 $\nu=0.05\ \text{cm}^2/\text{s}$。求流态为光滑紊流区时的最大流量和在粗糙管紊流区（阻力平方区）时的最小流量各为若干？

解 ①求光滑区时的最大流量

按式（5.53）光滑区时最大的雷诺数，即

$$Re_s=5.43\left(\frac{d}{\Delta}\right)^{\frac{8}{7}}=5.43\times\left(\frac{150}{0.15}\right)^{\frac{8}{7}}=14\ 567$$

因 $Re=\dfrac{4Q}{\pi d\nu}$，故得

$$Q=\frac{\pi d\nu Re_s}{4}=\frac{\pi\times0.15\times5\times10^{-6}}{4}\times14\ 567\ \text{m}^3/\text{h}=0.008\ 58\ \text{m}^3/\text{s}=30.89\ \text{m}^3/\text{h}$$

②求阻力平方区最小流量

由式（5.54）得进入阻力平方区的最小雷诺数

$$Re_R=382\ \frac{d}{\Delta}\ \lg\left(\frac{3.7d}{\Delta}\right)=382\times\frac{150}{0.15}\ \lg\left(\frac{3.7\times150}{0.15}\right)=1\ 363\ 053$$

得

$$Q=\frac{\pi d\nu Re_s}{4}=\frac{\pi\times0.15\times5\times10^{-6}}{4}\times1\ 363\ 053\ \text{m}^3/\text{s}=0.8029\ \text{m}^3/\text{s}=2\ 890\ \text{m}^3/\text{h}$$

对于直径为 150 mm 的输油管，不可能用这么大的流量输送（通常为左右）。由此可见，轻质油品的输油管中，流态处于平方阻力区是极少见的。

5.7 局部阻力及局部损失

5.7.1 局部损失产生的原因

管道中流动的流体如果流动方向或过流断面在局部范围内发生变化，则它的均匀流就受到破坏，流速分布急剧变化，产生漩涡区，造成机械能的附加损失，称为局部损失。

5.7.2 局部损失的计算

局部损失的计算公式在 5.1 节中已经给出，即式（5.7）

$$h_j=\zeta\ \frac{v^2}{2g}$$

式中，ζ 为局部阻力系数。由于管道中各种配件的结构和形状多种多样，液体在这些局部装置中的流动情况极其复杂。除极少数（如突然扩大等）外，很难用解析法求出 ζ 的计算公式，绝大多数是用试验方法确定的。

局部阻力前后，管道断面可能不同，因而平均流速也就不相等。按照式（5.7），局部损失既可以用通过局部装置之前的速度头来计算，也可用通过局部装置之后的速度头来计算。因此，系数 ζ 可以同两个速度头中任何一个搭配，此时两个 ζ 的数值当然是不相等的。为了便

于应用，本节列出的 ζ 值或公式，在没有说明时，均指流出局部装置后的速度头的数值。

5.7.3　常见局部部件的局部阻力系数

(1)突然扩大

对于突然扩大，根据动量定律和伯努利方程，可推导得

$$\zeta=\left(1-\frac{A_1}{A_2}\right)^2 \tag{5.67}$$

式中　A_1——扩大前的断面积；

A_2——扩大后的断面积。

如图 5.20 所示，此时式(5.7)中的 v 采用扩大前的平均流速 v_1，即局部损失为

$$h_j=\left(1-\frac{A_1}{A_2}\right)^2\frac{v_1^2}{2g}$$

当 $A_2 \gg A_1$ 时，例如流入大容器时 $\frac{A_1}{A_2}\approx 0$，则局部阻力系数 $\zeta=1$。

(2)突然缩小

如图 5.21 所示，局部水头损失计算公式中的速度头 $\frac{v^2}{2g}$ 用 v_2 计算，则根据试验结果，局部阻力系数可用下式计算，即

$$\zeta=0.5\left(1-\frac{A_2}{A_1}\right) \tag{5.68}$$

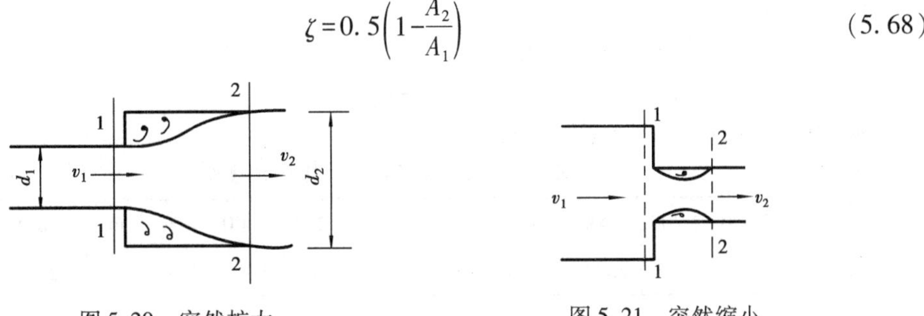

图 5.20　突然扩大　　图 5.21　突然缩小

式中　A_1——缩小前的断面积；

A_2——缩小后的断面积。

(3)断面逐渐扩大及缩小

断面逐渐扩大或缩小，在管道配件中也称为异径接头，其局部损失计算方法如下：

①断面逐渐扩大

如图 5.22 所示为一渐扩管，设夹角为 θ，则局部水头损失计算公式为

$$h_j=\zeta\left(\frac{v_1^2}{2g}-\frac{v_2^2}{2g}\right) \tag{5.69}$$

式中，系数 ζ 见表 5.7。

表 5.7　断面逐渐扩大之 ζ 值

θ	2°	5°	10°	12°	15°	20°	25°	30°	40°	50°	60°
ζ	0.03	0.04	0.08	0.10	0.16	0.31	0.4	0.49	0.60	0.67	0.72

②断面逐渐缩小

如图 5.23 所示为一渐缩管,其局部水头损失按下式计算,即

$$h_j=\frac{\lambda}{8\sin\left(\frac{\theta}{2}\right)}\left(1-\frac{d_2^4}{d_1^4}\right)\frac{v_2^2}{2g} \tag{5.70}$$

式中,λ 为按平均直径计算的沿程阻力系数。所以,局部阻力系数为

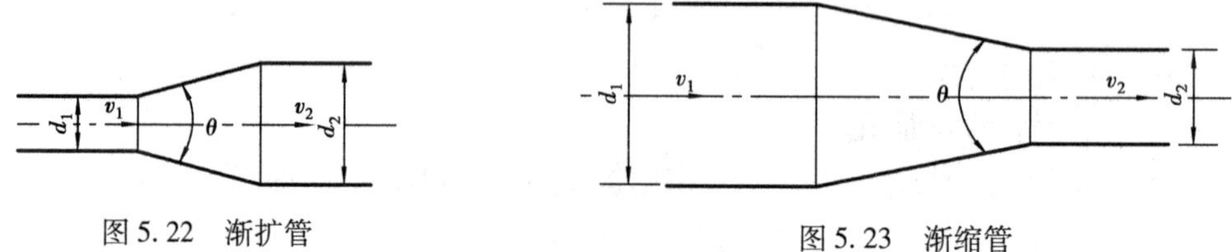

图 5.22　渐扩管

图 5.23　渐缩管

$$\zeta_{渐缩}=\frac{\lambda}{8\sin\left(\frac{\theta}{2}\right)}\left(1-\frac{d_2^4}{d_1^4}\right) \tag{5.71}$$

(4)**管路配件的局部阻力系数**

各种管路配件的局部阻力系数见附录Ⅱ所列。注意,表中所列的值是当紊流沿程阻力系数 $\lambda_0=0.022$ 时试验得到的。当紊流 λ 值等于其他数值时,系数 ζ 应按下式计算,即

$$\zeta=\frac{\lambda}{0.022}\zeta_0 \tag{5.72}$$

层流时,局部阻力系数应按下式换算,即

$$\zeta=\psi\zeta_0 \tag{5.73}$$

式中,ψ 为修正系数,随 Re 而变,见表 5.8。

表 5.8　层流局部阻力之修正系数 ψ

Re	2 300	2 200	2 000	1 800	1 600	1 400	1 200	1 000	800	600	400	200
ψ	2.30	2.48	2.84	2.90	2.95	3.01	3.12	3.22	3.37	3.53	3.81	4.20

比较局部损失的计算公式 $h_j=\zeta\frac{v^2}{2g}$和沿程摩阻损失计算公式 $h_f=\lambda\frac{l}{d}\frac{v^2}{2g}$可以看出,系数 ζ 相当于 $\lambda\frac{l}{d}$。如果将局部阻力所造成的损失令其等于相应管道的某一假想管长 l_e 的沿程摩阻损失,即

$$h_j=\zeta\frac{v^2}{2g}=\lambda\frac{l_e}{d}\frac{v^2}{2g}$$

则得

$$\zeta=\lambda\frac{l_e}{d} \tag{5.74}$$

式中,l_e 称为局部阻力当量长度。由此,整个管道的摩阻损失为

$$h_w = h_f + \sum h_j = \lambda \frac{l}{d}\frac{v^2}{2g} + \sum \lambda \frac{l_e}{d}\frac{v^2}{2g}$$
$$= \lambda \frac{l + \sum l_e}{d}\frac{v^2}{2g} \tag{5.75}$$

令

$$L = l + \sum l_e$$

得

$$h_w = \lambda \frac{L}{d}\frac{v^2}{2g}$$

式中,L 为管道摩阻损失的计算长度,简称计算长度,包括管道实际长度和管道中各种局部阻力当量长度的代数和。

用这种方法计算整个管道的水头损失是较方便的。附录Ⅱ中也列出了各种管道配件的$\frac{l_e}{d}$值。

例 5.8 某黏油输油管道路,已知流动为层流,雷诺数 $Re = 1\ 800$,管路中的流速为 1.2 m/s,管路直径是 100 mm,长度 800 m,管路中有 90°双缝焊接弯头 5 个,黏油过滤器 1 个,闸阀 4 个,油流入无单向阀门的油罐中,试计算其摩阻损失。

解 ①计算沿程摩阻损失

因为流态为层流,所以沿程阻力系数为

$$\lambda = \frac{64}{Re} = \frac{64}{1\ 800} = 0.035\ 6$$

其损失为

$$h_f = \lambda \frac{l}{d}\frac{v^2}{2g} = 0.035\ 6 \times \frac{800}{0.1} \times \frac{1.2^2}{2 \times 9.8}\ \text{m} \approx 21\ \text{m}$$

②计算局部损失

各种局部阻力系数由附录Ⅱ查得,并因层流,还要修正,修正系数由表 5.8 查得双缝焊接弯头:$\zeta_0 = 0.65$

黏油过滤器:$\zeta_0 = 2.20$

闸阀:$\zeta_0 = 0.19$

无单向活门的油罐进出口(流入油罐)

$\zeta_0 = 1.00$

故总的局部损失为

$$\sum h_j = (5\zeta_1 + \zeta_2 + 4\zeta_3 + \zeta_4)\psi \frac{v^2}{2g}$$
$$= (5 \times 0.65 + 2.20 + 4 \times 0.19 + 1) \times 2.9 \times \frac{1.2^2}{2 \times 9.81}\ \text{m}$$
$$= 1.53\ \text{m}$$

总摩阻损失

$$h_w = h_f + \sum h_j = (21 + 1.53)\ \text{m} = 22.53\ \text{m}$$

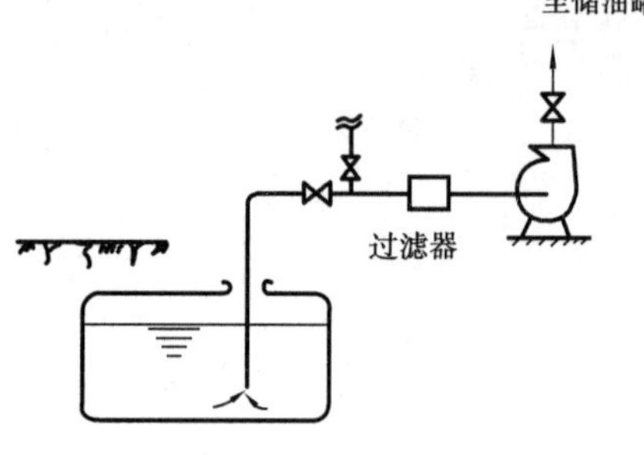

图 5.24　泵站吸油管路

例 5.9　某泵站输油管吸入管长 $l=35\ \text{m}$，直径 $d=150\ \text{mm}$，泵将地下放空罐中的汽油以 $Q=150\ \text{m}^3/\text{h}$ 向储油罐输送，如图 5.24 所示，管路中装有 $R=1.5\ d$ 弯头一个，闸阀一个，三通一个，过滤器一个，计算吸入管摩阻损失（汽油取 $\nu=1\times10^{-6}\text{m}^2/\text{s}$）。

解　按用计算长度方法计算

①计算沿程摩阻系数 λ

$$Re=\frac{4Q}{\pi d\nu}=\frac{\frac{4\times150}{3\ 600}}{\pi\times0.15\times1\times10^{-6}}=353\ 678$$

取 $\Delta=0.15\ \text{mm}$，由式(5.62)得

$$\lambda=\frac{0.25}{\left[\lg\left(\frac{\Delta}{3.7d}+\frac{5.74}{Re^{0.9}}\right)\right]^2}=\frac{0.25}{\left[\lg\left(\frac{0.15}{3.7\times150}+\frac{5.74}{353\ 678^{0.9}}\right)\right]^2}=0.020\ 6$$

②计算长度

由附录Ⅱ查得：

a. 进入油管：$\frac{l_e}{d}=23$

b. 90°圆弯头：$\frac{l_e}{d}=28$

c. 闸阀：$\frac{l_e}{d}=4.5$

d. 通过三通：$\frac{l_e}{d}=2$

e. 轻油过滤器：$\frac{l_e}{d}=77$

f. 油泵入口：$\frac{l_e}{d}=45$

$$\sum\frac{l_e}{d}=(23+28+4.5+2+77+45)=179.5$$

③计算摩阻损失

$$h_w=\lambda\frac{L}{d}\frac{v^2}{2g}$$

式中

$$L=l+\sum l_e=25+179.5d=(25+179.5\times0.15)\text{m}=51.93\ \text{m}$$

$$v=\frac{4Q}{\pi d^2}=\frac{\frac{4\times150}{3\ 600}}{\pi\times0.15^2}\ \text{m/s}=2.36\ \text{m/s}$$

$$h_w=0.020\ 6\times\frac{51.93}{0.15}\times\frac{2.36^2}{2\times9.81}\ \text{m}=2.02\ \text{m}\qquad（汽油柱）$$

习　题

5.1　用直径 100 mm 的管道输送 $S=0.85$ 的柴油，在油温 20 ℃时，其运动黏度 $\nu=6.7$ cSt，欲保持层流，问平均流速不能超过多少？最大输油量每小时为多少吨？

5.2　管径 400 mm，测得层流状态下管轴心处最大流速为 4 m/s，求断面平均流速？此平均流速相当于半径为若干处的实际流速？

5.3　求证半径为 a 的圆管中黏性液体层流状态时，管中摩擦切应力极大值为 $\tau=\dfrac{4\mu v}{a}$（μ 为液体的动力黏度，v 为平均流速）。

5.4　光滑管紊流，当 $Re<10^5$ 时，适用于下列流速分布：

$$\frac{u}{u_*}=8.74\left(\frac{\rho u_* y}{\mu}\right)^{\frac{1}{7}}$$

试求 $\dfrac{v}{u_*}$ 值。

5.5　相对密度 $S=0.8$ 的石油以流量 50 L/s 沿直径为 150 mm 的管道流动，石油的运动黏度 $\nu=10$ cSt，设地形平坦，不计高程差，试求每公里管线上的压降。若管线全程长 10 km，终点比起点高 20 m，终点压强为当地大气压，则起点的压强为若干？

5.6　为测定沿程摩阻系数 λ，在直径 305 mm，长 50 km 的输油管上进行现场试验。输送的油品 $S=0.82$ 的煤油，每昼夜输送量 5 500 t，管线终点标高为 27 m，起点标高为 52 m，油泵保持在 15 at（表压），终点压强为 2 at（表压），油的运动黏度 $\nu=2.5$ cSt，取 $\Delta=0.15$ mm，根据试验计算沿程摩阻系数 λ 值，并与经验公式计算结果进行比较。

5.7　矿物油以层流流态在直径 $d=6$ mm 的圆管中流动，在相距 $l=0.2$ m 的两个断面上安装水银测压计如题图 5.1 所示，当 $h=12$ cm 时，测得管中通过流量 $Q=7.2$ cm^3/s，求该矿物油的动力黏度 μ（$S=0.883$）。

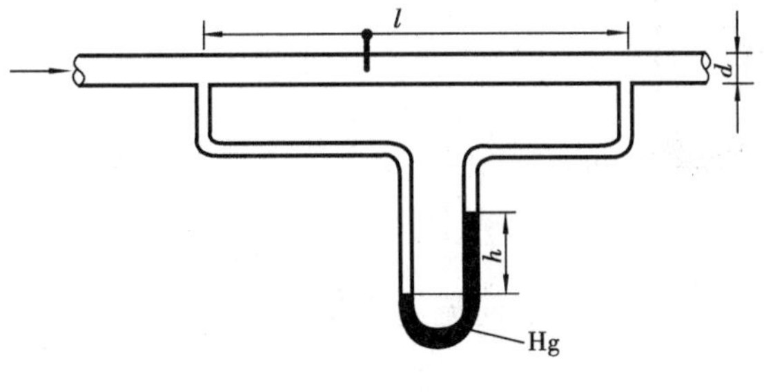

题图 5.1

5.8　题图 5.2 所示为一内燃机的滑油吸油管段简图。滑油流量 $Q=1.25$ L/s，管道全长 $l=1.5$ m，直径 $d=40$ mm，油的运动黏度 $\nu=1$ cm^2/s，重度 $\gamma=8\ 437$ N/m^3，$H=1$ m，油箱内与大气相通。计入油管入口，蝶阀（$\zeta=0.85$）及 $R=1d$ 的 90°弯头局部阻力，求油泵入口的绝对压强。

5.9　水沿旧的生锈钢管流动，流速 $v=2$ m/s，管道直径 $d=0.5$ m，水的运动黏度 $\nu=0.01$ cm^2/s，试求沿程摩阻系数 λ。

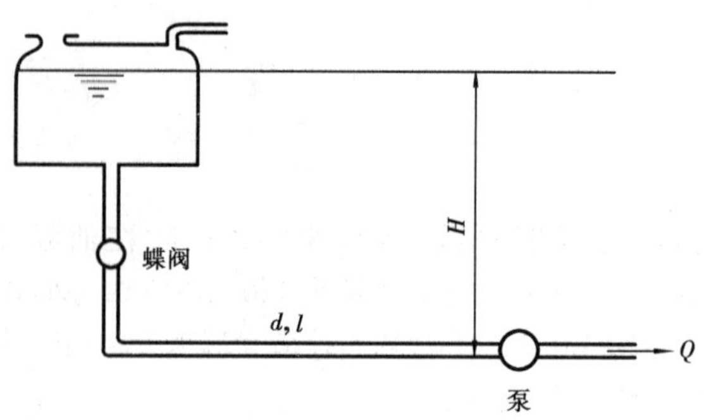

题图 5.2

5.10 一新铸铁输水管,内径为 300 mm,长度为 1 000 m,流量为 100 L/s,水温为 10 ℃,试按莫迪图确定其沿程阻力系数 λ,并计算沿程水头损失 h_f。如果水管水平放置,管段两端压差为多少米水柱?

5.11 一直径 d_1 = 15 cm 之水管突然扩大成直径 d_2 = 30 cm,如题图 5.3 所示,如果管内流量 Q = 0.22 m^3/s,求接在两管段上水银测压计的压差 h 值。

5.12 油在管中以速度 v = 1 m/s 流动,油的密度 ρ = 920 kg/m^3,管长 l = 3 m,管直径 d = 25 mm,水银测压计测得 h = 9 cm,如题图 5.4 所示,试求:

①油在管中流态?

②油的运动黏度 ν?

③若保持相同的平均流速反向流动,测压计的读数有何变化?

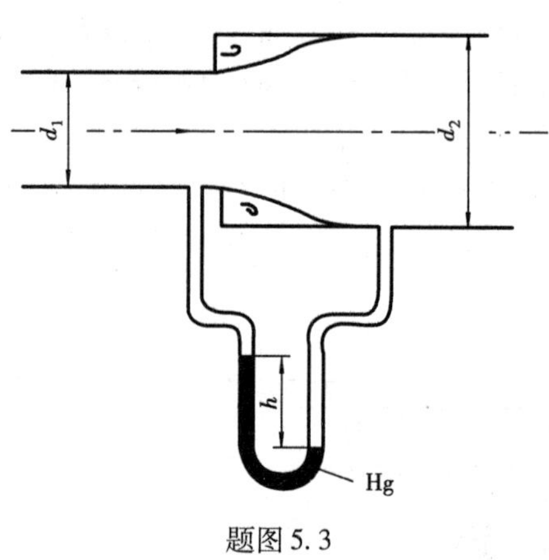

题图 5.3

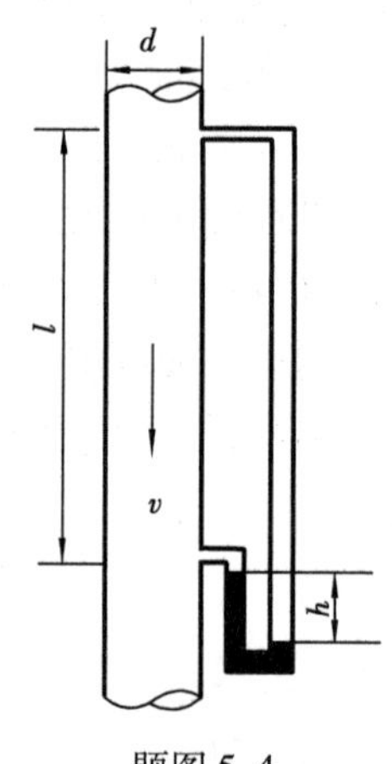

题图 5.4

5.13 在题图 5.5 中,试确定对任何流量情况下都将有最大测压管头差 h 的突然扩大管路的直径比 D/d = ?

5.14 某直径 d = 78.5 mm 的圆管,粗糙管紊流时测得 λ = 0.021 5,试求该管道的当量粗糙度 Δ。

5.15 在管径 d = 50 mm 的光滑钢管中,水的流量为 3 L/s,水温 t = 20 ℃,试求:

①在管长 l = 500 m 的管道中的沿程水头损失;

②管壁切应力 τ_w;

③黏性底层厚度 δ。

5.16　用管道输送 $S=0.9$ 的原油，已知黏度 $\mu=45$ cP，维持平均流速不超过 1 m/s，若保持在层流状态下输送，求所需最大直径。

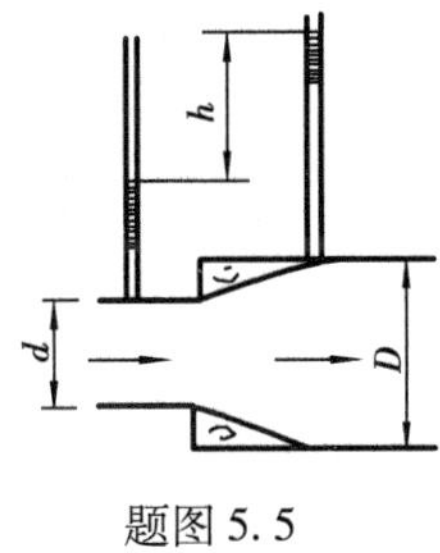

题图 5.5

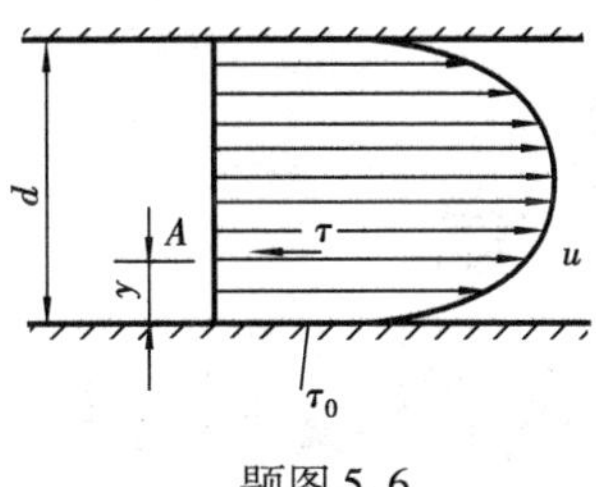

题图 5.6

5.17　水在直径 $d=30$ cm 的管中流动呈紊流状态如题图 5.6 所示，测得在距壁面 3 cm 的 A 点处的水流速 $u=2$ m/s，速度梯度 $\frac{du}{dy}=10.5\ s^{-1}$，试求：

①A 点处的混合长度；

②A 点处的切应力 τ；

③壁面上的切应力 τ_w；

④若沿程摩阻系数 $\lambda=0.03$，管中的平均流速 v 与流量。

5.18　由离心泵将地下油罐中油品抽送至油库储油罐中，流程如题图 5.7 所示。设从地下油罐至泵吸入口管线长 20 m，直径 $d=200$ mm，地下罐油面至泵中心高 4 m，油品相对密度 $S=0.75$，$\nu=4$ cSt，试求：

①若设计输送量 108 t/h，则吸入管段的摩阻损失为若干？

②泵吸入口处的真空表读数为多少(mmHg)？

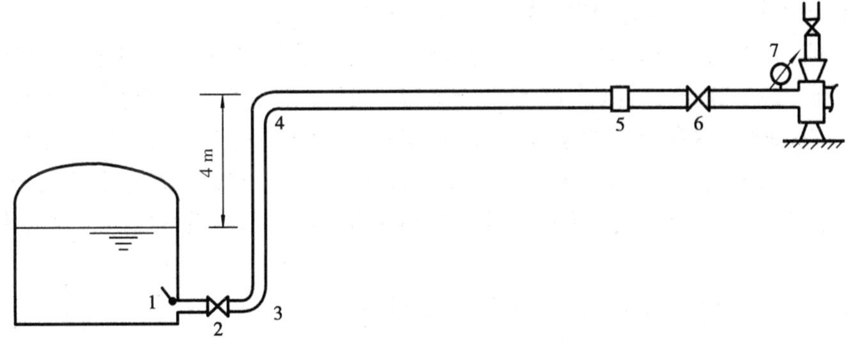

题图 5.7

1—带单向阀的油罐进出口；2、6—闸阀；3、4—弯头($R=3d$)；

5—轻质油品过滤器；7—真空表

5.19　当 $Re=3.5\times10^5$ 时，使镀锌铁管处于光滑管紊流状态，需要多大的管径？

5.20　清洁的镀锌管与 $Re=10^5$、直径 $D=300$ mm 的铸铁管沿程阻力系数相同，问镀锌管的内径是多少？

第 6 章 管道恒定流及孔口、管嘴出流

6.1 概　述

对于流体工程中的管道设计,除强度计算外,有关流体力学方面计算(常称为水力计算)是一项重要工作。无论在机械、土建、石油、化工、矿冶、水利等工程领域都会遇到管道水力计算问题。在石油工业方面,有长距离原油输油管道、民用及军用的成品油长距离输油管道、油田中的油气集输管道、油库中各种输转系统的成品油管道、天然气的输气管道、煤气管道等。这些管道工程在进行工艺设计时,均需进行水力计算。本章将对管道工程中典型的管道系统的计算基本原理作简要分析,介绍解决这类问题的基本方法。

本章所阐述的管流,系管道断面被一种流体所充满,管道满管流动,被称为有压管流的管流。管内压强一般不等于大气压,同时认为流动是等温的。研究的主要对象是液体,至于气体管流,只要流动条件与本章所述的条件一致(恒定流、不可压缩、等温),所述的原理也可应用。所依据的基本关系式是前面几章所推导的许多方程式,本章将直接予以应用,不再作附带说明,在这种情况下,读者偶尔去查阅一下前面的章节还是有益的。本章沿程摩阻计算采用达西公式计算。

管道工程的水力计算主要有以下两个基本问题:

6.1.1 管道输送能力计算

列入管道输送能力计算有 6 个参数:流量 Q、管道计算长度 L、管道直径 d、摩阻损失 h_w、运动黏度 ν 及管道的绝对当量粗糙度 Δ。一般情况下,计算长度 L、运动黏度 ν 及当量粗糙度 Δ 是已知的。这样管流的输送能力计算有下列 3 种:

①给定 Q、L、d、ν 及 Δ,求 h_w;

②给定 h_w、L、d、ν 及 Δ,求 Q;

③给定 Q、L、h_w、ν 及 Δ,求 d。

6.1.2　压强校核

因为管道布置常受地形、建筑物和设备性能(如泵)的限制,管道中有些部位压强可能大于大气压强,另一些地方也可能小于大气压强而出现真空。管道中出现过大的压强可导致管道破裂,过大的真空度将影响管道和设备的正常工作。管道中产生的“气阻”及泵中的汽蚀现象就是过大真空度造成的。此外,如供水、消防管道系统中,常常要求知道各处的压强是否满足工作需要,也要进行压强校核。

6.1.3　管道系统的分类

计算时,为了方便,按管道沿程损失与局部损失和速度头$\frac{\alpha v^2}{2g}$所占的比例不同,常将管道分成“长管”和“短管”两类:当$\left(\sum h_j+\frac{\alpha v^2}{2g}\right)$与沿程损失$h_f$相比较,若$\left(\sum h_j+\frac{\alpha v^2}{2g}\right)<(5\sim10)\%h_f$时,计算时可忽略$\left(\sum h_j+\frac{\alpha v^2}{2g}\right)$部分,称为“长管”;不能忽略时,称为“短管”。可见,长管的意义不全在管道的长短,而在于各种损失所占的比例。在没有忽略局部损失和速度头的充分根据时,应按短管计算。通常,油库中泵站的泵吸入管系统、水泵的吸入管、虹吸管等,均按短管计算;而长距离输油管道、油库中从泵站到储油罐的管道,因长度较长,沿程损失占绝大比例,可按长管计算。

按照管道的布置形式,管道系统又可分为简单管道和复杂管道。

①简单管道:单线等直径的管道为简单管道。

②复杂管道:由两根以上或两种以上不同管径(或不同粗糙度)组合而成的管道。复杂管道又分为串联管道[图6.1(a)]、并联管道[图6.1(b)]、分支管道[图6.1(c)]及环状管道[图6.1(d)]。

图6.1　复杂管道

依照动力来源,输液管道又分为自流管道和泵输管道,无论是自流管道还是泵输管道,它们始终保持供需的能量平衡关系。其计算方法有两种:分析法和图解分析法。图解分析法在6.6节中阐述。

6.2　简单管道的水力计算

简单管道的流动特点是管内断面平均流速沿程不变,其铺设可以与水平面成任意角度。

6.2.1　输送能力计算

图6.2所示为一自流简单管道。它利用天然地形或人工修筑具有自流输液位差,液体从

高储液库(如油罐、水池等)向低液位容器输送。由于储液库的横断面很大,自流时,液面变化很缓慢,可视为恒定流。管道出口,可以如图中那样流入容器的液面下,称为淹没出流,也可能流入大气,称为自由出流。以下按淹没出流情况研究其水力计算方法。

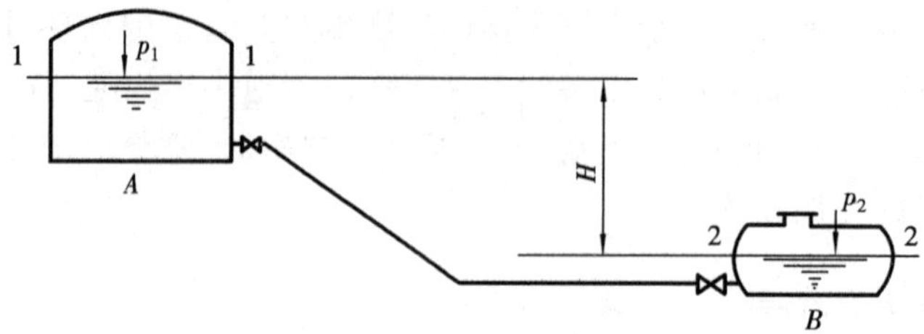

图 6.2　自流简单管道

设两容器中的液面高差为 H,管道长度及各种配件已知,则根据恒定总流伯努利方程

$$z_1+\frac{p_1}{\gamma}+\frac{\alpha_1 v_1{}^2}{2g}=z_2+\frac{p_2}{\gamma}+\frac{\alpha_2 v_2{}^2}{2g}+h_w$$

或

$$\left(z_1+\frac{p_1}{\gamma}+\frac{\alpha_1 v_1{}^2}{2g}\right)-\left(z_2+\frac{p_2}{\gamma}+\frac{\alpha_2 v_2{}^2}{2g}\right)=h_w$$

令等式左边

$$\left(z_1+\frac{p_1}{\gamma}+\frac{\alpha_1 v_1{}^2}{2g}\right)-\left(z_2+\frac{p_2}{\gamma}+\frac{\alpha_2 v_2{}^2}{2g}\right)=H_0 \tag{6.1}$$

得

$$H_0=h_w \tag{6.2}$$

式中,H_0 为上、下游两断面单位总能头差,称为作用能头。通常,管道两端容器中液面与大气相通,$p_1=p_2=p_a$。同时,由于容器断面很大,$\frac{\alpha_1 v_1^2}{2g}$与$\frac{\alpha_2 v_2^2}{2g}$可以忽略,此时 $z_1-z_2=H_0=H$,则式(6.2)变为

$$H=h_w \tag{6.3}$$

式(6.3)表明,两断面间的作用能头 H_0 全部用于克服该管段的摩阻而消耗掉了,表明能量的供与需相平衡。

因为 $h_w=\lambda\ \frac{L}{d}\frac{v^2}{2g}$及 $v=\frac{4Q}{\pi d^2}$,所以式(6.2)也可写为

$$H_0=\frac{8}{\pi^2 g}\lambda\ \frac{L}{d^5}Q^2 \tag{6.4}$$

为便于记忆,将常数 π 及 g 的数值代入得

$$H_0=0.082\ 66\lambda\ \frac{L}{d^5}Q^2 \tag{6.4a}$$

式中　d——管道直径,m;

　　L——计算长度,m;

　　Q——流量,m^3/s。

在应用式(6.4a)时,必须遵守上述规定的各量的单位。因为 0.082 66 是一个含有单位

的量(s^2/m)。

利用式(6.4)或式(6.4a)可以求解管道输送能力计算的 3 个问题。

(1)**求摩阻损失 h_w(或 H_0)**

求摩阻损失即为求作用能头 H_0。例如,要确定水塔高度,高架油罐的安装高度便属于这类问题的计算。此时,Q、d、ν 及 Δ 是给定的,利用式(6.4)直接解出。

例 6.1　在图 6.2 中,已知流量 $Q=150\ m^3/h$,液体的运动黏度 $\nu=0.1\ cm^2/s$,$d=150\ mm$,计算长度 $L=400\ m$,$\Delta=0.15\ mm$,两容器液面上均为大气压强,求所需的安装高度 H。

解

$$Re=\frac{4Q}{\pi d\nu}=\frac{\dfrac{4\times 150}{3\ 600}}{\pi\times 0.15\times 10^{-5}}=35\ 368$$

$$\frac{\Delta}{d}=\frac{0.15}{150}=0.001$$

λ 查莫迪图 5.19 得,$\lambda=0.025$。如果用方程式计算,因为

$$Re_s=5.43\left(\frac{d}{\Delta}\right)^{\frac{8}{7}}=5.43\times\left(\frac{150}{0.15}\right)^{\frac{8}{7}}=14\ 567$$

$$Re_r=603\left(\frac{d}{\Delta}\right)^{\frac{9}{8}}=603\times\left(\frac{150}{0.15}\right)^{\frac{9}{8}}=1\ 429\ 938$$

则 $Re_s<Re<Re_r$ 为紊流过渡区。

用式(5.62)计算

$$\lambda=\frac{0.25}{\left[\lg\left(\dfrac{\Delta}{3.7d}+\dfrac{5.74}{Re^{0.9}}\right)\right]^2}=\frac{0.25}{\left[\lg\left(\dfrac{0.15}{3.7\times 150}+\dfrac{5.74}{35\ 368^{0.9}}\right)\right]_2}=0.025\ 4$$

依式(6.1)或式(6.3),得

$$H_0=h_w=H$$

再根据式(6.40),得

$$H_0=H=h_w=0.082\ 66\lambda\ \frac{L}{d^5}Q^2=0.082\ 66\times 0.025\ 4\times\frac{400}{0.15^5}\times\left(\frac{150}{3\ 600}\right)^2\ m=19.23\ m$$

(2)**求流量**

利用式(6.4a)求流量时,因为 Q 未知,则 Re 未知,因而流态及 λ 皆为未知,不能直接求出 Q。为了确定它,可用下列步骤求解:

1)比较作用能头,确定流动形态

因为在 d、L 及 ν 已确定的情况下,从层流过渡到紊流的临界状态时,必定相应有一个临界作用能头 H_c(即摩阻损失),根据层流时摩阻损失的计算公式(5.24)

$$h_w=\frac{128\nu LQ}{\pi g d^4}$$

再根据雷诺数计算公式

$$Re=\frac{4Q}{\pi d\nu}$$

在临界状态时，$Re=Re_c=2\ 300$，由上述两个方程，求得不包含 Q 的临界作用能头，即

$$H_{cq}=7.36\times10^4\frac{\nu^2L}{gd^3} \tag{6.5}$$

当 $H_0<H_{cq}$ 时，流态为层流，$H_0>H_{cq}$ 时流态为紊流。

2）计算流量

若流态为层流，用式（5.24）直接求得 Q；若流态为紊流，可按下述步骤试算。

①计算 Δ/d 值，查阅莫迪图（图 5.19），可先假定一个 λ 概值（一般在紊流过渡区范围内选取），然后将其代入式（6.4a），第一次算出 Q 值。

②根据算得的 Q 值，计算雷诺数 Re，再从莫迪图查出对应于 Re 的 λ 值，再代入式（6.4a），第二次算出 Q 值。

③根据步骤②算得的 Q 再计算 Re 及 λ，如果 λ 值的头两位有效数字不变化时，则算得的 Q 值即为所求。

例 6.2 汽油储油罐中液面与发油点容器中液面高差为 150 m，管长 8.5 km，管径 $d=150$ mm，$\Delta=0.15$ mm，汽油的运动黏度 $\nu=0.01\ \text{cm}^2/\text{s}$，两容器中液面均通大气，求自流发油流量。

解 ①比较作用能头，确定流态

由式（6.5）得

$$H_{cq}=7.36\times10^4\frac{\nu^2L}{gd^3}=7.36\times10^4\times\frac{(10^{-6})^2\times8\ 500}{9.81\times0.15^3}\ \text{m}=0.019\ \text{m}$$

依式（6.1），得

$$H_0=H=150\ \text{m}$$

有 $H_0=H>H_{cq}$，故流态为紊流。

②计算流量 Q

因为 $\frac{\Delta}{d}=\frac{0.15}{150}=0.001$，查图 5.19，取 $\lambda=0.021$，代入式（6.4a）得

$$H_0=0.082\ 66\lambda\frac{L}{d^5}Q^2$$

$$0.082\ 66\times0.021\times\frac{8\ 500}{0.15^5}Q^2=150$$

得

$$Q=0.027\ 78\ \text{m}^3/\text{s}$$

根据所得的 Q 值计算雷诺数，即

$$Re=\frac{4Q}{\pi d\nu}=\frac{4\times0.027\ 78}{\pi\times0.15\times10^{-6}}=235\ 804$$

查莫迪图得 $\lambda=0.020\ 9$，再代入式（6.4a）得

$$Q=0.027\ 85\ \text{m}^3/\text{s}$$

再用该流量计算雷诺数 Re 及 λ，分别得

$$Re=236\ 398$$

$$\lambda=0.020\ 9$$

可见，$Q=0.027\ 85\ \mathrm{m^3/s}=100.3\ \mathrm{m^3/h}$ 为所求。

由上例看出，对于黏度近似于水的流体，其临界作用能头 H_{cq} 很小，工程实践中极少出现层流流态。因此，计算时可按紊流考虑，不必判断流态。

对于紊流流态的管流，可由柯列布鲁克公式(5.59)及式(6.4)推导出流量的显式公式。

由式(6.4)得

$$\frac{1}{\sqrt{\lambda}}=\frac{\sqrt{8}Q}{\pi\sqrt{\dfrac{gH_0d^5}{L}}}$$

将$\dfrac{1}{\sqrt{\lambda}}$代入式(5.59)并整理得

$$Q=-2.221d^2\sqrt{\frac{gdH_0}{L}}\lg\left(\frac{\Delta}{3.7d}+\frac{1.775\nu}{d\sqrt{\dfrac{gdH_0}{L}}}\right)\tag{6.6}$$

此式是由斯韦密和杰恩首先导出的，它在相同的 Δ/d 及 Re 值适用范围内和柯列布鲁克公式具有同样的精确度。

如将例6.2中各数据代入式(6.6)，得

$$\begin{aligned}Q&=-2.221\times0.15^2\sqrt{\frac{9.81\times0.15\times150}{8\ 500}}\lg\left(\frac{0.15}{3.7\times150}+\frac{1.775\times10^{-6}}{0.15\sqrt{\dfrac{9.81\times0.15\times150}{8\ 500}}}\right)\ \mathrm{m^3/s}\\&=0.027\ 89\ \mathrm{m^3/s}\\&=100.4\ \mathrm{m^3/h}\end{aligned}$$

(3) **求管径** d

因为 d 未知，因而 Δ/d 及 Re 未知，λ 不能求出，也不能由式(6.4a)直接求得 d。此时，计算 d 的方法可按下述步骤进行：

1) 比较作用能头，确定流动形态

因为在 Q、ν 及 L 已知的情况下，由层流过渡到紊流的临界状态时，相应也存在着一个临界作用能头 H_{cd}。类似于(2)的推导，得到不包含 d 的临界作用能头的计算公式为

$$H_{cd}=4.338\times10^{14}\frac{\nu^5L}{gQ^3}\tag{6.7}$$

当 $H_0<H_{cd}$ 时，流态为层流；$H_0>H_{cd}$ 时，流态为紊流。

2) 计算 d

若流态为层流，用式(5.24)直接求得 d；若流态是紊流的，则按下列步骤试算。

①假定流动处于阻力平方区，初选管径。因为流动在阻力平方区时，λ 与 Re 无关，将该区 λ 的计算公式(5.64)代入式(6.4a)，整理后得

$$d=0.408\left(\frac{\Delta^{0.25}LQ^2}{H_0}\right)^{\frac{1}{5.25}}\tag{6.8}$$

利用此式初步确定直径范围。

②求 λ。按式(6.8)求得的管径 d，计算 Δ/d 及 Re，查莫迪图或用式(5.62)计算，求得 λ。

③将求得的 λ 值代入式(6.4a)求得管径 d。

④由③求得的 d,重复②及③的步骤,直到当 λ 值的头两位有效数字不变时,即可认为满足要求。

通常只经过一两次试算即可满足,因为往往在选取下一个管径时要比计算得的管径要大一些的标准管径。

步骤①也可用光滑管紊流初选 d,读者可以自行推导。

例 6.3 一输油管道,已知 $H_0=54$ m,要求输油速度 $Q=500\ \mathrm{m^3/h}$,油品的运动黏度 $\nu=0.09\ \mathrm{cm^2/s}$,管道计算长度为 1 650 m,试选定管径。

解 1)比较作用能头,确定流动形态

根据式(6.7)计算临界作用能头,得

$$H_{cd}=4.338\times10^{14}\frac{\nu^5L}{gQ^3}=4.338\times10^{14}\frac{(9\times10^{-5})^5\times1\ 650}{9.81\times\left(\dfrac{500}{3\ 600}\right)^3}\ \mathrm{m}=1.61\times10^{-6}\ \mathrm{m}$$

因为 $H_0>H_{cd}$,所以流态为紊流。

2)计算 d

①假定流态为阻力平方区,初选管径

取 $\Delta=0.15$ mm,由式(6.8)得

$$d=0.408\left(\frac{\Delta^{0.25}LQ^2}{H_0}\right)^{\frac{1}{5.25}}=0.408\left[\frac{0.000\ 15^{0.25}\times1\ 650\times\left(\dfrac{500}{3\ 600}\right)^2}{54}\right]^{\frac{1}{5.25}}\mathrm{m}=0.243\ \mathrm{m}$$

②计算 λ

因为

$$\frac{\Delta}{d}=\frac{0.15}{243}=6.172\times10^{-4}$$

$$Re=\frac{4Q}{\pi d\nu}=\frac{4\times500}{\pi\times0.24\times9\times10^{-6}\times3\ 600}=80\ 859$$

所以

$$\lambda=\frac{0.25}{\left[\lg\left(\dfrac{\Delta}{3.7d}+\dfrac{5.74}{Re^{0.9}}\right)\right]^2}=\frac{0.25}{\left[\lg\left(\dfrac{0.15}{3.7\times243}+\dfrac{5.74}{80\ 859^{0.9}}\right)\right]^2}=0.021\ 47$$

③计算管径

由式(6.4a)得

$$d=\left(0.082\ 66\times0.021\ 47\times\frac{1\ 650\times500^2}{54\times3\ 600^2}\right)^{0.2}\mathrm{m}=0.253\ \mathrm{m}$$

④将步骤③算得的 $d=0.253$ m 重复步骤②及③,得

$$Re=\frac{4\times500}{\pi\times0.253\times9\times10^{-6}\times3\ 600}=77\ 663$$

$$\lambda=\frac{0.25}{\left[\lg\left(\dfrac{\Delta}{3.7d}+\dfrac{5.74}{Re^{0.9}}\right)\right]^2}=\frac{0.25}{\left[\lg\left(\dfrac{0.15}{3.7\times253}+\dfrac{5.74}{77\ 663^{0.9}}\right)\right]^2}=0.021\ 43$$

可见,算得的 λ 值与步骤②所得的 λ 值基本相等,则 $d=0.253$ m 为所求。但无缝钢管的标准直径中,并无此规格(见附录表Ⅲ-1),故决定选取 $\phi273\times7$ (“273”为外径、“7”为壁厚)的标准直径无缝钢管。斯韦密和杰恩通过用量纲一的关系和类似建立柯列布鲁克公式那样,得到紊流流态直接计算管径的经验公式,即

$$d=0.66\left[\Delta^{1.25}\left(\frac{LQ^2}{gH_0}\right)^{4.75}+\nu Q^{9.4}\left(\frac{L}{gH_0}\right)^{5.2}\right]^{0.04} \tag{6.9}$$

式(6.9)在下列范围内适用:

$$3\times10^5\leqslant Re\leqslant3\times10^8$$

$$10^{-6}\leqslant\frac{\Delta}{d}\leqslant2\times10^{-2}$$

在这个范围内算得的管径 d 与按柯列布鲁克公式计算得的数值误差在2%以内。若将例7.3的数据代入式(6.9)得

$$d=0.66\left[0.000\ 15^{1.25}\left(\frac{1\ 650\times\dfrac{500^2}{3\ 600^2}}{9.81\times54}\right)^{4.75}+9\times10^{-6}\times\left(\frac{500}{3\ 600}\right)^{9.4}\left(\frac{1\ 650}{9.81\times54}\right)^{5.2}\right]^{0.04}=0.27\ \text{m}$$

这个数值与用试算法计算的结果很接近,误差只有1.4%。

上述各种计算,虽然是针对自流情况,但是其计算原理对于用泵或风机输液或输气管道也是适用的。

例6.4　如图6.3所示为离心泵输水。已知泵排出口压力表读数 $p_1=1.962\times10^6$ Pa,容器 B 液面比泵出口高72 m,管道直径 $d=200$ mm 的铸铁管,$\Delta=0.3$ mm,长度 $l=5$ km,水的黏度 $\nu=0.01\ \text{cm}^2/\text{s}$,求摩阻损失及流量。

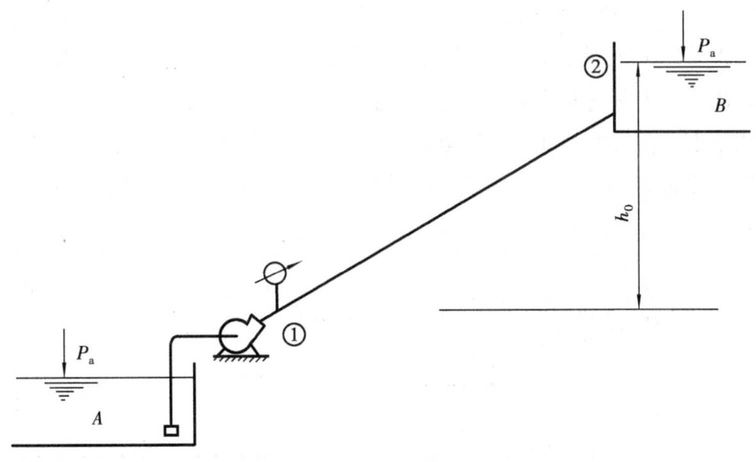

图6.3　离心泵输水

解　对泵出口断面①与容器 B 液面为断面②列总流伯努利方程,即

$$z_1+\frac{p_1}{\gamma}+\frac{\alpha_1v_1^2}{2g}=z_2+\frac{p_2}{\gamma}+\frac{\alpha_2v_2^2}{2g}+h_f$$

$$h_f=z_1-z_2+\frac{p_1-p_2}{\gamma}+\frac{\alpha_1v_1^2-\alpha_2v_2^2}{2g}$$

因为 $z_1-z_2=-72\ \text{m}$，$p_2=0$（表压强），按长管考虑

$$\frac{\alpha_1 v_1^2-\alpha_2 v_2^2}{2g}=0$$

得

$$h_f=\left(-72+\frac{1.962\times10^6}{9.81\times1\ 000}\right)\ \text{m}=128\ \text{m}\quad (\text{H}_2\text{O})$$

由式(6.6)得

$$Q=-2.221d^2\sqrt{\frac{gdh_f}{L}}\lg\left[\frac{\Delta}{3.7d}+\frac{1.775\nu}{d\sqrt{\frac{gdh_f}{L}}}\right]=0.066\ 7\ \text{m}^3/\text{s}=240.24\ \text{m}^3/\text{h}$$

校核紊流阻力区域 v，即

$$Re=\frac{4Q}{\pi d\nu}=424\ 625$$

$$Re_S=5.43\left(\frac{d}{\Delta}\right)^{\frac{8}{7}}=5.43\times\left(\frac{200}{0.3}\right)^{\frac{8}{7}}=9\ 165$$

$$Re_R=603\left(\frac{d}{\Delta}\right)^{\frac{9}{8}}=603\times\left(\frac{200}{0.3}\right)^{\frac{9}{8}}=906\ 180$$

$$Re_S<Re<Re_R$$

故所求流量正确。

6.2.2 管道中的压强校核

在第4章4.2节中，已经介绍总流伯努利方程的几何表示方法，用能坡线及测压管头线分别表示沿程各断面单位总机械能及势能的变化。图6.4所示为简单管流上述两线的绘制结果。图6.4(a)表示考虑局部损失和速度头的情况。图中在1、2及3断面上均发生局部损失，在发生局部损失处，压强变化比较复杂，因此，在该处的测压管水头线用虚线表示。但在实际绘制时，由于压强变化规律难以确定，允许不考虑其变化过程，而直接画成与直管段斜率相同的直线。

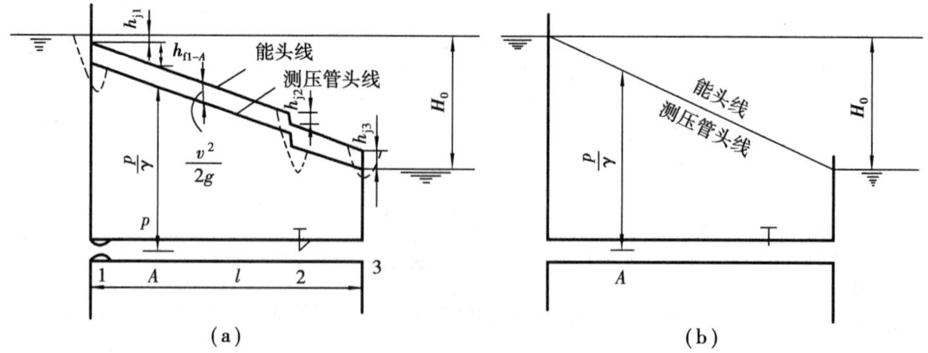

图6.4 管流能头线和测压管头线

对于局部损失，实际上也应发生在一定的管道长度上，但绘制时认为发生在断面上，将它画成一垂直线段。对于长管道，由于不考虑局部损失和速度头，所以能头线和测压管头线相重合，如图6.4(b)所示。

前已述及，若欲求管道任一断面 A 上的压强水头，则只需量出从该管道中心点 A 到测压管水头线的垂直距离[图6.4(a)]；如果不考虑速度头，则为管道中心到能头线的垂直距离[图6.4(b)]。如果测压管水头线在管轴下方，则低于管轴的垂直距离为负压，则为真空度。在进行压强校核时，主要寻求管道中最大压强(表压强)及最大真空度的位置。因为最大压强可能使管道破裂，而太大的真空度表明绝对压强显著降低。若该处的绝对压强小于该液体输送温度下的饱和蒸汽压时，液体便强烈汽化(沸腾)而破坏管道正常输送。因此，在管道设计安装时，应当保证在任何条件下管道能正常工作。

如图6.5所示为油库油罐车虹吸管(鹤管)A—D 及泵吸入管 D—E 卸油管系统。虹吸管就是管道中有一段管段高出吸入容器中的自油液面。工作时要先将管道灌满液体，然后利用位差或泵抽吸，管道才能工作。由图看出，最大真空度可能出现在 B、C 及泵吸入口 E 断面处，尤其当接近卸尽油品时，其真空度达到最大。

例6.5 在图6.5中，已知卸油的流量 $Q=50\ m^3/h$，$h_s=4.2\ m$，虹吸管道直径 $d=100\ mm$，$\Delta=0.15\ mm$，汽油运动黏度 $\nu=0.01\ cm^2/s$，油温39 ℃时饱和蒸汽压为7 m水柱，汽油密度 $\rho=730\ kg/m^3$，设当地大气压为9.2 m水柱，校核卸油过程中是否发生汽阻(沸腾)现象？

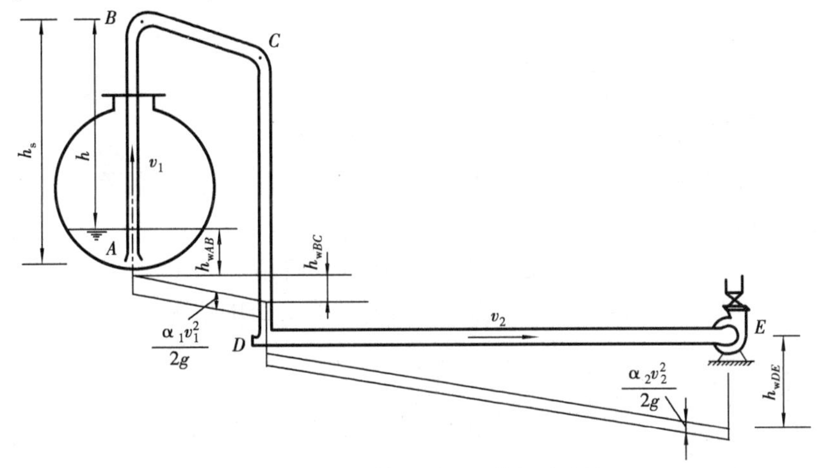

图6.5 虹吸管和泵吸入管卸油系统

解 因发生汽阻条件是 $p_B<p_蒸$，p_B 是 B 断面的绝对压强，$p_蒸$ 是油品的饱和蒸汽压。依据总流伯努利方程，得

$$\frac{p_a}{\gamma}=h+\frac{p_B}{\gamma}+\frac{\alpha v_1^2}{2g}+h_{wAB} \tag{1}$$

计算 v_1 及 h_{wAB}：

$$v_1=\frac{4Q}{\pi d^2}=\frac{4\times\frac{50}{3\ 600}}{\pi\times 0.15^2}\ m/s=1.77\ m/s \tag{2}$$

$$Re=\frac{v_1 d}{\nu}=\frac{1.77\times 0.1}{10^{-6}}=176\ 839$$

$$\lambda=\frac{0.25}{\left[\lg\left(\frac{0.15}{3.7\times 100}+\frac{5.74}{176\ 839^{0.9}}\right)\right]^2}=0.023\ 1$$

$$L=h_s+le_{进}+le_{弯}=4.2+23d+28d=(4.2+23\times0.1+28\times0.1)\ \text{m}=9.3\ \text{m}$$

$$h_{wAB}=0.0231\times\frac{9.3}{0.1}\times\frac{1.77^2}{2\times9.81}\ \text{m}=0.343\ \text{m} \tag{3}$$

将 v_1 及 h_{wAB} 及其他已知数据代入式(1)

$$\frac{p_B}{\gamma}=\frac{p_a}{\gamma}-h-\frac{\alpha v_1^2}{2g}-h_{wAB}$$

式中,当接近卸尽油品时 $h=h_s$,则

$$\frac{p_B}{\gamma}=\frac{p_a}{\gamma}-h_s-\frac{\alpha v_1^2}{2g}-h_{wAB}=7.9\ \text{m 油柱}(S=0.73)$$

$$\frac{p_B}{\gamma_{H_2O}}=\frac{7.9\times730\times9.81}{9\,810}\ \text{m}=5.77\ \text{m}\quad(H_2O)$$

由此可知,$p_B<p_{蒸}$,卸油过程发生汽阻现象。

6.3 串并联管道的水力计算

6.3.1 串联管道

由两种或两种以上不同直径或不同粗糙度的管段顺次连接而成的管道称为串联管道。工程上为了节省管材及工艺需要而采用串联管道,例如输水干线、沿途有分流的输油输气干线以及油库泵站中的吸入与排出管道等,均多采用串联管道。如图 6.6 所示为串联管道情况,图(a)表示流量沿程不变,而图(b)则表示沿途有流量分流的情况。

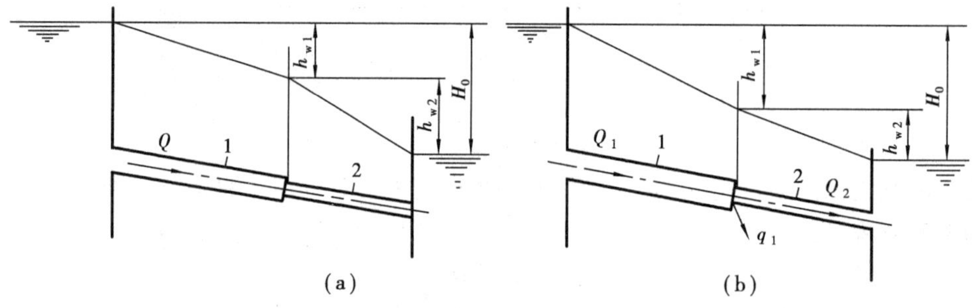

图 6.6 串联管道

串联管道计算任务也是输送能力的计算,其计算原理仍然依据伯努利方程及连续性方程。下面分析它的计算特点及步骤。

从图 6.6 看出,无论各管段流量相同或不同,整个管道的作用能头,全部消耗于克服各管段摩阻而损失掉。也就是说,作用能头 H_0 等于各管段摩阻损失的代数和,即

$$H_0=h_{w1}+h_{w2}$$

其次,通过串联管道的流量应满足连续性原理:

无分流 $Q_1=Q_2$

有分流 $Q_2=Q_1-q_1$

写成一般形式的方程组，即

$$\begin{cases} H_0 = \sum_{i=1}^{n} h_{wi} = h_{w1} + h_{w2} + \cdots + h_{wn} \\ Q_{i+1} = Q_i - q_i \end{cases} \tag{6.10}$$

式中　q_i——流入第 $i+1$ 管段前分出的流量；

Q_i——第 i 管段的流量。

若 $q_i = 0$，则

$$Q_{i+1} = Q_i \tag{6.10a}$$

对于如图 6.6(a)所示由两段不同直径，流量相同的串联管道，由式(6.10)得

$$\begin{aligned} H_0 &= h_{w1} + h_{w2} \\ &= 0.082\ 66\lambda_1 \frac{L_1}{d_1^5}Q^2 + 0.082\ 66\lambda_2 \frac{L_2}{d_2^5}Q^2 \\ &= 0.082\ 66Q^2\left(\lambda_1 \frac{L_1}{d_1^5} + \lambda_2 \frac{L_2}{d_2^5}\right) \\ &= 0.082\ 66Q^2(C_1\lambda_1 + C_2\lambda_2) \end{aligned} \tag{6.11a}$$

式中　$C_1 = \frac{L_1}{d_1^5}, C_2 = \frac{L_2}{d_2^5}$。

式(6.11a)可用来求解输送能力三个问题的计算。

(1)**已知** Q、d_1、L_1、d_2、L_2、Δ **及** ν，**求** $H_0(h_w)$

因为流量 Q 已知，Re_1、Re_2 及相应的 λ_1 及 λ_2 即可计算，所以 $H_0(h_w)$ 可直接求得。

(2)**已知** H_0、d_1、L_1、d_2、Δ **及** ν，**求** Q

因为 Q 未知，所以式中 λ_1 及 λ_2 也是未知的，故需用试算法。试算时，可根据 Δ/d_1 及 Δ/d_2 值从莫迪图中过渡区范围内选取 λ_1 及 λ_2 的概值（或按阻力平方区计算）代入式(6.11a)，由试算出 Q，然后用 Q 算出 Re_1 及 Re_2，从而求出 λ_1 及 λ_2，再将这些新的 λ_1 及 λ_2 值代入式(6.11a)，就可求得更接近实际的 Q 值。因为 λ 随雷诺数而细微变化，所以试算解十分迅速收敛。对两节以上的串联管路也可用同样的方法。

例 6.6　如图 6.6(a)所示为串联的铸铁输水管，已知 $d_1 = 250$ mm，$d_2 = 150$ mm，$L_1 = 600$ m，$L_2 = 500$ m，$\Delta_1 = \Delta_2 = 0.4$ mm，$H_0 = 8$ m，求 $Q = ?$

解　由式(6.11a)得

$$H_0 = 0.082\ 66Q^2\left(\frac{600}{0.25^2}\lambda_1 + \frac{500}{0.15^2}\lambda_2\right)$$

整理后得

$$Q = \left(\frac{96.782}{6.144 \times 10^5\lambda_1 + 6.584 \times 10^6\lambda_2}\right)^{\frac{1}{2}}$$

因为 $\frac{\Delta_1}{d_1} = \frac{0.4}{250} = 0.001\ 6$，$\frac{\Delta_2}{d_2} = \frac{0.4}{150} = 0.002\ 67$

所以由莫迪图假定取

$\lambda_1=0.024, \lambda_2=0.026$

将其代入上式得

$$Q=\left(\frac{96.782}{6.144\times10^5\times0.024+6.584\times10^6\times0.026}\right)^{\frac{1}{2}} \text{m}^3/\text{s}=0.022\,8\ \text{m}^3/\text{s}=82.13\ \text{m}^3/\text{h}$$

将所得的 Q 值计算雷诺数(水:取 $\nu=1\times10^{-6}\ \text{cm}^2/\text{s}$),即

$$Re_1=\frac{4Q}{\pi d_1 \nu}=116\,196$$

$$Re_2=\frac{4Q}{\pi d_2 \nu}=193\,660$$

由莫迪图(或计算)得

$\lambda_1=0.023\,8$

$\lambda_2=0.026\,2$

代入原式得

$$Q=\left(\frac{96.782}{6.144\times10^5\times0.023\,8+6.584\times10^6\times0.026\,2}\right)^{\frac{1}{2}} \text{m}^3/\text{s}=0.022\,7\ \text{m}^3/\text{s}=81.87\ \text{m}^3/\text{h}$$

这个流量与第一次试算值非常接近,故为所求。

串联管道的流量也可以用等效管道法来求解。当两个管系输送相同流量,其摩阻损失相同时,则此两管系称为等效管道。由式(6.4)得

$$h_{w1}=\frac{8}{\pi^2 g}\lambda_1\frac{L_1}{d_1^5}Q_1^2$$

而第二管系

$$h_{w2}=\frac{8}{\pi^2 g}\lambda_2\frac{L_2}{d_2^5}Q_2^2$$

由于两管系是等效的,即

$h_{w1}=h_{w2}, Q_1=Q_2$

使 $h_{w1}=h_{w2}$ 并化简后得

$$\lambda_1\frac{L_1}{d_1^5}=\lambda_2\frac{L_2}{d_2^5}$$

则

$$L_2=L_1\frac{\lambda_1}{\lambda_2}\left(\frac{d_2}{d_1}\right)^5 \tag{6.11b}$$

式中,L_2 表示第二根管道等效第一根管道的长度,称为等效长度。λ_1 及 λ_2 可以根据预计流量范围而在莫迪图选取其概值。由此,两条或两条以上组成的串联管道可以换算成一条管系,这种管系对于相同的总能头应具有相同的流量。

例 6.7 用等效管道法求解例题 6.6。

解 将管 1 化为管 2 的等效管道,以粗糙管紊流作为选定 λ_1 及 λ_2 的近似值。

$$\frac{\Delta}{d_1}=\frac{0.4}{250}=0.001\,6, \lambda_1=0.022\,1$$

$\frac{\Delta}{d_2}=\frac{0.4}{150}=0.00267, \lambda_2=0.0253$

由式(6.11b)

$L_2=L_1\frac{\lambda_1}{\lambda_2}\left(\frac{d_2}{d_1}\right)^5=40.75(\text{m})$

将此长度加于管2上，得

$L=(500+40.75)\text{m}=541(\text{m})$

按 $d=150$ mm 的简单管道计算流量，即

$$Q=-2.221d^2\sqrt{\frac{gdH}{L}}\lg\left(\frac{\Delta}{3.7d}+\frac{1.775\nu}{d\sqrt{\frac{gdH}{L}}}\right)$$

$$=-2.221\times0.15^2\sqrt{\frac{9.81\times0.15\times8}{541}}\lg\left(\frac{0.4}{3.7\times150}+\frac{1.775\times10^{-6}}{0.15\times\sqrt{\frac{9.81\times0.16\times8}{541}}}\right)$$

$$=0.0228(\text{m}^3/\text{s})=82.17(\text{m}^3/\text{h})$$

(3)**已知 H_0、Q、L_1、L_2、Δ_1、Δ_2 及 ν，求 d_1 及 d_2**

因为 d_1、d_2 未知，所以 λ_1 及 λ_2 未知，因而也需用试算法进行计算，这样的试算是十分复杂的。工程上选择管径的方法是按所谓“经济流速”来初选管径，然后校核是否满足流量要求。如不满足，则只需其中某一段管直径来满足。此时，按确定简单管路管径的方法进行计算即可。

$$d=\sqrt{\frac{4Q}{\pi v_{经济}}}\tag{6.12}$$

管内一些流体常用经济平均流速的范围见表6.1。

表6.1　管内流体常用经济平均流速

工作流体	管路种类及条件	流速/(m·s^{-1})	管　材
水及与水黏度相似的液体	p=1～3 bar(表压)	0.5～2	钢
	p≤10 bar(表压)	0.5～3	钢
	p≤80 bar(表压)	2～3	钢
	p≤200～300 bar(表压)	2～3.5	钢
	热网循环水、冷却水	0.5～1.0	钢
水及与水黏度相似的液体的泵吸入管及排出管	往复泵吸入管	0.5～1.5	钢
	往复泵排出管	1～2	钢
	离心泵吸入管(常温)	1.5～2	钢
	离心泵吸入管(70～110 ℃)	0.5～1.5	钢
	离心泵排出管	1.5～3	钢
	高压离心泵排出管	3～3.5	钢
	齿轮泵吸入管	≤1	钢
	齿轮泵排出管	1～2	钢

续表

工作流体	管路种类及条件	流速/(m·s^{-1})	管　材
黏油及黏度大的液体	黏油及与其相似液体	0.5～2	钢
	黏度 50 cP:$Dg25$	0.5～0.9	钢
	$Dg50$	0.7～1.0	钢
	$Dg100$	1.0～1.6	钢
	黏度 100 cP:$Dg25$	0.3～0.6	钢
	$Dg50$	0.5～0.7	钢
	$Dg100$	0.7～1.0	钢
	$Dg200$	1.2～1.6	钢
	黏度 1000 cP:$Dg25$	0.1～0.2	钢
	$Dg50$	0.16～0.25	钢
	$Dg100$	0.25～0.35	钢
	$Dg200$	0.35～0.55	钢
气　体	通风机吸入管	10～15	钢
	通风机排出管	15～20	钢
	压缩机吸入管	10～20	钢
	压缩机排出管		钢
	$p<10$ bar	8～10	钢
	p 取 10～100 bar	10～20	钢
	往复式真空泵吸入管	13～16	钢
	往复式真空泵排出管	25～30	钢
	油封式真空泵吸入管	10～13	钢

例 6.8　某油库在其附近山坡上修建一个生产、生活用水的蓄水池,如图 6.7 所示。B 点上分出的流量 $q=25\ \text{m}^3/\text{h}$ 送往洗修桶车间;以 $Q_2=20\ \text{m}^3/\text{h}$ 输入生活区,$L_{AB}=1\ 000$ m,$L_{BC}=400$ m,$H_0=35$ m,C 点上压强不得小于 5 m 水柱,试选择铸铁输水管的直径。

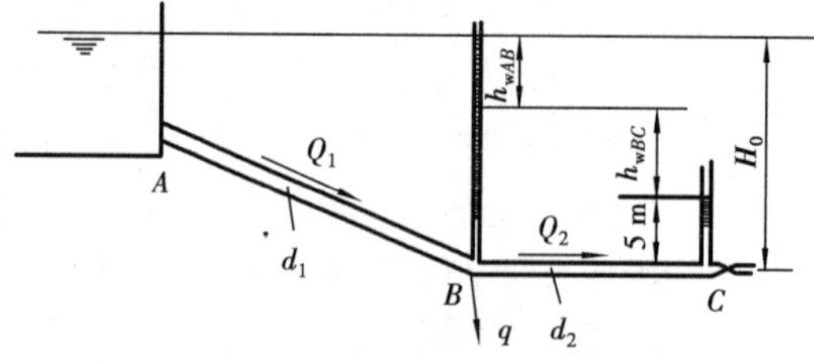

图 6.7　蓄水池输水管

解　根据题意 $Q_1=Q_2+q=(20+25)\ \text{m}^3/\text{h}=45\ \text{m}^3/\text{h}$,则

①按经济平均流速确定 AB 管段的直径 d_1

由表 6.1,取经济平均流速 $v=1$ m/s,则管径为

$$d=\sqrt{\frac{4Q}{\pi v}}=0.126\ \text{m}$$

由附录表Ⅲ-3 选取直径 $d_1=125$ mm 的铸铁管。

②确定 BC 管段的直径 d_2

根据能量方程或图 6.7 看出：

$$H_0=5+h_{wAB}+h_{wBC} \tag{1}$$

式中　h_{wAB}——AB 管段的摩阻损失；

h_{wBC}——BC 管段的摩阻损失。

A. 计算 h_{wAB}

$$Re=\frac{4Q}{\pi d\nu}=127\ 324$$

取 $\Delta=0.4$ mm，则

$$\Delta/d_1=0.4/125=0.003\ 2$$

由莫迪图得 $\lambda_1=0.027$

所以 $h_{wAB}=0.082\ 66\times0.027\times\dfrac{1\ 000\times\left(\dfrac{45}{3\ 600}\right)^2}{0.125^5}=11.43(\text{m})$

B. 计算 BC 管段的直径

由式(1)得

$$h_{wBC}=H-5-h_{wAB}=35-5-11.43=18.57(\text{m})$$

由式(6.9)得

$$d_2=0.66\left[\Delta^{1.25}\left(\frac{LQ^2}{gH_0}\right)^{4.75}+vQ^{9.4}\left(\frac{L}{gH_0}\right)^{5.2}\right]^{0.04}$$

$$d_2=0.072\ 1\ \text{m}$$

表 6.1 给出了管内流体常用经济平均流速。

由附录表Ⅲ-3 确定选取 $d_2=75$ mm 规格的铸铁管。

管道直径选定后，必要时应验算实际流量。

6.3.2　并联管道

在图 6.8 所示的管道系统中，结点 B 与 C 之间连接两条或两条以上的管段，则 BC 之间的管道系统，称为并联管道。整个管道系统可视为由管段 AB、并联管段 BC 及管段 CD 串联而成。

在串联管路中，各管段的摩阻损失是相加的，而并联管段 BC 中，无论哪一条管道，它们的摩阻损失都彼此相等。如果在 B 及 C 点上各接一测压管，测压管中之液面高差即为并联管段 BC 的摩阻损失。如果各管的摩阻损失不相等，势必在 C 点上的测压管中有三个不同液面，这当然是不可能的。

在图 6.8 所示的条件下，并联管段 BC 的水力计算特点为

$$h_{w1}=h_{w2}=h_{w3}=h_{wBC}=\left(z_B+\frac{p_B}{\gamma}\right)-\left(z_C+\frac{p_C}{\gamma}\right)$$

$$Q=Q_1+Q_2+Q_3 \tag{6.13}$$

式中，z_B、p_B 及 z_C、p_C 分别为 B 点及 C 点上的位置高程及压强，式中已忽略掉了速度头之差（按长管计算）。

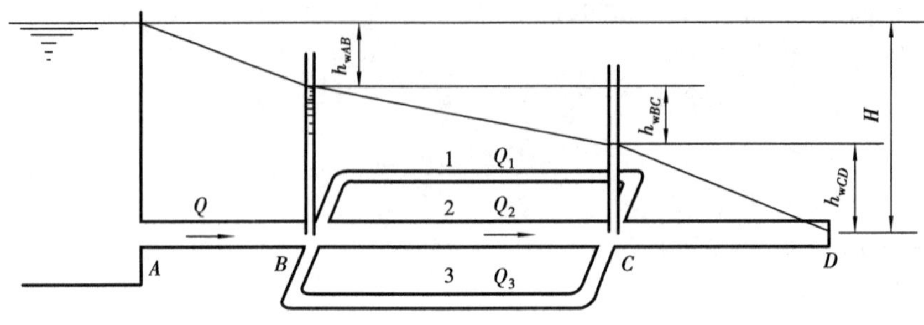

图 6.8　并联管道

一般情况下，并联各管的长度、直径及粗糙度均不同，因此，各管的流量也不相同。它们为了满足摩阻损失相等的条件，自身必须进行流量调整和分配，直至使这管段的摩阻损失相等为止。

并联管道计算有两个典型问题：① BC 间的摩阻损失已知，求通过管系的总流量 Q；②总流量 Q 已知，求并联各管的流量和摩阻损失。管道的直径、长度、粗糙度及流体的性质假定是已知的。

实际上，对于第一个问题，它与简单管道求流量问题的解法是一样的，将求得的各管的流量相加，即为所求的总流量。第二个问题比较复杂，因为不论哪一条管道，既不知道摩阻损失，也不知道其流量。求解的步骤建议采用如下的方法：

a. 假定通过管 1 某流量 Q_1'（根据 d_1、L_1 与其他管的直径、长度进行比较，按照给定的 Q，适当假定该值）；

b. 利用假定流量 Q_1' 算出 h_{w1}'；

c. 利用 h_{w1}'，求出 Q_2'，Q_3'；

d. 有了这些在共同摩阻损失下的流量之后，假定 Q 沿各管的流量分配与 Q_1'、Q_2' 及 Q_3' 按相同的比例分配，则

$$\begin{cases} Q_1 = \dfrac{Q_1'}{\sum Q'} Q \\ Q_2 = \dfrac{Q_2'}{\sum Q'} Q \\ Q_3 = \dfrac{Q_3'}{\sum Q'} Q \end{cases} \tag{6.14}$$

式中　$\sum Q' = Q_1' + Q_2' + Q_3'$

e. 用 Q_1、Q_2、Q_3 计算 h_{w1}、h_{w2}、h_{w3} 来校核这些流量是否正确。

这个方法也适用于任何数量的并联管道。通过适当选择得以估算通过管道系统总流量的百分数的流量 Q_1'，式(6.14)得出的数值误差仅在百分之几以内。在摩擦系数精确度范围内它是相当准确的。

例 6.9　在图 6.8 中，设 $L_1 = 1\ 000$ m，$d_1 = 207$ mm，$L_2 = 900$ m，$d_2 = 309$ mm，$L_3 = 1\ 000$ m，

$d_3=259\ \text{mm}, \Delta_1=\Delta_2=\Delta_3=0.2\ \text{mm}, \rho=860\ \text{kg/m}^3, \nu=2.8\times10^{-6}\ \text{m}^2/\text{s}, p_B=1.962\times10^5$ Pa, $z_B=80$ m, $z_C=75$ m, $Q=0.15\ \text{m}^3/\text{s}$。试确定通过各条管的流量及 C 点之压强。

解　①求各管的流量

设通过管 1 的流量 $Q_1'=0.04\ \text{m}^3/\text{s}$

则 $Re_1'=\dfrac{4\times0.04}{\pi\times0.207\times2.8\times10^{-6}}=87\ 870$，得

$\lambda_1'=0.022\ 5$

故

$$h_{w1}'=0.082\ 66\times0.022\ 5\times\frac{1\ 000\times0.04^2}{0.207^5}=7.83(\text{m})$$

由式(6.13)，得

$h_{w3}'=h_{w2}'=h_{w1}'=7.83$ m

对于管 2

依据式(6.6)，

$$Q_2'=-2.221d_2^2\sqrt{\frac{gd_2h_{w2}'}{L_2}}\lg\left[\frac{\Delta}{3.7d_2}+\frac{1.775v}{d_2\sqrt{\dfrac{gd_2h_{w2}'}{L_2}}}\right]$$

得：

$Q_2'=0.122\ 7\ \text{m}^3/\text{s}$

对于管 3

依据式(6.6)，

$$Q_3'=-2.221d_3^2\sqrt{\frac{gd_3h_{w3}'}{L_3}}\lg\left[\frac{\Delta}{3.7d_3}+\frac{1.775v}{d_3\sqrt{\dfrac{gd_3h_{w3}'}{L_3}}}\right]$$

得

$Q_3'=0.072\ 8\ \text{m}^3/\text{s}$

在假定条件下总流量为

$\sum Q'=(0.04+0.122\ 7+0.072\ 8)\text{m}^3/\text{s}=0.235\ 5\ \text{m}^3/\text{s}$

因而得

$Q_1=\dfrac{0.040}{0.235\ 5}\times0.015\ \text{m}^3/\text{s}=0.025\ \text{m}^3/\text{s}$

$Q_2=0.078\ 2\ \text{m}^3/\text{s}$

$Q_3=0.046\ 4\ \text{m}^3/\text{s}$

校核摩阻损失 h_{w1}、h_{w2} 及 h_{w3} 是否相等，即

管 1：$Re_1=56\ 107, \lambda_1=0.023\ 7, h_{w1}=3.35$ m

管 2：$Re_2=15\ 080, \lambda_2=0.020\ 7, h_{w2}=3.34$ m

管 3：$Re_3=81\ 465, \lambda_3=0.022\ 0, h_{w3}=3.36$ m

从计算得的结果来看，三个管的摩阻损失最大误差只有 0.02 m，所以上述计算得的各管

流量应非常精确了。

并联管段 BC 之间的摩阻损失为

$$h_{wBC}=\frac{1}{3}(h_{w1}+h_{w2}+h_{w3})=3.35(\mathrm{m})$$

②求 C 点压强

$$z_B+\frac{p_B}{\gamma}=z_C+\frac{p_C}{\gamma}+h_{wBC}$$

则

$$\begin{aligned}p_C&=\gamma\left(\frac{p_B}{\gamma}+z_B-z_C-h_{wBC}\right)\\&=9.81\times860\times\left(\frac{1.962\times10^5}{9.81\times860}+80-75-3.35\right)\\&=2.1\times10^5(\mathrm{Pa})\end{aligned}$$

6.4 复杂管道的水力计算

6.4.1 分支管道

油库中的收发油系统、城市供水管道、水电站的引水管以及其他供液气管道系统，分支管道是应用较多的布置形式，如图6.9所示为一种最简单的分支管道系统。

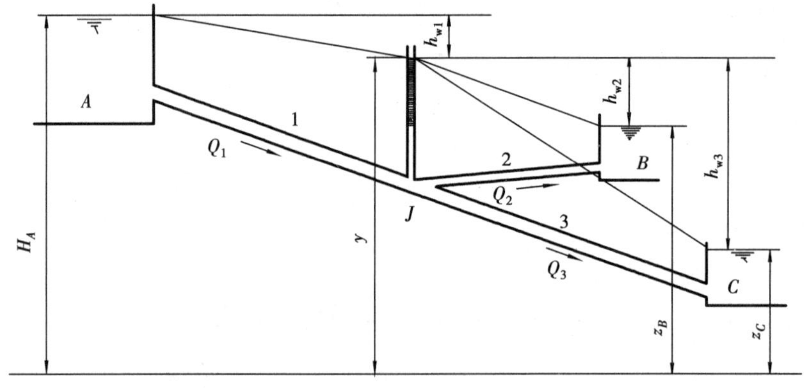

图6.9 分支管道系统

分支管道计算任务主要有：

①各装液容器(如图6.9中的容器 B 及容器 C)的安装高程、管道长度及各种配件数量已知，在给定各支管流量条件下，确定管道直径及所需的作用能头 H_A。

②供液容器 A 及装液容器的高程，管道长度及各种配件数量已知，在给定各支管流量条件确定管道直径。

(1) 计算原理

在图6.9中，设支管2及支管3的流量分别为 Q_2 及 Q_3，装液容器 B 及容器 C 的液位高程是 z_B 及 z_C，在结点 J 设想装一测压管，测压管头 $z_J+p_J/\gamma=y$。如果 y 高于 z_B 及 z_C，则 $Q_1=$

Q_2+Q_3，如果 y 低于 z_B 而只高于 z_C，则容器 B 不但没有进液，反而与容器 A 共同向容器 C 供液，此时，$Q_1+Q_2=Q_3$。

根据总流伯努利方程及连续性方程，对于 $y>z_B$ 情况：

$$\begin{cases} H_A - y = h_{w1} \\ y - z_B = h_{w2} \\ y - z_C = h_{w3} \\ Q_1 = Q_2 + Q_3 \end{cases} \tag{6.15}$$

对于 $y<z_B$

$$\begin{cases} H_A - y = h_{w1} \\ z_B - y = h_{w2} \\ y - z_C = h_{w3} \\ Q_1 + Q_2 = Q_3 \end{cases} \tag{6.16}$$

现按 $y>z_B>z_C$ 的情况求解上述分支管道计算的两个基本问题。

①已知 z_B、z_C、Q_2、Q_3 及各管的计算长度 L_1、L_2 和 L_3，求 d_1、d_2、d_3 及 H_A。

求解这类问题一般步骤是：

a. 按给定的各干、支管流量，根据经济平均流速 v 初步确定各管管径 d；

b. 根据 d，计算各管段的摩阻损失；

c. 按式(6.15)求得 H_A。因为管径 d 是按经济流速确定，所以沿各支线方向计算得的 H_A 不一定相等，此时取最大者；

d. 根据确定的 H_A，校核调整支管直径。

②已知 H_A、z_B、z_C、Q_1、Q_2、Q_3 及各管段的计算长度，求各管道直径。

求解这类问题与第一个问题相似，此时按经济平均流速先确定干管直径，然后按式(6.15)求出各支管的直径。

例 6.10　在图 6.9 中，已知 $Q_2=Q_3=50\ \text{m}^3/\text{h}$，$z_B=30\ \text{m}$，$z_C=24\ \text{m}$，$L_1=220\ \text{m}$，$L_2=80\ \text{m}$，$L_3=150\ \text{m}$，自流发出汽油（$\nu=0.01\ \text{cm}^2/\text{s}$），求各管段直径及 H_A。

解　①按经济平均流速初步确定各管径

由表 6.1 选取 $v=1.5\ \text{m/s}$，则

$$d_1=\sqrt{\frac{4Q_1}{\pi v}}=\sqrt{\frac{4\times 100}{\pi\times 1.5\times 3\ 600}}=0.154(\text{m})$$

$$d_2=d_3=\sqrt{\frac{4Q}{\pi v}}=\sqrt{\frac{4\times 50}{\pi\times 1.5\times 3\ 600}}=0.108(\text{m})$$

根据无缝钢管产品规格（附录表 Ⅲ-1），初选

$d_1=150\ \text{mm}(\phi 159\times 4.5)$

$d_2=d_3=100\ \text{mm}(\phi 108\times 4)$

②计算各管段的摩阻损失（取 $\Delta=0.15\ \text{mm}$）

$Re_1=235\ 785$，$\lambda_1=0.021\ 0$，$h_{w1}=3.88\ \text{m}$

$Re_2=176\ 838$，$\lambda_2=0.023\ 1$，$h_{w2}=2.95\ \text{m}$

$Re_3=176\ 838$，$\lambda_3=0.023\ 1$，$h_{w3}=5.53\ \text{m}$

③求 H_A

沿 $A \to J \to B$　$H_A = z_B + h_{w1} + h_{w2} = (30 + 3.68 + 2.95)\text{ m} = 36.83\text{ m}$

沿 $A \to J \to C$　$H_A = z_C + h_{w1} + h_{w2} = (24 + 3.88 + 5.53)\text{ m} = 33.41\text{ m}$

故取 $H_A = 36.83\text{ m}$。

④校核调整管径

沿 $A \to J \to C$ 所需的 H_A 小于沿 $A \to J \to B$，如果相差不大，可认为所初选的直径合适，如果相差太大，则应进行调整。一般情况下，只需调整所需作用能头较小的那些支线($A \to J \to C$)。

现来计算管3的直径，即

$H_A = h_{w1} + h_w + z_C$

$h_{w3} = H_A - h_{w1} - z_C = (36.83 - 3.88 - 24)\text{ m} = 8.95\text{ m}$

由式(6.9)得(注意 $H_0 = h_{w3}$)

$$d = 0.66\left[\Delta^{0.125}\left(\frac{LQ^2}{gH_0}\right)^{4.75} + \nu Q^{9.4}\left(\frac{L}{gH_0}\right)^{5.2}\right]^{0.04} = 0.093\text{ m}$$

可选取 $d_2 = 94\text{ mm}(\phi102 \times 4)$ 的管子。实际上计算得的 $d_3 = 93\text{ mm}$ 与初选的 $d_3 = 100\text{ mm}$ 很接近。为了减少管子及其附件规格品种，便于施工，仍取 $d_3 = 100\text{ mm}(\phi108 \times 4)$ 为宜，但此时通过各支管的流量与给定的任务流量就有所不同。沿支线2变小一些，而支线3要大一些。

例6.11　在例6.10中求各支管的流量。

解　因各支管的流量未知，故干管、支管的摩阻损失也未知，需用试算法或图解法(见6.5节)解决。求解时首先假定结点 J 的测压管头 y 的高度，然后根据式(6.15)求得各管的流量。

设 $y = 32\text{ m}$，则

$h_{w1} = H_A - y = (36.83 - 32)\text{ m} = 4.83\text{ m}$

$h_{w2} = y - z_B = (32 - 30)\text{ m} = 2\text{ m}$

$h_{w3} = y - z_C = (32 - 24)\text{ m} = 8\text{ m}$

由式(6.6)

$$Q = -2.221d^2\sqrt{\frac{gdH_0}{L}}\lg\left[\frac{\Delta}{3.7d} + \frac{1.775v}{d\sqrt{\dfrac{gdH_0}{L}}}\right]$$

得

$Q_1 = 112.31\text{ m}^3/\text{h}$

$Q_2 = 41.13\text{ m}^3/\text{h}$

$Q_3 = 60.48\text{ m}^3/\text{h}$

这样，$Q_1 > Q_2 + Q_3$，故所假定 y 太低，重新假定 $y = 32.5$，则得

$h_{w1} = 4.33\text{ m}$，　$Q_1 = 106.20\text{ m}^3/\text{h}$

$h_{w2} = 2.5\text{ m}$，　$Q_2 = 46.13\text{ m}^3/\text{h}$

$h_{w3} = 8.5\text{ m}$，　$Q_3 = 62.55\text{ m}^3/\text{h}$

因为 $Q_1 - Q_2 - Q_3 = (106.20 - 46.13 - 62.55)\text{ m}^3/\text{h} = -2.48\text{ m}^3/\text{h}$，说明流入结点 J 的流

量小于流出的流量,再假定 $y = 32.4$ m,则得

$h_{w1} = 4.43$ m,　　$Q_1 = 107.45\ m^3/h$

$h_{w2} = 2.4$ m,　　$Q_2 = 45.17\ m^3/h$

$h_{w3} = 8.4$ m,　　$Q_3 = 62.18\ m^3/h$

因为 $Q_1 - Q_2 - Q_3 = (107.45 - 45.17 - 62.18)m^3/h = 0.1\ m^3/h$,所以上述各管的流量便为所求。

(2) **铁路装卸油系统的管道**

如图 6.10 所示为铁路装卸油系统输油管道示意图。卸油时油品同时经几个鹤管流入集油管 aj,然后汇集流入吸入管 OD 经泵输送到储油罐中储存(有的油库有零位油罐,卸油时先虹吸自流到零位油罐,然后再用泵抽送到储油罐中)。装油时则方向相反,当有较大的地形高差时,即储油罐液面标高比发油鹤管出口较高时可以自流地发油。

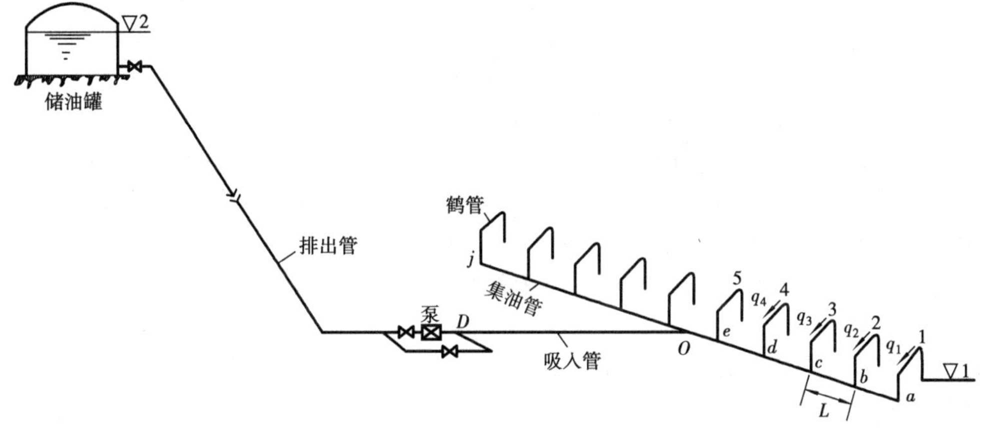

图 6.10　铁路装卸油系统管道

铁路装卸油系统水力计算的任务是在给定各管段(鹤管、集油管、吸入管、排出管)的直径、长度、粗糙度和总流量的条件下,计算沿各鹤管的流量分配和管道系统的摩阻损失。计算时不考虑各油罐车中液面的高低不同,认为鹤管的出入口位于同一水平面上,并且压强都等于当地大气压。因此,计算时它类似于并联管道。只要各鹤管的流量求出,则各管段的摩阻损失就迎刃而解。虽然同一种油品的鹤管数很多,但是在装卸油时同时使用的鹤管数常常只有 3 ~ 4 个。因此,计算这类问题并不十分困难。

计算时,从集油管末端的鹤管 1 开始,因为所有的鹤管的出口都位于同一水平面上,所以由节点 b 流经鹤管 2 与由 b 流经集油管段 ba、鹤管 1 的摩阻损失相等。同理,由节点 c 流经鹤管 3 与流经集油管段 cb、鹤管 2 的摩阻损失也相等。以此类推,可分析出节点 d、e、f 等的摩阻关系。根据上述分析,如果 h_w 表示鹤管中流动的摩阻损失,h'_w 表示两鹤管间集油管段的摩阻损失,则得

$$
\left.\begin{aligned}
h_{w2} &= h'_{wba} + h_{w1} \quad &\text{(a)}\\
h_{w3} &= h'_{wcb} + h_{w2} \quad &\text{(b)}\\
h_{w4} &= h'_{wdc} + h_{w3} \quad &\text{(c)}\\
h_{w5} &= h'_{wed} + h_{w4} \quad &\text{(d)}
\end{aligned}\right\} \tag{6.17}
$$

计算的步骤类似于并联管的计算方法：

①假定通过鹤管 1 某流量 q'_1。

②用假定的 q'_1 算出 h'_{wba} 及 h'_{w1}。

③因为 $h'_{wba}+h_{w1}=h_{w2}$，所以可算出 q'_2。

④根据 $q'_1+q'_2$ 算出集油管段 cb 的摩阻损失 h'_{wcb}，由式(6.17(b))算出 q'_3。

⑤同理，继续算出 q'_4、q'_5 等。假定流量 Q 沿鹤管的分配与流量 q'_1、q'_2、q'_3、q'_4、q'_5 成相同的比例，得

$$\begin{cases} q_1=\dfrac{q'_1}{\sum q'}Q \\ q_2=\dfrac{q'_2}{\sum q'}Q \\ q_3=\dfrac{q'_3}{\sum q'}Q \\ \vdots \end{cases} \tag{6.18}$$

⑥用 q_1、q_2、q_3、q_4 及 q_5 计算各相应的管段的摩阻损失，代入式(6.17)验算，当误差在 3%以内时，认为满足要求。

例 6.12 在图 6.10 中，设鹤管直径 $d=100$ mm，计算长度 $L_{鹤}=25$ m，集油管直径 $d=207$ mm，两鹤管间距 $L=14$ m，同时用四个鹤管收汽油，总流量 $Q=160$ m^3/h，试求各鹤管的流量。

解 设鹤管及集油管的粗糙度相同，$\Delta=0.15$ mm，汽油的黏度 ν 取 1×10^{-6} m^2/s。

①假定 $q'_1=32$ m^3/h

②由 q'_1 计算 h'_{wba} 及 h_{w1}

集油管段 ba：$Re'=54\ 675$，$\lambda'=0.023$，$h'_{wba}=0.005\ 5$ m

鹤管 1：$Re'=113\ 176$，$\lambda'=0.023\ 7=0.023\ 7$，$h'_{w1}=0.387\ 5$ m

③计算 q'_2 因 $h'_{w2}=h'_{wba}+h'_{w1}=(0.005\ 5+0.387\ 5)$ m$=0.393$ m

由式(6.6)得

$q'_2=0.089\ 9$ m^3/s$=32.37$ m^3/h

④计算集油管段 cb 的摩阻损失

$Re'=4\times(q'_2+q'_1)/\pi d\nu=4\times(32.37+32)/(\pi\times0.207\times10\times3\ 600)=109\ 981$

$\lambda'=0.021\ 1$

$h'_{wcb}=0.020\ 6$ m

⑤计算鹤管 3、4 的流量 q'_3 及 q'_4

$h'_{w3}=h'_{wcb}+h'_{w2}=0.020\ 6+0.393=0.414$ m

$q'_3=0.009\ 24$ m^3/s$=33.26$ m^3/h

同理，得 $q'_4=0.009\ 75$ m^3/s$=35.10$ m^3/h

⑥计算实际通过各鹤管的流量

$q_1=38.57$ m^3/h

$q_2=39.02$ m^3/h

$q_3=40.09\ \mathrm{m^3/h}$

$q_4=42.31\ \mathrm{m^3/h}$

⑦根据 q_1、q_2、q_3、q_4 校核各管段摩阻损失是否满足式(6.17)(计算过程略)

节点 b:

$h_{wba}+h_{w1}=(0.007\ 85+0.556)\mathrm{m}=0.564\ \mathrm{m}$

$h_{w2}=0.568\ \mathrm{m}$(误差 0.7%)

节点 c:

$h_{wcb}+h_{wz}=(0.029\ 3+0.568)\mathrm{m}=0.597\ \mathrm{m}$

$h_{w3}=0.599\ \mathrm{m}$(误差 0.9%)

节点 d:

$h_{wdc}+h_{w3}=(0.065\ 1+0.599)\mathrm{m}=0.664\ \mathrm{m}$

$h_{w4}=0.666\ \mathrm{m}$(误差 0.3%)

上述计算结果,误差在千分之几以内,可见,此计算方法,精确度较高。

6.4.2　管　网

管网即为环状管道系统,是给水工程中应用较多的一种布置形式。管网计算一般是很复杂的,需用试算法或电算求解。

对于输水管道,还可用下述经验公式计算。

(1)经验公式计算

对于达西—魏斯巴赫公式,可写成

$$h_w=\frac{8\lambda}{\pi^2 gd^5}Q^2L=S_0Q^2L \tag{6.19}$$

式中,S_0 称为比阻,即单位管长在单位流量(平方)的摩阻损失。

$$S_0=\frac{8\lambda}{\pi^2 gd^5} \tag{6.20}$$

可知 S_0 的单位 $\mathrm{s^2/m^6}$。

根据 Φ · A · 谢维列夫对使用两年的旧钢管和旧铸铁管的实验研究,当流速 $v<1.2\ \mathrm{m/s}$ 时,管内水流为过渡区紊流,沿程摩阻系数为

$$\lambda=\frac{0.017\ 9}{d^{0.3}}\left(1+\frac{0.867}{v}\right)^{0.3} \tag{6.21}$$

当 $v>1.2\ \mathrm{m/s}$ 时,水流为粗糙管紊流区,沿程摩阻系数为

$$\lambda=\frac{0.021\ 0}{d^{0.3}} \tag{6.22}$$

将式(6.21)或式(6.22)代入式(6.19),得到计算输水管道 h_w 的一般计算式为

$$h_w=kS_0Q^2L \tag{6.23}$$

式中,k 为比阻的修正值,S_0 为粗糙管紊流时的比阻,即

$$S_0=\frac{0.001\ 735}{d^{5.3}} \tag{6.24}$$

当粗糙管紊流时,$k=1$,过渡区紊流时比阻修正值为

$$k=0.852\left(1+\frac{0.876}{v}\right)^{0.3} \tag{6.25}$$

将式(6.24)的比阻值 S_0 和式(6.25)的比阻修正值 k 分别编制成表6.2和表6.3。由表6.2和表6.3,利用式(6.23)可简便计算旧钢管和铸铁管输水管道的摩阻损失。

表6.2 旧钢管和旧铸铁管在粗糙管紊流时的比阻 S_0 值

旧钢管			旧铸铁管		
公称直径/mm	计算内径 d/mm	$S_0/(s^2 \cdot m^{-6})$	内径/mm	计算内径 d/mm	$S_0/(s^2 \cdot m^{-6})$
100	105	267.3	50	49	15 180
125	125	10 634	75	74	1 708
150	147	44.93	100	99	365.1
175	173	18.95	125	124	110.7
200	198	9.268	150	149	41.82
225	224	4.819	200	199	9.302 4
250	252	2.582	250	249	2.751
275	278	1.534	300	300	1.205
300	305	0.938 7	350	350	0.452 6
325	331	0.608 4	400	400	0.223 0
350	357	0.407 5	500	500	0.119 5
400	406	0.206 1	600	600	0.068 35
450	458	0.108 8	700	700	0.026 00
500	509	0.062 19	800	800	0.005 661
600	610	0.023 83	900	900	0.003 033
700	700	0.011 49	1 000	1 000	0.001 735
800	800	0.005 661			
900	900	0.003 033			
1 000	1 000	0.001 735			

表6.3 旧钢管和旧铸铁管在过渡区紊流时比阻 S_0 的修正 k 值

$v/(m \cdot s^{-1})$	0.20	0.30	0.40	0.50	0.60	0.65	0.70	0.75
k	1.41	1.28	1.20	1.15	1.115	1.100	1.085	1.070
$v/(m \cdot s^{-1})$	0.80	0.85	0.90	0.95	1.00	1.05	1.10	≥1.2
k	1.06	1.05	1.04	1.035	1.03	1.02	1.015	1.0

例6.13 给水管道为铸铁管,管径 $d=400$ mm,通过流量 $Q=126$ l/s,求 $L=4\ 000$ m 管段

的摩阻损失。

解　由表6.2查得，相应于 $d=400$ mm 的 $S_0=0.223\ \mathrm{s^2/m^6}$。因为

$$v=\frac{Q}{A}=\frac{0.126}{\frac{1}{4}\pi\times0.4}=1.0\ \mathrm{m/s}<1.2\ \mathrm{m/s}$$

流动为过渡区紊流，从表6.3查得 $k=1.03$。因此，摩阻损失为

$$h_w=kS_0Q^2L=1.03\times0.223\times(0.126)^2\times4\ 000\ \mathrm{m(H_2O)}=14.59\ \mathrm{m(H_2O)}$$

(2)**环状管网的计算方法**

利用上述经验公式研究给水环状管网计算方法。环状管网由若干个闭合管环组成，如图6.11所示。

环状管网中，水流必须满足下列两个条件：

①根据连续性原理，流入每一个节点的流量必须等于流出的流量；

②沿每一个环路的压降代数和必须为零。

第二个条件说明在环路中任意两个节点间的压降必须相等，例如图6.11中的 A 和 B 节点间，无论是经过管 AB 还是经过 $ADECB$ 都必须相等。因此，用解析法求解管网问题是不现实的，而要应用逐步渐近法。方法是假定各管道的流量，使得各个节点满足连续性方程，然后依次计算各环路的校正流量，以便使各个环路达到进一步的平衡。

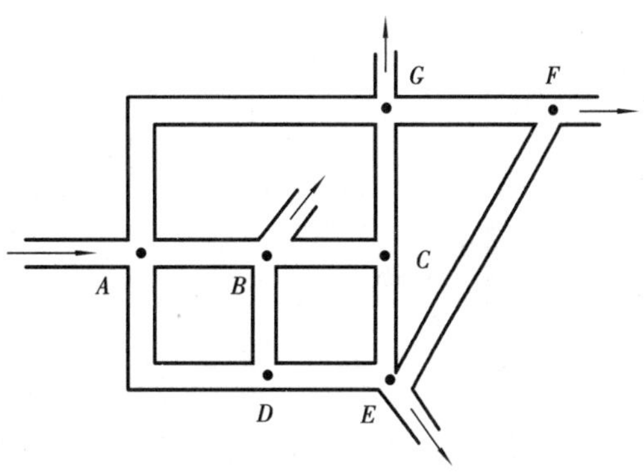

图6.11　环状管网

摩阻损失用式(6.23)计算。为了书写方便，将其写成 $h_w=RQ^2$，这里 $R=kS_0L$，若流动为粗糙管紊流，对每一条管道，R 为常数，在计算环路之前，可事先确定。校正项由如下求得：

设 Q_0 是任一条管道中假设的初始流量，即

$$Q=Q_0+\Delta Q \tag{6.26}$$

式中，Q 是正确的流量，而 ΔQ 是校正流量。于是对每一管道

$$h_w=RQ^2=R(Q_0+\Delta Q)^2=R(Q_0^2+2Q_0\Delta Q+\Delta Q^2)$$

式中，二阶微量(ΔQ^2)可以略去。对于某个环路

$$\sum h_w=\sum RQ\left|Q\right|=\sum RQ_0\left|Q_0\right|+2\Delta Q\sum R\left|Q_0\right|=0$$

式中，ΔQ 之所以能从求和式中提出，是因为在环路的各条管道中它是相同的，而加上绝对值符号是考虑线环路求和的方向，通常规定假设沿顺时针方向的摩阻损失为正，逆时针为负。由上式求得管网中每一环路的 ΔQ 为

$$\Delta Q=-\frac{\sum RQ_0\left|Q_0\right|}{2\sum R\left|Q_0\right|} \tag{6.27}$$

当按照式(6.26)将 ΔQ 用于环路中每一管道时，流向是十分重要的，也就是顺时针方向的流动时加 ΔQ，而逆时针方向流动时减去 ΔQ。

计算过程的步骤归纳如下：

①根据对管网的仔细分析，假定一个满足连续性方程而又是最佳的流量分配；

②在一个单元环路中计算并累加各管的净摩阻损失 $\sum h_w = \sum RQ^2$，同时计算 $2\sum R|Q|$，由式(6.27)得到校正值，将此负值加于环路各管的流量中以校正；

③继续另一单元环路计算，重复②的校正过程。这样直至全部单元环路完了为止；

④根据需要再重复②和③步骤数次，直至校正值 ΔQ 足够的小。

在初设流量分配时，可根据每一单元环路中的每条管的实际 R 值大小设定，R 值相对地越大，则 Q 较小。

例 6.14　当给出图 6.12 简单环状管网中的流进和流出的流量时，试计算经过该管网的流量分配。

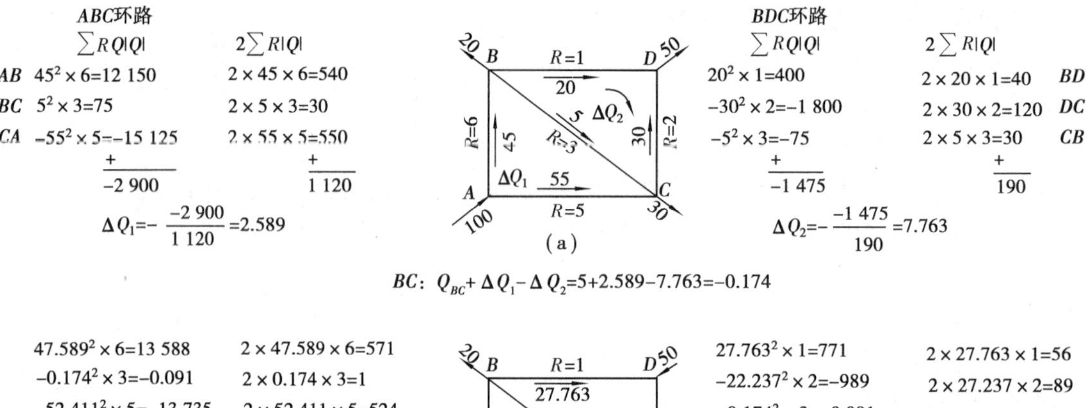

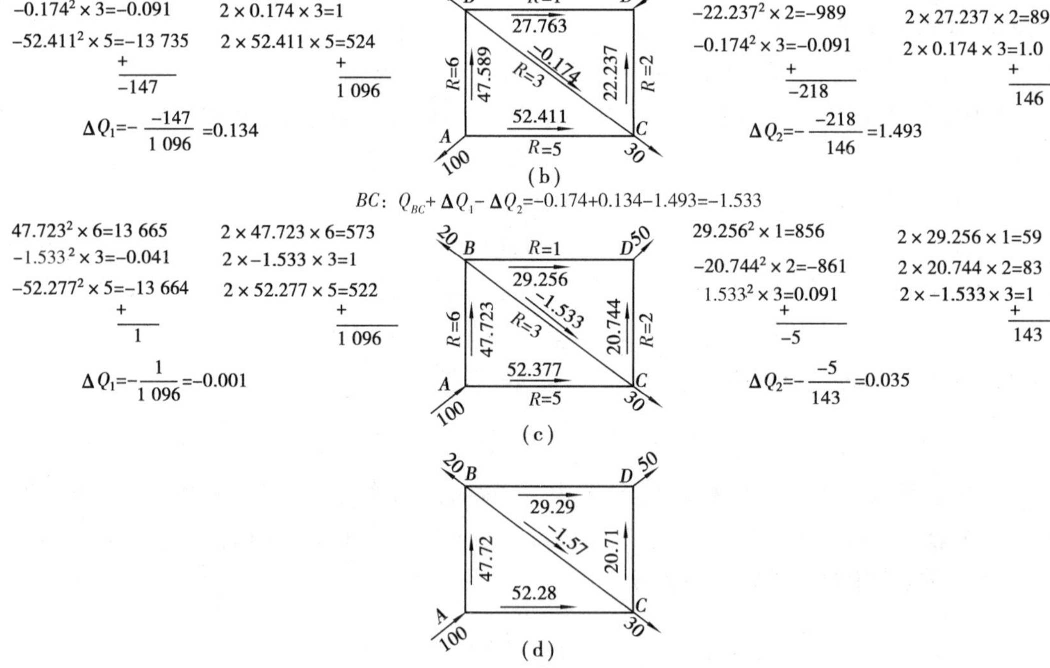

图 6.12　环状管网流量计算

解　假定的流量分配如图 6.12(a)所示。在图的左方是 ABC 环路的计算结果；在图的右方是 BDC 环路的计算结果。可以看出，只逼近试算三次，就得到足够的精确度。经过校正后的流量(图 6.12(d))为

$Q_{AB}=47.723+\Delta Q_1=47.723+0.001=47.72$

$Q_{AC}=52.277+\Delta Q_1=52.277+0.001=52.28$

$Q_{BD}=29.256+\Delta Q_2=29.256+0.035=29.29$

$Q_{CD}=20.744+\Delta Q_2=20.744-0.035=20.71$

$Q_{BC}=-1.533+\Delta Q_1+\Delta Q_2=-1.533-0.001-0.035=-1.57$（与箭头方向相反）

环路单元更多的复杂管网，这种计算的难度就更大，但是，可利用电子计算机，这种计算就可获得迅速的答案。

6.5　计算机在管道水力计算中的应用

在管道水力计算中，常常遇到下列三类问题：

①已知：介质参数（ρ,ν），管道参数（L,d,Δ），流量 Q，求：作用水头 H_0（位置高度 z，压强 p，水头损失 h_w）；

②已知：介质参数（ρ,ν），管道参数（L,d,Δ），作用水头 H_0，求流量 Q；

③已知：介质参数（ρ,ν），管道参数（L,Δ），作用水头 H_0，求管径 d。

对于第一类问题，可以由 Q、d 和 ν 算出 Re，由 Re，Δ/d 算出 λ，从而由综合达西公式算出 H_0 或 h_w，这一类问题比较简单。

对于第二、三类问题，由于 Re、λ 未知，因而 Q（或 d）不能直接算出。因此，要采用迭代法，即凭经验先给定一个 λ_0，由达西公式反算出 Q（或 d），再由此按第一类问题算出 λ_1，以检验原来给定的 λ_0 是否正确，若不正确，将算出的 λ_1 作为 λ_0 重复上述过程，一直到 λ_1 和 λ_0 之差小于某一事先给定的精度值为止。

6.5.1　计算 λ 的子程序 jf

在用计算机进行管道水力计算时，经常需计算 λ，因此，可将计算 λ 的过程编成一子程序，命名为“jf”，以便在计算中随时调用。

在考虑算法程序时，利用能广泛应用于各个系统的 C、C++语言，采用结构化编程和标准框图，以便于阅读和应用。

（1）计算 λ 的公式

按照教材所列，本程序在计算 λ 时使用下列公式：

1）$Re \leqslant 2\,300$ 时

$$\lambda=\frac{64}{Re} \tag{1}$$

2）$Re>2\,300$ 时，采用整个系统三区都能适用的柯列布鲁克公式：

$$\frac{1}{\sqrt{\lambda}}=-2\lg\left(\frac{\Delta}{3.7d}+\frac{2.51}{\mathrm{Re}\sqrt{\lambda}}\right) \tag{2}$$

由于式（2）为隐式公式需采用迭代法求解。

（2）程序流程图

程序流程图如图 6.13 所示。

记 $f_i=\lambda, f_{i0}=\lambda_0=0.025$

$|\lambda-\lambda_0|=JD=10^{-6}$

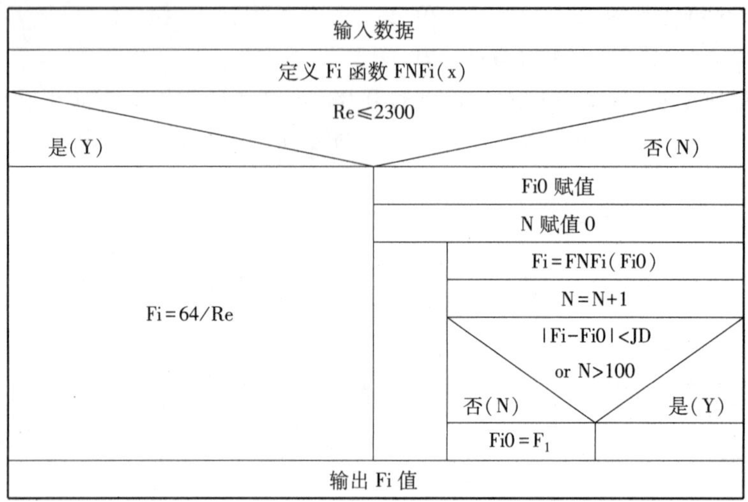

图 6.13　计算 λ 的程序流程图

(3)**程序说明**

在程序中,变量 vis、K 分别表示运动黏度 ν 和绝对粗糙度 Δ,其他变量前已介绍或与公式相同。程序在调用时,在主程序中应事先定义函数 FNFi,同时将子程序中该行删去。程序调用之前,应将 ν、Δ、d、Q 等先输 λ,并应化成标准单位。此外,Fi0 应事先赋值。

(4)**程序清单**

```
#include"stdio.h"
#include"math.h"
double pow(double m,double n);
double log10(double x);
double FnFi(double x,double Re);
/* 长度、直径、粗糙度单位全为 m,运动黏度 m²/s,流量为 m³/s */
void main()
{ double Q,d,vis,k,Re,Fi,fi0;        /* Q--流量,d--直径,vis--运动黏度,k--粗糙度,Fi 和 Fi0--阻力系数 */
printf("input: Q, d, vis,k=");
scanf("%lf",&Q);
scanf("%lf",&d);
scanf("%lf",&vis);
scanf("%lf",&k);
Re=4*Q/(3.14*d*vis);
if(Re<2300)Fi=64/Re;
else
{
```

```
Fi0=0.023;
Fi=FnFi(Fi0,Re);
while(fabs(Fi0-Fi)>1e-6)
  {Fi0=Fi;
  Fi=FnFi(Fi0,Re);
  }
}
  printf("Fi=%lf",Fi);
getch();
}
  double FnFi(double x,double Re)
{
return pow(1/(2*log10(k/(3.7*d)+2.51/(Re*sqrt(x)))),2);
}
```

6.5.2　简单管道

简单管道是指单根等直径管道,其流动特点是管内断面平均流速沿程不变,其铺设与水平面成任意角度。

以自流为例,列吸入罐液面和排出罐液面的能量方程有

$$H_0 = h_w = 0.082\,66\lambda \frac{L}{d^5}Q^2 \tag{3}$$

其中:

$$H_0 = \left(z_1 + \frac{p_1}{\gamma} + \frac{\alpha_1 v_1^2}{2g}\right) - \left(z_2 + \frac{p_2}{\gamma} + \frac{\alpha_2 v_2^2}{2g}\right) \tag{4}$$

H_0 为作用水头,这里 $H_0=H$。

利用式③、式④可求解管道输送能力计算的三种问题。

说明:在管道水力计算一系列程序清单中都未列出摩阻系数计算子程序,实际计算时,应将此子程序段调入内存,才可运行。并应将定义 Fi 函数的语句移至主程序中。

(1)已知:Q,L,d,ν,Δ,求:h_w(或 z,p)流程图如图6.14所示。

定义 Fi 函数 FNFi(x)
输入 Q、L、D、vis 及 k 值
Fi0=0.022
调用 SUB jf
$H=0.0827Fi*\frac{LQ^2}{d^5}$
打印各个数据
END

图6.14　计算 h_w 程序流程图

举例:

已知:油流过铸铁管道,管道计算长度 $L=300$ m,管径 $d=0.2$ m,管壁粗糙度 $\Delta=0.4$ mm,流量 $Q=0.277\ 8\ m^3/s$,油的运动黏度 $\nu=2.5$ cst,求 h_w。运行:

输入:

input:d,L,Q,vis,K

0.2,300,0.2778,2.5E-6,0.4E-3

输出:

Re=707411.9

Fi=0.0234

Hw=139.9422m

(2)已知:d,L,H_0,ν,Δ,求 Q。

分析:此为第二类问题,需要用迭代法,其步骤如下:

①取 $\lambda_0=0.025$

②由达西公式可求得

$$Q_0=\sqrt{\frac{H_0 d^5}{0.082\ 7\lambda_0 L}} \tag{5}$$

③调用 jf,求 λ_1

④由 λ_1 代入达西公式求 Q_1

⑤检查 $|Q_1-Q_0|<\varepsilon$ 是否满足,若不满足,将算出的 Q_1 作为 Q_0 重复步骤③、④、⑤,直至满足为止。

示例运行:

输入:

作用水头 H0:100

管道计算长度 L:50000

管径 D:0.1

黏度 vis:1E-6

粗糙度 K:0.15E-3

输出:

管径 D:100mm

管径 L:50000m

作用水头 H0:100m

黏度 vis:1cst

粗糙度 K:0.15mm

摩阻系数 Fi:2.543366E-02

流量结果 Q:3.77753E-03m^3/s

其他计算步骤同前。

其流程图如图 6.15 所示。

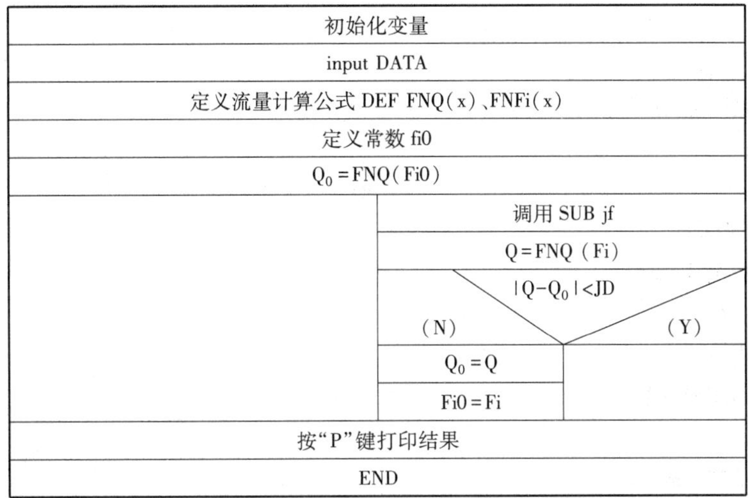

图 6.15　计算 Q 的程序流程图

(3)已知:Q,L,H_0,ν,Δ,求 d。

分析:此为第三类问题也需用迭代法,其计算步骤和第二类问题完全类似,当设定初始 λ_0 后,依达西公式有

$$d_0 = (0.082\,7\lambda_0 LQ^2/H_0)^{0.2} \tag{6}$$

其流程图如图 6.16 所示。

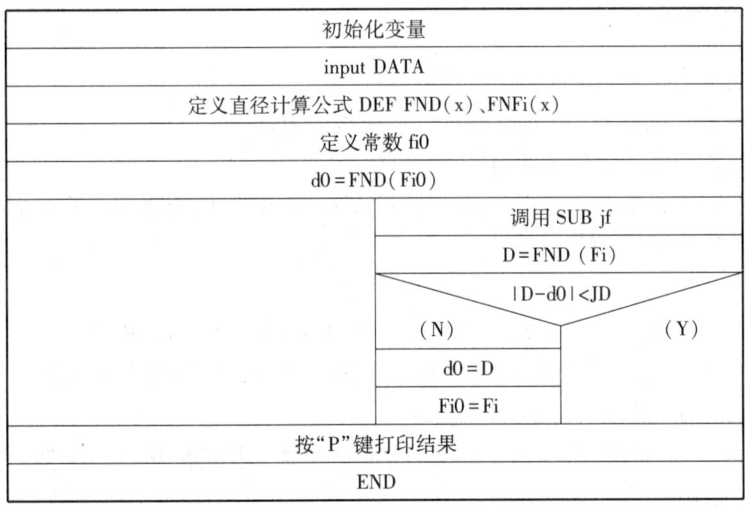

图 6.16　计算 d 的程序流程图

①初始化变量 input DATA

②定义直径计算公式 double FND(double x),double FNFi(double x)

③定义常数 fi0,d0=FND(fi0)

④调用子程序 jf

⑤D=FND(Fi)

⑥|D-d0|<JD

如果否,则 d0=D

Fi0 = Fi

如果是,则

⑦按“P”键打印结果 END

示例运行:

输入:

作用水头 H0:20

管道计算长度 L:200

流量 Q:0.2778

黏度 vis:1E−6

粗糙度 K:0.05E−3

输出:

流量 Q:0.2778 m^3/s

管长 L:200 m

作用水头 H0:20 m

黏度 vis:1.0cst

粗糙度 K:0.05 mm

摩阻系数 Fi:0.0143

管径计算结果 D:245.7 mm

6.5.3 串联管道

串联管道的水力计算通常有两类问题:

①已知管道中的流量 Q,求所需要的总作用水头 H_0;

②已知总的作用水头 H_0,求通过的流量 Q。

设有两根不同直径的管道串联组成。假设无分流,则满足的水力计算特性是:流量不变,水头损失满足叠加原理,即有

$$Q_1 = Q_2 \tag{7}$$

$$H_0 = h_{w1} + h_{w2} = 0.0827Q^2(\lambda_1 L_1/d_1^{\ 5} + \lambda_2 L_2/d_2^{\ 5}) \tag{8}$$

①对于第一种问题,由以上公式可以很容易地求出 H_0,故不再举例说明。

②已知:$H_0, d_1, L_1, d_2, L_2, \nu, \Delta_1, \Delta_2$,求 Q。

分析:此为第二类问题,需要用迭代法,其步骤和简单管道流量算法类似。

将式(8)改写为

$$Q = \left[\frac{H_0}{0.0827\left(\dfrac{\lambda_1 L_1}{d_1^5} + \dfrac{\lambda_2 L_2}{d_2^5}\right)}\right]^{\frac{1}{2}} \tag{9}$$

示例运行:

输入:

作用水头 H0:125

管径 D1:0.1

管长 L1:50

管径 D2:0.21
管长 L2:60
黏度 vis:2.5E-6
粗糙度 K1:0.15E-3
粗糙度 K2:0.18E-3
输出:
管径 D1:100 mm
管长 L1:50 m
管径 D2:210 mm
管长 L2:60 m
其流程图如图 6.17 所示。

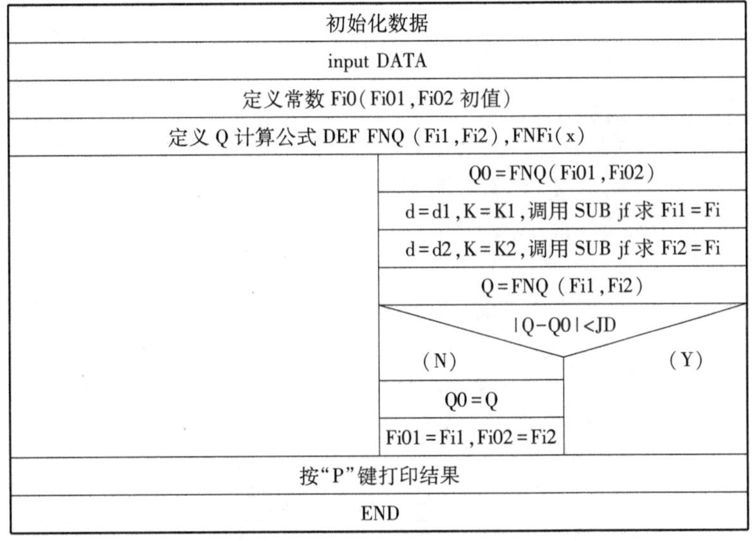

图 6.17　串联管道计算流程图

作用水头 H0:125 m
黏度 vis:2.5 cst
粗糙度 K1:0.15 mm
粗糙度 K2:0.18 mm
摩阻系数 Fi1:1.80712E-2
摩阻系数 Fi2:1.496782E-2
流量计算结果 Q:0.1496782 m^3/s

6.5.4　并联管道

对于并联管段,所满足的水力计算特性有

$$H_0 = h_{w1} = h_{w2} = \cdots = h_{wn} = 0.0827\lambda_i \frac{l_i Q_i^2}{d_i^5} \tag{10}$$

$$Q = Q_1 + Q_2 + \cdots + Q_n = \sum Q_i \tag{11}$$

并联管道的水力计算通常有两类问题：

①已知 B 点到 C 点的作用水头 H_0，求总流量 Q；

②已知总流量 Q，求各分支管道的流量 Q_i 及水头损失（作用水头）H_0。

第一类问题相当于简单管道的第二类问题，故不再详述。

对于第二类问题，由于各管段的流量和损失均未知，因此计算较复杂，按照教材介绍的方法，其计算步骤如下：

①假定通过 1 管某流量 Q_{10}；

②利用假定流量 Q_{10} 算出 1 管的水头损失 h_{w1}；

③根据水力计算特点 $h_{w1}=\cdots=h_{wi}=\cdots=h_{wn}$ 这样可以利用 h_{w1} 根据简单管道求流量的方法求出其他各管的流量 $Q_1(i)$；

④若假定总流量 QL 与各管分流量构成比例分配关系，则各管的计算流量为

$$Q(i)=\frac{Q_1(i)}{\sum Q_1(i)}QL(i=1,2,\cdots,n) \tag{12}$$

其程序流程图如图 6.18 所示。

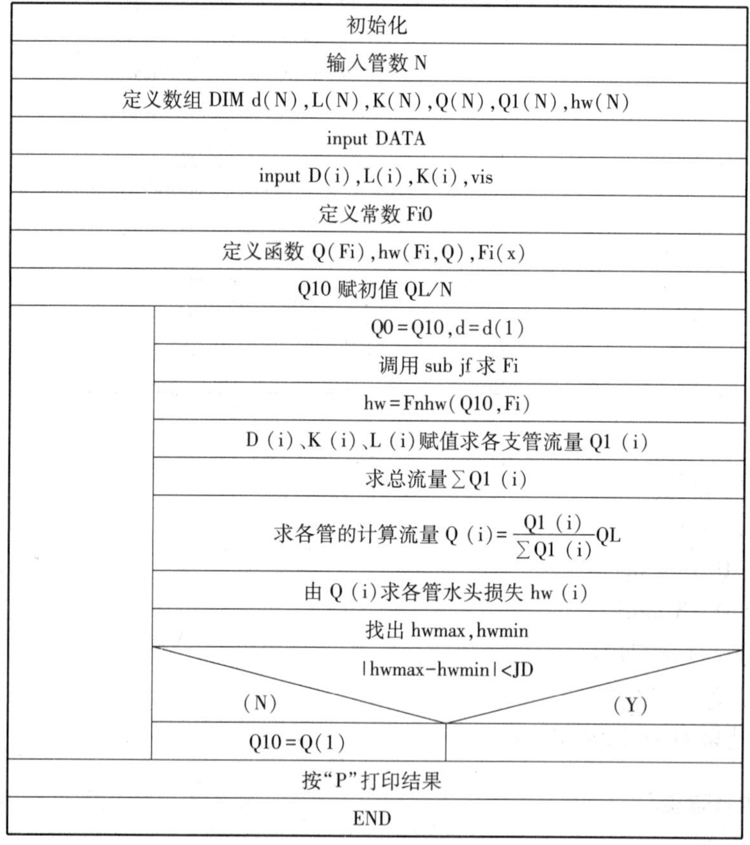

图 6.18　并联管道计算流程图

①初始化输入管数 N

②定义数组 double　d[N],L[N],K[N],Q[N],Q1[N],hw[N]

③input　DATA

input double D[i],L[i],K[i],vis

④定义常数 Fi0

⑤定义函数 double Q(double Fi),double hw(doubleFi,double Q),double Fi(double x)

⑥Q10 赋初值 QL/N

⑦Q0=Q10,d=d(1)

⑧调用子程序　jf 求 Fi

⑨hw=Fnhw(Q10,Fi)

⑩D[i]、K[i]、L[i]赋值求各支管流量 Q1[i]

⑪求总流量 $\sum$ Q1[i]

⑫求各管的计算流量 Q[i]=QLQ1[i]/ $\sum$ Q1[i]

⑬由 Q[i]求各管水头损失 hw[i]

⑭找出 hwmax,hwmin

⑮用计算流量 Q[i]去求此时各管的水头损失 hw[i],并求出其最大值 hwmax 和 hwmin,此时只要满足:

|hwmax-hwmin|<JD(给定精度)

则计算结束,否则,应以 Q[1]作为新的假定流量 Q10,重复前面步骤,直到满足所规定的精度值为止。

示例运行:

输出结果:

主管流量:1.4 m^3/s

管道数目:3

流体黏度:vis:2.8 cst

第 1 号管数据:

d[1]=0.1 m;L[1]=50 m;K[1]=0.26 mm

第 1 号管计算结果:

Q[1]=0.1 694 607 m^3/s;hw[1]=5.789451 m

第 2 号管数据:

d[2]=0.2 m;L[2]=50 m;K[2]=0.19 mm

第 2 号管计算结果:

Q[2]=1.06522 m^3/s;hw[2]=5.789439 m

第 3 号管数据:

d[3]=0.1 m;L[3]=50 m;K[3]=0.26 mm

第 3 号管计算结果:

Q[3]=0.1 653194 m^3/s;hw[3]=5.789402m

6.5.5　分支管道

对于最简单的自流分支管道,已知三条管道的尺寸(管长 L,管径 d,粗糙度 Δ),流体物性 ν,三容器液面的高度 $z_A=H_A$、z_B、z_C,求三条管道中的流量 Q_1、Q_2、Q_3。

分析:设三容器液面高度满足

$$z_A > z_B > z_C$$

则本问题的流向有可能为两种情况:一是由 A 容器同时向 B、C 容器流动为最普通的情况;二是由 A、B 两容器同时向 C 容器流动。因此,判别流向是本题的关键。其判别依据是:假设分支点 J 处的测压管水头为 y,则有如下判别式和水力计算方程,即

$y>z_B$,则

$$\begin{aligned} Q_1 &= Q_2 + Q_3 \\ H_A - y &= h_{w1} \\ y - z_B &= h_{w2} \\ y - z_C &= h_{w3} \end{aligned} \tag{13}$$

$y<z_B$,则

$$\begin{aligned} Q_1 + Q_2 &= Q_3 \\ H_A - y &= h_{w1} \\ z_B - y &= h_{w2} \\ y - z_C &= h_{w3} \end{aligned} \tag{14}$$

若 y 已知,则可根据上面两组方程,解出三个流量值。计算步骤如下(图 6.19):

①假设 J 点的测压管水头 $y=(H_A+z_C)/2$(以保证 y 值在 z_A 和 z_C 之间);

②由式(13)、式(14)可求出 h_{w1}、h_{w2}、h_{w3}、$=|y-z_B|$;

③由 h_{wi} 求出各管流量 $Q_i(i=1,2,3)$;

④判断是否满足 $J>z_B$,若满足则执行步骤⑤,否则执行步骤⑥;

⑤判断 $|Q_1-Q_2-Q_3|<\varepsilon$ 是否满足,满足条件则计算结束,否则取

$$Q_1 = (Q_1 + Q_2 + Q_3)/2$$

用此新的 Q_1 计算 h_{w1} 并求出新的 y 值,重复步骤②、③、④;

⑥判断 $|Q_1+Q_2-Q_3|<\varepsilon$ 是否满足,满足条件则计算结束,否则取:

$$Q_3 = (Q_1 + Q_2 + Q_3)/2$$

用此新的 Q_3 计算 h_{w3} 并求出新的 y 值,重复步骤②、③、④。

根据上述计算步骤,可得分支管道水力计算程序流程如下:

①初始化输入数据;

②定义常数 Fi0,定义函数 double Q(double mu, double k, double d, double hw, double l),double hw(double mu, double k, double d, double Q, double l),double Fi(double mu, double k, double d, double Q);

③y 赋初值(H_A+z_c)/2;

④计算 h_{w1},h_{w3},$h_{w2}=|y-z_B|$;

⑤由 h_{wi},求各管流量 Qi;

⑥$J>z_B$;

如果是,则|Q1-Q2-Q3|<JD;

若为否,那么:Q1=(Q1+Q2+Q3)/2,由 Q1 调用 jf 求 h_{w1};$y=H_A-h_{w1}$。

若条件成立,那么|Q1+Q2-Q3|<JD;

Q3=(Q1+Q2+Q3)/2,由 Q3 调用 jf 求 h_{w3};$y=z_c+h_{w3}$。

如果是,则打印结果 END。

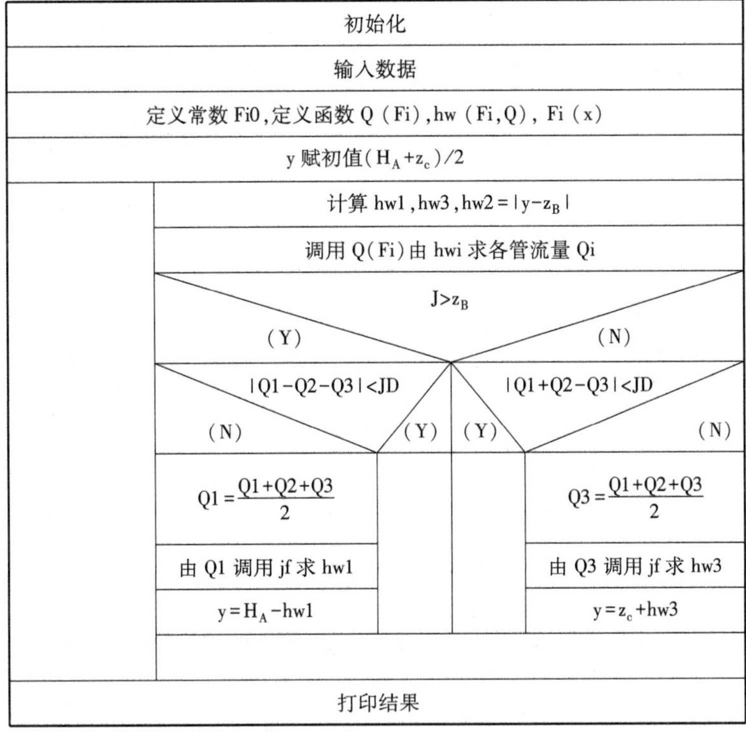

图 6.19　分支管道计算流程图

程序清单:

```
#include <iostream.h>
#include <math.h>
using namespace std;
// 定义 pi
const double PI = atan(1.0) * 4;
// 计算摩阻系数 Fi, 四个参数分别为运动黏度,绝对粗糙度,直径,流量
double Fi(double mu, double k, double d, double Q)
{
    double f = 0;
    double f0 = 0.025;//  摩阻系数的迭代初始值
    double Re = 4 * Q / PI / mu / d;
    //cout << PI << "\n";
    //cout << Re << "\n";
    if (Re < 2300)
    {
        f = 64 / Re;
        return f;
    }
```

```
    else
    {
        int n = 0;
        do
        {
            f = 1 / pow((0.8686 * log(2.51 / (Re * sqrt(f0)) + k / (3.7 * d))),
            2);
            //cout <<"f0:"<<f0<<"\tf:"<< f << "\n";
            if (abs(f - f0) < 1e-6)
              break;
            f0 = f;
            n = n + 1;
        } while (n < 100);
        return f;
    }
}
```

// 根据摩阻系数 Fi 计算流量 Q，参数分别为运动黏度，绝对粗糙度，直径，作用水头，管道计算长度

```
double Q(double mu, double k, double d, double hw, double l)
{
    double f0 = 0.025;
    double Q0 = sqrt(hw * pow(d, 5) / (0.0827 * f0 * l));
    double Q = 0;
    int n = 0;
    do
    {
        f0 = Fi(mu, k, d, Q0);
        Q = sqrt(hw * pow(d, 5) / (0.0827 * f0 * l));
        //cout << "Q0:" << Q0 << "\tQ:" << Q << "\tf0:" << f0 << "\n";
        if (abs(Q - Q0) < 1e-5)
          break;
        Q0 = Q;

//      cout << "Q0:" << Q0 << "\tf0:" << f0 << "\n";
      } while (n < 100);

      return Q;
}
```

// 根据流量 Q 计算水头损失 hw

```
double hw(double mu, double k, double d, double Q, double l)
{
    double fi = Fi(mu, k, d, Q);
    return 0.08266 * fi * l / pow(d, 5) * pow(Q, 2);
}
class myTube
{
public:
   myTube(char);
   ~myTube();
   void get_parametres();                    //获取输入参数
   void print_parametres();                  //打印输入参数
public:
                                             //输入参数
     char   name;                            //管道名称
     double  k;                              //管道粗糙度
     double  d;                              //管道直径
     double  l;                              //管道长度
     double  f;                              //管道摩阻系数
     double  z;                              //容器高度
};
int main(void)
{
    double mu;
    cout << "输入黏度 vis:";
    cin >> mu;
    myTube tube_A('A'), tube_B('B'), tube_C('C');
    tube_A.get_parametres();
    tube_B.get_parametres();
    tube_C.get_parametres();
    //tube_A.print_parametres();
    //double labla = Fi(2.5e-6, 0.4e-3, 0.2, 0.2778);
    //cout << labla << "\n";
    //double q = Q(1e-6, 0.15e-3, 0.1, 100, 50000);
    //cout << q << "\n";
    //double h = hw(2.5e-6, 0.4e-3, 0.2, 0.2778, 300);
    //cout << h << "\n";
    double y = (tube_A.z + tube_B.z) / 2;
    double hw1, hw2, hw3,Q1,Q2,Q3;
```

```
int n = 0;
do
{
    hw1 = tube_A.z - y;
    hw2 = abs(y - tube_B.z);
    hw3 = y - tube_C.z;
    Q1 = Q(mu, tube_A.k, tube_A.d, hw1, tube_A.l);
    Q2 = Q(mu, tube_B.k, tube_B.d, hw2, tube_B.l);
    Q3 = Q(mu, tube_C.k, tube_C.d, hw3, tube_C.l);
    if (y > tube_B.z)
    {
        if (abs(Q1 - Q2 - Q3) < 1e-5)
        {
            break;
        }
        Q1 = (Q1 + Q2 + Q3) / 2;
        hw1 = hw(mu, tube_A.k, tube_A.d, Q1, tube_A.l);
        y = tube_A.z - hw1;
        n = n + 1;
    }
    else
    {
        if (abs(Q1 + Q2 - Q3) < 1e-5)
          break;
        Q3 = (Q1 + Q2 + Q3) / 2;
        hw3 = hw(mu, tube_C.k, tube_C.d, Q3, tube_C.l);
        y = tube_C.z + hw3;
        n = n + 1;
    }
    } while (n < 100);
    cout << "Q1:" << Q1 << "\tQ2:" << Q2 << "\tQ3:" << Q3 << "\n";
    int i;
    cin >> i;
    return 0;
}
myTube::myTube(char tubeName)
{
    name = tubeName;
}
```

```
    myTube::~myTube()
    {
    }
    void myTube::get_parametres()
    {
        cout << "输入管道"<< name << "绝对粗糙度值(米):";
        cin >> k;
        cout << "输入管道" << name << "直径 D 值(米):";
        cin >> d;
        cout << "输入管道" << name << "的长度 L 值(米):";
        cin >> l;
        cout << "输入管道" << name << "摩阻系数 fia 的估计初值:";
        cin >> f;
        cout << "输入容器的高度值(米):";
        cin >> z;
    }
    void myTube::print_parametres()
    {
        cout << "管道"<< name << "绝对粗糙度值(米):" << k << "\n";
        cout << "管道" << name << "直径 D 值(米):" << d << "\n";
        cout << "管道" << name << "的长度 L 值(米):" << l << "\n";
        cout << "管道" << name << "摩阻系数 fia 的估计初值:" << f << "\n";
        cout << "管道" << name << "对应容器的高度值(米):" << z << "\n";
}
```

示例运行:

输出结果:

第 1 号管数据:

D(1)= 1m; L(1)= 3000 m;K(1)= 0.3 mm

第 2 号管数据:

D(2)= 0.45 m;L(2)= 600 m;K(2)= 0.25 mm

第 3 号管数据:

D(3)= 0.6 m;L(3)= 1000 m;K(3)= 0.3 mm

三容器液位标高为:$H_A = 30$ m;$z_B = 18$ m;$z_C = 9$ m

流体黏度 vis 为:1 cst

三管的计算流量 Q1、Q2、Q3 分别为:

一号管的计算流量 Q1 为:1.185783 m^3/s

二号管的计算流量 Q2 为:0.3217431 m^3/s

三号管的计算流量 Q3 为:0.8625941 m^3/s

6.6 图解分析法的管道水力计算

从前面几节中看到,用方程解析法进行复杂管道计算比较困难,通常要涉及试算、验算等繁杂步骤。本节介绍的图解分析法,对解决复杂管道计算问题是比较方便的,且精确度也较高。它的基本原理是将方程解析法变为几何求解的一种方法。

6.6.1 管道特性曲线

对于某一安装好了的管道,因为管道的长度、直径及其配件的种类和数量都是固定的,当欲输送某种液体时,其密度 ρ、黏度 ν 也是已知的,在这种情况下,若要在管道中通过一定的流量 Q,就需要在上游断面提供一定的总能头 $H=\left(z_1+\dfrac{p_1}{\gamma}+\dfrac{\alpha_1 v_1^2}{2g}\right)$,若将通过该管道的不同流量 Q 和所需提供的相应总能头 H 之间关系,在平面直角坐标中用曲线表示出来,这条曲线就称为该管道特性曲线。根据这个定义,管道特性曲线的基本方程为

$$H=z_2+\frac{p_2}{\gamma}+\frac{\alpha_2 v_2^2}{2g}+h_w \tag{6.28}$$

通常,速度头$\dfrac{\alpha v^2}{2g}$在总能头中占的比例很小,可以忽略,所以上式变为

$$H=z_2+\frac{p_2}{\gamma}+h_w \tag{6.29}$$

式(6.29)是绘制管道特性曲线的基本方程。式中$\left(z_2+\dfrac{p_2}{\gamma}\right)$为下游断面的测压管头。

6.6.2 管道特性曲线的绘制及用途

(1)简单管道特性曲线

1)自流管道

图6.20所示为一自流管道,其出口为流入大气,若通过出口取基准面,也就是坐标原点取位于管道出口,则式(6.29)变为

$$H=h_w=0.082\ 66\lambda\ \frac{L}{d^5}Q^2$$

依此式给出不同的流量 Q,相应处得一系列 H。以横坐标轴表示流量 Q,纵坐标轴表示 H,将算得的 Q、H 对应值在坐标中取点,将各点连成光滑曲线,则该曲线就是这条管道的特性曲线。

理论上由层流变成紊流时应有折点,用时不予考虑,而绘成光滑曲线。绘制时,由于输送流量不可能很小,所以不必从很小的流量开始,而在较大的流量下取3~5个流量点即可,但不得少于3个点。若已知上游能头 H,欲求流量,则通过纵坐标轴上的 H 值作水平线与曲线交于点 A,过 A 作垂线与横坐标轴交于点 B,B 点的横坐标读数即为所求的流量 Q。或者相反,若已知流量 Q,可求得所需之 H。

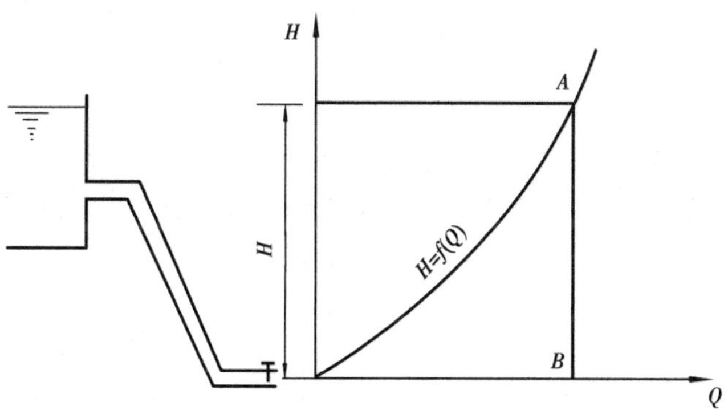

图 6.20　自流简单管道特性曲线

2）泵输管道

如图 6.21 所示为泵输送的管道。泵将 A 容器中的液体输送到容器 B 中，两容器中的液体的液面高差为 h_0。此时，管道对上游断面所需的总能头应为泵的扬程 H_m，按照管道特性曲线定义

$$H_m = z_2 - z_1 + \frac{p_2 - p_1}{\gamma} + \frac{\alpha_2 v_2^2 - \alpha_1 v_1^2}{2g} + h_w$$

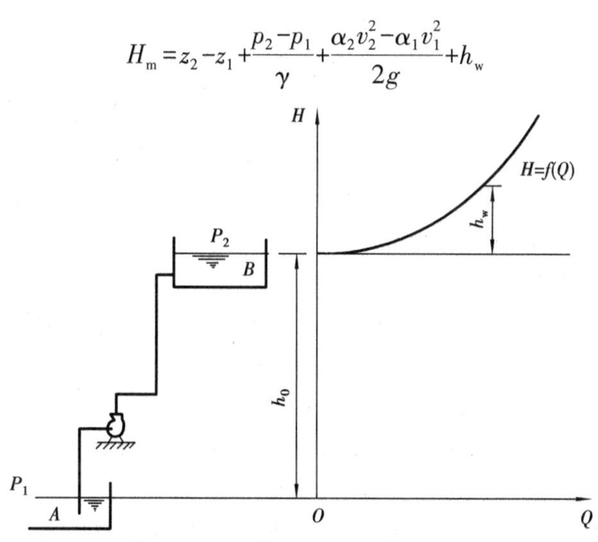

图 6.21　泵输管路特性曲线

通常，$p_2 = p_1 = p_a$，$\frac{\alpha_2 v_2^2 - \alpha_1 v_1^2}{2g} = 0$，如果取基准面通过上游容器的 A 液面，则 $z_2 - z_1 = h_0$，由此得上述条件下泵输管道的特性曲线绘制公式为

$$H = h_0 + h_w = h_0 + 0.082\ 66\lambda\ \frac{L}{d^5} Q^2 \tag{6.30}$$

注意式(6.30)是按照基准面通过上游容器 A 的液面得出的，如果下游容器 B 的液面低于上游容器 A 时，则 $z_2 - z_1 = -h_0$，即 h_0 为负值。泵输管路特性曲线的用途是确定泵在管路工作时它的扬程和流量值，这将在泵的课程中阐述。

(2) 串联管道特性曲线

根据串联管道计算特点及管道特性曲线定义，串联管道系统的特性曲线方程为

$$H=z_2+\frac{p_2}{\gamma}+h_{w1}+h_{w2}+h_{w3}+\cdots+h_{wn}$$

$$Q=Q_1=Q_2=\cdots=Q_n \tag{6.31}$$

由该式看出，串联管道特性曲线的绘制方法是在相同的流量下将各管段的摩阻损失相加、取点，然后将各点连成光滑曲线，即为该管道系统的特性曲线。图 6.22 为由两段不同直

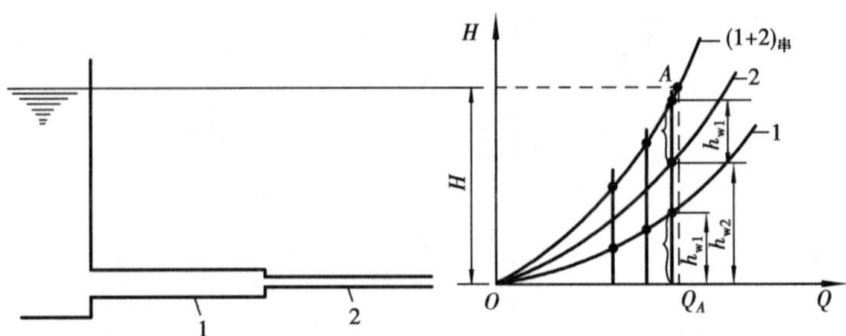

图 6.22　串联管道特性曲线

径和长度串联而成的管道系统。取基准面位于下游容器液面上，则其特性方程由式(6.31)得

$$H=h_{w1}+h_{w2}$$

$$Q=Q_1=Q_2$$

绘制时，先分别绘制各管段的特性曲线 1 及 2(图 6.22)，然后在相同的流量下，将它们所对应的摩阻损失相加、取点连成光滑曲线$(1+2)_{串}$，即为该管道系统的特性曲线。若欲求其流量，根据已知的作用能头 H，过 H 作水平线与曲线$(1+2)_{串}$交于点 A，则 A 点的横坐标 Q_A 为所求的流量。或者相反，已知流量可求 H。

(3) **并联管道特性曲线**

并联管道计算特点是各并联管摩阻损失相等而流量相加，所以其特性曲线方程为

$$H=h_{w1}=h_{w2}=\cdots=h_{wn}$$

$$Q=Q_1+Q_2+\cdots+Q_n \tag{6.32}$$

上式表明，并联管道的特性曲线的绘制方法是将相同的摩阻损失 h_w 它们所对应的流量相加、取点连成光滑曲线，即为该并联管道系统的特性曲线。

如图 6.23 所示为两条并联管道系统的特性曲线。曲线 1 及 2 分别表示第一、第二管段的特性曲线，曲线$(1+2)_{并}$表示该两条管段特性曲线并联后得到的该管道系统的特性曲线。

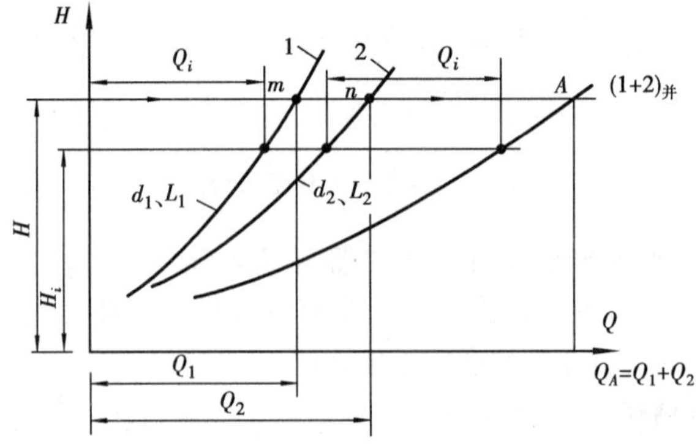

图 6.23　并联管道特性曲线

若已知该管道的作用能头 H，在纵坐标轴过 H 点作水平线与曲线 1 交于点 m，与曲线 2 交于点 n，与曲线 $(1+2)_{并}$ 交于点 A，则对应点 m 的 Q_1 表示通过管道 1 的流量，对应点 n 的 Q_2 表示通过管道 2 的流量，Q_A 表示总流量，即

$$Q_A = Q_1 + Q_2$$

可见，用图解分析法进行并联管道计算，是比较方便的。

(4) **分支管道特性曲线**

如图 6.24 所示为分支管道特性曲线。图中分支管 2 及 3 出口高程不同，并设流入大气。过 BD 支管出口处取基准面，根据管道特性定义，其特性曲线方程为

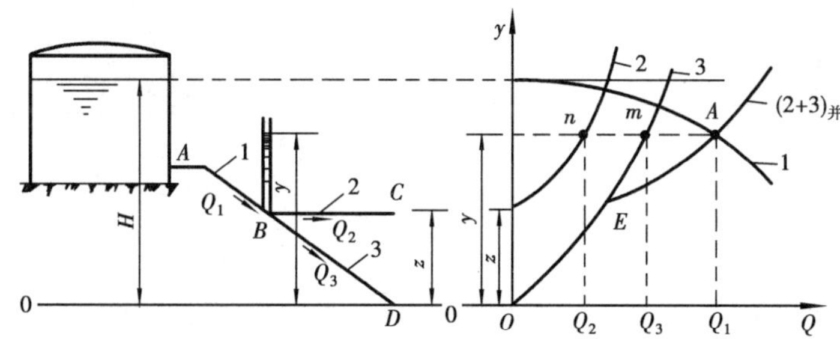

图 6.24　分支管道特性曲线（Ⅰ）

$$\left.\begin{array}{lll} AB \text{ 管段：} & H = y + h_{w1} & ① \\ BC \text{ 管段：} & y = z + h_{w2} & ② \\ BD \text{ 管段：} & y = h_{w3} & ③ \\ & Q_1 = Q_2 + Q_3 & ④ \end{array}\right\} \quad (6.33)$$

根据该方程组绘出相应管段的特性曲线 1、2 及 3。然后将曲线 2 及 3 按照并联方法将其并联起来得 $(2+3)_{并}$，该曲线与曲线 1 交于点 A，则 A 点对应的流量 Q_1 为该管路系统的总流量。过 A 作水平线分别与曲线 2 及 3 交于点 m 及 n，则对应 Q_2 为支管 BC 的流量，Q_3 为 BD 管的流量。由图 6.24 可知，$Q_1 = Q_2 + Q_3$，点 A 的 H 坐标等于 y。

上述分支管道特性曲线是按式(6.33)绘制的，但是，根据式(6.33)及图中的管道布置可以看出，由于支管 BC 及 BD 具有共同作用能头，同时，$Q_1 = Q_2 + Q_3$，所以式(6.33)中②、③、④是并联管道特性曲线方程组，简写为

$$y = z + h_{w2} = h_{w3}$$

$$Q_1 = Q_2 + Q_3$$

此管道系统的特性曲线可以视为由管道 BC 及 BD 并联后再与 AB 管道串联构成，因此，绘制其特性曲线时，先绘出 BC、BD 管段特性曲线及 AB 管段摩阻损失与流量关系曲线，然后将曲线 2 与 3 并联得曲线 $(2+3)_{并}$，再将 $(2+3)_{并}$ 与曲线 1 串联得曲线 $[1+(2+3)_{并}]_{串}$，此即为该管道系统的另一种形式特性曲线，如图 6.25 所示。

欲求流量时，过能头 H 作水平线与曲线 $[1+(2+3)_{并}]_{串}$ 交于点 A，则点 A 对应的流量 Q_1 便是该管道系统的总流量。再过点 A 作垂线与曲线 $(2+3)_{并}$ 交于点 k，通过点 k 作水平线，分别与曲线 2 及 3 交于点 m 及 n。对应的流量 Q_2 及 Q_3 即为支管 BC 及 BD 的流量，并且

$$Q_1 = Q_2 + Q_3$$

至此，已经介绍完简单管道、串联管道、并联及分支管道特性曲线的绘制原理及其绘制方

法。这里还要指出一点,在作管道特性曲线时,管道中的所有阀门是按全开计算的。若阀门开度不同,由于计算长度增大,管道特性形状变陡峭,如图 6.26 所示,当阀门完全关闭时,特性曲线与纵坐标轴重合。

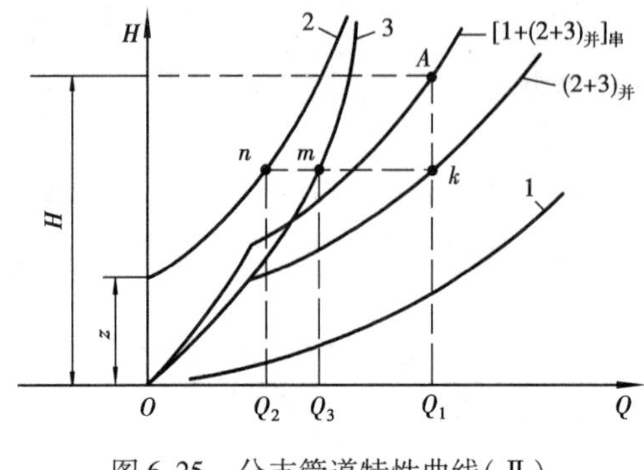

图 6.25 分支管道特性曲线(Ⅱ)

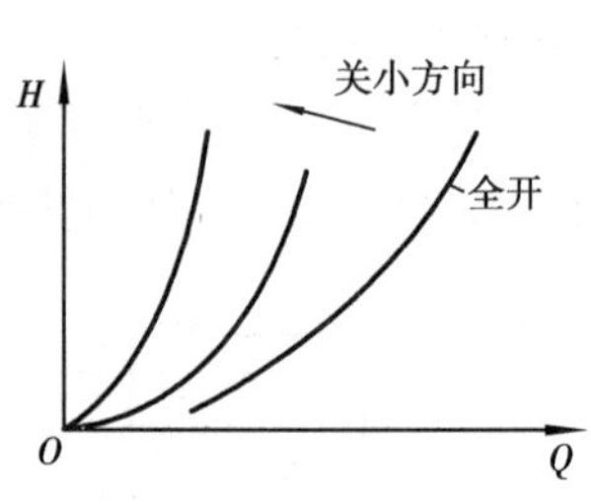

图 6.26 管道特性曲线性质

6.7 孔口及管嘴出流、变水头泄流

工程技术中常遇到流体经过孔口和各种管嘴的出流问题,例如,离心泵叶轮的平衡孔,各种喷射器等属于孔口出流;而水枪、消防龙头、水力冲土机、水力冲刷机和冲击式水轮机等都用到管嘴,可见它们的应用十分广泛。

有时孔口只用来排泄一定的流量,在这种情况下,射流的性质与孔口的形状无关,无论孔口具有怎样的形状(圆、矩形、三角形等),总是将孔口尺寸设计得足以放出所需的流量。而在其他某些场合,液体射流的性质和形状是决定射流质量的极重要因素。例如,消防水枪的射流或冲土水枪的射流,不但应当具有足够的流量,而且还应该在其大部分射程内保持有力而紧密的性质,这种要求并不是任何管嘴都能满足的。但是,如内燃机里的喷油、洒水器、工厂和汽车修理场等,则不需要有力而紧密的射流。由此可见,各种孔口、管嘴及其形状所应满足的要求是不同的,因此,工程中所应用的孔口、管嘴具有多种多样的形状。

6.7.1 薄壁圆形小孔口的恒定出流

在器壁上开一个具有锐缘的圆形小孔,当液体流经该孔口时,液体与孔口壁面仅为线接触,所发生阻力只有局部阻力而无沿程阻力,这样的孔口称为薄壁圆形孔口,如图 6.27 所示。另外,如果孔口的直径 $d<\frac{1}{10}H$ 时,称为小孔口。这时,可认为孔口的上缘深度和下缘深度相差不大,都等于形心处深度 H,因此,认为沿整个孔口断面的流速是均匀分布。

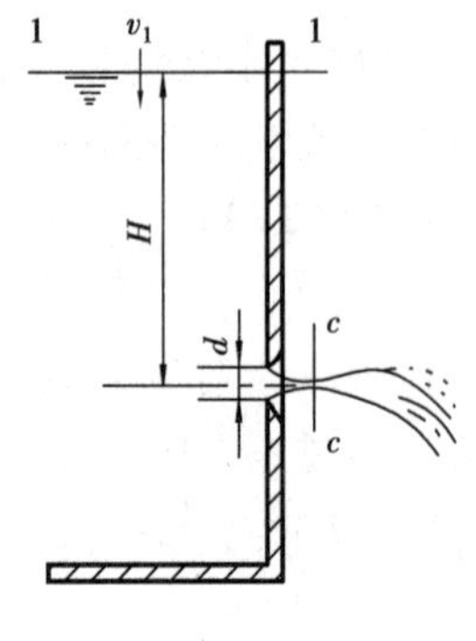

图 6.27 孔口

液体流经孔口时,根据流线不能突然转折的特点,在孔口外约$\frac{1}{2}d$ 处形成一个最小的收缩断面 $c—c$,该处的流线几乎为平行直线,为渐变流流动。设孔口断面积 A,收缩断面积为 A_c,则

$$A_c/A=\varepsilon$$

式中，ε 称为收缩系数。

下面来推导孔口恒定出流的关系。

(1)**自由出流**

液体经孔口流入大气为自由出流，通过孔口形心取基准面，取1—1和 c—c 断面列能量方程，即

$$H+\frac{p_1}{\gamma}+\frac{\alpha_1 v_1^2}{2g}=\frac{p_a}{\gamma}+\frac{\alpha_c v_c^2}{2g}+\zeta_c\frac{v_c^2}{2g}$$

$$H+\frac{p_1-p_a}{\gamma}+\frac{\alpha_1 v_1^2}{2g}=(\alpha_c+\zeta_c)\frac{v_c^2}{2g}$$

令

$$H+\frac{p_1-p_a}{\gamma}+\frac{\alpha_1 v_1^2}{2g}=H_0$$

代入整理得

$$v_c=\frac{1}{\sqrt{\alpha_c+\zeta_c}}\sqrt{2gH_0}=\varphi\sqrt{2gH_0} \tag{6.34}$$

式中，$\varphi=\dfrac{1}{\sqrt{\alpha_c+\zeta_c}}$称为流速系数。通常 $\alpha_c\approx1$，则

$$\varphi=\frac{1}{\sqrt{1+\zeta_c}} \tag{6.35}$$

式中，ζ_c 为孔口局部阻力系数。流速系数是一个小于1的系数。

孔口的流量为

$$Q=v_cA_c=\varphi\varepsilon A\sqrt{2gH_0}=\mu A\sqrt{2gH_0} \tag{6.36}$$

式中，μ 为流量系数，$\mu=\varepsilon\varphi$。如果容器中 $p_1=p_a$，且令$\dfrac{\alpha_1 v_1^2}{2g}=0$，则

$$Q=\mu A\sqrt{2gH} \tag{6.37}$$

式(6.36)及式(6.37)为孔口出流的基本计算公式。

(2)**淹没出流**

液体经孔口流入另一部分液体的液面上，称为淹没出流，如图6.28所示。此时，液体的流动情况与自由出流类似，所不同的是经过收缩断面后逐渐扩大。

取通过孔口形心的基准面及1—1和2—2断面列能量方程，即

$$H_1+\frac{p_1}{\gamma}+\frac{\alpha_1 v_1^2}{2g}=H_2+\frac{p_2}{\gamma}+\frac{\alpha_2 v_2^2}{2g}+\zeta_c\frac{v_c^2}{2g}+\zeta_{扩}\frac{v_c^2}{2g}$$

$$H_1-H_2+\frac{p_1-p_2}{\gamma}+\frac{\alpha_1 v_1^2-\alpha_2 v_2^2}{2g}=(\zeta_c+\zeta_{扩})\frac{v_c^2}{2g}$$

因为 $H_1-H_2=H$，故令

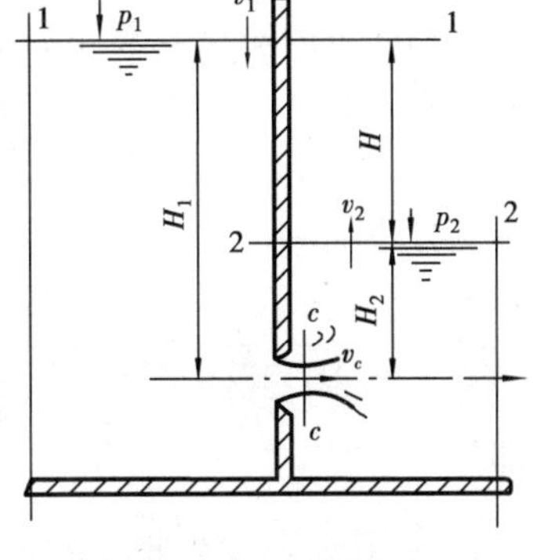

图6.28　淹没出流

$H_0=H+\frac{p_1-p_2}{\gamma}+\frac{\alpha_1 v_1^2-\alpha_2 v_2^2}{2g}$及$\zeta_{扩}=1$,故得

$$v_c=\frac{1}{\sqrt{1+\zeta_c}}\sqrt{2gH_0}=\varphi\sqrt{2gH_0}$$

$$Q=v_cA_c=\varphi\varepsilon A\sqrt{2gH_0}=\mu A\sqrt{2gH_0}$$

如果$p_1=p_2=p_a$及$\frac{\alpha_1 v_1^2-\alpha_2 v_2^2}{2g}\approx 0$,则$H_0=H$,$v_c=\varphi\sqrt{2gH}$

$$Q=\mu A\sqrt{2gH} \tag{6.38}$$

式中,H为两容器中液面的高差。

比较自由出流和淹没出流的公式知,各项系数(μ、φ)均相同,计算公式的形式完全一样,但要注意式中H_0或H的计算方法不一样,在淹没出流情况下,H为两容器液面的高差。同时,因为淹没出流孔口断面各点的水头均相同,所以淹没出流无“大”“小”孔口之分。

(3)**收缩系数、流速系数及流量系数**

孔口在壁面的位置对收缩有很大的影响。如果孔口离容器左右及底部壁面的距离$l>3d$(d为孔口直径),则左右及底部壁面对收缩不发生影响,这种收缩称为充分收缩,如图6.29中孔口①那样。此时,射流具有最小的收缩断面。而在孔口②的情况下,器壁对收缩发生了影响,这种收缩称为不充分收缩,其收缩断面比充分收缩时的大一些。在图6.29中之孔口③,有的部分根本就不收缩,这种收缩称为部分收缩。因此,部分收缩的流量将大于其他以上两种收缩的流量。由实验得知:

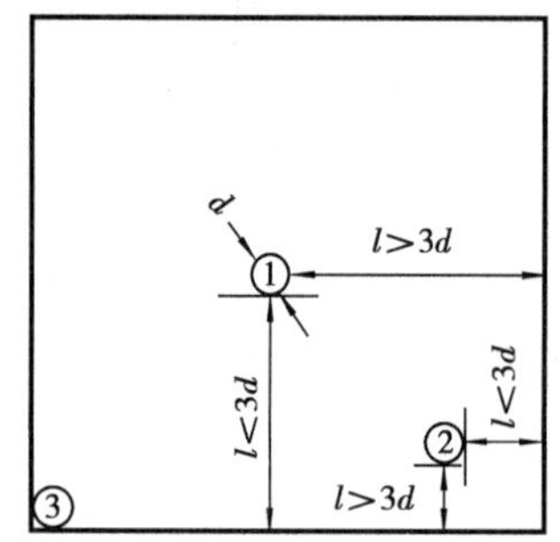

图6.29　孔口位置对收缩的影响

薄壁圆形小孔口在充分收缩时,则

$$\varepsilon=0.6\sim0.64$$

在不充分收缩时,则

$$\varepsilon=0.63+0.37(A_{孔}/A_{壁})^2 \tag{6.39}$$

式中　$A_{孔}$——孔口的断面积;

$A_{壁}$——孔口所在断面的面积。

上式只有在$A_{孔}/A_{壁}<0.8$时适用。

孔口的流速系数也由实验得出,为0.97。代入式(6.35)得孔口局部阻力系数$\zeta_c=0.06$。

圆形小孔口的流量系数μ如下:

充分收缩时

$$\mu_{充}=0.60\sim0.62 \tag{6.40}$$

不充分收缩时

$$\mu=\mu_{充}\left[1+0.64\left(\frac{A_{孔}}{A_{壁}}\right)^2\right] \tag{6.41a}$$

部分收缩时

$$\mu=\mu_{充}\left(1+K\frac{n}{x}\right) \tag{6.41b}$$

式中　n——孔口不发生收缩的那部分孔口边长;

x——孔口的周长;

K——经验系数，圆形孔口 $K=0.128$。正方形小孔口 $K=0.152$。

6.7.2　管嘴的恒定出流

如果在容器壁上接一长 $l=(3-4)d$ 的短管，就称为管嘴，如图6.30所示。按其与容器的连接方式及管嘴的形状常见的有：①圆柱形外（伸）管嘴；②圆柱形内（伸）管嘴；③圆锥形收缩管嘴；④圆锥形扩张管嘴；⑤进口具有圆缘的各种管嘴等。

(1)圆柱形外管嘴

如图6.30所示为圆柱形外管嘴，它的进口为锐缘的。当液体进入管嘴后，在进口附近如同孔口一样形成收缩的现象，接着就逐渐扩大，充满管嘴流出。因此，在管嘴出口处收缩系数 $\varepsilon=1$。由图中的流动结构可知，液体流经管嘴时，除了和孔口一样有孔口阻力外，尚有突然扩大性质的局部阻力和沿程阻力。

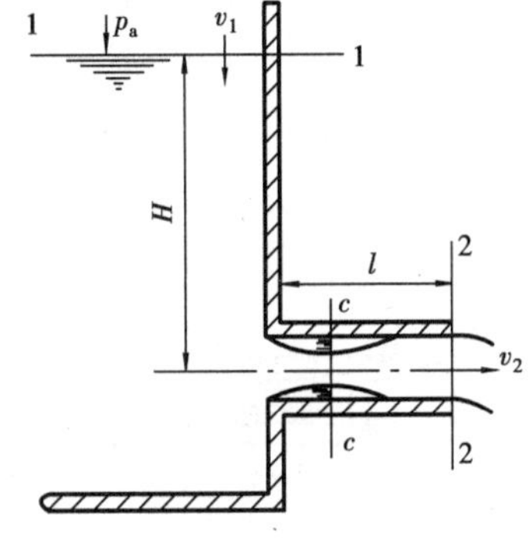

图6.30　管嘴

在图6.30中，对1—1及2—2断面列能量方程并整理得

$$H=\frac{\alpha_2 v_2^2}{2g}+\sum\zeta\frac{v_2^2}{2g}+\lambda\frac{l}{d}\frac{v_2^2}{2g}$$

$$v_2=\frac{1}{\sqrt{\alpha_2+\sum\zeta+\lambda\frac{l}{d}}}\sqrt{2gH}=\varphi\sqrt{2gH} \quad (6.42)$$

式中

$$\varphi=\frac{1}{\sqrt{\alpha_2+\sum\zeta+\lambda\frac{l}{d}}} \quad (6.43)$$

故可得流量，即

$$Q=v_2A=\varphi A\sqrt{2gH}=\mu A\sqrt{2gH} \quad (6.44)$$

式中，$\mu=\varphi$（因为 $\varepsilon=1$）。

下面来计算 φ 或 μ 值。在式(6.43)中，取 $\alpha_2=1$，近似地忽略去沿程阻力，$\sum\zeta$ 可按突然缩小计算，$\sum\zeta=0.5$（查表6.4），流速系数 $\varphi=\frac{1}{\sqrt{1+0.5}}=0.82$，即流量系数 $\mu=\varphi=0.82$。可见，外管嘴的流量系数要比孔口的大得多，比较式(6.44)和式(6.40)($\mu=0.62$)得：$\mu_{管嘴}=1.32\mu_{孔}$。即在相同的水头下，同样断面积的管嘴的泄流能力是孔口泄流能力的1.32倍。

圆柱形外管嘴相当于在孔口外面接一短管，总的阻力增加了，但流量并不减少，反而增加，原因在于收缩断面处真空的作用，证明如下：

在图6.30中列1—1及 c—c 断面的能量方程，即

$$H+\frac{p_a}{\gamma}+\frac{\alpha_1 v_1^2}{2g}=\frac{p_c}{\gamma}+\frac{\alpha_c v_c^2}{2g}+\zeta_c\frac{v_c^2}{2g}$$

令 $v_1=0$，$\alpha_c=1$，得

$$\frac{p_a-p_c}{\gamma}=(\zeta_c+1)\frac{v_c^2}{2g}-H$$

即

$$h_v=(\zeta_c+1)\frac{v_c^2}{2g}-H$$

式中，h_v 为收缩断面的真空度。

又

$$v_c=\frac{Q}{A_c}=\frac{\mu A}{\varepsilon A}\sqrt{2gH}=\frac{\mu}{\varepsilon}\sqrt{2gH}$$

$$\frac{v_c^2}{2g}=\left(\frac{\mu}{\varepsilon}\right)^2 H$$

将其代入前式，并注意 $\zeta_c=0.06$，$\mu=0.82$，$\varepsilon=0.64$，整理后得

$$h_v=0.74H \tag{6.45}$$

可见，在收缩断面上的真空度不仅存在，且数值也不小。它起着将容器中的液体向外抽吸的作用，相当于加大了能头 H，因而流量增加了。

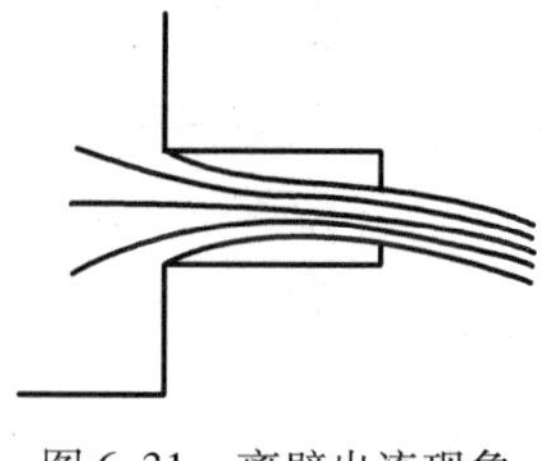

图 6.31　离壁出流现象

从上述看来，为了增大流量，应使真空度越大越好，其实则不然。如果真空度过大，即在 c—c 断面处的绝对压强过低，当它等于或小于液体在出流温度下的饱和蒸汽压强（汽化压强）$p_{蒸}$ 的时候，液体将发生汽化，不断发生气泡，与未汽化的液体一起流出，与此同时，管嘴外部空气在大气压强作用下也将沿着管嘴内壁冲进管嘴内，结果使管嘴内的液流脱离了内壁面，不再满管出流，此时的出流就与孔口出流完全一样，如图 6.31 所示。

从理论上说，保证管嘴正常出流的条件除了管嘴应有适当的长度 $l=(3\sim4)d$ 外，还应保证收缩断面 c—c 处的绝对压强不得小于液体的汽化压强 $p_{蒸}$，即

$$h_v \leqslant \frac{p_a-p_{蒸}}{\gamma} \tag{6.46}$$

所以，管嘴出流的作用能头 H 不能无限制地增大。由式(7.46)及式(6.45)，得极限能头 $H_{极}$，即

$$H_{极}=\frac{p_a-p_{蒸}}{0.7\gamma} \tag{6.47}$$

实际上，在接近极限能头 $H_{极}$ 下的管嘴出流是稳定的。经验表明，不应使管嘴在大于 $0.7H_{极}$ 的能头下工作。因此，得出保证管嘴出流正常工作条件是：①$H\leqslant0.7H_{极}$；② $l=(3\sim4)d$。

管嘴进口缘的形状对出流流量有很大的影响。将进口缘做成圆形，会改善出流情况。它可以使流量系数提高到 $\mu=0.95$。

(2)其他管嘴出流

工程上常用的管嘴除了外管嘴外，还有柱形内管嘴、圆锥形收缩或扩张管嘴等，如图 6.32 所示。这些管嘴流速及流量的计算公式和圆柱形外管嘴是一样的，只是它们流速系数及流量系数不同，见表 6.4。

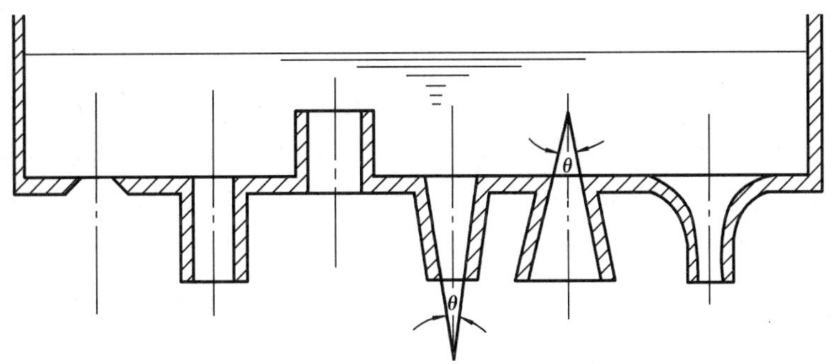

(a)孔口　(b)圆柱形外管嘴　(c)圆柱形内管嘴　(d)圆锥形收缩管嘴　(e)圆锥形扩张管嘴　(f)流线形(钟形)管嘴

图6.32　孔口及各种管嘴

表6.4　孔口及各种管嘴的出流系数

种　类	阻力系数	收缩系数	流速系数	流量系数
薄壁孔口	0.06	0.64	0.97	0.62
圆柱形外管嘴	0.5	1	0.82	0.82
圆柱形内管嘴	1	1	0.71	0.71
圆锥形收缩管嘴(θ为13°~14°)	0.09	0.98	0.96	0.95
圆锥形扩张管嘴(θ为5°~7°)	4	1	0.45	0.45
流线型管嘴	0.04	1	0.98	0.98

注:表中所有的各种系数都是对管嘴出口断面而言。

6.7.3　变水头泄流

油库利用自流进行收发油作业的情况是比较多的,当高架储罐无液体补充时,则在泄流过程中液面逐渐下降,即作用水头随时间降低,泄流流量也将随时间的延长而变小,形成不稳定流动。如果从高架储罐向低罐自流灌油,则高架储罐液面下降,低罐液面升高,罐间液面差随时间的延长而变小,也相当于作用水头变小,而流量也是逐渐减小的,这时关注的是泄流及排空作业时间问题。下面就分析这种变水头不稳定流的泄流原理以及泄流时间的计算方法。

(1)立式圆柱形容器中液体排空时间的确定

图6.33所示为一断面不变的柱形容器(如立式油罐),当水头不变时,其流量将由下式确定

$$Q=\mu A\sqrt{2gH} \tag{6.48}$$

当水头变化时,流量将随之变化,需用积分方法计算。

这时,可根据体积平衡列出微分关系式来进行积分。由于容器断面面积一般很大,可忽略惯性水头。

设在微小时段dt内,液面下降了dH的高度。令容器横断面面积为Ω,则由于液面变化引起的体积变化应等于同时段内排出的液体体积,即

$$-\Omega \mathrm{d}H=Q\mathrm{d}t \tag{6.49}$$

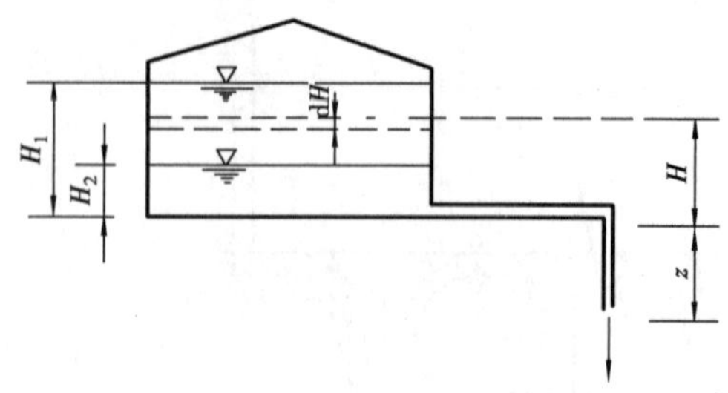

图 6.33　自流不稳定泄流

注意,在微小时段内可以认为是稳定流动,式中负号是由于随时间 t 增加。水头 H 要下降变小,即与时间成相反变化的缘故。将式(6.48)代入式(6.49)后,即可求得液面自 H_1 降至 H_2 所需的时间为 T。这时作用水头为 $H+z$,z 为定值,即

$$\mathrm{d}t=-\frac{\Omega}{Q}\mathrm{d}H=\frac{\Omega}{\mu A\sqrt{2g}}\frac{\mathrm{d}H}{\sqrt{H+z}}$$

取积分限由 0 到 T 及由 H_1 到 H_2,积分后得

$$T=\int_0^T \mathrm{d}t=\frac{\Omega}{\mu A\sqrt{2g}}\int_{H_2}^{H_1}\frac{\mathrm{d}(H+z)}{\sqrt{H+z}}=\frac{\Omega}{\mu A\sqrt{2g}}\left[\frac{\sqrt{H+z}}{\frac{1}{2}}\right]_{H_2}^{H_1}$$

即

$$T=\frac{2D^2}{\mu d^2\sqrt{2g}}(\sqrt{H_1+z}-\sqrt{H_2+z}) \tag{6.50}$$

式中,A 为泄油管出口面积。若油管直径为 d,油罐直径为 D,油罐装油高度为 H,此时油罐泄油时的排空时间为

$$T=\frac{2D^2}{\mu d^2\sqrt{2g}}(\sqrt{H+z}-\sqrt{z}) \tag{6.51}$$

当 $z=0$ 时,有

$$T=\frac{2V}{Q_0} \tag{6.51a}$$

如果有并排 n 个管子同时泄油(例如,装油桶和灌装汽车槽车时),则 $A=na$(a 为每个排油管出口的面积)。流量系数 $\mu=\dfrac{1}{\sqrt{1+\lambda\dfrac{l}{d}+\sum\zeta}}$,根据实际情况确定。

(2)卧式圆柱形容器中液体排空时间的确定

如果容器断面是变化的(例如卧式油罐),则必须求出 Ω 随罐内油高 h 的变化关系,然后再进行积分。若罐为横卧圆筒,如图 6.34 所示,设油罐直径为 D,长为 L,罐内油高为 h,罐底距泄油口高度为 z,则 Ω 随 h 的变化存在下列关系。

其中,$\Omega=Lx$,由三角关系知,得

$$\begin{aligned}x&=2\sqrt{R^2-(h-R)^2}\\&=2\sqrt{h(2R-h)}\\&=2\sqrt{h(D-h)}\end{aligned}$$

又知, $H=z+h$

故由式(6.49)得

$$\mathrm{d}t=-\frac{\Omega}{Q}\mathrm{d}h=\frac{-2L\sqrt{h(D-h)}}{\mu A\sqrt{2g(z+h)}}\mathrm{d}h \tag{6.52}$$

排空油罐所需时间为

$$T=\int_0^T \mathrm{d}t=\frac{-2L}{\mu A\sqrt{2g}}\int_h^0\left[\frac{h(D-h)}{z+h}\right]^{\frac{1}{2}}\mathrm{d}h \tag{6.53}$$

上式可采用数值积分（如高斯积分）求得结果。当 $h=D$ 时，也可以得到如下结果，即

$$T=\frac{4}{3}\frac{LD\sqrt{D}}{\mu A\sqrt{2g}}\phi\left(\frac{z}{D}\right) \tag{6.54}$$

式中，$\phi\left(\frac{z}{D}\right)$ 为随高度变化的一个函数，可由图 6.35 查得。

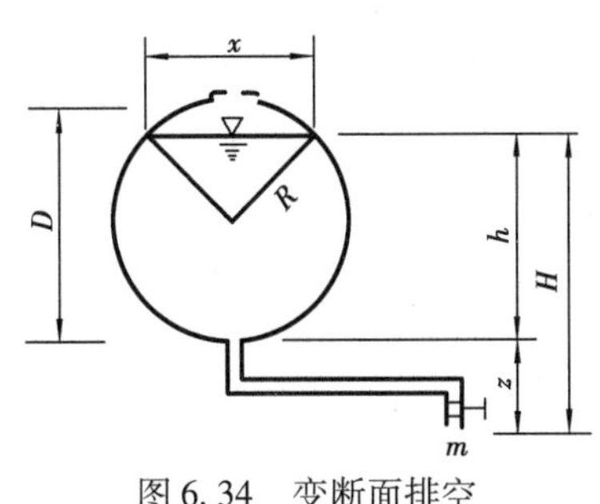

图 6.34 变断面排空

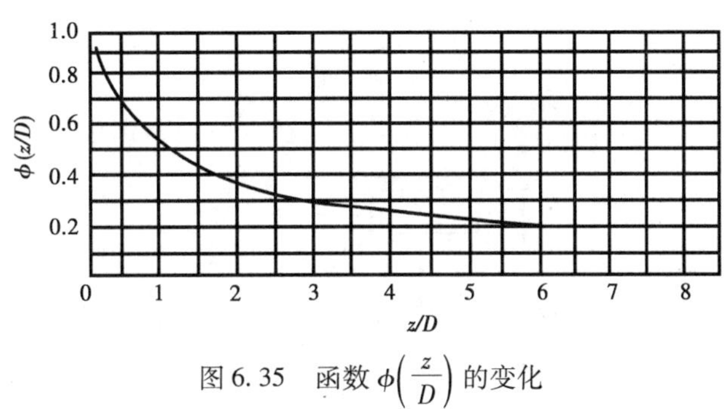

图 6.35 函数 $\phi\left(\frac{z}{D}\right)$ 的变化

由图 6.35 可以看出，在高差 z 不大的情况下，与高差 $z=0$ 相比较，自流泄油时间减短较快，而高差越大，泄油时间减短就越缓慢了。这是因为管线阻力增大的缘故，为有利于灌装，这时可以加大管径 d，以减小管道阻力。

习 题

6.1 流量为 60 L/s 的水，由泵经直径为 200 mm，长度为 1 000 m 的钢管输送，试求摩阻损失和泵输出的损失功率。设水的运动粘度为 1×10^{-6} m²/s，$\rho=1\ 000$ kg/m³。

6.2 设空气（$\rho=1.2$ kg/m³、$\nu=1.4\times10^{-5}$ m²/s）流经直径 $d=1.25$ m 的管道，在 200 m 长度内摩阻损失为 80 mm 水柱，若 $\Delta=1$ mm，试计算流量（以 m³/min 计）。

6.3 设有一自流输水管，要求用铸铁管输 300 L/s 的流量，计算长度 1 000 m，两地液面高差 $H=4$ m，求所需的管径。

6.4 如题图 6.1 所示的虹吸管直径 $d=150$ mm 的铸铁管，由进口至出口的管段长分别为 $l_{AB}=10$ m，$l_{BC}=5$ m，$l_{CD}=18$ m，$H=5$ m，$h_s=3$ m，求 c 点的真空度。

6.5 在题 6.4 中，为了不使流动中发生气穴（气阻），则 h_s 的最大高度为多少？设水温 30 ℃（$p_v/\gamma=0.44$ m 水柱），当地大气压为 9.5 m 水柱。

6.6 由水塔沿 3.5 km（其中 $d_1=200$ mm 的长 2 km；$d_2=150$ mm 的长 1.5 km）的铸铁管向工厂送水，如题图 6.2 所示。若水塔处地面的标高为+150 m，地面至水塔液面的高度 $H=18$ m，工厂标高为+110 m，工厂所需水头为 25 m，求水塔能够向工厂供应的水量（流量）。

6.7 油泵的吸入管直径 $d_1=207$ mm，计算长度 $L_1=150$ m，排出管直径 $d_2=150$ mm，计算长度 $L_2=1\ 500$ m，泵的流量是 150 m³/h，储油罐液面比吸入罐液面高 45 m，液面均通大气，输送黏度为 5 cSt 的轻柴油，求所需的扬程。

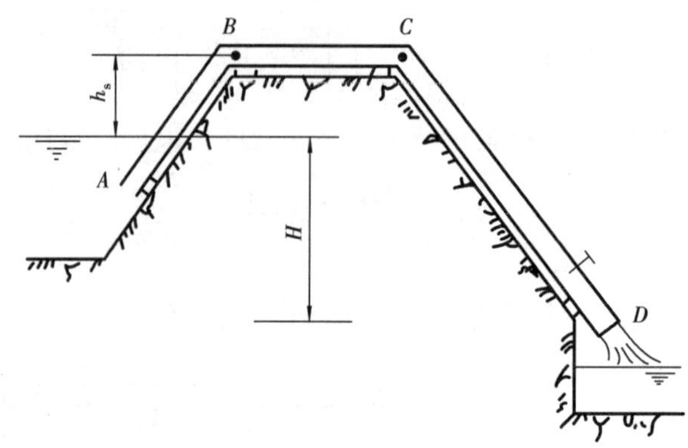

题图 6.1

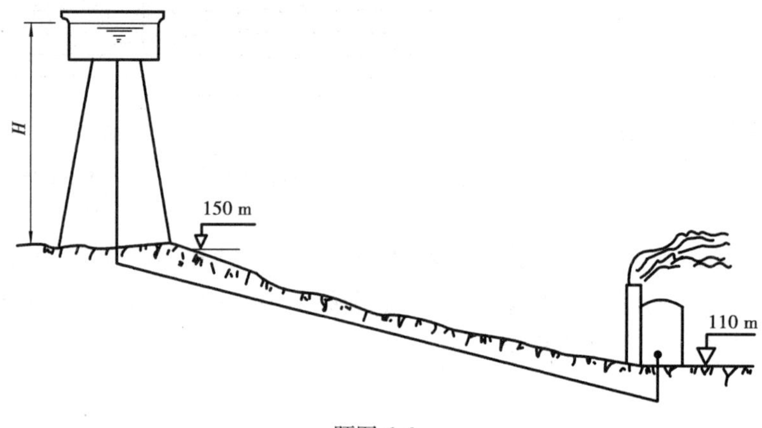

题图 6.2

6.8　野战输油管道由直径为 97.5 mm，l = 15 000 m 的镀锌钢管及直径 96 mm，l=2 250 m 玻璃钢管串联而成。粗糙度均为 0.05 mm，已知上游泵站泵排出口压头为 330 m 液柱，下游泵站吸入口压头为 20 m 液柱，下游泵站比上游泵站标高低 35 m，输送油温为 10 ℃ 的车用汽油，求通过的流量。

6.9　用三根清洁的铸铁管串联连接两容器，L_1 = 300 m，D_1 = 200 mm；L_2 = 360 m，D_2 = 300 mm；L_3 = 1 200 m，D_3 = 450 mm。当水温 20 ℃，Q = 0.1 m^3/s 时，试决定两容器间的水位差。

6.10　一输水管道如题图 6.3 所示。沿途有流量分流，泵出口 A 处的压强为 600 kPa，A 处与终点 d 的高程分别为 ∇_A = 270 m，∇_D = 285 m；流量 Q = 400 m^3/h，q_1 = 150 m^3/h，q_2 = 150 m^3/h，q_3 = 100 m^3/h，试选择各管段的直径。

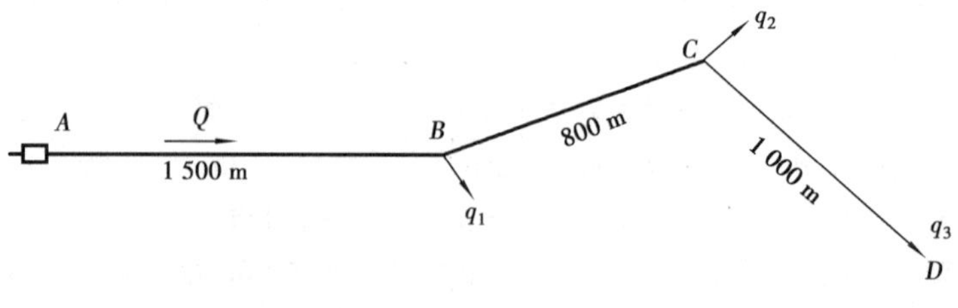

题图 6.3

6.11　输水并联管道如题图6.4所示。流过的总流量 $Q=0.08\ m^3/s$，钢管直径 $d_1=207\ mm$，$L_1=500\ m$；$d_2=150\ mm$，$L_2=800\ m$，求 Q_1 及 Q_2 及 A、B 间的摩阻损失。

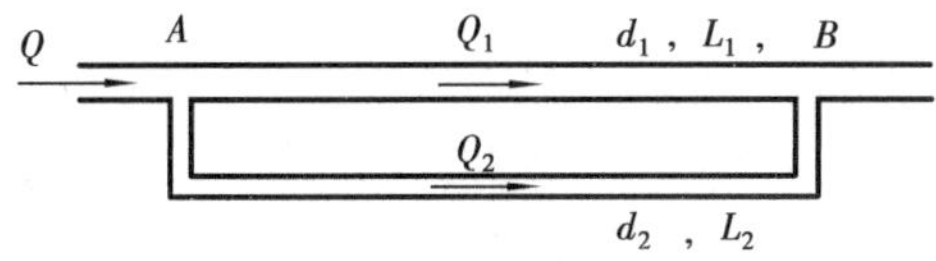

题图6.4

6.12　某油库铸铁输水管 $d=150\ mm$，$L=3\ km$，作用能头 $H_0=58\ m$，试求流量。今需增供水量20 t/h，求需在管路中并联同直径铸铁管的长度（设 $\Delta=0.4\ mm$）为多长？

6.13　野战输油管 $d=100\ mm$，配用的机动泵出口作用能头 $H_m=330\ m$，开设时下游泵站吸入口的能头保持20 m油柱。经理论计算，下游泵站应布置在 B 处如题图6.5所示，但 B 处的条件不宜设泵站，需延长至 C 处，已知 C 处比 B 处高28 m，$l_{BC}=600\ m$，按照上述条件要求，需并联一根同直径的管道长度 l 为若干？设 $Q=36\ m^3/h$，$\Delta=0.05\ mm$，$l_{AB}=15\ 900\ m$，输送汽油 $\nu=1\times10^{-6}m^2/s$。

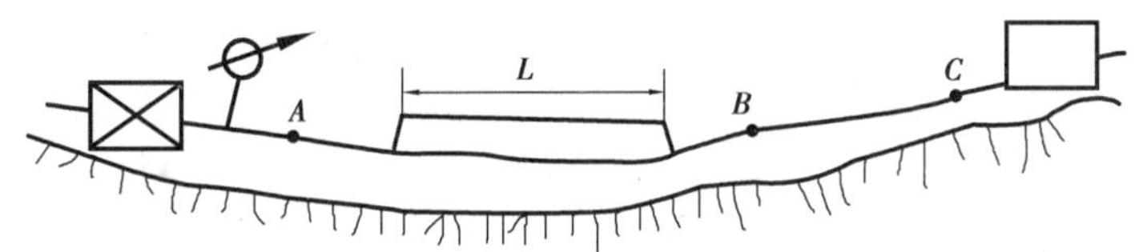

题图6.5

6.14　在题图6.6中，$H_0=12\ m$，求出各支管的流量。已知 $\mu=8\ cP$，$S=0.9$，$d_1=50\ mm$，$L_1=60\ m$，$\Delta_1=0.3\ mm$；$d_2=100\ mm$，$L_2=90\ m$，$\Delta_2=0.6\ mm$；$d_3=125\ mm$，$L_3=120\ m$，$\Delta_3=0.15\ mm$。

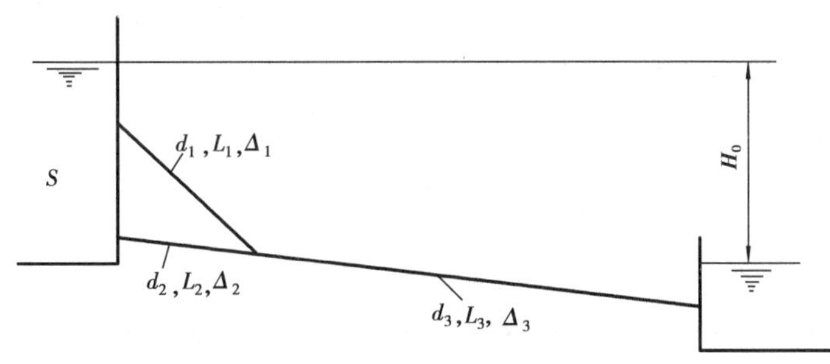

题图6.6

6.15　如题图6.7所示，已知 $d_1=150\ mm$，$L_1=600\ m$；$d_2=207\ mm$，$L_2=120\ m$；集油管直径 $d_3=207\ mm$，鹤管之间间隔计算长度 $L=14\ m$；上述管材粗糙度 $\Delta=0.15\ mm$。鹤管 $d=100\ mm$，$L=25\ m$，材质为铝合金，$\Delta=0.05\ mm$。同时用三个鹤管自流装油，油温为10 ℃的喷气燃料，$H=17\ m$，求各鹤管的流量（用分析法和图解法解之并比较）。

6.16　在题图6.8中，求当泵取消时管道系统水的流量。已知 $d_1=200\ mm$，$L_1=1\ 000\ m$，$\Delta_1=1\ mm$，$d_2=200\ mm$，$L_2=300\ m$，$\Delta_2=1\ mm$；$d_0=d_3=300\ mm$，$L_0=L_3=300\ m$，$\Delta_0=\Delta_3=2\ mm$。$\nabla_1=30\ m$，$\nabla_2=27\ m$，$\nabla_3=17\ m$，$\nabla=0$。

6.17　在题图6.16中，若泵以 $Q=80\ L/s$ 向 J 方向输送，求流向 A 及 B 的流量；并求出 J

上的测压管头(用分析法与图解分析法)。

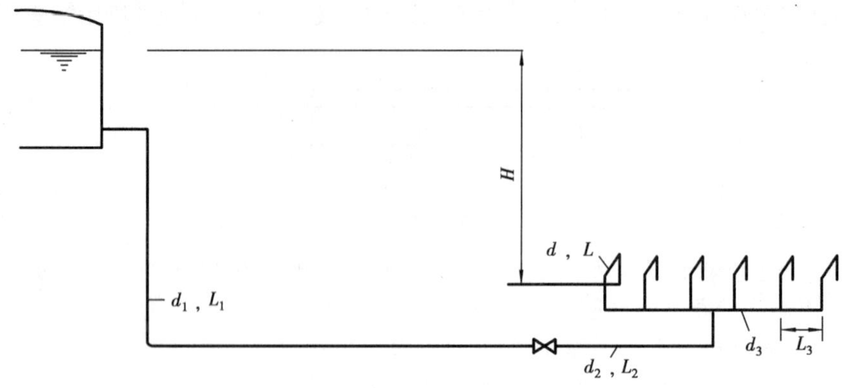

题图 6.7

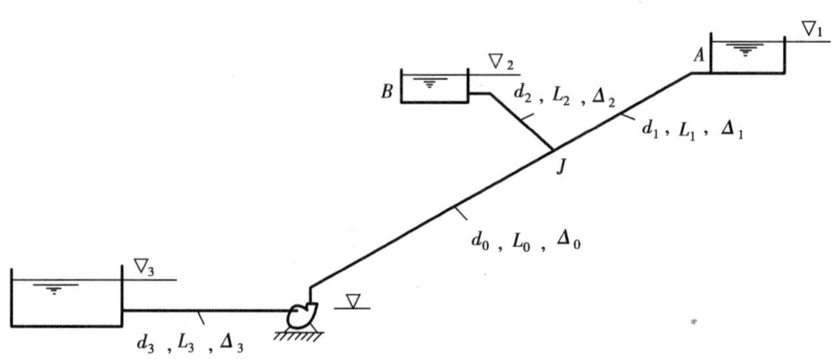

题图 6.8

6.18　一分支管路如题图 6.9 所示。已知 1、2、3、4 点与水塔地面标高相同,点 5 较各点高 2 m,各点要求自由水头均为 8 m,管长 $L_{1\text{-}2}=200$ m,$L_{2\text{-}3}=350$ m,$L_{1\text{-}4}=300$ m,$L_{4\text{-}5}=200$ m,$L_{0\text{-}1}=400$ m,试选择各管段直径及所需的水塔高度。

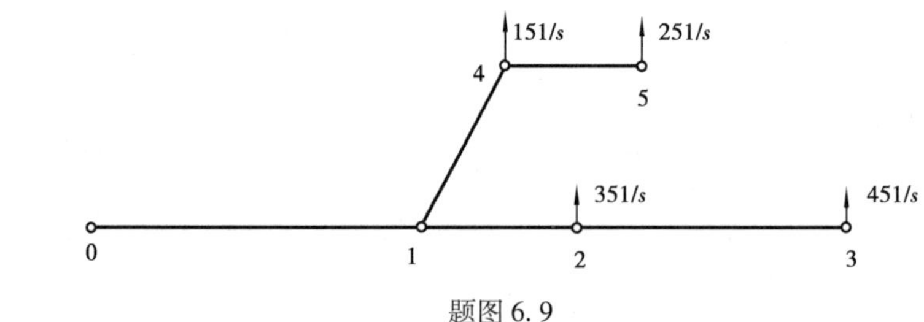

题图 6.9

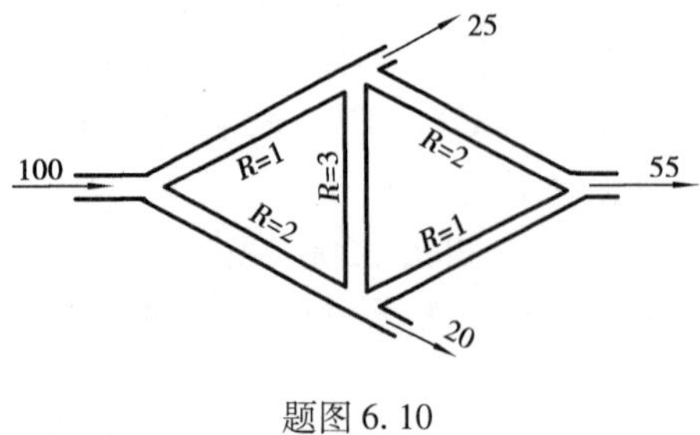

题图 6.10

6.19　试计算流经题图 6.10 所示的管网中各管的流量。

6.20　薄壁容器,开一小口,$d=20$ mm,容器液位与孔口的作用水头 $H=2$ m,试求:

①接孔口出流,求流量?

②若外接圆柱形管嘴,流量多少?收缩断面的真空度为若干?

6.21　某泵站新建一座 2 000 m^3 的金属油罐（题图 6.11），经试水合格后，欲将罐内存水自流排掉，试求泄流时间。已知罐直径 $D=15.25$ m，$H=11$ m，$h_0=1.5$ m，汇流管道直径为 259 mm，长度 $l=50$ m。流量系数按公式 $\mu=\dfrac{1}{\sqrt{1.5+0.045\dfrac{l}{d}}}$ 计算（d 为管道内径）。

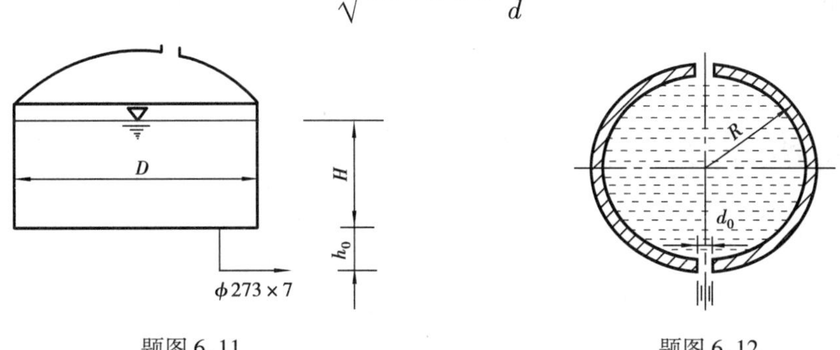

题图 6.11　　　　题图 6.12

6.22　今有半径 $R=0.8$ m 的球形容器（题图 6.12），试确定经底部 $d_0=0.05$ m 的锐缘孔口（流量系数=0.62）完全泄空的时间。在泄空过程中，液体自由表面上始终为大气压强。

6.23　2 000 m^3 立式油罐，直径 24 m，内装相对密度为 0.8 的油品，最高油位 10 m，低油位 3 m，自油罐接出的管线如题图 6.13 所示。管线内径 100 mm，沿程水力摩阻系数 $\lambda=0.02$。试求：①最高油位和低油位的重量流量各为若干吨/时？

②罐中油位自最高油位降至低油位所需时间为若干？

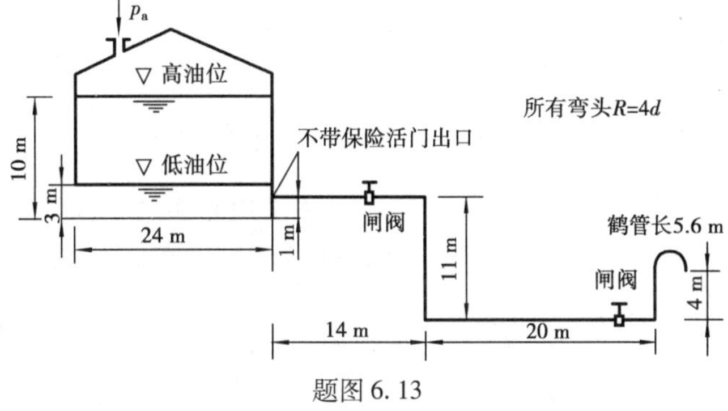

题图 6.13

第 7 章

泵与风机的结构及主要部件

7.1 油库常用离心式泵与风机的基本结构

油库常用离心式泵(简称离心泵)主要有离心式水泵和离心式油泵两种类型,风机主要为离心式通风机。

7.1.1 离心泵基本结构

(1)离心式水泵

油库常用离心式泵按泵的结构形式可分为单级单吸离心泵、单级双吸离心泵和分段式多级离心泵。

1)单级单吸离心泵

单级单吸离心泵在各个领域中被广泛应用,油库中用它输送各种轻质油料和生活用水或作为消防用泵。这类泵流量为 5.5 ~ 300 m^3/h,扬程为 8 ~ 150 m。

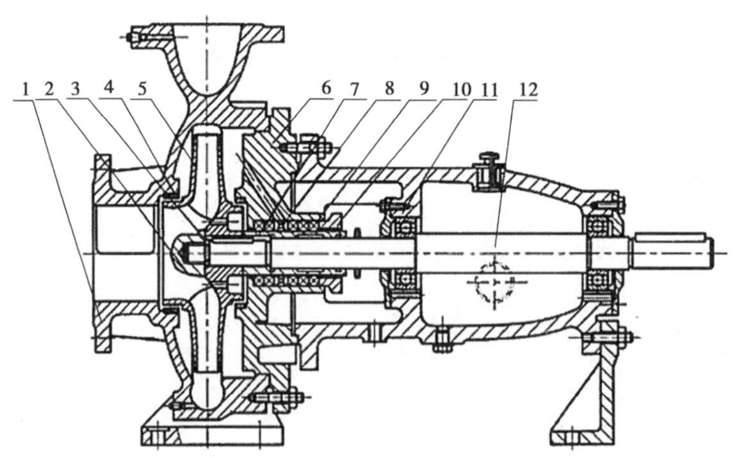

图 7.1 IS 型单级单吸离心泵

1—泵体;2—叶轮螺母;3—止动垫圈;4—密封环;5—叶轮;6—泵盖;7—轴套;8—填料环;9—填料;10—填料压盖;11—轴承;12—泵轴

图7.1、图7.2为典型的IS型单级单吸离心泵结构和外观图，泵轴的一端在托架内用轴承支承，另一端悬出，称为悬臂端，叶轮装在悬臂端。这种结构型式的泵也称悬臂泵。泵轴穿过泵壳处采用填料密封或机械密封。叶轮上开有平衡孔，用以平衡轴向力。单级单吸离心泵结构简单、零部件少、工作可靠、易于制造和维修，被广泛使用。

图7.2　IS型单级单吸离心泵外观图

图7.3　S型单级双吸泵外观图

2）单级双吸离心泵

单级双吸离心泵采用双吸叶轮，相当于两个单吸单级叶轮背靠背的装在同一根轴上并联工作，图7.3、图7.4为S型单级双吸泵外观和结构图。单级双吸离心泵不但流量大，而且轴向力得到了平衡，尤其是泵轴穿过泵壳的地方是吸入口，处于负压状态，理论上讲不会泄漏液体。此类泵一般采用半螺旋吸入室，泵体采用水平中开式结构，大泵采用滑动轴承，小泵则用滚动轴承。轴承装在泵的两侧，工作可靠，维修方便。单级双吸离心泵流量大，且轴向力得到平衡。国产单吸双级离心泵的流量一般为90～28 600 m^3/h、扬程为10～140 m。

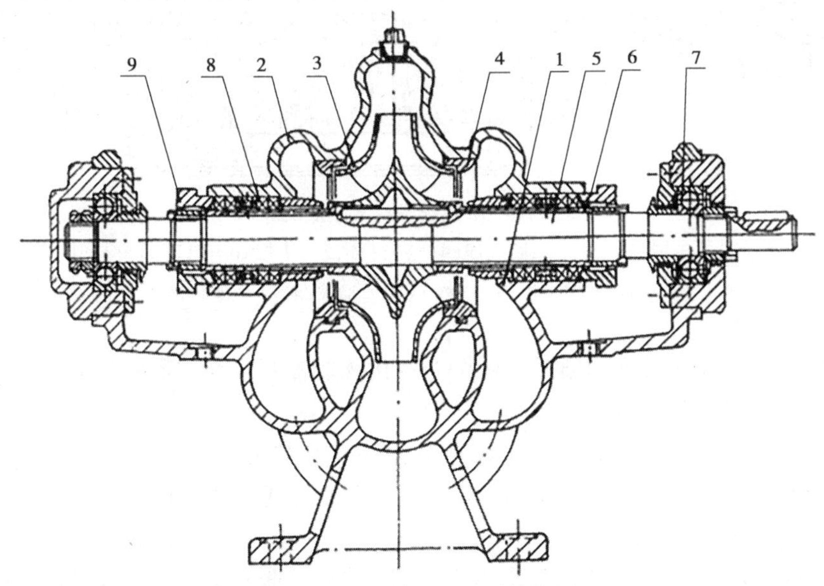

图7.4　S型单级双吸泵结构图

1—泵体；2—泵盖；3—叶轮；4—密封环；5—轴；6—轴套；7—轴承；8—填料；9—填料压盖

3）分段式多级离心泵

分段式多级离心泵用途广泛，油库在高差较大或输送距离较远的情况下采用该泵。分段式多级离心泵相当于将数个单级泵串联工作，因此泵的扬程较高，图7.5、图7.6为D型分段式多级离心泵外观及结构图。每个中段既是前级叶轮的压出室,也是后级叶轮的吸入室。为了平衡轴向力在末级叶轮后面装有平衡盘,平衡盘能自动地将转子维持在平衡位置上。国产中压分段式多级离心泵的流量为 5 ~720 m^3/h,扬程为 100 ~650 m。

图 7.5　D 型分段式多级离心泵外观图

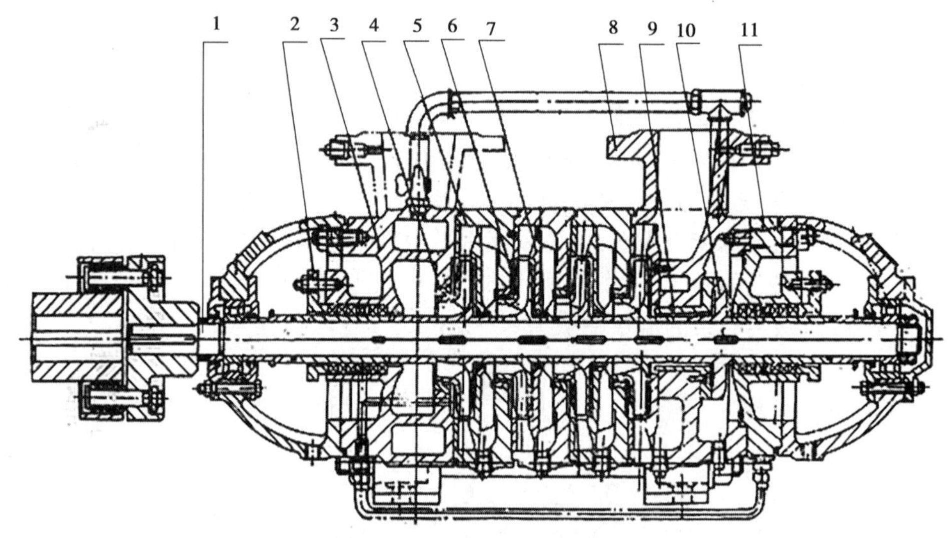

图 7.6　D 型分段式多级离心泵

1—轴;2—填料压盖;3—吸入段;4—密封环;5—中段;6—叶轮;7—导叶;
8—吐出段;9—平衡套(环);10—平衡盘;11—填料函体

(2)**离心式油泵**

离心式油泵是一种输油专用泵,原来作为石化炼制流程用泵,后来在油库输油流程中采用。油库常用的是 Y 型离心式油泵。

Y 型离心式油泵根据所输送介质的温度分为油泵和热油泵。油泵用于输送 200 ℃以下的石油和石油产品;热油泵用于输送 400 ℃以下的石油及其产品。Y 型油泵的流量在 6.25 ~500 m^3/h、扬程在 60 ~603 m。

常用油泵按结构形式可分为单级单吸离心式油泵、单吸双级离心式油泵、单吸双级离心式油泵、多级分段离心式油泵和管道式油泵。AY 型离心式油泵和 IY 型离心式油泵是 Y 型油泵的改进型,其典型结构如图 7.7—图 7.11 所示。随着油库输油工艺水平的提高,油库越来越多的采用无泵房工艺流程,管道式油泵因其占地面积小,工艺布置方便而被广泛采用。在 YG 型管道式油泵的基础上出现了全拆式 DGY 型管道式油泵,如图 7.12 所示,方便了维修。

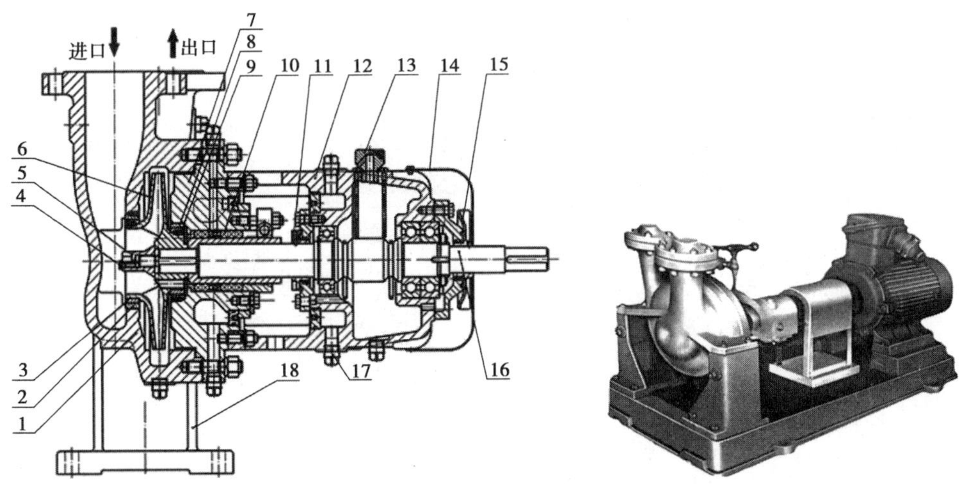

图 7.7　Y 型单级单吸油泵结构及外观图

1—泵体;2—泵体密封环;3—叶轮磨损环;4—防反转螺栓;5—叶轮螺母;6—叶轮;7—泵盖;8—泵盖密封环;9—叶轮磨损环;10—轴封装置;11—油封; 12—轴承体部件;13—油杯;14—尾罩;15—风扇;16—轴;17—丝堵;18—泵体支撑脚

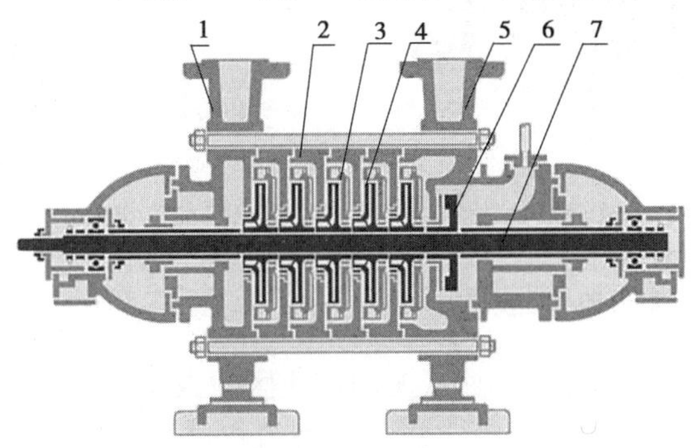

图 7.8　Y 型多级离心油泵

1—吸入段;2—中段;3—导叶;4—叶轮;5—压出段;6—平衡盘;7—轴

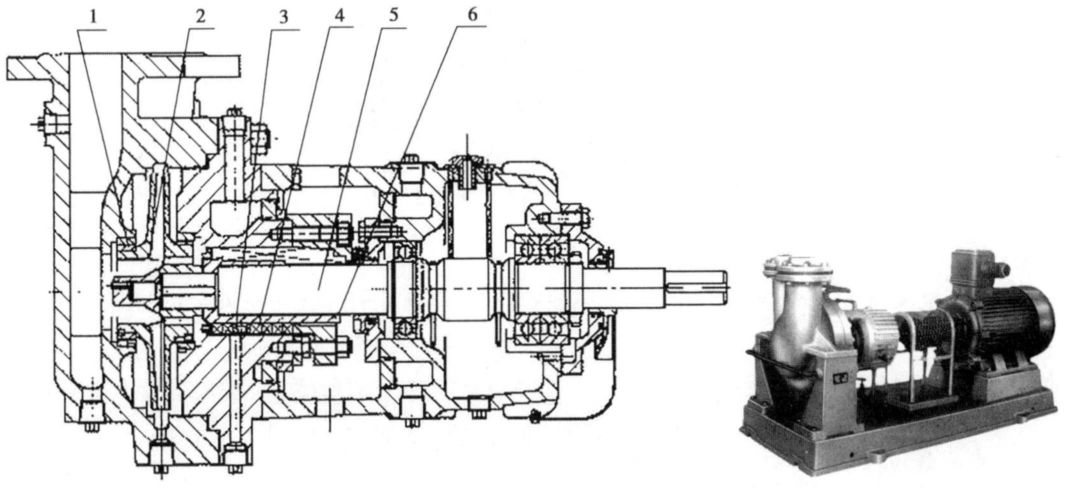

图 7.9　AY 型单级单吸油泵结构及外观图

1—密封环;2—叶轮;3—填料环;4—填料;5—轴;6—轴套

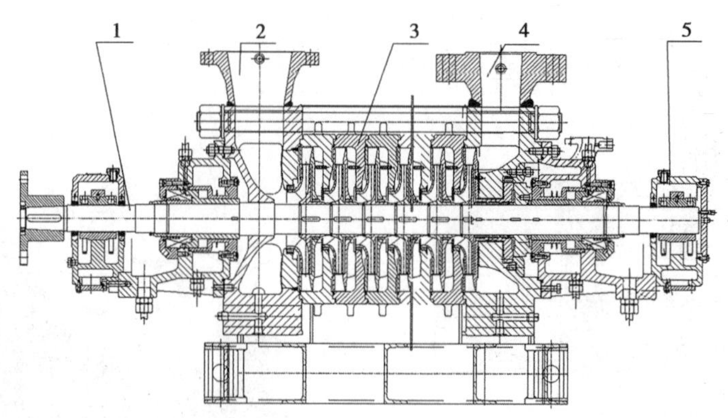

图 7.10　AY 型多级离心油泵

1—泵轴;2—吸入口;3—中段;4—排出口;5—轴承箱

图 7.11　IY 型单级单吸油泵外观图

图 7.12　DGY 型离心管道油泵外观图

7.1.2　离心式通风机的典型结构

离心式通风机主要用于洞库储油区或洞内作业区的强制通风,用以降低洞内油蒸汽浓度或洞内空气湿度,保证储存和作业安全。离心式通风机结构简单、制造方便。叶轮和机壳用钢板制成,图 7.13 给出了典型的离心式通风机结构分解简图。

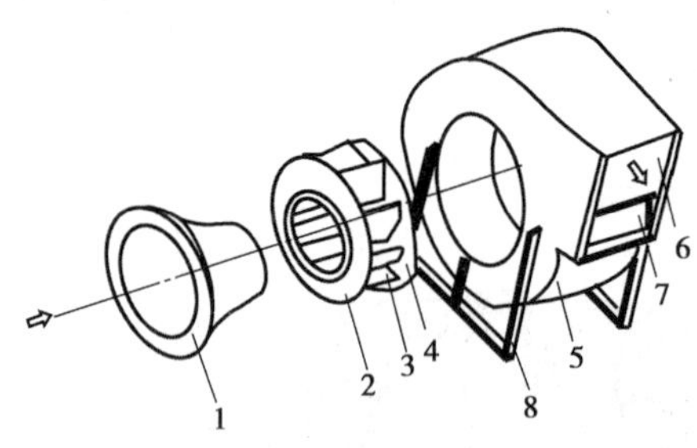

1—吸风口;2—叶轮前盘;3—叶片;4—叶轮后盘;5—机壳;6—出风口;7—风舌;8—机架

图 7.13　离心式通风机结构分解简图

7.2　离心式泵与风机的主要零部件

离心式泵与风机由于用途不同,结构形式及零部件也不相同。离心式泵的主要零部件有叶轮、泵轴、吸入室、压出室、泵体、密封装置和轴向力平衡装置件等。离心式风机的主要部件有集流器、叶轮、机壳和进气箱等。本节主要以离心式泵为例，介绍离心式泵与风机的过流部件。

7.2.1　离心式泵的主要过流部件

离心式泵的基本构件为吸入室、叶轮和压出室，这三部分组成泵的过流部分，即液体流过的部分。离心式泵的主要部件如图 7.14 所示。

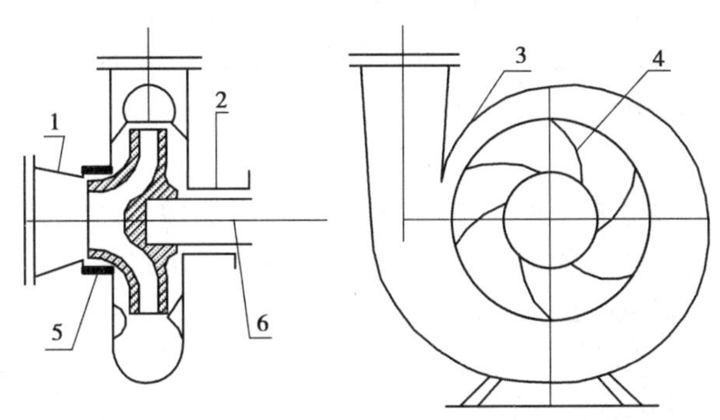

图 7.14　离心式泵的主要部件

1—吸入室；2—轴封装置；3—压出室；4—叶轮；5—密封环；6—泵轴

(1) 吸入室

吸入室泛指泵吸入口到叶轮进口前的一段流道（空间）。吸入室的作用是保证在叶轮进口前液流分布均匀，液流运动的速度方向符合要求，并尽可能地减小吸入室中的水力损失。按吸入室形状可分为锥管吸入室、环形吸入室、半螺旋形吸入室及弯管形吸入室四种，如图 7.15 所示。

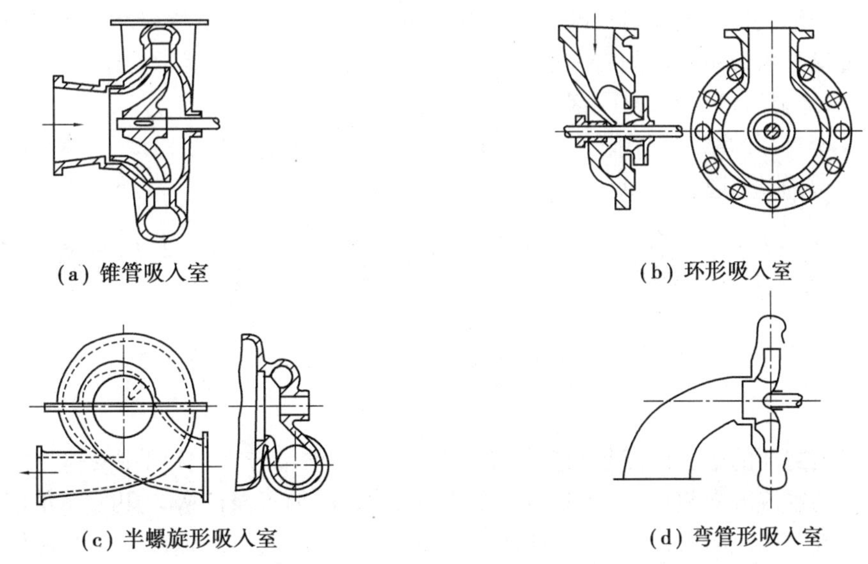

(a) 锥管吸入室　(b) 环形吸入室

(c) 半螺旋形吸入室　(d) 弯管形吸入室

图 7.15　泵吸入室类型

锥形吸入室水力性能好,结构简单,制造方便。液体在直锥形吸入室内流动,速度逐渐增加,因而速度分布更趋向均匀。锥形吸入室的锥度约7°~8°。这种形式的吸入室广泛应用于单级悬臂式离心泵上。环形吸入室各轴面的内断面形状和尺寸均相同,其优点是结构对称、简单、紧凑,轴向尺寸较小,缺点是存在冲击和旋涡,并且液流速度分布不均匀。环形吸入室主要用于分段式多级泵中。半螺旋形吸入室主要用于单级双吸式水泵、水平中开式多级泵、大型的分段式多级泵及某些单级悬臂泵上。半螺旋形吸入室可使液体流动产生旋转运动,绕泵轴转动,致使液体进入叶轮吸入口时速度分布更均匀,但因进口预旋会使泵的扬程略有降低,其降低值与流量是成正比的。弯管形吸入室是大型离心式泵和大型轴流泵经常采用的形式,这种吸入室在叶轮前都有一段锥式收缩管,因此,它具有锥形吸入室的优点。相比较而言,锥形吸入室使用最为普遍。

(2)**叶轮**

叶轮是传递能量的主要部件,泵与风机通过叶轮对流体做功,将机械能传给流体,使其能量增加,将流体输送到所需的位置去。叶轮是离心式泵与风机过流部件的核心。叶轮的结构型式有闭式、开式、半开式三种,如图7.16所示。

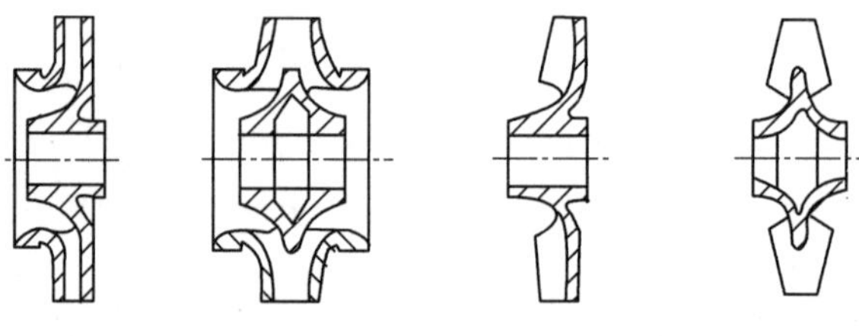

(a) 闭式叶轮　(b) 闭式叶轮　(c) 半开式叶轮　(d) 开式叶轮

图7.16　叶轮的类型

(3)**密封环**

密封环一般装在叶轮进口处或与叶轮进口相配合的泵壳上,俗称口环。密封环的作用是保持叶轮进口外缘与泵壳之间有一适宜间隙,既减少液体回流,又能承受摩擦,所以又称减漏环或承磨环,磨损后可更换,是泵部件中的易损件。

离心泵密封环的结构型式较多,图7.17中给出了几种常见的结构型式,常用离心式泵以前三种为主,其他形式比较少见。

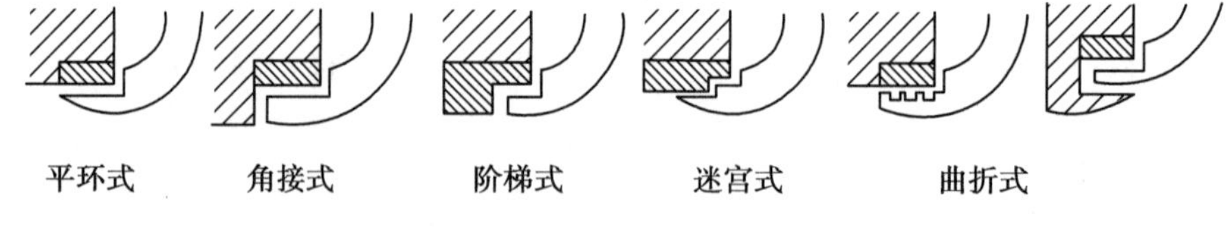

平环式　角接式　阶梯式　迷宫式　曲折式

图7.17　密封环型式

平环式密封环的最大优点是制造简单,主要缺点是泄漏较多,且回流液体速度方向与液体进入叶轮的主流方向相反,在叶轮进口处形成旋涡,增加了泵的吸入阻力。角接式密封环不仅增加了液体回流阻力,减少了液体的回流量,而且回流液体的速度方向与液体进入叶轮的主流方向垂直。与平环式密封环相比,降低了旋涡强度,减少了吸入阻力的增加量。

平环式和角接式密封环适用于扬程较低的离心泵,油库中常用的离心泵的密封环型式都属于这两种。

阶梯式和迷宫式密封环的原理都是通过增大叶轮与口环之间缝隙流道的流动阻力达到减少泄漏的目的。

密封效果以曲折式密封环最好。它不仅使缝隙流道的流动阻力增大,而且使回流液体的速度方向与液体进入叶轮的主流方向一致,大大降低了入口旋涡强度,减少了吸入阻力的增加量。但该型式结构比较复杂,制造、安装要求高,主要在某些高压泵上使用。

从密封环的工作情况可知,密封环与叶轮之间的间隙(径向间隙和轴向间隙)既不能过大,也不能过小。间隙过大,漏损增多,降低了泵的容积效率;间隙过小,叶轮与口环之间可能产生摩擦,降低了泵的机械效率,引起泵的振动。

(4)**压出室**

离心泵压出室是蜗形体、离心式导叶和流道式导叶等的总称。压出室的作用是收集叶轮中流出的流体,并送往下级叶轮或管路系统。降低液体的流速,实现动能到压能的转化,并尽可能减小流体流往下一级叶轮或管路系统的损失,消除流体流出叶轮后的旋转运动,以及消除这种旋转运动带来的损失是压出室的主要功能。

常见的压出室结构形式有螺旋形压出室、环形压出室和径向式导叶等,如图 7.18—图 7.20 所示。

图 7.18　螺旋形压出室

图 7.19　环形压出室

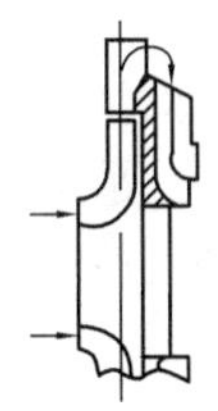

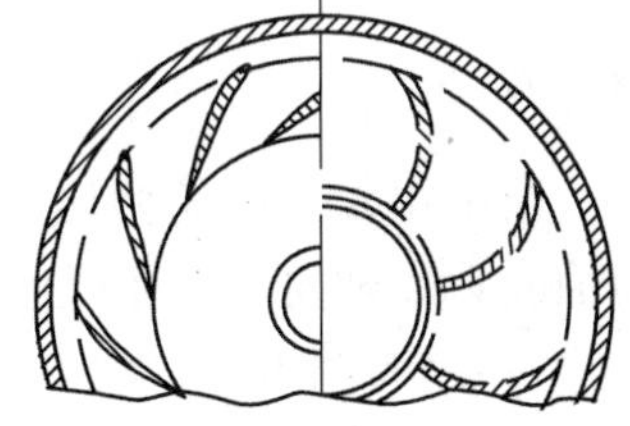

图 7.20　径向式导叶

7.2.2　离心式风机的主要零部件

(1)**集流器**

将气体引入叶轮的方式有两种:一种是直接从外界空间吸取气体,称为自由进气;另一种是用吸气管或进气箱吸取气体。无论哪种进气方式都需要在叶轮前装置进口集流器,集流器的作用是保证气流能均匀地充满叶轮的入口断面,并在损失最小的情况下进入叶轮。集流器的形式如图 7.21 所示。

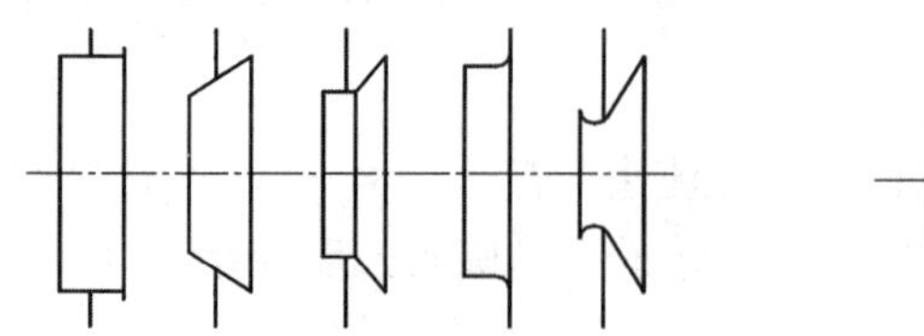

图 7.21　集流器的形式

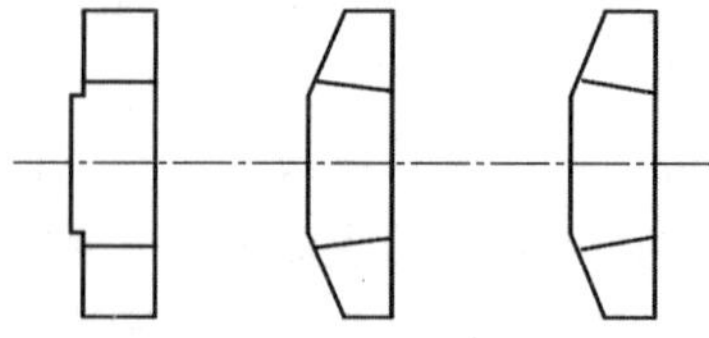

图 7.22　叶轮前盘形式

(2)**叶轮**

离心式风机的叶轮分为闭式叶轮和开式叶轮两种,闭式叶轮由前盘、后盘、叶片和轮毂组成。叶片形式有前向式、径向式和后向式,叶片断面分为板型和机翼型。叶轮前盘有直前盘、锥形前盘和弧形前盘三种形式,如图 7.22 所示。

(3)**机壳**

风机的性能不仅与流体在叶轮中的运动情况有关,而且与流出叶轮后所经过的部件有关,即与组成机壳的蜗形室、机舌和扩压器有关。风机的机壳通常用钢板焊接而成,蜗形室的侧面采用阿基米德螺旋线或对数螺旋线,也有采用近似阿基米德螺旋线(结构方框法绘制的)。它的轴面为矩形且宽度不变。图 7.23 所示为机壳的蜗形室简图。

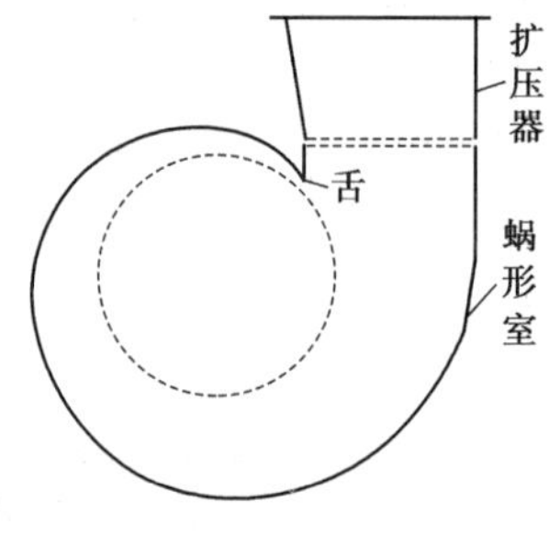

图 7.23　机壳的蜗形室简图

(4)**进气箱**

为了使气流在损失最小的情况下均匀地进入叶轮,当风机进口需要转弯时,一般都进气箱。进气箱的作用是以较小的阻力将气体引入风机入口。

7.3　轴向力及平衡装置

7.3.1　离心式泵的轴向力

单吸离心式泵在运行时,由于作用在叶轮两侧的压力不等,产生了一个指向泵吸入口并与轴平行的轴向推力,称为轴向力。轴向力往往可达数万牛,使整个转子压向吸入端,对泵的工作十分不利。产生轴向力的原因有两点:

①由于在叶轮吸液口处的前后盖板两侧所受的压力不同而引起的轴向力,如图 7.24 所示。

由叶轮流出的液体,有一部分回流到叶轮盖板的两侧。设叶轮出口液体压力为 p_2、叶轮入口压力为 p_1,进口密封环处叶轮直径为 D_w、轮毂直径为 D_h。由图 7.24 可见,如果不考虑泄漏,则前后泵腔内液体运动的情况是近似相等的,所以自密封环半径 r_w 到叶轮半径 r_2 的范围内,可以近似地认为压力相等,并等于 p_2,密封环以下部分左侧压力为 p_1,右侧压力为 p_2,$p_1 < p_2$,所以产生压力差 $\Delta p = p_2 - p_1$,这个压力差经积分后,就是作用在叶轮上的轴向力,用符号 F_1 表示。

叶轮左右两侧的液体压力实际上是沿半径方向呈抛物线规律变化的,设腔内液体旋转角

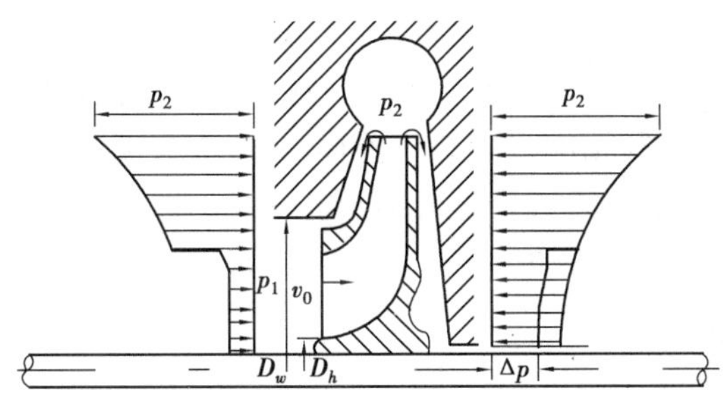

图 7.24　叶轮前后盖板上的压力分布

速度等于叶轮旋转角速度 ω 的一半,则压力与半径的关系可用下式表示:

$$\Delta p = p_2 - \frac{\rho\omega^2}{8}(r_w^2 - r^2) - p_1$$

将上式积分,得轴向力 F_1:

$$F_1 = \int_{r_h}^{r_w} 2\pi r \Delta p dr = \pi(r_w^2 - r_h^2)\left[p_2 - \frac{\rho\omega^2}{8}\left(r_2^2 - \frac{r_w^2 + r_h^2}{2}\right)\right]$$

式中　ρ——流体密度,kg/m^3;

r_w——叶轮密封环半径,m;

r_h——叶轮轮毂或轴套半径,m;

p_2——叶轮出口压力,N/m^2;

ω——叶轮角速度,rad/s。

粗略计算时可采用下式:

$$F_1 = (p_2 - p_1)\frac{\pi}{4}(D_w^2 - D_h^2)$$

式中　p_1——叶轮进口压力,N/m^2;

p_2——叶轮出口压力,N/m^2;

D_w——叶轮密封环直径,m;

D_h——叶轮轮毂或轴套直径,m。

②液体由吸入口进入叶轮的过程中其流动方向由轴向转为径向,由于流动方向的改变,动量发生变化,导致流体对叶轮产生一个冲反力 F_2。F_2 的方向与 F_1 方向相反。在泵正常工作时,冲反力 F_2 比轴向力 F_1 小得多,可以忽略不计。但在启动时,由于泵的正常压力尚未建立,冲反力 F_2 的作用较为明显。启动时,卧式泵转子后窜或立式泵转子上窜,就是这个原因所致。由此可见,离心泵不宜频繁启动。冲反力可用下式计算:

$$F_2 = \rho Q v_0 = \rho v_0^2 \frac{\pi}{4}(D_0^2 - D_h^2)$$

式中　ρ——流体密度,kg/m^3;

Q——通过叶轮的体积流量,m^3/s;

v_0——叶轮进口前流速,m/s;

D_0——叶轮进口边直径,m;

D_h——叶轮轮毂或轴套直径,m。

因此,作用在一个叶轮上的总轴向力为

$$F = F_1 - F_2$$

对于 i 级的多级泵,如果叶轮的吸液口在同一侧,则总轴向力为 iF,它的数值可以达到很大。在泵运转时,轴向力会使叶轮向吸液口一侧移动,造成振动、磨损以及轴承以热,因此,一般离心式泵都有平衡轴向力的装置或措施。对于立式泵,计算轴向力时还须将转子的重量考虑进去。

7.3.2 轴向力的平衡

在叶轮的轴向力 F 中,F_1 总是比 F_2 大得多,因此在考虑轴向力平衡时,主要着眼于轴向力 F_1 的平衡。

(1)单级泵

对于单级泵,常用的轴向力平衡措施有以下几种。

1)采用平衡孔或平衡管平衡轴向力

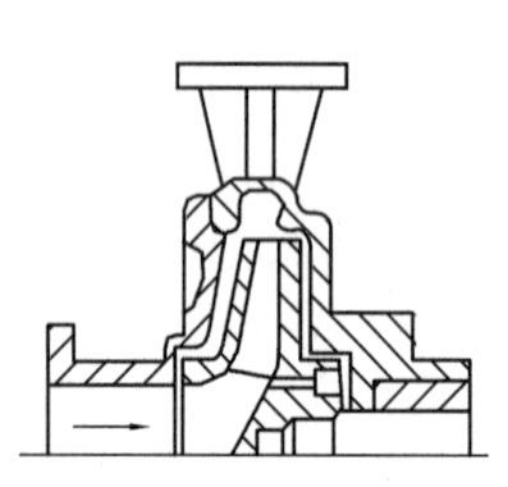

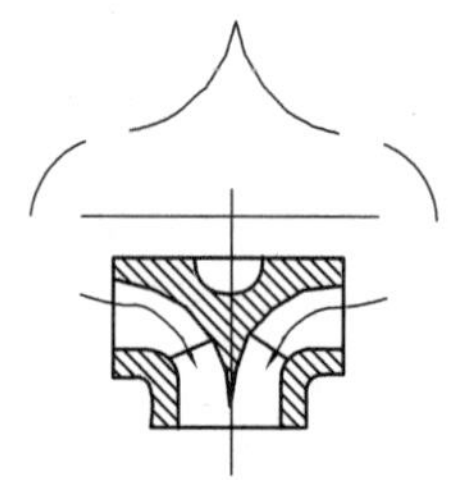

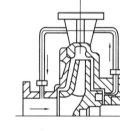

图 7.25　叶轮平衡孔　　图 7.26　平衡管平衡法　　图 7.27　双吸叶轮

对于单吸单级泵,可在叶轮后盖板上开一圈小孔,如图 7.25 所示。这些小孔称作平衡孔,叶轮后盖板泵腔中的液体压力通过平衡孔引向吸入口,使叶轮背面压力与泵入口压力趋于相等。平衡孔总面积不应小于密封环间隙断面面积的 5 ~ 6 倍。采用这种方法来平衡轴向力时,泵的效率要降低一些,因为回流必然产生容积损失,且从平衡孔里流出的流束与叶轮进口处液流相碰,影响液流的均匀分布,因而增加了叶轮内的水力损失。

如果在泵体外用一根管子将后盖板泵腔与泵入口联通,可以达到平衡轴向力的目的,这就是平衡管平衡法,如图 7.26 所示。平衡管过流断面面积不应小于密封环间隙断面面积的 5 ~ 6 倍。

采用平衡孔或平衡管平衡轴向力结构简单,但不能完全平衡掉轴向力,剩余的轴向力需由止推轴承来承担。

2)采用双吸叶轮平衡轴向力

单级泵采用双吸叶轮,如图 7.27 所示,因为叶轮是对称的,所以叶轮两边的轴向力相互抵消,从理论上讲轴向力可以完全抵消。但应指出,设计和选用双吸泵往往不是为了解决轴向力的平衡问题,而是为了提高泵的工作流量。实际上,由于叶轮两边密封间隙的差异或叶轮相对于中心位置不对中,还存在一个不大的剩余轴向力,此轴向力需由轴承来承受。

3)安装平衡叶片平衡轴向力

这个方法是在后盖板外面做出几处筋条状的径向叶片(又称背叶片),即相当于在主叶轮的背面加一个与吸入方向相反的附加半开式叶轮。为了便于铸造,这种背叶片通常都是做成径向的,但也有做成弯曲的。当叶轮转动时,筋条状的径向叶片使后盖板与泵体间的液体转动,而在近轴处形成低压,如果平衡叶片的长度、高度、叶片数及与泵体间的间隙等设计得当,则在工作转速下,由平衡叶片所形成的在后盖板外侧的液体推力,可与在设计工况下吸液口处液体作用在后盖板内侧及前盖板外侧液体作用在盖板上的推力之和相等,因而轴向力得到平衡。当偏离设计工况时,轴向力不一定完全得到平衡。

采用安装平衡叶片的方法,主要是为了在后盖板外轴的附近形成低压区,以改善装在那里的填料密封的工作条件。装平衡叶片后会使泵工作时的功耗有所增加。

这种平衡轴向力的方式,在泥浆泵、杂质泵和化工泵上都有采用,剩余的轴向力仍须由轴承来承受。

4)采用推力轴承承受轴向力

从提高泵的效率观点来看,采用推力轴承承受轴向力的方案是最佳的,因为在这种情况下可以免除由于采取平衡轴向力措施而附加的容积损失、水力损失和泵的几何尺寸增加。由于推力轴承能够承受的推力有限,此方法一般多见于小型单级泵。

(2)**多级泵**

1)叶轮对称布置平衡轴向力

叶轮对称布置是多级泵平衡轴向力的方法之一,如图7.28所示。此方法常用于级数为偶数的多级泵中。但多级泵中采用这种方法会使泵外形复杂,所以只宜在级数不多时采用。采用这种方法仍然不能完全平衡轴向力,还需由推力轴承承受剩余的轴向力。水平中开式多级泵和立式多级泵多采用这种方法。

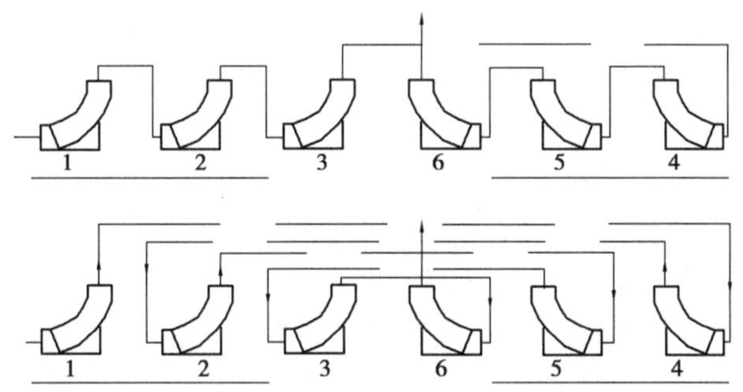

图7.28　叶轮对称布置平衡轴向力原理图

2)采用平衡盘平衡轴向力

平衡盘工作原理图如图7.29所示,在分段式多级泵中常采用这种方法平衡轴向力。平衡盘装在末级叶轮后的平衡室中。其平衡原理如下:设末级叶轮出口液体压力为 p_2、末级叶轮轮毂处的压力为 p_3,液体流经泵体与轴套的径向间隙 b_1 后,因流动损失使压力降到 p_4,设间隙 b_1 两端压力差为 Δp_1,则

$$\Delta p_1 = p_3 - p_4$$

当液体流过轴向间隙 b_0 时,液体压力由 p_4 降到 p_5,因平衡盘后的空腔(平衡室)是与泵的吸入室连通的,因此 p_5 稍大于泵进口处的压力,在平衡盘后的压力为 p_6,则平衡盘两边的压力差为 Δp_2,则

$$\Delta p_2 = p_4 - p_6$$

而整个装置的总压力差为 Δp:

$$\Delta p = \Delta p_1 + \Delta p_2 = p_3 - p_6$$

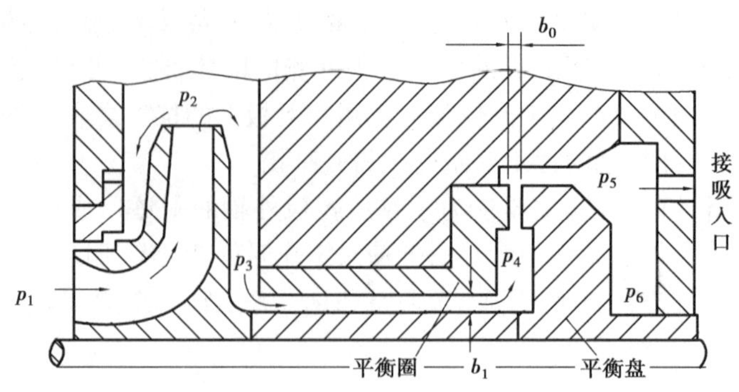

图 7.29　平衡盘工作原理图

因平衡盘两端有压力差 Δp_2，故液体对平衡盘有一个作用力 P，此力称为平衡力，其大小应与轴向力相等，且方向相反。即 $F-P=0$ 时，轴向力得到完全平衡。

当工况改变，轴向力 F 与平衡力 P 不能平衡时，转子就会左右窜动。若 $F>P$ 时，转子向左边（吸入口方向）移动，轴向间隙 b_0 减小，流动损失增加，因而经 b_0 的泄漏量减小，平衡盘前压力 p_4 增加。而总压差 Δp 不变，因 Δp_1 减小，则平衡盘两侧的压差 Δp_2 就增大，平衡力 P 随之增大，直到 $F=P$ 达到新的平衡为止。当 $F<P$ 时，转子向右移动，此时，轴向间隙 b_0 增大，流动损失减小，因而经间隙 b_0 的泄漏量增加，平衡盘前压力 p_4 减小，因 Δp 不变，故 Δp_1 增大后 Δp_2 就减小，平衡力 P 减小，直到 $F=P$ 达到新的平衡为止。由此可见，在泵的运行中，平衡盘能够随着轴向力 F 的变化自动地调节平衡力 P 的大小来完全平衡轴向力 F。

必须指出：由于惯性的作用，在轴向力 F 与平衡力 P 相等的时候转子不会立刻停止在平衡位置上，而会在惯性力作用下继续向左或向右移动，并逐渐衰减，随后在某一位置移动速度为零，此时已经过了平衡点又造成新的不平衡，随即又开始向另一个方向移动。由此可见，转子是在某一平衡位置左右做轴向窜动，我们称此为转子的脉动现象。随着工况的改变，转子能够自动地移到另一新的平衡位置上去做轴向窜动。因此，平衡盘的平衡状态是动态的。因轴向间隙很小，如果转子窜动很大，当向左边移动时，则会使平衡盘与平衡圈产生严重磨损。因此有必要限制过大的轴向窜动，即要求在轴向间隙 b_0 改变不大的情况下，Δp_2 有较大的变化，使平衡盘上的平衡力 P 有较大的变化，这就是平稳盘的灵敏度问题。

平稳盘的灵敏度用下式表示：

$$k=\frac{\Delta p_2}{\Delta p}=\frac{\Delta p_2}{\Delta p_1+\Delta p_2}$$

k 值越小，平稳盘的灵敏度越高。由于总压力差 Δp 保持一定，要使 Δp_2 迅速变化，实际上要求 Δp_1 有较大的变化。只有当 Δp_1 很大时（要求较小的径向间隙 b_1 或较大的阻力，以造成平衡盘前较小的压力 p_4），即使通过间隙 b_0 的泄漏量变化不大，Δp_2 的变化也会很大。因此，Δp_1 大些，平衡盘轴窜动就会小些，泵的工作可靠性也就越高。

采用平衡盘平衡轴向力时，一般不需要止推轴承。

3）采用平衡鼓平衡轴向力

平衡鼓工作原理图如图 7.30 所示，应用于分段式多级泵上。它是装在末级叶轮后面与叶轮同轴的圆柱体（鼓形轮盘），其外圆表面与泵体上的平衡圈之间有一个很小的径向间隙 b，叶轮出口液体压力为 p_2，平衡鼓后面用连通管与泵吸入口连通，因此，平衡鼓右侧的压力 p_1

接近吸入口压力，使平衡鼓两侧有压差 $\Delta p=p_3-p_1$，故存在一个作用在平衡鼓上的，与轴向力 F 大小相等，方向相反的平衡力 P 来平衡轴向力。平衡鼓的优点是不会发生轴向窜动，避免了与静止部件发生摩擦。但它不能适应变工况下轴向力的改变，一般平衡鼓平衡机构只能平衡轴向力 F 的 50% ~80%，剩余部分的轴向力由推力轴承来承受。

由于平衡鼓前后压力差比平衡盘机构中平衡套前后的压力差大，同时平衡鼓外径比平衡套外径尺寸大，因此其泄漏量要比平衡盘平衡机构的泄漏量大。

为了减少平衡鼓的泄漏，平衡鼓和衬套之间的间隙 b 应尽量小，通常为 0.2 ~0.3 mm，最小不得小于 0.15 mm。增加平衡鼓和衬套的长度能使泄漏减少，但会增加泵的轴向尺寸。因此，为了缩短平衡鼓的长度，有时将平衡鼓和衬套制成迷宫的形式，如图 7.31 所示，这样便可大大地减少泄漏。单独使用平衡鼓平衡轴向力的情况很少，通常采用平衡鼓与平衡盘组合装置来平衡轴向力。

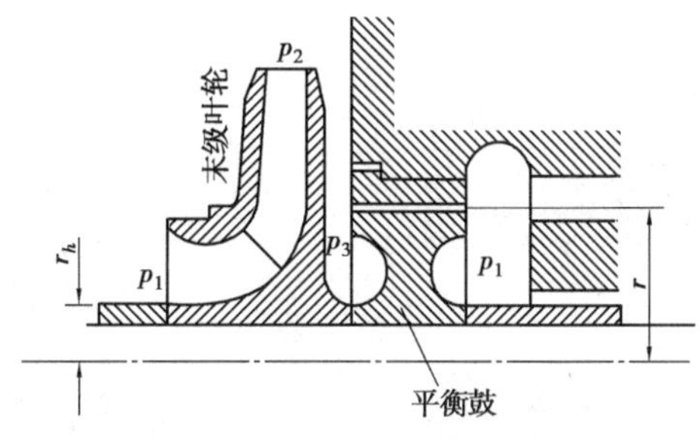

图 7.30　平衡鼓工作原理图

4）采用平衡鼓与平衡盘组合装置平衡轴向力

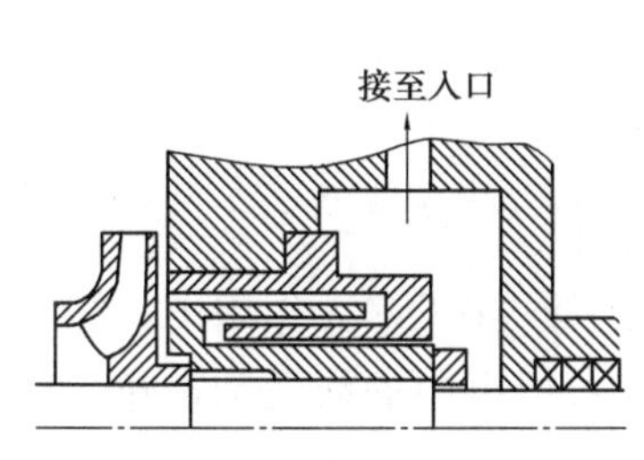

图 7.31　迷宫式平衡鼓结构示意图

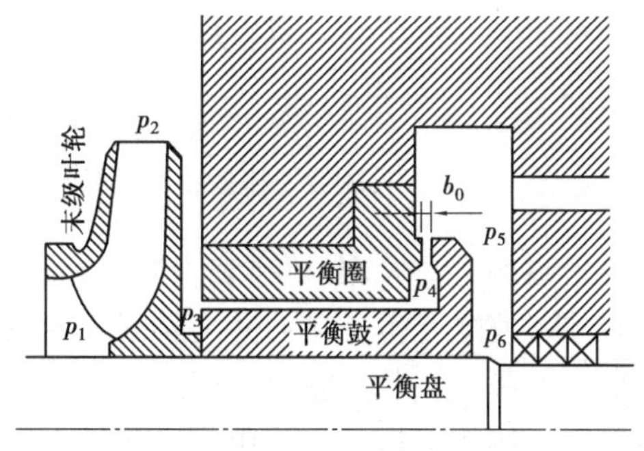

图 7.32　平衡鼓与平衡盘组合装置结构示意图

平衡鼓与平衡盘组合装置结构示意图如图 7.32 所示。由平衡鼓承受 50% ~80% 的轴向力，这样就减小了平衡盘的负荷，可以采用较大的轴向间隙，从而避免因转子窜动而引起的平衡盘摩擦。经验表明，这种结构平衡轴向力的效果比较好，所以目前大容量、高转速的分段式多级泵大多数采用这种组合装置结构。

7.4　轴封装置

旋转轴和泵壳之间有一定的间隙，泵内的液体将通过此间隙泄漏到泵外（或空气通过此处进入泵内)。为了防止转轴与泵壳间的泄漏,须设置密封装置,称为轴封装置,目前广泛采用的密封装置有以下几种形式。

7.4.1 填料密封

填料密封因其结构简单,易于制造,而被用于泵的轴封上。虽然近年来由于机械密封的发展和它所具有的许多独特优点,正在逐步代替填料密封,但在低转速情况下,填料密封仍有使用价值。

填料密封是最早使用的一种密封形式,目前使用最多的是一种带水封环的填料密封装置,如图 7.33 所示。加装水封环的目的在于:

①当泵内压力低于大气压时,从水封环注入大于大气压的水、以防空气进入泵内。

②当泵内压力高于大气压时,用于向填料与泵轴之间注入液体,起到冷却润滑的作用。

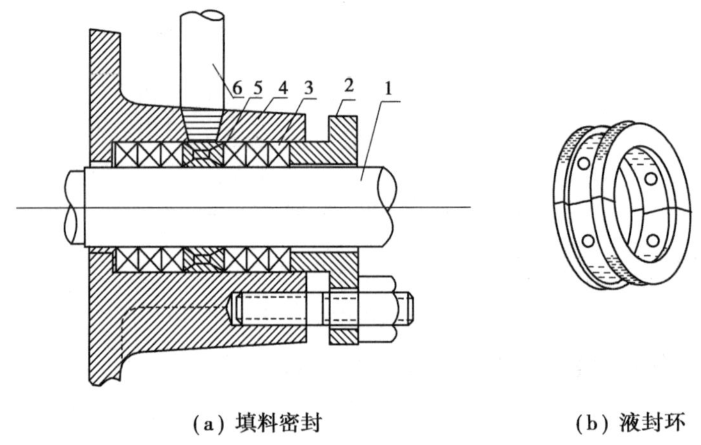

(a) 填料密封　　(b) 液封环

图 7.33　填料密封装置结构图

1—轴;2—压盖;3—填料;4—填料筒;5—液封环;6—引液管

填料密封的密封原理:填料装入填料筒后,拧紧压盖螺栓,在压盖力作用下,填料轴向压缩,径向膨胀,使之产生径向力并与轴紧密接触。与此同时,填料中的润滑剂被挤出,在接触面之间形成油膜,起润滑、密封作用。

填料密封用的填料视其使用环境而异,可分为软填料、半金属填料及金属填料三类:

(1)**软填料**

软填料用非金属材料制成,如石棉、橡胶、棉纱等动植物纤维和聚四氟乙烯等合成树脂纤维编织成断面为方形或圆形的条带,再经石墨,润滑脂、树脂等浸渍而成,既润滑又防渗漏。这种填料导热能力差,因而只能适用于温度不高的液体输送泵。

(2)**半金属填料**

半金属填料用于中温液体的输送。半金属填料是将耐热的石棉等软纤维与铜、铅、铝等金属丝加石墨、树脂等编织或压制而成。

(3)**金属填料**

金属填料是将巴氏合金、铝或铜等金属丝浸渍石墨、矿物油等润滑剂压制而成,一般做成螺旋形状。这种材料的特点是导热性好,可用在液体温度小于 150 ℃,圆周速度小于 30 m/s

的情况。当温度、圆周速度超过上述范围时，这种密封形式不适用。

7.4.2　机械密封

机械密封是一种径向密封形式，具有密封可靠、功耗小、维修周期长、使用寿命长等优点，适用于高温、低温、高压、高真空、各种转速及各种腐蚀性、有毒介质的密封。

(1)机械密封的构成及工作原理

机械密封是由垂直于主轴的两个光洁（表面粗糙度的轮廓算术平均偏差值小于 0.1 μm）、精密平面在弹性元件及密封液体压力作用下相互紧贴并做相对运动而构成的动密封装置。机械密封的工作原理图如图 7.34 所示。

机械密封通常由动环、静环、压紧元件和静密封元件组成。其动环和静环的端面组成一对摩擦副，动环端面依靠密封室中的液体压力和压紧元件的作用力与静环端面紧密贴合，形成一个径向的回转密封面，达到密封的目的。

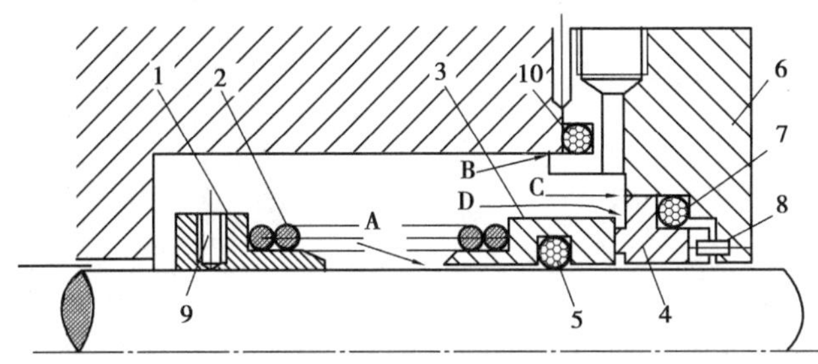

图 7.34　机械密封工作原理图

1—弹簧座；2—弹簧；3—动环；4—静环；5—动环密封圈；6—压盖
7—静环密封圈；8—防转销；9—紧定螺钉；10—压盖密封圈

压紧元件产生的压力，可使泵在不运转状态下，保持端面贴合，保证密封介质不外漏，并防止杂质进入密封端面。当泵运转时，两环端面之间产生适当的比压并保持一层极薄的液体膜阻止泵内液体外泄，起到密封作用。静密封元件实现动环与轴的间隙 A、泵体与压盖的间隙 B 及静环与压盖的间隙 C 的密封，同时对泵的振动、冲击起缓冲作用。缓冲在机械密封中是不可忽视的因素，因为转子会受到残余轴向力或其他外力作用而产生轴向窜动和径向振动，静密封元件对此起缓冲作用，保护了端面的良好接触。

进一步分析动环的受力情况，如图 7.35 所示，设密封处于平衡状态，这时动环右侧有端面液膜形成的压力 P_0 以及密封面间的压紧力 P；作用于动环左侧有介质压力产生的作用力 P_s 以及弹簧力 P_{sp}。动环上力的平衡方程为：

$$P + P_0 = P_s + P_{sp} \text{ 或 } P = P_{sp} + P_s - P_0$$

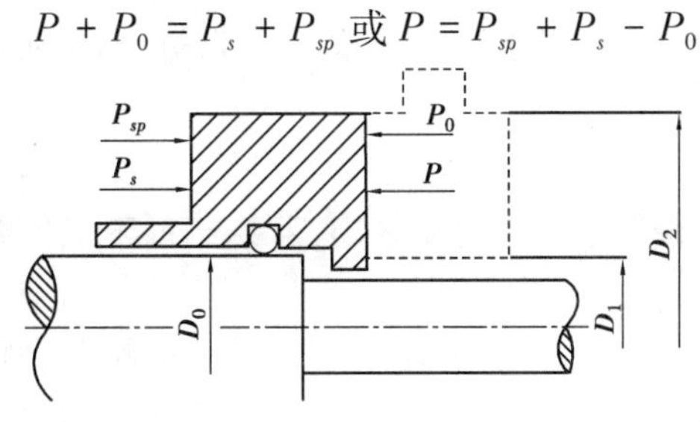

图 7.35　动环受力分析

作用于密封端面单位面积上的力称为端面比压 p_b。

$$p_b = \frac{P}{\frac{\pi}{4}(D_2^2 - D_1^2)} = \frac{P_{sp}}{\frac{\pi}{4}(D_2^2 - D_1^2)} + \frac{p\frac{\pi}{4}(D_2^2 - D_0^2)}{\frac{\pi}{4}(D_2^2 - D_1^2)} - \frac{P_0}{\frac{\pi}{4}(D_2^2 - D_1^2)}$$

如果用 p_m 表示平均液膜压力,则

$$P_0 = p_m \frac{\pi}{4}(D_2^2 - D_1^2)$$

代入上式并整理得

$$p_b = p_{sp} + kp - p_m = p_{sp} + (k - \lambda)p$$

式中 p_{sp}——弹簧比压,P_a,$p_{sp} = \frac{P_{sp}}{\frac{\pi}{4}(D_2^2 - D_1^2)}$;

p——介质压力,Pa;

p_m——平均液膜压力,Pa;

k——载荷系数,$k = \frac{D_2^2 - D_0^2}{D_2^2 - D_1^2}$;

λ——膜压系数,$\lambda = \frac{p_m}{p}$。

如果以平衡系数 $\beta = 1 - k$ 代入上式可得

$$p_b = p_{sp} + (1 - \beta - \lambda)p$$

这是另一种常见的比压计算公式。

机械密封的实质是将较易泄漏的轴向密封改为较难泄漏的静密封和径向端面密封。机械密封比填料密封的密封性能好,不易产生泄漏,轴或轴套不易磨损。机械密封功率损失较小,约为填料密封的 10% ~15%。高温、高压、高速泵广泛采用机械密封。但机械密封结构复杂且价格较贵,要求有较高的加工、安装技术。

机械密封的材料需要有足够的刚度和强度,目前多采用碳化钨、石墨、陶瓷、铬钢、铬镍钢、硬质合金等材料制成动环和静环。

(2)**机械密封的结构形式**

由于输送介质的性质、洁净度及泵本身的转速、径向尺寸等机械性能和参数各不相同,要求采用不同形式的机械密封结构与之适应,才能获得良好的密封效果。机械密封结构形式很多,按其结构特点可分为以下几种:内装式与外装式、内流式与外流式、旋转式与静止式、平衡型与非平衡型、单端面与双端面、单弹簧与多弹簧等。根据不同的用途可选择使用不同结构形式的机械密封。

1)内装式与外装式

内装式机械密封是指弹簧置于工作介质之内,若弹簧置于工作介质之外则称为外装式机械密封。

在外装式机械密封中,大部分机械密封零件不与介质接触且暴露在设备外,便于观察、安装及维修。由于外装式结构的介质作用力与弹簧作用力相反,如果弹簧力余量不大,当介质压力波动较大时,容易引起密封失稳,出现密封面泄漏;如果弹簧力余量过大,又可能因密封

端面比压过大而使密封端面早期磨损,导致机械密封摩擦面损伤。因此,外装式机械密封一般适用于输送有腐蚀性介质、介质易结晶而影响弹簧性能或介质黏稠使弹簧不能正常工作等场合。

内装式机械密封受力情况较好,泵启动时介质压力较低,不需要太大的弹簧力即可对密封端面构成初始密封,此时端面比压较小,容易在动环和静环之间形成液膜,对密封端面起保护作用,当介质压力增大时,端面比压随介质压力增加而增大,增加了密封的可靠性。因此,对于无腐蚀性介质,应尽量采用内装式结构。油库或油料装备中的输油泵均采用内装式结构。

2)内流式与外流式机械密封

介质沿径向从端面外周向内泄漏的机械密封称为内流式机械密封。反之,称为外流式机械密封。

对于内流式结构而言,由于介质在密封端面处的泄漏方向与端面液膜所受的离心力方向相反,阻碍了液体的泄漏,因此内流式机械密封的泄漏量比外流式机械密封小,是多数离心泵密封的常用形式。含有固体颗粒的介质更应该采用内流式,这样可防止固体颗粒进入摩擦面。

3)旋转式与静止式机械密封

旋转式机械密封是指弹簧随轴转动的机械密封,弹簧不随轴转动的机械密封称为静止式机械密封。

一般机械密封都采用旋转式机械密封形式,旋转式机械密封结构中弹簧装置及轴的结构简单,径向尺寸较小。但在高速情况下,旋转着的弹簧受到很大的离心力,就有较高的动平衡要求,宜采用静止式,即弹簧静止不动,安装在静环后面,构成高速泵的静止式机械密封。

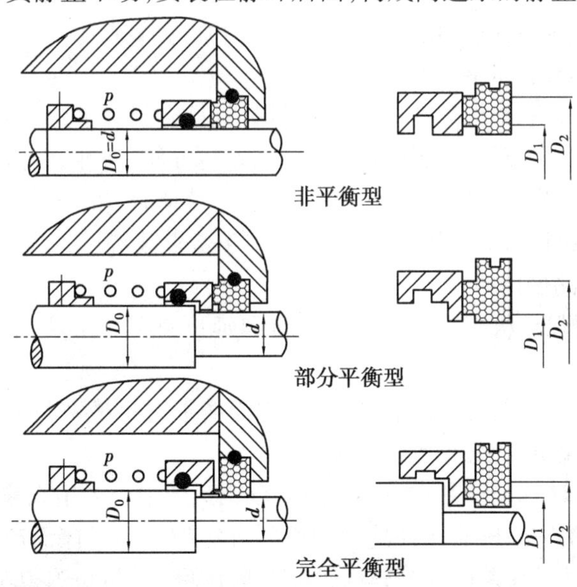

图7.36 机械密封的平衡形式

4)平衡型与非平衡型机械密封

在端面比压的计算中,我们引出了载荷系数 k 和平衡系数 β。

$$k=\frac{D_2^2-D_0^2}{D_2^2-D_1^2}$$

$$\beta=1-k$$

k 值代表介质压力的作用面积与密封端面面积之比，因此与密封结构有关。

当 $k \geqslant 1$ 时，表示全部介质压力都加在密封端面上了，此时平衡系数 $\beta \leqslant 0$，表示介质压力的作用一点也没有被平衡。这种结构型式称为非平衡型。

当 $0<k<1$ 时，轴上有台肩，动环的有效承压面积小于密封面积，介质压力的影响变小，此时平衡系数 $0<\beta<1$，表示介质压力的作用被平衡了一部分。这种结构型式称为部分平衡型。

当 $k=0$ 时，$D_2=D_0$，此时平衡系数 $\beta=1$，表示介质压力对密封面不起作用。这种结构形式称为完全平衡型，如图 7.36 所示。

上述结构型式可归纳如下：

非平衡型　$k \geqslant 1, \beta \leqslant 0$

部分平衡型　$0<k<1, 0<\beta<1$

完全平衡型　$k=0, \beta=1$

载荷系数 k 表示介质压力加到密封端面上去的程度；平衡系数 β 表示介质压力在密封端面上的卸荷程度，这两个系数是一个问题的两种表示方法。工程计算中习惯采用平衡系数。

5）单端面与双端面机械密封

单端面机械密封是指机械密封装置中只有一对摩擦副，前面所述的机械密封都是指单端面机械密封。双端面机械密封是指机械密封装置中有两对摩擦副的情况。两对摩擦副背对背放置，在两对摩擦副之间的密封腔内打入密封液，防止输送介质外漏、避免工作介质内含有的固体颗粒进入密封面并对密封端面起润滑作用。双端面机械密封适用于较苛刻的操作条件，如强腐蚀、高温、带悬浮颗粒、易挥发及气体介质等情况。

6）单弹簧与多弹簧机械密封

密封装置中只有一个大弹簧的称为单弹簧机械密封。多弹簧就是在密封装置中采用多个小弹簧沿圆周均匀分布。单弹簧结构简单，安装方便，但弹簧比压分布不均，轴向尺寸大，液体中的结晶、腐蚀等对弹簧性能影响较小，适合负荷轻，轴径不太大时使用。若轴径很大，要求又高，尤其是在高速下工作时，大都采用多弹簧机械密封。

（3）机械密封的使用

正确地操作对保证机械密封的正常运行和延长使用寿命具有重要意义。使用机械密封时应注意以下事项：

①机械密封是一种精密密封装置，密封端面磨损对机械密封而言是致命损伤，因而所输介质应清洁，无颗粒杂质，防止密封面磨损。

②机械密封的动、静环端面是一对摩擦面，在运转中会产生大量热量，为了保证机械密封的正常工作，采用引进高压液体冲洗密封面的方法带走因摩擦而产生的热量，依靠所输介质进行冷却和润滑，因而在泵内无液体时严禁长时间空转，防止因得不到良好冷却和润滑烧毁机械密封。为了保证机械密封的冷却，有些泵设置了旁路冷却系统，操作时应注意先开冷却系统后开泵，先停泵再关冷却系统的操作顺序，确保机械密封在良好冷却条件下工作。

③机械密封的动、静环端面是一对研磨端面，使用中没有泄漏时不宜拆装机械密封装置，确有必要拆装机械密封装置时，拆装后应重新研磨密封端面，以确保密封效果。

7.4.3　浮动环密封

浮动环密封与机械密封相比，它的结构简单，运行可靠，泄漏量介于机械密封和填料密封之间，轴向尺寸较大，多用于高温高压泵。

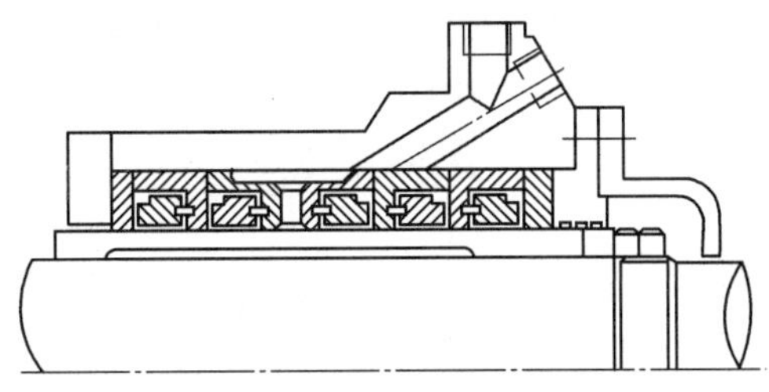

图7.37　浮动环密封原理示意图

浮动环密封是靠轴或轴套与浮动环之间的狭窄间隙产生很大水力阻力而实现密封的，如图7.37所示。浮动环与固定套的接触端面上具有适当的比压，能保证接触端面的密封作用。弹簧的作用是保证端面的良好接触。轴或轴套与浮动环间狭窄缝隙中液体的浮力，克服接触端面上的摩擦力以后，保证浮动环相对于轴或轴套的自动调正，使得浮动环与轴或轴套不相互接触、磨损并长期保持很小的间隙，以提高密封效果。

7.4.4　螺旋密封

螺旋密封也称为流体动密封，目前已开始在原油输送泵中使用，其原理是在密封腔内的泵轴上装一螺旋体，在泵轴旋转时，螺旋体产生的对外漏液体的作用力与泵内压力产生的作用力大小相等，方向相反，从而实现泵的密封，如图7.38所示。螺旋密封的优点是无任何部件之间的摩擦，因而摩擦损失极小，但该密封是一动密封装置，需要与静密封装置配套使用，因而还没有用于成品油泵。

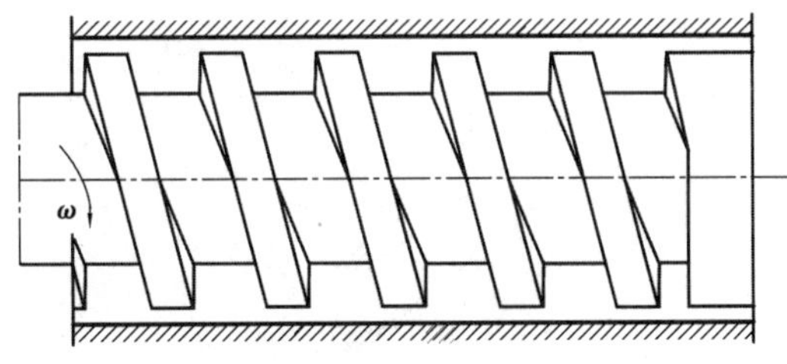

图7.38　螺旋密封原理示意图

习　题

7.1　离心式泵与风机的主要部件有哪些？

7.2　叶轮的主要作用是什么？

7.3　叶轮有哪些形式？主要适用于什么场合？

7.4　液封环的作用是什么？

7.5　离心泵轴向力是如何产生的？大小如何计算？

7.6　平衡轴向力的措施有哪些？

7.7　平衡盘的工作原理是什么？

7.8　填料密封是否压得越紧越好？为什么？

7.9　机械密封的工作原理是什么？使用中应注意哪些问题？

7.10　螺旋密封的工作原理是什么？有哪些优缺点？

第8章 泵与风机的基本理论

离心式、轴流式和混流式泵与风机统称为叶片式泵与风机，它们都是靠叶轮的旋转把能量传递给流体。离心式泵与风机是借离心力的作用使流体获得能量；轴流泵与风机是借叶片给流体以升力使流体获得能量；而混流式泵与风机是一部分借离心力，另一部分借叶片的升力使流体获得能量，三者有许多共同之处。本教材以离心式泵与风机为代表叙述泵与风机的基本理论。

8.1 泵与风机内流体流动分析

8.1.1 离心式泵与风机的工作原理

离心式泵与风机的工作原理可用离心式泵工作原理图8.1来讨论。泵与风机工作之前先让泵与风机内充满流体，当原动机带动叶轮高速旋转时，叶轮叶片推动流体转动，于是产生一个离心惯性力作用在随叶片做旋转运动的流体质点上。流体质点在这个力的作用下自叶轮入口流向外圆周，此时在叶轮入口处产生低压，外界流体在大气压力作用下流向叶轮入口，叶轮内流体不断地流出叶轮，同时外界流体也不断地沿着吸入管道流进叶轮入口。流向叶轮外的流体离开叶轮后被收集于蜗壳或导叶内，将一部分动能转换成静压能后沿排出管路排出，形成了泵与风机的连续工作。

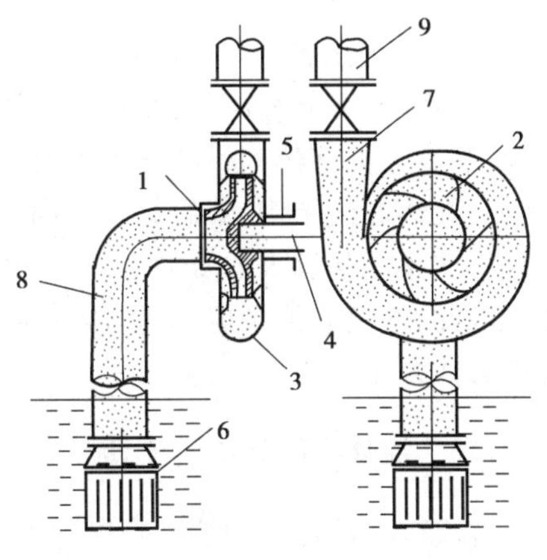

图8.1 离心式泵工作原理

1—泵吸入口；2—叶轮；3—泵壳；4—泵轴；5—轴封；6—底阀；7—泵排出口；8—吸入管；9—排出管

以上定性地阐述了离心式泵与风机的工作原理，下面从定量的角度进一步分析流体通过叶轮后能量增加的大小及其影响因素。如图8.2所示，假设叶轮外缘是封闭的，流体沿流道没有流动，流体质点之间也没有相对运动。在叶轮流道内取一质点 m，其所在半径为 r、厚度为 $\mathrm{d}r$、宽度为 b、所对应的圆心角为 $\mathrm{d}\varphi$，则其质量为

$$dm = \rho \cdot r \cdot d\varphi \cdot dr \cdot b$$

式中　ρ——流体质点的密度,kg/m³。

当此质点以角速度 ω 旋转时,产生的离心力 dF 的大小为

$$dF = dm \cdot \omega^2 \cdot r = \rho \cdot b \cdot d\varphi \cdot \omega^2 \cdot r^2 \cdot dr$$

此离心力被径向压力差所平衡,即

$$dF = b \cdot r \cdot d\varphi \cdot dp$$

$$dp = \frac{dF}{b \cdot r \cdot d\varphi} = \rho \cdot r \cdot \omega^2 \cdot dr$$

其相应的压力差为

$$\Delta p = \int_{r_1}^{r_2} dp = \rho \cdot \omega^2 \int_{r_1}^{r_2} r dr = \frac{\rho}{2}\omega^2 (r_2^2 - r_1^2)$$

$$\frac{\Delta p}{\rho g} = \frac{\omega^2}{2g}(r_2^2 - r_1^2)$$

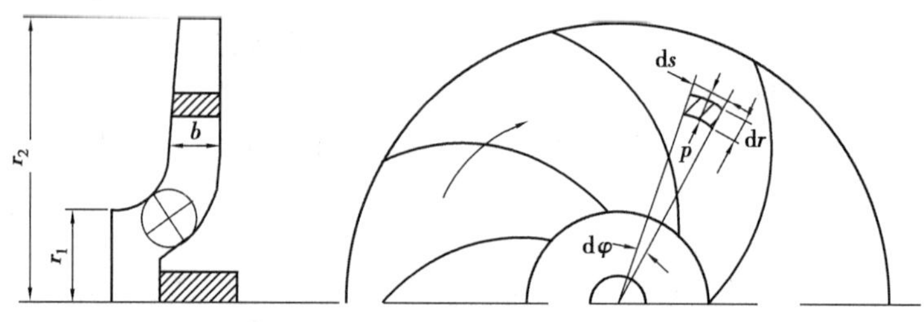

图 8.2　离心式泵与风机定量分析图

从上式可以看出:当叶轮中流体产生的压力差与叶轮旋转角速度的平方及叶轮进出口半径的平方差成正比。当叶轮尺寸一定,角速度越大,即转速越高时,压力差越大;当角速度一定,叶轮内径越小,外径越大,则产生的压力差越大;当其他条件不变时,压力差与流体的密度成正比,密度大的流体产生的压力差就大。由于液体在吸入管道中的流动阻力要比气体大得多,因而,在离心式泵中,若启动前泵内介质密度太小(如空气),产生的压力差就很小,在泵吸入口处形成不了足够大的真空度,也就无法将吸入池中的液体吸入泵内,离心式泵无法连续工作。因此,在离心式泵启动前必须使泵及吸入系统充满液体,工作中吸入系统也不能漏气,这是离心式泵正常工作的必备条件。

8.1.2　流体在叶轮中的流动

了解流体在叶轮内的运动规律,是深入了解离心式泵与风机工作原理和性能的前提。由于流体在叶轮内的流动比较复杂,因而在研究其运动规律时,首先作三点假设:

①假设叶轮中叶片无限多,即认为流体质点是严格地沿叶片形线流动,或者说,流体质点的运动轨迹与叶片的型线相重合。

②假设流体为理想流体,即认为流体没有黏性,暂不考虑叶轮中的流动损失。

③假设流体在叶轮中的流动是稳定流动且流体的压缩性很小,即认为叶轮内运动的流体是不可压缩的。

下面具体分析在上面三个假定前提下叶轮中流体流动的规律。

当泵与风机工作时,流体质点一方面随叶轮做旋转运动,同时在流道中又从叶轮中心向

外缘做径向移动，因此，流体在叶轮中的运动是复合运动。

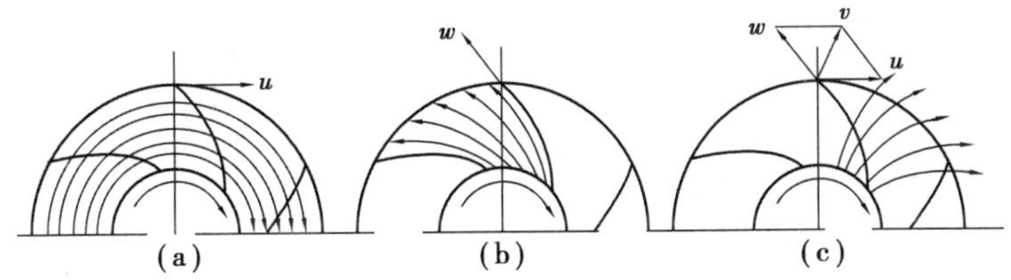

图8.3　流体在叶轮中的流动

当流体随叶轮作旋转运动时，流体质点一方面做圆周运动（也叫牵连运动），如图8.3(a)所示，其运动速度称圆周速度，用符号 $\vec{u}$ 表示。它的方向与流体质点所在点的圆周切线方向一致，其大小与流体质点所在点的半径 r 及转速 n 有关。另一方面流体质点在叶轮流道内又从叶轮中心流向外缘，相对于旋转叶片做相对运动，如图8.3(b)所示，其运动速度称相对速度，用符号 $\vec{w}$ 表示。它的方向与流体质点所在点的叶片切线方向一致，其大小与流量及流道几何尺寸有关。任何瞬间流体在叶轮内任何位置既做圆周运动，又做相对运动。我们把流体质点相对于机壳的运动，称为绝对运动，如图8.3(c)所示，其运动速度称为绝对速度，用符号 $\vec{v}$ 表示。根据速度合成定理有

$$\vec{v}=\vec{u}+\vec{w}$$

8.1.3　叶轮内流体运动速度三角形

由上所述，可以作出流体质点在叶轮流道内任意位置上的三个速度向量 $\vec{u}$、$\vec{w}$ 和 $\vec{v}$ 及由这三个速度向量组成的向量图，称为速度三角形，如图8.4(a)所示。速度三角形是研究流体在叶轮内运动规律、能量转换和泵与风机性能的基础。

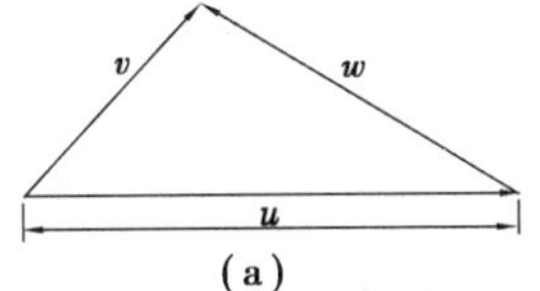

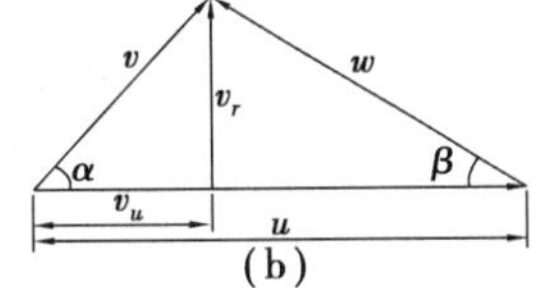

图8.4　速度三角形

叶轮流道内任意点都可以作出该点速度三角形，在研究流体流动状态时，只需作出进口和出口速度三角形就可以了。

为了满足计算上的需要，如图8.4(b)所示，把绝对速度 $\vec{v}$ 分解成两个分量：一个是径向分速度 v_r（又称轴面速度），它与叶轮直径方向一致，$v_r=v\sin\alpha$；另一个是圆周分速度 v_u，它与圆周相切，$v_u=v\cos\alpha$。在速度三角形中，绝对速度 $\vec{v}$ 与圆周速度 $\vec{u}$ 间的夹角用 α 表示，称为工作角。相对速度 $\vec{w}$ 与圆周速度 $\vec{u}$ 反方向间的夹角用 β 表示，称为流动角。

叶片上任意点的切线与该点所在圆周的切线间的夹角，称为叶片安装角，用符号 β_y 表示。当流体质点沿叶片形线运动时，流动角等于叶片安装角，即 $\beta=\beta_y$。本书用脚标"0"表示进入叶轮前的位置；用脚标"1"表示叶轮叶片进口位置；用脚标"2"表示叶轮叶片出口位置；用脚标"∞"表示无限多叶片。

关于速度三角形，通常只需知道三个条件就可以作出，其求法如下：

(1)**圆周速度** u

$$u = \frac{\pi D n}{60} \tag{8.1}$$

式中 D——所求位置相应的直径,m;

n——叶轮转速,r/min 或 rpm。

(2)**径向分速度** v_r

由连续性方程得

$$v_r = \frac{Q_s}{A} = \frac{Q}{A\eta_v} \tag{8.2}$$

式中 Q_s——设计流量;

Q——理论流量;

η_v——容积效率;

A——与 v_r 垂直的过流面积(有效面积)。

过流面积 A 是一个回转面,由于过流面积被叶片厚度占去一部分,设每一叶片在圆周上占去的长度为 s_n,则有效面积为

$$A = \pi D b - z s_n b$$

式中 D——叶轮直径;

b——叶片宽度;

z——叶片数;

s_n——圆周方向的叶片厚度。

$$v_r = \frac{Q}{(\pi D b - z s_n b)\eta_v}$$

令

$$\psi = \frac{\pi D - z s_n}{\pi D} = 1 - \frac{z s_n}{\pi D}$$

则得

$$v_r = \frac{Q}{\pi D b \eta_v \psi} \tag{8.3}$$

式中 ψ——排挤系数。对于水泵,ψ 为 0.75 ~0.95,小泵取低限;大泵取高限。

(3)**相对速度 ω 的方向或 β 角**

当叶片无限多时,相对速度 w 的方向应与叶片安装角 β_y 的方向一致,即相对速度与圆周速度的反方向间的夹角 β 等于所求点叶片安装角 β_y。β_y 是根据经验数值选取的。

求出 u、v_r 及 β 后,就可以按一定比例作出速度三角形。

8.2 离心式泵与风机的能量方程式

前面指出,对于封闭的叶轮,当叶轮旋转时就能把能量传递给流体,从而使其静压升高。

那么若叶轮外缘不封闭,有流体输出时,叶轮传递给流体多少能量呢?此能量与哪些因素有关呢?本节将对此进行讨论。

8.2.1　能量方程式

能量方程式是在假设叶片无限多,流体为理想流体以及流动是稳定流的条件下推导出来的,然后再按实际情况加以修正。

动量矩定理指出:流体在稳定流动时,单位时间内流体通过叶轮的动量矩的变化等于作用于该流体上的外力矩。

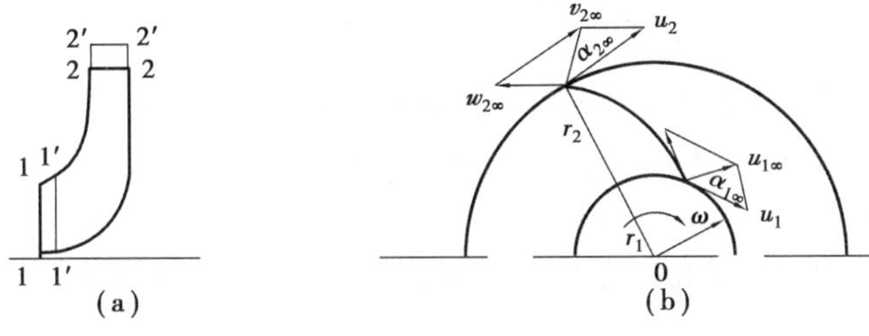

图 8.5　导出动量矩变化的引证图

为了求得单位时间内流体动量矩的变化,在叶轮中取一个以两叶片之间及流道进、出口断面 1—1,2—2 为界面的控制体,如图 8.5(a)所示,讨论其动量矩的变化。

当时间 $t=0$ 的瞬间,该控制体在 1—1,2—2 位置,经过微元时间 dt 后控制体移至 1′—1′,2′—2′位置,则在 dt 时间内控制体动量矩的变化应等于 1′—1′和 2′—2′之间的动量矩减去 1—1 和 2—2 断面之间的动量矩。因流体在叶轮内是稳定流动,所以在 1′—1′和 2—2 断面之间的动量矩不变。因此,在 dt 时间内动量矩的变化等于 2′—2′和 2—2 断面之间及 1—1 和 1′—1′断面之间的动量矩之差。依连续性方程可知 2—2 和 2′—2′断面之间的流体质量等于 1—1 和 1′—1′断面之间的流体质量,并等于 dm,若设单位时间内流过叶轮的体积流量为 Q,流体的密度为 ρ,则 $\mathrm{d}m=\rho Q\mathrm{d}t$,于是流出叶轮的流体对轴的动量矩等于

$$\mathrm{d}mv_{2\infty}\cos\alpha_{2\infty}r_2=\rho Qv_{2\infty}\cos\alpha_{2\infty}r_2\mathrm{d}t$$

流入叶轮的流体,对轴的动量矩等于

$$\mathrm{d}mv_{1\infty}\cos\alpha_{1\infty}r_1=\rho Qv_{1\infty}\cos\alpha_{1\infty}r_1\mathrm{d}t$$

则单位时间内的动量矩的变化等于

$$\frac{1}{\mathrm{d}t}(\rho Qv_{2\infty}\cos\alpha_{2\infty}r_2\mathrm{d}t-\rho Qv_{1\infty}\cos\alpha_{1\infty}r_1\mathrm{d}t)=\rho Q(v_{2\infty}\cos\alpha_{2\infty}r_2-v_{1\infty}\cos\alpha_{1\infty}r_1)$$

根据动量矩定理,上式应等于作用在该控制体上的外力矩,即旋转叶轮给予该流体的转矩 M,于是

$$M=\rho Q(v_{2\infty}\cos\alpha_{2\infty}r_2-v_{1\infty}\cos\alpha_{1\infty}r_1)$$

叶轮以等角速度 ω 旋转,则传递给流体的功率为

$$N=M\omega=\rho Q(v_{2\infty}\cos\alpha_{2\infty}r_2\omega-v_{1\infty}\cos\alpha_{1\infty}r_1\omega)$$

由于 $r_2\omega=u_2$,$r_1\omega=u_1$,$v_{2\infty}\cos\alpha_{2\infty}=v_{2u\infty}$,$v_{1\infty}\cos\alpha_{1\infty}=v_{1u\infty}$,故

$$M\omega=\rho Q(u_2v_{2u\infty}-u_1v_{1u\infty})$$

对于单位重量流体从叶轮得到的能量,即无限多叶片时泵与风机的理论能头 $H_{T\infty}$ 为

$$H_{T\infty} = \frac{1}{g}(u_2 v_{2u\infty} - u_1 v_{1u\infty}) \tag{8.4}$$

式(8.4)就是离心式泵与风机的能量方程式,又叫欧拉方程式。

为了提高理论能头,设计时取 $\alpha_1 = 90°$,即流体沿径向进入叶轮,则 $v_{1u} = v_{1\infty} \cdot \cos\alpha_{1\infty} = 0$,于是式(8.4)简化为

$$H_{T\infty} = \frac{1}{g} u_2 v_{2u\infty} \tag{8.5}$$

由速度三角形,利用余弦定理,可以把能量方程改为另一种形式

$$H_{T\infty} = \frac{u_2^2 - u_1^2}{2g} + \frac{w_{1\infty}^2 - w_{2\infty}^2}{2g} + \frac{v_{2\infty}^2 - v_{1\infty}^2}{2g} \tag{8.6}$$

对于离心泵而言,理论能头即为泵的理论扬程,而对于风机来说,一般用风压来表示它所获得的能量,风机 $p_{T\infty} = \rho g H_{T\infty}$($\rho$ 为流体的密度)。因此,风机的能量方程式应写为

$$p_{T\infty} = \rho(u_2 v_{2u\infty} - u_1 v_{1u\infty}) \tag{8.7}$$

对于轴流式泵与风机,因流体流入和流出叶轮时在同一直径上,$u_1 = u_2$,于是有

$$H_{T\infty} = \frac{u}{g}(v_{2u\infty} - v_{1u\infty}) \tag{8.8}$$

$$H_{T\infty} = \frac{w_{1\infty}^2 - w_{2\infty}^2}{2g} + \frac{v_{2\infty}^2 - v_{1\infty}^2}{2g} \tag{8.9}$$

$$p_{T\infty} = \rho u(v_{2u\infty} - v_{1u\infty}) \tag{8.10}$$

式(8.6)、式(8.9)是能量方程式的另一种表达形式。

8.2.2 能量方程式的分析

能量方程式充分地反映出能量转换过程,我们就对式(8.6)加以分析讨论。

①左端 $H_{T\infty}$ 表示在没有任何摩擦和冲击损失条件下,单位质量流体流过无限多叶片叶轮时所获得的能量,即泵与风机的理论能头,其单位为米。

②右端表示流体流经叶轮后所获得的总能头由三部分组成。

a. 第三项是单位重量流体的动能增量,也叫动(压)水头增量,用 $H_{d\infty}$ 表示,即

$$H_{d\infty} = \frac{v_{2\infty}^2 - v_{1\infty}^2}{2g}$$

通常在总能头相同的条件下,动(压)水头的增量不宜过大。虽然,人们利用蜗壳及导流器的扩压作用,可将一部分动(压)水头转换成静(压)水头,但增加了流动的水力损失,使泵与风机的效率有所下降。

b. 第一、二项是总能头中压能的增量,也称为静(压)水头增量,用 $H_{st\infty}$ 表示,即

$$H_{st\infty} = \frac{u_2^2 - u_1^2}{2g} + \frac{w_{1\infty}^2 - w_{2\infty}^2}{2g} = \frac{p_{2\infty} - p_{1\infty}}{\rho g}$$

式中 $\frac{u_2^2 - u_1^2}{2g}$ 是单位质量流体在叶轮旋转时产生的离心力所做的功;$\frac{w_{1\infty}^2 - w_{2\infty}^2}{2g}$ 是由于叶片间流道扩宽,导致相对速度 w 有所下降而获得的静(压)水头增量,它代表着叶轮中动能转化为压能的份量。由于相对速度变化不大,故其增量部分较小。

由此可知,理论能头是流体流经泵与风机后静压头增量部分与动压头增量部分之和,即

$$H_{T\infty} = H_{st\infty} + H_{d\infty} \tag{8.11}$$

对于离心式泵与风机来说，理论能头主要靠离心力做功产生；对于轴流式泵与风机来说理论能头是靠叶片升力做功产生的。

③从能量方程式可以看出理论能头是用流体柱高度表示的，它的数值只与流体的运动状态有关，而与流体的性质无关。因此，用同一台泵在相同条件下输送不同性质的液体介质时，产生的理论扬程相同，但压力不同，因为压头与介质密度有关。

④欧拉方程式适用于叶片式泵与风机，是叶片式叶轮（包括离心式和轴流式叶轮）能量传递的关系式。不过欧拉方程式用于离心式叶轮与轴流式叶轮时还是有差别的。在离心式叶轮中流体质点从叶轮内径流到外径，并获得相同的最大压头；而在轴流式叶轮中流体质点是在叶轮某一直径上流进流出并获得相应的能量。

⑤能量方程式不仅表明能量变化过程，也为泵与风机的设计、改进指出了方向。由离心式泵与风机能量方程式（8.4）可以看出，当 $v_{1u\infty}=0$ 时，可以提高理论能头 $H_{T\infty}$，所以设计时，通常取 $\alpha_1=90°$。当然，加大 u_2 及 $v_{2u\infty}$ 也可以提高理论能头 $H_{T\infty}$。应当指出：增加出口圆周速度可以通过加大叶轮外径 D_2 或提高叶轮转速 n 实现，但 D_2 增加会使损失增加，从而导致泵与风机效率下降，加之所用材料强度等限制不能过分加大外径尺寸 D_2，因而用提高转速的办法来提高泵与风机的理论能头 $H_{T\infty}$ 的是当今普遍采用的一个重要手段。

⑥对于轴流式泵与风机来说，因为 $u_1=u_2=u$，而 $v_{2u\infty}-v_{1u\infty}$ 又不可能很大，因此，轴流式泵与风机的理论能头远低于离心式泵与风机。要提高理论能头，应设法加大叶轮入口的相对速度 $w_{1\infty}$，使 $w_{1\infty}>w_{2\infty}$。为此，应使叶轮入口断面小于出口断面。通常采用稍微加大叶片入口厚度的方法，把叶片做成机翼型断面，提高理论能头。

虽然能量方程式为叶轮的设计计算提供了依据，但是实际流体的黏性对能头（风压）的影响很难从理论上计算出来，只能通过实验来修正。

8.3　离心式叶轮叶片的形式

8.3.1　叶片的三种形式

无限多叶片叶轮所产生的理论能头 $H_{T\infty}$ 主要取决于叶轮进、出口速度三角形，而速度三角形的形状是由进、出口叶片安装角 $\beta_{1y\infty}$ 和 $\beta_{2y\infty}$ 所决定的。当 $\beta_{1y\infty}$ 一定（通常取 $\alpha_1=90°$ 则 $v_{1u\infty}=0$），进口速度三角形即为一定，因此，$H_{T\infty}$ 取主要决于 $\beta_{2y\infty}$，下面讨论 $\beta_{2y\infty}$ 角对 $H_{T\infty}$ 的影响。

叶片出口安装角 $\beta_{2y\infty}$ 决定了叶片的形式，所以一般以 $\beta_{2y\infty}$ 角的大小把叶片分为如图 8.6 所示的 3 种形式。

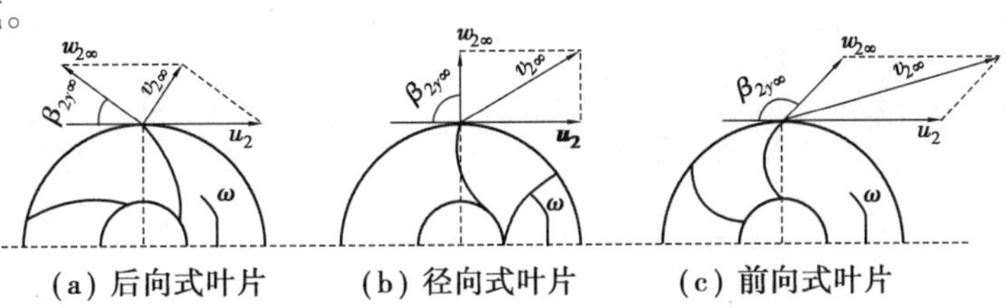

图 8.6　叶片的形式

①后向式叶片叶轮（$\beta_{2y\infty}<90°$），简称后向式叶轮，其叶片弯曲方向与叶轮旋转的方向相反；

②径向式叶片叶轮（$\beta_{2y\infty}=90°$），简称径向式叶轮，其叶片出口的方向为径向；

③前向式叶片叶轮（$\beta_{2y\infty}>90°$），简称前向式叶轮，其叶片弯曲方向与叶轮旋转的方向相同。

为了比较叶片形式的变化对理论能头 $H_{T\infty}$ 的影响，假设这三种叶轮的直径 D，转速 n 及流量 Q 均相等，即出口速度三角形的底边 u_2 及其高 $v_{2r\infty}$ 相等。

8.3.2 叶片出口安装角 $\beta_{2y\infty}$ 对理论能头 $H_{T\infty}$ 的影响

由图 8.6(a)中的出口速度三角形得

$$v_{2u\infty}=u_2-v_{2r\infty}\cot\beta_{2y\infty}$$

将上式代入式(8.5)得

$$H_{T\infty}=\frac{1}{g}u_2v_{2u\infty}=\frac{u_2}{g}(u_2-v_{2r\infty}\cot\beta_{2y\infty}) \tag{8.12}$$

由上述三个假设条件，从式(8.12)可知理论能头 $H_{T\infty}$ 仅与 $\beta_{2y\infty}$ 有关，下面就叶片的三种形式进行讨论：

(1) $\beta_{2y\infty}<90°$时（后向式）

如图 8.7(a)速度三角形所示，此时 $\cot\beta_{2y\infty}>0$，$\beta_{2y\infty}$ 越小，则 $v_{2r\infty}\cot\beta_{2y\infty}$ 之积越大，$H_{T\infty}$ 就越小。当 $\beta_{2y\infty}$ 小到等于最小 $\beta_{2y\infty\min}$ 时有

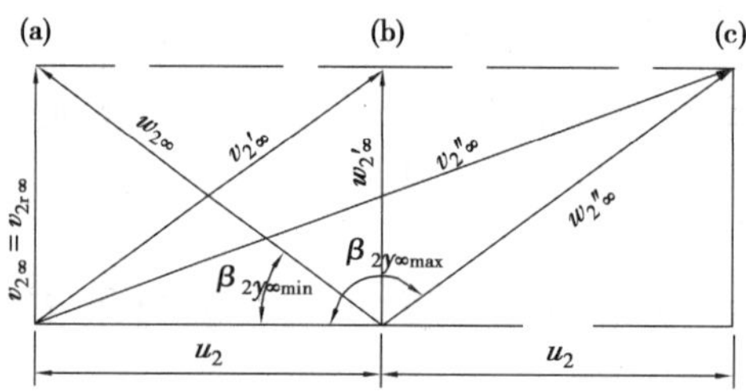

图 8.7 叶片安装角 $\beta_{2y\infty}$ 对 $H_{T\infty}$ 的影响

$$\cot\beta_{2y\infty\min}=\frac{u_2}{v_{2r\infty}} \tag{8.13}$$

代入式(8.12)得

$$H_{T\infty}=0$$

这时叶轮未给流体任何能量，这是出口安装角 $\beta_{2y\infty}$ 的最小极限值。

(2) $\beta_{2y\infty}=90°$时（径向式）

如图 8.7(b)所示速度三角形，此时，$\cot\beta_{2y\infty}=0$ 代入式(8.15)得

$$H_{T\infty}=\frac{u_2^2}{g}$$

(3) $\beta_{2y\infty}>90°$时(前向式)

如图8.7(c)所示速度三角形,此时,$\beta_{2y\infty}>90°$,则 $\cot\beta_{2y\infty}<0$,$\beta_{2y\infty}$ 越大,$H_{T\infty}$ 也越大。当 $\beta_{2y\infty}$ 增加到最大角 $\beta_{2y\infty\max}$ 时有

$$\cot\beta_{2y\infty\max}=-\frac{u_2}{v_{2r\infty}} \tag{8.14}$$

代入式(8.12)得

$$H_{T\infty}=\frac{2u_2^2}{g}$$

这是 $\beta_{2y\infty}$ 角最大时的极限值。

以上分析结果说明,当叶片出口安装角从 $\beta_{2y\infty\min}$ 增加到 $\beta_{2y\infty\max}$ 时,$H_{T\infty}$ 则从零增加到最大值,即 $\beta_{2y\infty}$ 越大,流体从叶轮所获得的能量越多。似乎可以得出如下结论:前向式叶轮所获得的能头最大,其次是径向式叶轮,而后向式叶轮获得的能头最小,故前向式叶轮效果最佳。

但是,这种看法是不全面的,因为在全部理论能头的组成中,存在着动压和静压的分配问题。为此,有必要结合叶型进一步研究这个问题。

8.3.3　叶型对动压头 $H_{d\infty}$ 的影响

从前述理论能头的组成来看,理论能头 $H_{T\infty}$ 为动压头 $H_{d\infty}$ 和静压头 $H_{st\infty}$ 之和。在离心式泵中,我们希望获得较高的静压头,即静压头在总能头中所占比例较大,以提高泵系统的效率。

通常在设计离心式叶轮时,除使流体径向进入($\alpha_1=90°$)流道外,常令叶轮(流道)进口截面积等于出口(流道)截面积。以 A 代表截面积,根据连续性原理有

$$v_{1\infty}A=v_{1r\infty}A=v_{2r\infty}A$$

则

$$v_{1\infty}=v_{1r\infty}=v_{2r\infty}$$

将此关系代入动压头 $H_{d\infty}$ 计算公式,并结合图8.4可得 $H_{d\infty}$ 与出口切向分速度 $v_{2u\infty}$ 之间的关系

$$H_{d\infty}=\frac{v_{2\infty}^2-v_{1\infty}^2}{2g}=\frac{v_{2\infty}^2-v_{2r\infty}^2}{2g}=\frac{v_{2u\infty}^2}{2g} \tag{8.15}$$

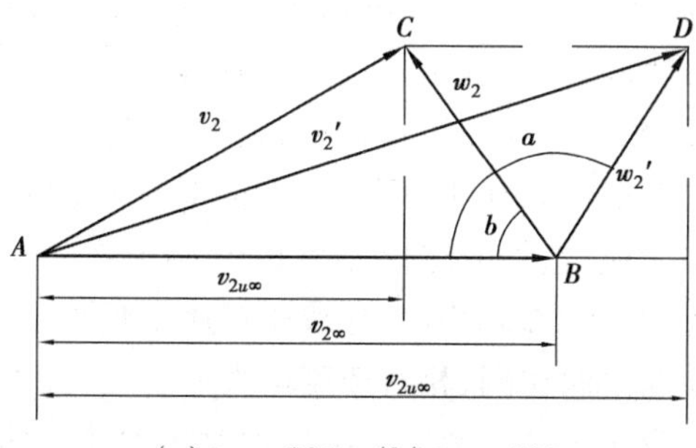

(a)$\beta_{2y\infty}>90°$　(b)$\beta_{2y\infty}<90°$

图8.8　不同叶型(不同 $\beta_{2y\infty}$)出口切向分速度

由此可见,理论能头 $H_{T\infty}$ 中的动压头成分 $H_{d\infty}$ 与出口速度的切向分速度 $v_{2u\infty}$ 的平方成正

比,结合图 8.8 可以看出:在同一叶轮直径和同一转速下,后向式叶轮 $\beta_{2y\infty}<90°$($\triangle ABC$)具有较小的出口切向分速度 $v_{2u\infty}$,因而全部能头中的动压水头 $H_{d\infty}$ 成分较少;前向式叶轮 $\beta_{2y\infty}>90°$($\triangle ABD$)的出口切向分速度 $v_{2u\infty}$ 较大,所以动压水头 $H_{d\infty}$ 成分较多而静压水头 $H_{st\infty}$ 成分减少。

如前所述,动压水头成分大,意味着流体在蜗道中,动压转成静压过程中水力损失大。实践证明,在其他条件相同时,尽管前向式叶轮离心泵的总扬程较大,但它们的损失也大,效率较低。因此,离心式泵全部采用后向式叶轮。在大型风机中,为增加效率或降低噪声水平,也几乎都采用后向式叶轮。但对于中小型风机而言,效率不是主要考虑的因素,因而不少采用前向式叶轮,这是因为前向式叶轮风机在相同压头下,轮径和外形可做得小些。根据这个原理,在微型风机中,多数采用前向式多叶叶轮,径向式叶轮的泵或风机的性能介于两者之间。后弯式叶轮叶片的出口安装角为 20°~30°。

8.4 无限数目叶片叶轮理论能头计算

8.4.1 有限叶片叶轮流道中流体的运动

当叶片无限多时,流体在叶轮流道内流动是严格地沿叶片形线运动的,因而流道断面上相对速度分布是均匀的,如图 8.9(b)所示,这是一种理想情况。实际上叶轮叶片数目是有限的,在有限数目叶片叶轮流道内,流体是在两叶片之间有一定宽度的空间内自由流动着。在此种场合下,除了紧靠叶片的流体沿叶片形线运动外,其他流体的运动都与叶片的形线有不同程度的偏移。

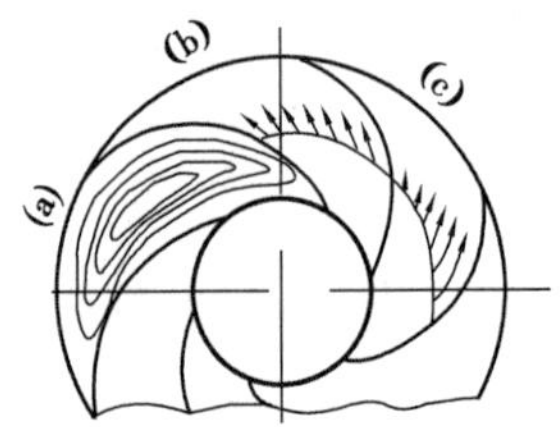

图 8.9 流体在流道中的运动

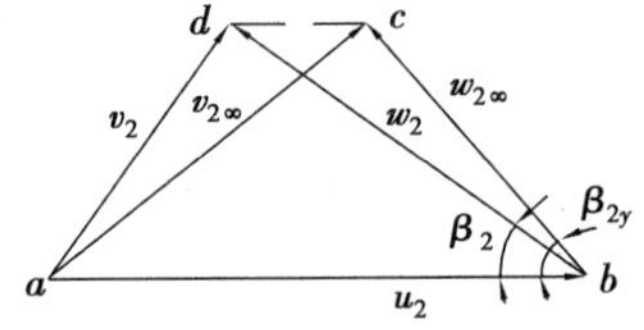

图 8.10 轴向旋涡对速度三角形的影响

有限叶片叶轮中流体的流动可以看成两种运动(牵连运动和相对运动)的合成运动。若把叶轮进、出口封闭起来,叶轮旋转时,有一定自由空间的流道内的流体会产生一种与叶轮旋转方向相反的旋转运动,如图 8.9(a)所示,人们称这种运动为相对轴向旋涡运动;若叶轮固定不动,让流体流过叶轮流道,如图 8.9(b)所示。有限叶片叶轮中流体的运动,可以看成匀速运动与轴向旋涡运动迭加而成,迭加的结果如图 8.9(c)所示。在叶片工作面上,由于轴向旋涡运动速度方向与相对运动速度方向相反,导致相对速度减小;而在叶片背面,则因轴向旋涡运动速度方向与相对运动速方向相同,相对速度增大。

在叶轮出口处由于轴向旋涡运动的影响使出口相对运动速度偏离叶片的切线方向,即相对运动速度的流动角 $\beta_{2\infty}$ 并不与叶片出口安装角 $\beta_{2y\infty}$ 一致,而是向着叶轮旋转的反方向偏离了一个角度,由 β_{2y} 减小到 β_2。由于流量 Q 与转速 n 不变,即 v_{2r} 和 u_2 不变,所以出口速度三角形由 $\triangle abc$ 变为 $\triangle abd$,如图 8.10 所示。由于轴向旋涡运动所引起的出口相对速度的偏移,

导致 $\beta_2<\beta_{2y}$，同时也使 $v_{2u\infty}$ 减小。由能量方程式可知，有限叶片叶轮的理论能头 H_T 将小于无限多叶片（$z=\infty$）叶轮的理论能头 $H_{T\infty}$。即

$$H_T=\frac{u_2v_{2u}-u_1v_{1u}}{g}<H_{T\infty}=\frac{u_2v_{2u\infty}-u_1v_{1u\infty}}{g}$$

必须指出：H_T 与 $H_{T\infty}$ 的差别与叶片数及流道形状密切相关，这种差别不是因为任何损失而致，而是有限数目叶片叶轮的流道不能像无限多叶片时那样严格控制流体流动，流体惯性的影响导致速度改变而致，说到底是流体惯性导致 H_T 与 $H_{T\infty}$ 的差异。H_T 与 $H_{T\infty}$ 的差异是客观存在的，人们感兴趣的是如何计算 H_T 与 $H_{T\infty}$ 的差异，或者说如何计算 H_T 的大小。

8.4.2　有限数目叶片叶轮理论能头 H_T 的计算

关于 H_T 的计算方法有斯托道拉的理论计算法和修正系数法，本书只介绍修正系数法。

修正系数法是采用一个恒小于 1 的修正系数 K 修正 $H_{T\infty}$ 而得到 H_T 即

$$H_T=KH_{T\infty} \tag{8.16}$$

式中 K 为滑移系数，也称修正系数。它不是效率，只表明 $H_T<H_{T\infty}$ 的系数。滑移系数与多种因素有关，目前很难用理论方法进行计算。对于泵来说，通常采用弗来德勒经验公式

$$K=\frac{1}{1+2\varepsilon\frac{1}{z}\cdot\frac{1}{1-\left(\frac{r_1}{r_2}\right)^2}} \tag{8.17}$$

式中　ε——经验系数；

z——叶片数；

r_1,r_2——叶轮进口、出口半径。

此式适用于 $\beta_{2y}<90°$，且半径比 $\frac{r_1}{r_2}<1$ 的叶轮。

经验系数 ε 与流道的粗糙度及叶片出口安装角有关，可用下式计算

$$\varepsilon=(0.55\sim0.65)+0.6\sin\beta_{2y} \tag{8.18}$$

叶轮流道表面较粗糙时取大值，对精加工叶轮取小值，对于常用的出口安装角 $\beta_{2y}=30°$叶轮，$\varepsilon=0.8\sim1.0$。

泵叶轮叶片数通常采用下式确定

$$z=6.5\sin\frac{\beta_{1y}+\beta_{2y}}{2}\left(\frac{D_2+D_1}{D_2-D_1}\right) \tag{8.19}$$

对于风机，板式前盘且前、后盘平行的叶轮，一般采用爱克公式计算 K 值

$$K=\frac{1}{1+\sin\beta_{2y}\cdot\frac{\pi}{z\left[1-\left(\frac{r_1}{r_2}\right)^2\right]}} \tag{8.20}$$

上式适用于 $\beta_{2y}=30°\sim50°$情况下使用。粗略计算时，水泵的 K 值可取 0.8，风机可取为 0.8～0.85。

例 8.1　有一离心式水泵，已知叶轮外径 $D_2=22$ cm，叶轮出口宽度 $b_2=1$ cm，叶片出口安装角 $\beta_{2y}=22°$，转速 $n=2\ 900$ r/min，理论流量 $Q_T=0.025\ m^3/s$，并设液体径向流入叶轮，即

$\alpha_1=90°$，求 u_2、w_2、v_2 及 α_2，并计算 $z=\infty$ 时叶轮的理论能头 $H_{T\infty}$。

解 $u_2=\dfrac{\pi D_2 n}{60}=\dfrac{3.14\times0.22\times2\ 900}{60}=33.38\ (\text{m/s})$

$$v_{2r}=\frac{Q_T}{\pi\cdot D_2 b_2}=\frac{0.025}{3.14\times0.22\times0.01}=3.62\ (\text{m/s})$$

$$w_2=\frac{v_{2r}}{\sin\beta_{2y}}=\frac{3.62}{\sin 22°}=\frac{3.62}{0.374}=9.67\ (\text{m/s})$$

$$\begin{aligned}v_2&=(w_2^2+u_2^2-2w_2u_2\cos\beta_{2y})^{\frac{1}{2}}\\&=(9.67^2+33.38^2-2\times9.67\times33.38\times0.927)^{\frac{1}{2}}\\&=(193.5+1\ 114.22-598.44)^{\frac{1}{2}}\\&=(609.98)^{\frac{1}{2}}\\&=24.68\ (\text{m/s})\end{aligned}$$

$$\sin\alpha_2=\frac{v_{2r}}{v_2}=\frac{3.62}{24.68}=0.146$$

$$\alpha_2=8.44°$$

$$H_{T\infty}=\frac{u_2v_2\cos\alpha_2}{g}=\frac{33.68\times24.68\times0.989}{9.81}=\frac{814.75}{9.81}=83.05\ (\text{m})$$

例 8.2 求例 8.1 中为有限数目叶片时，理论扬程 H_T。

解 采用环流系数法

设 $\dfrac{r_1}{r_2}=0.5$，$z=8$，$\beta_{2y}=30°$

$$\varepsilon=0.6+0.6\sin 30°=0.9$$

$$K=\frac{1}{1+2\varepsilon\dfrac{1}{Z}\cdot\dfrac{1}{1-\left(\dfrac{r_1}{r_2}\right)^2}}=\frac{1}{1+2\times0.9\times\dfrac{1}{8}\times\dfrac{1}{1-(0.5)^2}}=\frac{1}{1.3}=0.769$$

$$H_T=K_{HT\infty}=0.796\times83.05=63.8(\text{m})$$

习　题

8.1 有一离心式泵，叶轮几何参数如下：$b_1=3.5$ cm，$b_2=1.9$ cm，$D_1=17.8$ cm，$D_2=38.1$ cm，$\beta_{1y}=18°$，$\beta_{2y}=20°$，设 $\alpha_1=90°$，$n=1\ 450$ r/min，试按比例绘出出口速度三角形，并计算理论流量 Q_T 及理论扬程 $H_{T\infty}$。

8.2 有一叶轮外径 $D_2=30$ cm 的离心式风机，叶轮转速 $n=2\ 980$ r/min，空气密度 $\rho=1.2$ kg/m^3。设叶轮入口气体沿径向流入，叶轮出口的相对速度方向为径向，求无限多叶片时的理论全压 $p_{T\infty}$。

8.3 有一离心式泵，叶轮外径 $D_2=22$ cm，$n=2\ 980$ r/min，叶片出口安装角 $\beta_{2y}=45°$，出口径向速度 $v_{2r}=3.6$ m/s。设 $\alpha_1=90°$，试按比例绘出出口速度三角形并计算出理论扬程 $H_{T\infty}$。

若环流系数 $K=0.8$，$\eta_h=0.9$，求该泵的理论扬程 H_T。

8.4　有一离心式油泵，叶轮外径 $D_2=31$ cm，叶轮出口宽度 $b_2=1.2$ cm，叶片出口安装角 $\beta_{2y}=25°$，叶轮转速 $n=2\ 950$ r/min，理论流量 $Q_T=0.028\ m^3/s$，设 $\alpha_1=90°$，求 u_2、$w_{2\infty}$、$v_{2\infty}$、$\beta_{2\infty}$ 和 $H_{T\infty}$。

8.5　设 $r_1/r_2=0.42$，$z=7$，求 8.4 题中有限叶轮叶片时的理论扬程 H_T。

8.6　有一转速 $n=1\ 480$ r/min 的离心式水泵，$Q_T=0.083\ 3\ m^3/s$，叶轮外径 $D_2=36$ cm，叶轮出口有限面积 $A=0.023\ m^2$，叶轮叶片出口安装角 $\beta_{2y}=30°$，试作出速度三角形；设 $v_{1u}=0$，试计算泵的理论扬程 $H_{T\infty}$；设环流系数 $K=0.77$，求理论扬程 H_T。

第 9 章
泵与风机的性能

泵与风机的工作性能用其性能参数表征，其主要性能参数包括流量、能头、转速、功率、效率等，对于泵而言，还有表示泵吸入性能的参数，即允许吸入真空高度或汽蚀余量。本章着重对泵与风机的能头、功率、效率及泵的吸入性能等进行分析。

9.1 泵与风机的能头

泵与风机的能头是指单位重量流体通过泵与风机后所增加的能量，即泵与风机给予单位质量流体的能量。习惯上泵的能头一般用泵的扬程表示，风机的能头一般用风机的全风压表示。

9.1.1 泵的扬程

泵的扬程是指单位质量液体通过泵后的能量增量，单位为米。

(1)离心泵的扬程计算公式

扬程是一个总的说法，它并不代表泵能把液体输送到的高度，习惯上用 H 表示泵的扬程。

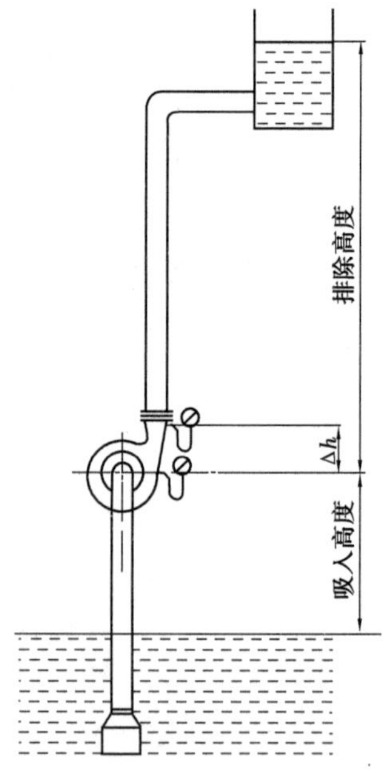

图 9.1 离心泵的安装示意图

图 9.1 是离心泵的安装示意图。以吸入液面作为基准面，泵吸入口和排出口处单位质量液体具有的能量 $E_{吸}$ 和 $E_{排}$ 分别为

$$E_{吸} = H_{吸} + \frac{p_{吸}}{\rho g} + \frac{v_{吸}^2}{2g}$$

$$E_{排} = \Delta h + H_{吸} + \frac{p_{排}}{\rho g} + \frac{v_{吸}^2}{2g}$$

式中 $H_{吸}$——吸入高度，即泵的安装高度，m；

$p_{吸}$——泵吸入口处绝对压强，N/m^2；

$p_{排}$——泵排出口处绝对压强，N/m^2；

$v_{吸}$——泵吸入口截面平均流速，m/s；

$v_{排}$——泵排出口截面平均流速，m/s；

Δh——两表安装高度差，m。

根据泵扬程的定义 $H=E_{排}-E_{吸}$ 有

$$H=\Delta h+\frac{p_{排}-p_{吸}}{\rho g}+\frac{v_{排}^2+v_{吸}^2}{2g} \tag{9.1}$$

上式就是泵扬程定义的数学表达式。

测量泵扬程时，分别在泵的吸入口和排出口处各装一块真空表和一块压力表，两表读数与绝对压强的关系如下

$$p_{真}=p_a-p_{吸}$$

$$p_{表}=p_{排}-p_a$$

所以

$$p_{排}-p_{吸}=p_{表}+p_{真}$$

于是式(9.1)可写成

$$H=\Delta h+\frac{p_{真}+p_{表}}{\rho g}+\frac{v_{排}^2-v_{吸}^2}{2g} \tag{9.2}$$

式(9.2)是用真空表读数和压力表读数表示的泵的扬程表达式。此式只适用于泵吸入口压力低于大气压力时采用，若吸入口压力高于大气压时，仍采用式(9.1)计算。

当泵的吸入口和排出口口径相等，且两表安装高度相差不大时，可近似用下式计算泵的扬程：

$$H=\frac{p_{真}+p_{表}}{\rho g} \tag{9.3}$$

以上介绍了泵的扬程计算表达式，从泵提供能量方面入手分析了扬程的计算方法。在实际工作中，泵总是与相应的管路组成一个统一的供液系统，在该系统中液体流过管路所需的能量全部由泵来提供，即泵提供的能量不小于液体流过管路所需要的能量，但两者之间有什么关系呢？

(2)泵提供的能量与管路所需能量之间的关系

在实际工作中，泵扬程的大小由规定流量下管路所需要的能量来决定，泵提供的能量应等于管路所需要的能量。

列吸入罐液面(基准面)到泵吸入口间的能量方程

$$\frac{p_1}{\rho g}+\frac{v_1^2}{2g}=H_{吸}+\frac{p_{吸}}{\rho g}+\frac{v_{吸}^2}{2g}+h_{吸损}$$

列泵出口到排出罐液面(吸入罐液面为基准面)间的能量方程

$$\Delta h+H_{吸}+\frac{p_{排}}{\rho g}+\frac{v_{排}^2}{2g}=H_{吸}+H_{排}+\frac{p^2}{\rho g}+\frac{v_2^2}{2g}+h_{排损}$$

式中　p_1——吸入罐液面上的压强，N/m^2；

p_2——排出罐液面上的压强，N/m^2；

v_1——吸入罐液面下降速度，m/s；

v_2——排出罐液面上升速度，m/s；

$h_{吸损}$——泵吸入管路阻力损失，m；

$h_{排损}$——泵排出管路阻力损失，m。

将上两式相加并整理，考虑吸入罐和排出罐截面较大，$v_1 = v_2 = 0$，得

$$\Delta h + \frac{p_{排} - p_{吸}}{\rho g} + \frac{v_{排}^2 - v_{吸}^2}{2g} = H_{吸} + H_{排} + h_{排损} + h_{吸损} + \frac{p_2 - p_1}{\rho g}$$

式中等号左端即为泵的扬程 H，即

$$H = H_{吸} + H_{排} + h_{排损} + h_{吸损} + \frac{p_2 - p_1}{\rho g}$$

令

$$H_{吸} + H_{排} = H_{输}; h_{排损} + h_{吸损} = h_{损}$$

则

$$H = H_{输} + h_{损} + \frac{p_2 - p_1}{\rho g} \tag{9.4}$$

式中 $H_{输}$——输送高度，其值等于排出罐液面与吸入罐液面之间的高差；

$H_{损}$——管路损失，其值等于吸入管路水头损失与排出管路水头损失之和。

需要指出的是，当排出罐液面高于吸入罐液面时，$H_{输}$ 取正值，反之取负值。

(3)输送不同介质时两表读数的变化

真空表和压力表是指示泵工作状态的仪表，两表读数与管路参数的关系可依伯努利方程分别求出

$$\frac{p_{真}}{\rho g} = H_{吸} + \frac{v_{吸}^2}{2g} + h_{吸损} \tag{9.5}$$

$$\frac{p_{表}}{\rho g} = H_{排} - \Delta h + h_{排损} - \frac{v_{排}^2}{2g} \tag{9.6}$$

不难看出：同一台泵输系统在输送不同介质时（黏度相近），以米液柱表示的两表数值基本不变。

现以输送汽油和柴油为例，同一台泵分别输送这两种介质时，由于 $H_{吸}$、$H_{排}$、Δh 及速度头不变，而 $h_{吸损}$、$h_{排损}$也因黏度变化不大而几乎不变，所以

$$\frac{p_{真汽}}{\rho_{汽} g} = \frac{p_{真柴}}{\rho_{汽} g}$$

$$\frac{p_{表汽}}{\rho_{汽} g} = \frac{p_{表柴}}{\rho_{汽} g}$$

但值得注意的是，因两表计数与密度有关，因而随着密度的变化，两表读数要发生变化。

例 9.1 某油库拟增设一管线加油管路（如下图所示），洞库油罐的最低液面标高 127 m，压力罐液面标高 112 m，压力罐的控制压力（表压力）为 $19.62\times10^4 \sim 39.24\times10^4$ Pa，洞库油罐液面通大气。设流量为 100 m^3/h，$A \sim B$ 间管路的阻力损失为 26.7 m，所输送油料为航空煤油，密度为 780 kg/m^3，求所需泵的扬程。

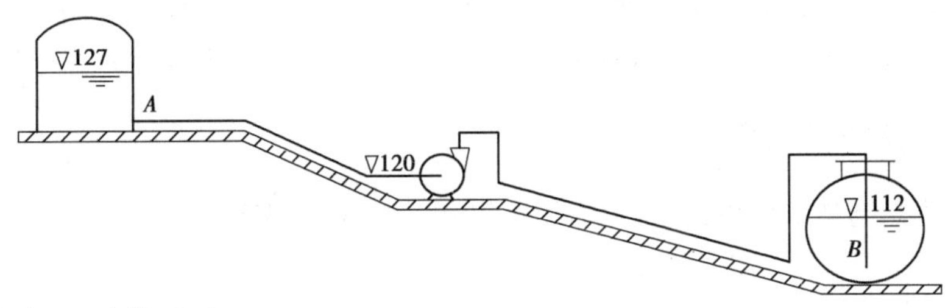

解　根据扬程计算公式

$$
\begin{aligned}
H &= H_{输} + h_{损} + \frac{p_2 - p_1}{\rho g} \\
&= (112 - 127) + 26.7 + \frac{39.24 \times 10^4}{780 \times 9.81} \\
&= -15 + 26.7 + 51.28 \\
&= 62.98\ (\mathrm{m}) \\
&\approx 63\ (\mathrm{m})
\end{aligned}
$$

9.1.2　风机的全压

风机的能头称为全压,包括静压和动压,全压指单位体积气体通过风机后所获得的全压增量,用符号 p 表示,故风机的全压为

$$p = \left(p_2 + \frac{\rho v_2^2}{2}\right) - \left(p_1 + \frac{\rho v_1^2}{2}\right) \tag{9.7}$$

式中　p_1, p_2——风机进、出口断面压力,$\mathrm{N/m^2}$;

v_1, v_2——风机进、出口断面的平均速度,m/s;

ρ—— 气体密度,$\mathrm{kg/m^3}$;

对于风机来说,由于输送的是气体(可压缩性流体),即使进出口风管直径相差不大,风速仍可能相差很大,动压改变很大,且占全压的比例很大,有时可能达到全压的50%以上,而在管路输送中,输送阻力要由静压来克服。因此,风机的风压需要用全压 p 及静压 p_{st} 分别表示。风机的动压 p_d 规定为

$$p_d = \frac{\rho v_2^2}{2} \tag{9.8}$$

则静压为

$$p_{st} = p_2 - p_1 - \frac{\rho v_1^2}{2} \tag{9.9}$$

风机的全压为

$$p = p_{st} + p_d \tag{9.10}$$

9.2　功率、损失和效率

泵与风机在进行能量转换时存在各种损失,因此,从原动机得到的能量不可能全部传递

给流体。损失的多少可用效率来衡量,效率是表示泵与风机能量转换程度的一个重要经济指标。为了寻求提高效率的有效途径,必须对泵与风机内部的各种能量损失进行分析。

9.2.1 泵与风机的功率

单位时间内泵与风机所做的功称为功率,其单位为 W 或 kW。

功率分为有效功率、轴功率和原动机功率。

(1)**有效功率**

有效功率是指单位时间内通过泵或风机的流体所得到的功率,用符号 N_e 表示。

$$N_e = \frac{\rho g Q H}{1\ 000} \tag{9.11}$$

风机的能头用风压 p 表示,风机的有效功率为

$$N_e = \frac{Qp}{1\ 000} \tag{9.12}$$

(2)**轴功率**

轴功率是指原动机输给泵或风机轴上的功率,用符号 N 表示。

$$N = \frac{N_e}{\eta} = \frac{\rho g Q H}{1\ 000\eta} \tag{9.13}$$

风机的轴功率为

$$N = \frac{N_e}{\eta} = \frac{Qp}{1\ 000\eta} \tag{9.14}$$

式中 η——泵或风机的总效率;

ρ——流体密度,kg/m^3;

Q——泵或风机的流量, m^3/s;

p——风机的风压,N/m^2;

H——泵的扬程,m。

(3)**原动机功率**

原动机功率是指原动机输出功率,用 N_g 表示。

$$N_g = \frac{N}{\eta_{tm}} = \frac{\rho g Q H}{1\ 000\eta\eta_{tm}} \tag{9.15}$$

风机的原动机功率为

$$N_g = \frac{N}{\eta_{tm}} = \frac{Qp}{1\ 000\eta\eta_{tm}} \tag{9.16}$$

式中 η_{tm}——机械传动效率,见表 9.1。

表 9.1 传动方式与机械传动效率

传动方式	机械传动效率
电动机直联传动	1.00
联轴器直联传动	0.98
三角皮带传动(滚动轴承)	0.95

在选择配套原动机时要考虑到超载,故应加一安全量,因此,原动机配机功率为

$$N'_g = K\frac{N}{\eta_{tm}} \tag{9.17}$$

式中 K——电动机容量安全系数,见表9.2。

表9.2 电动机功率与容量安全系数 K

电动机功率/kW	容量安全系数 K	电动机功率/kW	容量安全系数 K
0.5以下	1.5	2~5	1.2
0.5~1	1.4	5	1.15
1~2	1.3	>50	1.08

9.2.2 泵与风机的损失与效率

泵与风机在把机械能传递给所输送流体的过程中,伴随着各种损失,按形式可分为机械损失 ΔN_m、容积损失 ΔN_v 和流动损失 ΔN_h 三类。轴功率 N 减去由这三项损失所消耗的功率后就等于有效功率 N_e。从图9.2所示的能量平衡图可以看出轴功率 N、损失功率($\Delta N_m+\Delta N_v+\Delta N_h$)与有效功率 N_e 之间的能量平衡关系。泵与风机内损失的大小用效率表示。下面介绍各种损失及相应的效率。

(1)机械损失和机械效率

机械损失主要包括:轴承摩擦损失 ΔN_1、轴封摩擦损失 ΔN_2 及圆盘摩擦损失 ΔN_3 所消耗的功率。

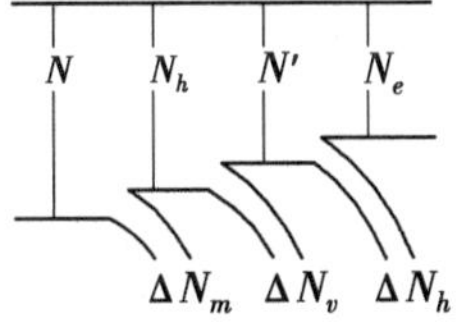

图9.2 能量平衡图

① 轴承和轴封摩擦损失

轴承和轴封摩擦损失与轴承和轴封的结构形式及所输送的流体密度 ρ 有关。这两项损失功率之和约占轴功率的1%~3%。目前广泛采用机械密封,轴封摩擦损失实际上就很小了。

与其他各项损失相比,轴承和轴封摩擦损失所占比重不大。在采用填料密封结构时,若填料压盖压得太紧,摩擦损失就要增大,甚至发热烧毁。对于小泵来说,如果填料压盖压得太紧,启动负荷太大,便有启动不起来的危险。因此,合理压紧填料压盖是十分重要的。

② 圆盘摩擦损失

叶轮在充满流体的壳体内高速旋转时,由于离心力的作用,壳体内的流体形成回流运动,如图9.3(a)所示。圆盘摩擦损失,就是指叶轮外表面与壳体内做回流运动的流体之间产生的摩擦损失。因最初测定这部分损失时借用圆盘进行试验,如图9.3(b)所示,故称圆盘摩擦损失。

圆盘摩擦损失比较大,是机械损失的主要成分,尤其对中、低比转数的泵与风机,圆盘摩擦损失更加重要。从图9.4可看出,对高比转数泵与风机,圆盘摩擦损失所占比重较小;而对低比转数泵与风机,圆盘摩擦损失急剧增加。一般这项损失功率约估轴功率的2%~10%。

影响圆盘摩擦损失功率大小的因素比较多,对一般整体铸造叶轮,圆盘摩擦损失功率 ΔN_3 可近似地用下式计算

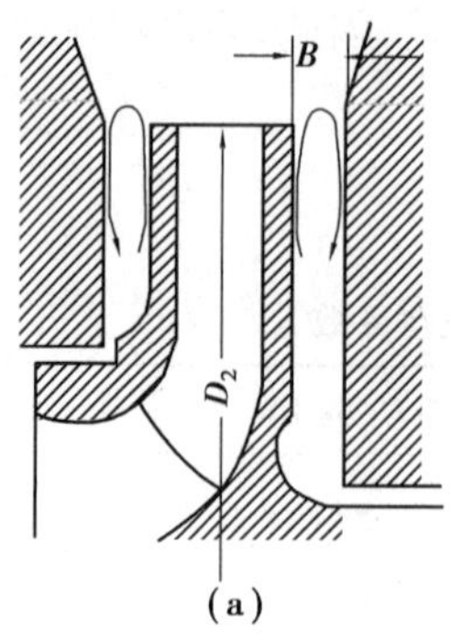

(a)

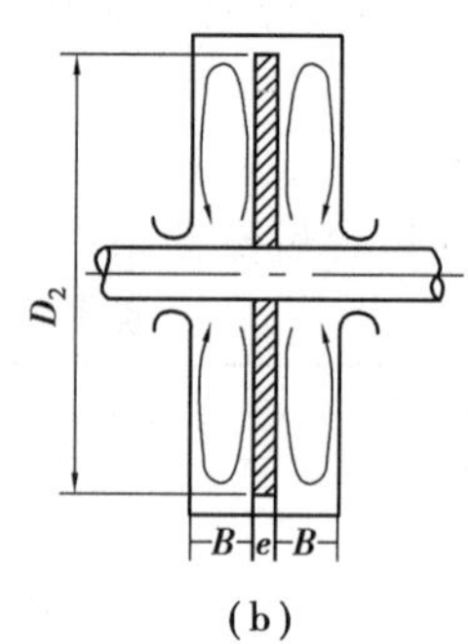

(b)

图 9.3　泵与风机的圆盘摩擦损失

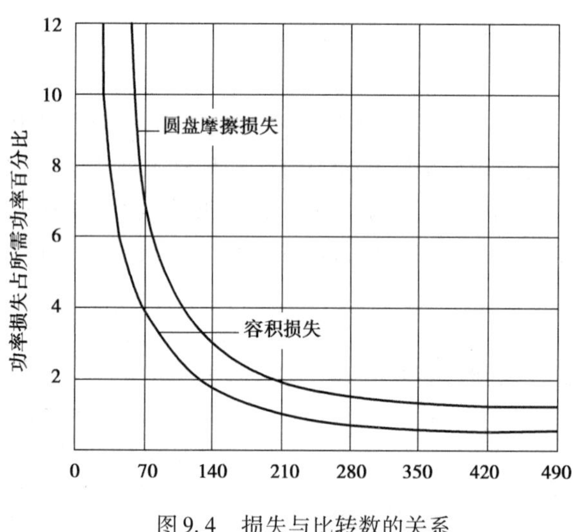

图 9.4　损失与比转数的关系

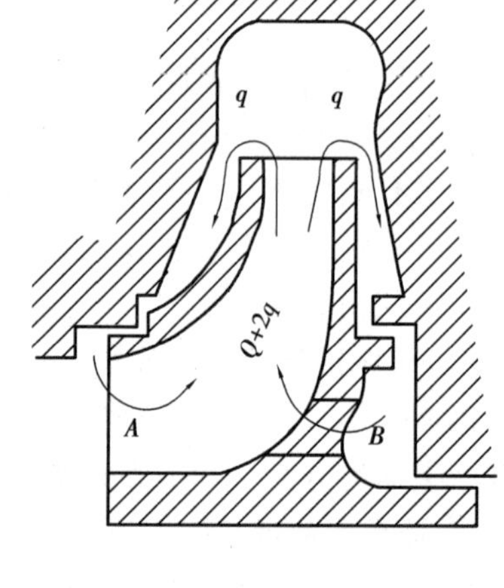

图 9.5　泵内液体回流

$$\Delta N_3 = K\rho g D_2^5 n^2 \tag{9.18}$$

式中　K——阻力系数,由实验测得;

ρ——密度,kg/m^3;

D_2——叶轮外径,m;

n——转速,r/min。

从上式可以看出:圆盘摩擦损失功率 ΔN_3 与转速三次方成正比,与叶轮外径五次方成正比。叶轮外径 D_2 越大,ΔN_3 也越大。低比转数泵与风机的叶轮扁而大,故圆盘摩擦损失是低比转数泵与风机功率降低的主要原因之一。因此,在转速 n 和流量 Q 不变的条件下,用增加叶轮外径的办法来提高泵与风机的能头伴随而来的是圆盘损失的急剧增加。不难看出:当泵与风机的能头给定,若减小叶轮外径,而增加泵与风机的转速,则圆盘摩擦损失不但不增加,反而会减少,这就是近年来逐渐提高泵与风机转速的原因之一。圆盘摩擦损失的大小还与叶轮盖板及腔壁面的粗糙度有关,降低表面粗糙度可以减小圆盘摩擦损失,提高效率。

机械损失功率 ΔN_m 等于轴承、轴封摩擦损失功率及圆盘摩擦损失功率之和,即

$$\Delta N_m = \Delta N_1 + \Delta N_2 + \Delta N_3$$

机械损失的大小用机械效率来表示,机械效率 η_m 等于

$$\eta_m = \frac{N - \Delta N_m}{N} \tag{9.19}$$

(2)**容积损失与容积效率**

当泵与风机运转时,内部各处的流体压力是不等的,有高压区,也有低压区。由于结构上的需要,在泵与风机内部有很多间隙,当间隙前后压力不等时,流体就要从高压区通过间隙向低压区回流。这部分由高压区回流到低压区的流体,虽经叶轮时获得了能量,但未经有效利用,而是在内部循环流动,因克服间隙阻力又消耗掉了,人们称这种损失为容积损失或泄漏损失。

容积损失主要发生在以下一些地方:叶轮入口与壳体之间的间隙,如图9.5中的A线所示;多级泵后一级和前一级经过导叶隔板与轴套之间的间隙;平衡轴向力装置,如图9.5中的B线所示及泵体之间的间隙,轴封处的间隙等。但主要是叶轮入口处和平衡轴向力装置处的容积损失。现对这两处的容积损失讨论如下:

① 发生在叶轮入口处的容积损失

为了尽可能减少叶轮进口处的容积损失,一般在叶轮进口处都装有密封环(口环),在口环间隙两侧压差不变的情况下,间隙宽度越小、间隙越长、弯曲次数越多则密封效果越好,容积损失也越小。

通过口环间隙的泄漏量q_1可按下式计算

$$q = C_1 A\sqrt{2g\Delta H}$$

式中　C_1——泄漏系数;

A——间隙的环形面积,m^2;

ΔH——间隙两侧的压头差,m。

② 发生在平衡轴向力装置处的容积损失

通过平衡轴向力装置处的泄漏量可按下式计算

$$q_2 = C_2 A\sqrt{2g\Delta H}$$

式中　C_2——泄漏系数;

A——间隙的环形面积,m^2;

ΔH——间隙两侧的压头差,m。

不难看出,两者不同的只是泄漏系数。

总的泄漏量$q=q_1+q_2+q_3$,一般为理论流量的4%~40%。

容积损失的大小用容积效率η_v来表示

$$\eta_v = \frac{N - \Delta N_m - \Delta N_v}{N - \Delta N_m} = \frac{\rho g Q H_T}{\rho g(Q + q)H_T} = \frac{Q}{Q + q} \tag{9.20}$$

式中　ΔN_v——容积损失功率。

容积损失也与比转数有关,图9.4给出了容积损失与比转数的关系。

(3)**水力损失和水力效率**

在泵与风机工作时,流体与壁面有摩擦损失,运动流体内部有黏性损失,在流体运动速度大小和方向改变时,有旋涡损失、冲击损失等。这些损失都要消耗一部分能头,人们称这些损失为水力损失。

① 摩擦损失和局部损失

摩擦损失用下式表示

$$h_f = \lambda \frac{L}{4R}\left(\frac{v^2}{2g}\right)$$

式中 λ——摩擦损失系数；

L——流道长度，m；

R——流道断面水力半径，m；

v——流速，m/s。

由于泵与风机流道形状比较复杂，因此，通常将全部摩擦损失归并为一个简单实用的式子来表示，即

$$h_f = K'_1 \frac{v^2}{2g} = K_1 Q^2$$

同样，在吸入室，叶轮流道、导叶和外壳中全部局部损失可简化为下式

$$h_j = \xi' \frac{v^2}{2g} = K_2 Q^2$$

两项损失相加，得

$$h_f + h_j = K_3 Q^2$$

这是一条通过原点的二次抛物线方程，如图 9.7 所示。

② 冲击损失

在讨论冲击损失之前先引入冲角 α 的概念。流体流动速度方向与叶片进口切线方向之间的夹角称为冲角，用符号 α 表示。当流体沿叶片切线方向流入时，流体的入口角 β 等于叶片入口安装角，即 $\beta_1 = \beta_{1y}$，此时 $\alpha = 0$。当 $\beta_{1y} > \beta_1$ 时，则 $\alpha = (\beta_{1y} - \beta_1) > 0$，称为正冲角，如图 9.6(a)所示。当 $\beta_{1y} < \beta_1$ 时，则 $\alpha = (\beta_{1y} - \beta_1) < 0$，称为负冲角，如图 9.6(b)所示。故当泵与风机在设计工况下工作时，冲角 $\alpha = 0$，此时流体与叶片不发生冲击。当流量偏离设计流量 Q_s 时，冲角 $\alpha \neq 0$，此时，在叶片的工作面上会形成旋涡区（当 $\alpha > 0$ 时，旋涡区发生在叶片背面；$\alpha < 0$ 时，旋涡区发生在叶片工作面上），由此引起冲击损失。

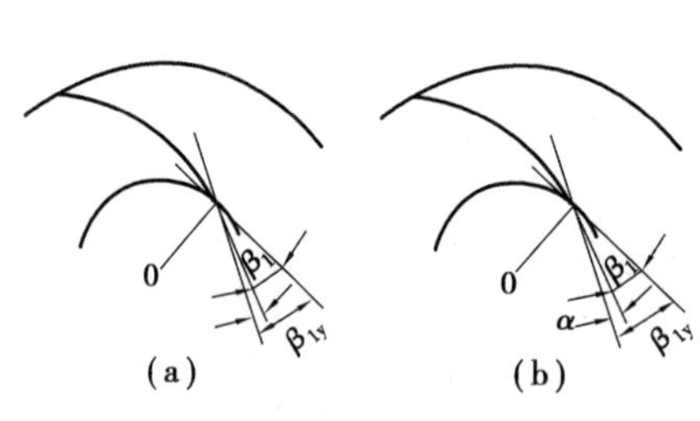

图 9.6 正冲角和负冲角

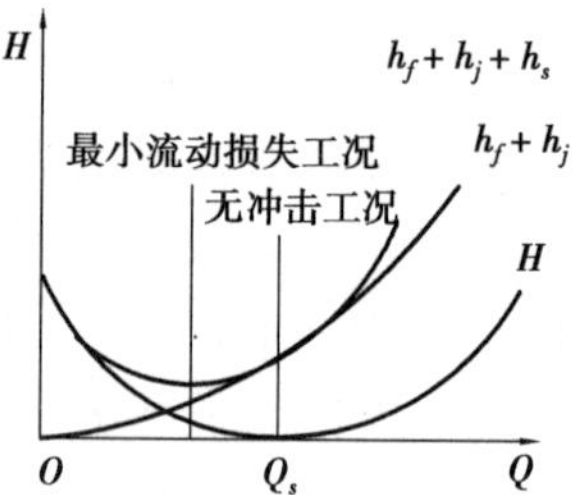

图 9.7 水力损失曲线

冲击损失可用下式表示

$$h_s = K_4 (Q - Q_s)^2$$

这也是一个二次抛物线方程，是一条顶点在设计流量 Q_s 处的二次抛物线，如图 9.7 所示。

水力损失 h_w 等于 h_f、h_j、h_s 三项之和，即

$$h_w = h_f + h_j + h_s$$

可以看出:当 $Q=Q_s$ 时,冲击损失为零。但最小流动损失并不发生在设计工况处,其流量应小于设计流量,我们称最小流动损失点的工况为最佳工况。

水力损失是影响泵与风机效率的主要因素,在所有的损失中,水力损失 h_w 最大。水力损失的大小用水力效率 η_h 来衡量,水力效率用下式表示

$$\eta_h=\frac{N_e}{N-\Delta N_m-\Delta N_v}=\frac{\rho gQH}{\rho gQH_T}=\frac{H}{H_T} \tag{9.21}$$

(4)泵与风机的总效率

泵与风机的总效率为有效功率与轴功率之比

$$\eta=\frac{N_e}{N}=\frac{N_e}{N-\Delta N_m-\Delta N_v}\times\frac{N-\Delta N_m-\Delta N_v}{N-\Delta N_m}\times\frac{N-\Delta N_m}{N}=\eta_h\eta_v\eta_m \tag{9.22}$$

总效率等于水力效率 η_h、容积效率 η_v 和机械效率 η_m 三者之积。这表明:要提高泵与风机的效率必须在设计、制造及运行等各方面同时下工夫,才能取得提高效率的效果。目前,离心式泵的效率在0.6~0.92,视泵的大小、型式和结构而异。轴流式泵的效率在0.74~0.89。离心式风机的效率约在0.5~0.9,高效风机的效率可达0.9以上。小型轴流式风机的效率在0.5~0.6,大型轴流式风机的效率可达0.9。

例9.2　有一输送冷水的离心泵,当转速 $n=1\ 450$ r/min 时,流量 $Q=1.24\ \mathrm{m^3/s}$,扬程 $H=70$ m,此时泵的轴功率 $N=1\ 100$ kW,容积效率 $\eta=0.93$,机械效率 $\eta_m=0.94$,试求水力效率 η_h,水的密度 $\rho=1.0\times10^3\ \mathrm{kg/m^3}$。

解　泵的总效率　$\eta=\dfrac{N_e}{N}=\dfrac{\rho gQH}{N}=\dfrac{1.0\times10^3\times9.81\times1.24\times70}{1\ 000\times1\ 100}=0.774$

因　$\eta=\eta_h\eta_v\eta_m$

所以　$\eta_h=\dfrac{\eta}{\eta_v\eta_m}=\dfrac{0.774}{0.93\times0.94}=\dfrac{0.774}{0.874}=0.885$

9.3　泵的汽蚀

9.3.1　汽蚀现象及其对泵性能的影响

(1)汽蚀现象

汽蚀是水力机械中特有的现象。当流道中局部地方流体的压力降低到液体工作温度下的汽化压力时,该处液体就开始汽化。随之就有大量的蒸汽及溶解在液体中的气体逸出,形成与气体混合的小汽泡。这些小汽泡随同液体流动,当汽泡流入高压区时,汽泡在高压作用下,迅速凝结、破裂、溃灭,就在汽泡溃灭瞬间,产生局部空穴,随之高压液体以极高的速度流向这些空穴,产生极强的冲击力。在流道表面极小的面积上,这种冲击力可达几百甚至上千兆帕,冲击频率可达每秒数万次,液体质点连续频繁地打击金属表面,使金属产生局部疲劳现象,在最薄弱部分,晶粒剥落,出现"点蚀"进而点蚀扩大,产生严重蜂窝状空洞,最后把材料壁面蚀穿,通常称这种现象为机械剥蚀。

另外,溶解在液体中的某些活泼气体,如氧气等,借助汽泡凝结时放出的热量,对金属还

起着电化学腐蚀作用,它与机械剥蚀共同作用,更加快了对金属的破坏速度,人们把汽泡形成、发展、破裂以及化学腐蚀作用导致金属材料破坏的全部过程称为汽蚀现象。如图 9.8 所示为汽泡形成、破裂过程,图 9.9 所示为汽蚀破坏后情况。

对离心式泵汽蚀现象的观察中发现,发生汽蚀的汽化点如图 9.10 所示的 K_1、K_2、K_3、K_4、K_5 等几处。随着工况的变化,汽化先后发生的部位也不相同。一般在小于设计工况下运行时,压力最低点发生在靠近前盖板叶片进口处的叶片背面上(K_2)。

开始发生汽化时,因为只有少量汽泡,对叶轮流道堵塞并不严重,对泵的正常工作没有明显的影响,泵的外特性也没有明显变化。人们称这种尚未影响到泵的外部特性时的汽蚀为“先期汽蚀”。泵长期在“先期汽蚀”工况下工作时,泵的材料仍要受到破坏,影响它的使用寿命。当汽化发展到一定程度时,汽泡大量产生,叶轮流道被汽泡严重堵塞,促使汽蚀进一步发展,影响到泵的外部特性,使泵的正常工作难以维持。

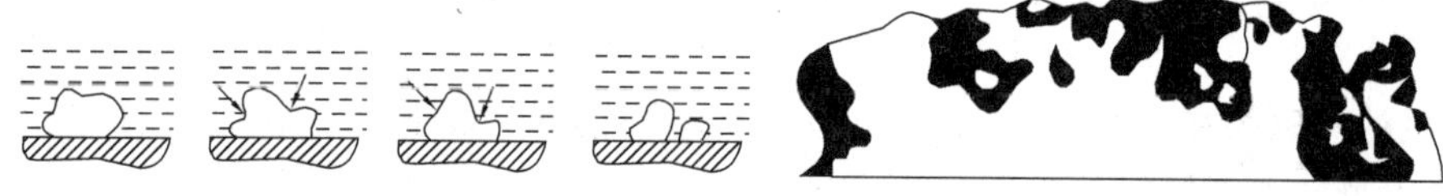

图 9.8　金属表面汽泡形成、破裂　　　图 9.9　泵叶轮被汽蚀破坏局部情况

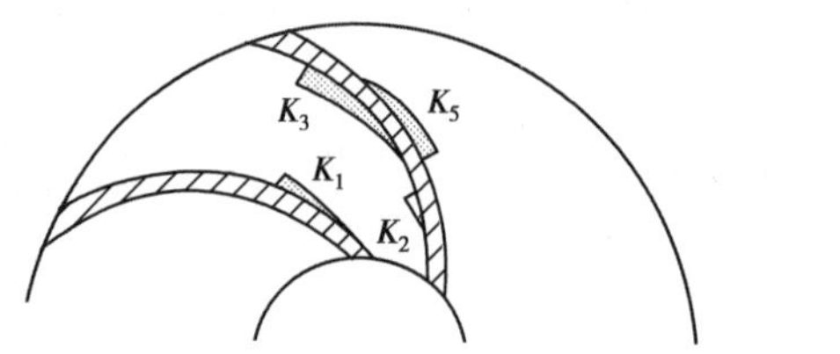

图 9.10　叶轮内汽蚀发生的部位

(2)**汽蚀对泵的影响**

汽蚀对泵的影响表现在:

① 破坏材料:汽蚀发生时,机械剥蚀和化学腐蚀的共同作用,使材料受到破坏。试验研究表明:无论是金属材料(硬的、软的、脆性的、韧性的、易起化学反应的、不易起化学反应的)还是非金属材料(橡胶、塑料、玻璃等)都会受到腐蚀破坏,只是相对程度不同而已。如若选较好的抗汽蚀材料,如不锈钢、铝青铜及聚丙烯等,则可延长过流部件的使用寿命。

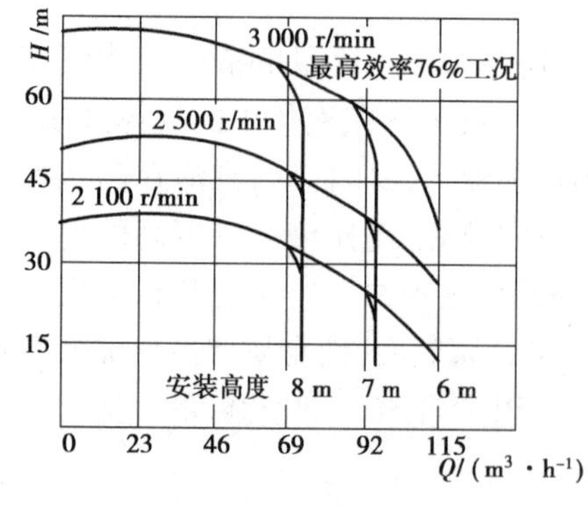

图 9.11　离心泵汽蚀时的性能曲线

② 振动和噪声:汽泡的破碎、液体质点的相互冲撞以及液体质点对材料表面频繁地打击会产生各种频率范围的噪声,一般为 600 ~ 2 500 Hz,也有高频的超声波。在汽蚀严重的时候,可以听到泵内“噼噼”“啪啪”的爆炸声,并伴有泵体振动。泵体的振动又将促进更多的汽泡发生和破碎,互相激励,导致整个设备的强烈振动,有人称此为汽蚀共振现象,泵在此种情况下就不该继续工作了。

汽蚀对泵乃至整个水力机械的正常工作威胁很大,也是影响水力机械向高速化发展的巨大障碍,所以对汽蚀及材料抗汽蚀能力的研究是水力机械的重要课题。

③ 性能下降:汽蚀发展严重时,大量汽泡会堵塞流道,导致扬程下降,效率也相应降低。这时泵的外特性有了明显的变化。这种变化对比转数不同的泵情况也不同。如图 9.11 所示为 $n_s=70$ 的单级离心泵在不同几何安装高度下发生汽蚀后的性能曲线。图中表示了三种不同转速时的 Q-H 性能曲线,现以 $n=3\ 000$ r/min 的曲线为例来说明。由图可知:当几何安装高度为 6 m 时,出水管阀门的开度只能开到曲线上折点所对应的流量。若继续开大阀门,流量进一步增加时,扬程曲线就会马上急剧下降,表明汽蚀已达到使泵不能工作的严重程度。人们称这一情况为“断裂工况”。图中还表示:当把几何安装高度由 6 m 增加到 7 m 时,断裂工况就向流量小的方向偏移,Q-H 线上可以使用的运行范围就变窄。几何高度提高到 8 m 时,断裂工况偏向更小的流量,泵的使用范围就更窄了。

汽蚀对泵性能的影响与该泵的比转数有关,在低比转数离心泵的叶轮中,由于叶片数目较多,叶片宽度较小,流道窄且长,在发生汽蚀后,大量汽泡很快布满流道,严重影响液体的正常流动,造成断流,使泵的扬程、效率急剧下降。随着离心泵比转数的提高,泵的叶轮宽度增加,流道变宽且变短,因此,汽蚀发生后,汽泡并不立即布满流道,因而对性能曲线上断裂工况点的影响就比较缓和。在高比转数的轴流泵中,由于叶片数少,具有相当宽的流道,汽蚀发生后,汽泡不可能布满流道,从而不会造成断流,所以在轴流泵性能曲线上不会出现断裂工况点。尽管如此,泵内仍有“潜伏”汽蚀存在,仍会破坏泵的材料,因而也要防止。图 9.12 和图 9.13 分别给出了比转数 $n_s=150$ 的双吸离心泵和 $n_s=690$ 的轴流泵发生汽蚀时的性能曲线。

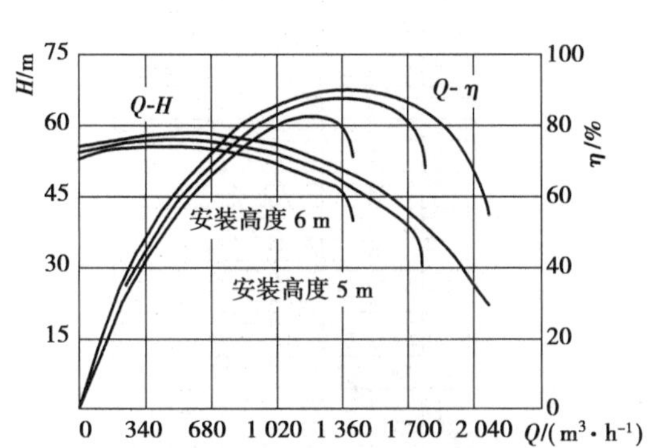

图 9.12　$n_s=150$ 的双吸离心泵汽蚀时的性能曲线

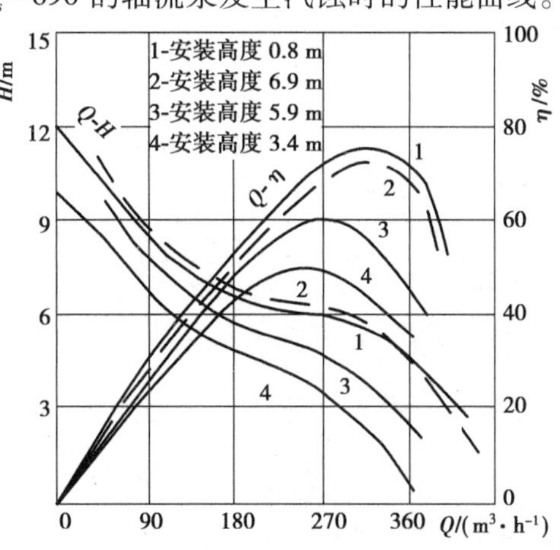

图 9.13　$n_s=690$ 轴流泵汽蚀时的性能曲线

试验表明:当 $n_s<105$ 时,因汽蚀而引起的扬程曲线的断裂工况,具有急剧陡降的形式;当 $n_s=150\sim350$ 时,断裂工况比较缓和;当 $n_s>425$ 时,在性能曲线上没有明显的汽蚀断裂点。

9.3.2　允许吸入真空高度

在选用离心泵时,总是希望几何安装高度越大越好,因为这样可以减少土建工程量。但从图 9.14 可以看出,当增加几何安装高度时,泵会在更小的流量下发生汽蚀。因而,合理确定泵的几何安装高度,是保证泵在工作条件下不发生汽蚀的重要条件。

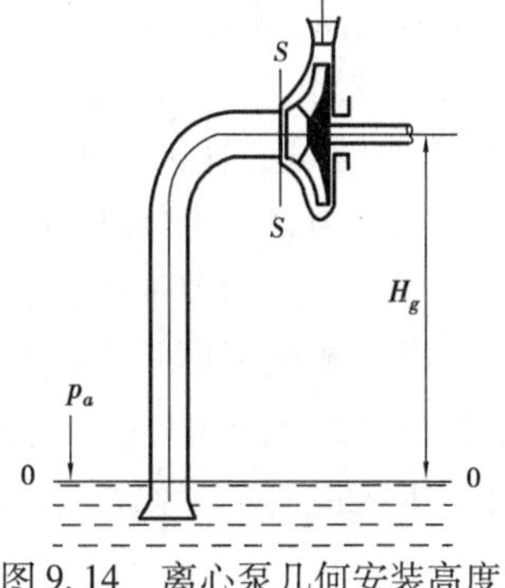

图 9.14　离心泵几何安装高度

在泵样本上有一项性能指标,叫作“允许吸入真空高度$[H_s]$”,它是指泵在正常工作时吸入口允许出现的最大真空度,用所输液体液柱的高度表示。下面讨论允许吸入真空高度$[H_s]$与泵的允许安装高度$[H_g]$之间的关系。

如图 9.14 所示,以吸入液面为基准面,列出吸入液面 0—0 到泵吸入口 S—S 断面的伯努利方程式

$$\frac{p_a}{\rho g}=H_g+\frac{p_s}{\rho g}+\frac{v_s^2}{2g}+h_{wg}$$

因为吸入液面较大,可以认为 $v_0=0$,移项后得

$$\frac{p_a}{\rho g}-\frac{p_s}{\rho g}=H_g+\frac{v_s^2}{2g}+h_{wg} \tag{9.23}$$

式中 p_a——大气压力,Pa;

p_s——泵吸入口绝对压力,Pa;

H_g——几何安装高度,m;

v_s——泵吸入口平均流速,m/s;

h_{wg}——泵吸入管中的水力损失,m;

ρ——所输液体密度,kg/m^3。

式中,$\frac{p_a}{\rho g}-\frac{p_s}{\rho g}$ 称为吸入真空高度,用符号 H_s 表示,即

$$H_s=\frac{p_a}{\rho g}-\frac{p_s}{\rho g}$$

于是上式可变为

$$H_s=H_g+\frac{v_s^2}{2g}+h_{wg} \tag{9.24}$$

可以看出:若泵在某流量下运转,则速度水头 $\frac{v_s^2}{2g}$ 和吸入管路水力损失几乎是定值,随着几何安装高度 H_g 增大,吸入真空高度 H_s 也增大。当几何安装高度增大到某一值后,泵出现汽蚀现象而不能工作,这时的吸入真空高度称为最大吸入真空高度 $H_{s\max}$。目前,最大吸入真空高度 $H_{s\max}$ 只能通过试验得出。为了保证离心泵正常运行时不发生汽蚀,我国规定留 0.3 m 的安全余量,把试验测得的 $H_{s\max}$ 减去 0.3 m 作为允许吸入真空高度$[H_s]$,即

$$[H_s]=H_{s\max}-0.3$$

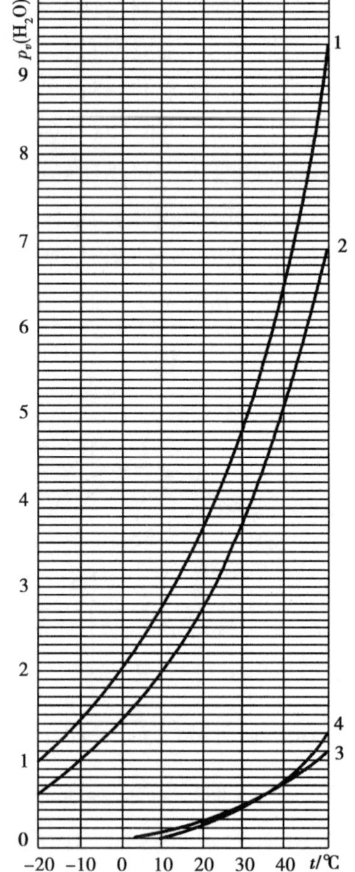

图 9.15 常见液体的汽化压力

1—车用汽油;2—航空汽油;3—航空煤油;4—水

泵样本或说明书上给出的$[H_s]$值就是在试验条件下(介质为清水,在气压为 0.1 MPa,温度为 20 ℃)测得的,如果泵使用地点的大气压力、液体温度、液体种类与上述情况不同,则应对样本或说明书上给出的$[H_s]$用下式进行换算

$$[H_s]' = \frac{p_a}{\rho g} - \frac{p_v}{\rho g} + [H_s] - 10 \tag{9.25}$$

式中　$[H_s]'$——工作条件下的允许吸入真空高度,m;

$[H_s]$——泵铭牌上所标的允许吸入真空高度,m;

P_a——泵工作处的大气压力,可根据泵安装处的海拔高度由表 9.3 查得;

P_v——液体的汽化压力,可根据该地区的最高气温由图 9.15 查得;

ρ——工作条件下液体的密度,kg/m^3。

由式(9.24)知,当 $H_s=[H_s]$时,则 $H_g=[H_g]$,于是

$$[H_g] = [H_s]' - \frac{v_s^2}{2g} - h_{wg} \tag{9.26}$$

式中,$[H_g]$是保证泵不发生汽蚀时几何安装高度的最大值,称为泵的允许安装高度。

大气压力与海拔高度有关,表 9.3 给出了不同海拔高度的大气压力值。液体的汽化压力与液体性质和温度有关,图 9.15 给出了常见液体在不同温度下的汽化压力值。

表 9.3　不同海拔高度的大气压力值

海拔高度 /m	0	100	200	300	400	500	600	700	800	900	1 000	1 500	2 000	3 000	4 000	5 000
大气压头 /mH_2O	10.3	10.2	10.1	10.0	9.8	9.7	9.6	9.5	9.4	9.3	9.2	8.6	8.1	7.2	6.3	5.5

例 9.3　某油库拟用离心泵($[H_s]=7$ m)在海拔 500 m 的地方输送车用汽油($\rho=740$ kg/m^3),当地夏天的最高温度为 30 ℃,试确定该泵的几何安装高度。该泵吸入阻力为 5 m,速度头为 0.3 m。

解　查表 9.3 得:$p_a=9.7$ mH_2O;查图 9.15 得:$p_v=5.05$ mH_2O,则

$$\begin{aligned}[H_s]' &= \frac{p_a}{\rho g} - \frac{p_v}{\rho g} + [H_s] - 10 \\ &= \frac{9.7-5.05}{740\times 9.81}\times 9\ 810 + 7 - 10 \\ &= 3.28\ (\text{m})\end{aligned}$$

$$\begin{aligned}[H_g] &= [H_s]' - \frac{v_s^2}{2g} - h_{wg} \\ &= 3.28 - 0.3 - 5 \\ &= -2.02\ (\text{m})\end{aligned}$$

泵的几何安装高度为-2.02 m,负号说明该泵应安装在液面以下 2.02 m 的地方。

9.3.3　汽蚀余量

由式(9.25)知,$[H_s]'$反映了泵不产生汽蚀的外部条件,并没有揭示汽蚀和泵结构的内在关系。实际工作中常常遇到这种情况,某台泵在运行中发生了汽蚀,换上另一种型号的泵,在相同条件下,可能不发生汽蚀,这说明是否发生汽蚀与泵本身有很大的关系。为了揭示这种

关系,我们引入汽蚀余量的概念。

实践证明,泵内压力最低点不在泵的吸入口,而在叶轮叶片入口背面附近的 K 点,如图 9.16 所示,当 $p_k<p_v$ 时,就会发生汽蚀。但是 K 点的压力很难直接测定,因而泵本身发生汽蚀的条件不易直接测知,一般用测定泵入口参数 Δh_e 的办法来测定泵的汽蚀性能参数 Δh_r。

我们称 Δh_e 为有效汽蚀余量,Δh_r 为必需汽蚀余量。

(1)**有效汽蚀余量** Δh_e

有效汽蚀余量是反映泵入口具有的能量参数,是指在泵的入口处具有的超过汽化压力的富余能量,即

$$\Delta h_e = \frac{p_s}{\rho g} + \frac{v_s^2}{2g} - \frac{p_v}{\rho g} \tag{9.27}$$

由式(9.23)得

$$\frac{p_s}{\rho g} = \frac{p_a}{\rho g} - H_g - \frac{v_s^2}{2g} - h_{wg}$$

将上式代入(9.27)式

$$\Delta h_e = \frac{p_a}{\rho g} - \frac{p_v}{\rho g} - H_g - h_{wg} \tag{9.28}$$

当吸入液面高出泵轴中心线时,H_g 称为灌注头,此时

$$\Delta h_e = \frac{p_a}{\rho g} - \frac{p_v}{\rho g} + H_g - h_{wg} \tag{9.29}$$

显然,Δh_e 越小越容易发生汽蚀。

式(9.28)表明:在 H_g 和 p_a 不变的情况下,当流量增加时,吸入管路流动阻力增加,致使 Δh_e 下降,使泵发生汽蚀的可能性增大;泵输液体温度越高,相应的汽化压力越大,Δh_e 越小,发生汽蚀的可能性越大。

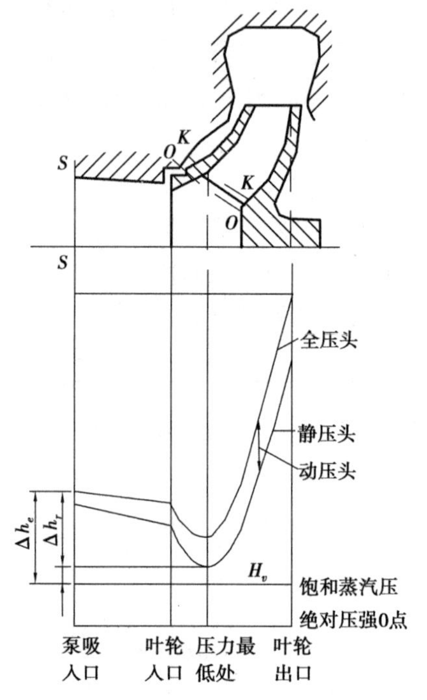

图 9.16　泵内压力变化

(2)**必需汽蚀余量** Δh_r

必需汽蚀余量 Δh_r 是表示泵自身汽蚀性能的参数,与吸入装置无关。

如图 9.16 所示为液流从泵吸入口到叶轮出口沿程压力变化情况。液体压力随着向叶轮入口流动而下降,到叶轮流道内紧靠叶轮进口 K 处压力变为最低,此后,由于叶片对液体做功,压力很快上升。

以吸入口中心线为水平基准,写出 S—S 断面和 O—O 断面的伯努利方程式

$$\frac{p_s}{\rho g} + \frac{v_s^2}{2g} = \frac{p_o}{\rho g} + \frac{v_o^2}{2g} + h_{w(s-o)}$$

因断面距离很近,可近似地认为 $h_{w(s-o)}=0$,移项得

$$\frac{p_o}{\rho g} = \frac{p_s}{\rho g} + \frac{v_s^2}{2g} - \frac{v_o^2}{2g} \tag{9.30}$$

再写出叶片进口前 O—O 断面和叶片进口后 K—K 断面(取 $\alpha_1=90°$)相对运动伯努利方程式

$$Z_o + \frac{p_o}{\rho g} + \frac{w_o^2 - u_o^2}{2g} = Z_k + \frac{p_k}{\rho g} + \frac{w_k^2 - u_k^2}{2g} + h_{w(o-k)}$$

式中　$h_{w(o-k)}$——$O-O$ 到 $K-K$ 断面的流动损失。

因为 $O-O$ 和 $K-K$ 距离很近，可近似地认为：$z_0 = z_k$；$u_o = u_k$；$h_{w(o-k)} = 0$，于是上式简化为

$$Z_o + \frac{p_o}{\rho g} + \frac{w_o^2 - u_o^2}{2g} = Z_k + \frac{p_k}{\rho g} + \frac{w_k^2 - u_k^2}{2g}$$

移项得

$$\frac{p_o}{\rho g} = \frac{p_k}{\rho g} + \left[\left(\frac{w_k}{w_o}\right)^2 - 1\right]\frac{w_o^2}{2g}$$

令 $\left(\frac{w_k}{w_o}\right)^2 - 1 = \lambda_2$ 则

$$\frac{p_o}{\rho g} = \frac{p_k}{\rho g} + \lambda_2 \frac{w_o^2}{2g} \tag{9.31}$$

将式(9.31)代入式(9.30)有

$$\frac{p_s}{\rho g} + \frac{v_s^2}{2g} - \frac{v_o^2}{2g} = \frac{p_k}{\rho g} + \lambda_2 \frac{w_o^2}{2g}$$

移项得

$$\frac{p_s}{\rho g} + \frac{v_s^2}{2g} - \frac{p_k}{\rho g} = \frac{v_o^2}{2g} + \lambda_2 \frac{w_o^2}{2g} \tag{9.32}$$

由前面分析可知，要使泵内不发生汽蚀，必须使 K—K 断面处的最低压力 p_k 大于液体汽化压力 p_v，当 p_k 等于或小于 p_v 时，则会发生汽蚀。如果式(9.32)中叶轮内最小压力 p_k 降低到等于 p_v 时出现临界汽蚀状态，此时式(9.32)改写为

$$\frac{p_s}{\rho g} + \frac{v_s^2}{2g} - \frac{p_v}{\rho g} = \frac{v_o^2}{2g} + \lambda_2 \frac{w_o^2}{2g} \tag{9.33}$$

式(9.33)等号左边就是式(9.27)中的有效汽蚀余量 Δh_e，而等号右边则是必需汽蚀余量 Δh_r，所以

$$\Delta h_r = \frac{v_o^2}{2g} + \lambda_2 \frac{w_o^2}{2g} \tag{9.34}$$

考虑速度分布的不均匀性，引入动能修正系数 λ_1，于是

$$\Delta h_r = \lambda_1 \frac{v_o^2}{2g} + \lambda_2 \frac{w_o^2}{2g} \tag{9.35}$$

式中　Δh_r——必需汽蚀余量，m；

λ_1——动能修正系数，一般情况下 $\lambda_1 = 1.2 \sim 1.4$，低比转数时取大值；

N_o——O—O 断面平均绝对速度，m/s；

λ_2——液流绕流叶片头部引起的压降系数，一般无冲击时，$\lambda_2 = 0.2 \sim 0.4$，低比转数时取小值；

w_o——O—O 断面平均相对速度，m/s。

式(9.35)称为汽蚀基本方程式。由式(9.32)可知，当有效汽蚀余量 Δh_e 等于或小于必需汽蚀余量 Δh_r 时，就会发生汽蚀。当二者相等时，则是开始发生汽蚀的临界情况。

Δh_r 就是液流进入泵后，在未被叶轮增加能量前，液体压头继续降低的那部分数值，它是因速度变化和流动损失引起的，影响这部分损失能头的主要因素是泵吸入室与叶轮进口的几何形状和流速，而与吸入系统（装置）、液体性质等参数无关。它是泵的结构参数和流量的函数，其数值的大小在一定程度上反映了泵抗汽蚀能力的高低。目前人们还无法用计算的方法得到准确的 λ_1、λ_2 的数值，因而 Δh_r 也不能用理论方法确定，只能通过泵的汽蚀试验确定。

(3) 有效汽蚀余量 Δh_e 与必需汽蚀余量 Δh_r 的关系

要防止叶轮内发生汽蚀，就必须使液体在进入泵吸入口时，留有足够的富余能量，即有效汽蚀余量 Δh_e，以便在液体进入泵吸入口之后，还未被叶轮增加能量前这段流动过程中降低了压能后，余下的压力还高于液体汽化压力 p_v。换句话说，不发生汽蚀的必要条件是保证 $\Delta h_e > \Delta h_r$。

在英美等西方各国，用户购买泵时，应向厂家提供从泵吸入管路系统参数计算的汽蚀余量，用英文缩写 $NPSH_A$ 表示，意思是有效的净正水头相当于我们所说的 Δh_e。而厂家根据试验确定的汽蚀余量用 $NPSH_R$ 表示，意思是必需的净正吸入水头相当于我们所说的 Δh_r。双方应满足的条件是

$$NPSH_A > NPSH_R$$

通常情况是：$NPSH_A \geqslant 1.3NPSH_R$

(4) 允许汽蚀余量 $[\Delta h]$ 与 $[H_s]$、$[H_g]$ 之间的关系

① $[\Delta h]$ 与 $[H_s]$ 的关系

由式(9.27)知

$$\Delta h_e = \frac{p_s}{\rho g} + \frac{v_s^2}{2g} - \frac{p_v}{\rho g}$$

因：$H_s = \dfrac{p_a}{\rho g} - \dfrac{p_s}{\rho g}$

故：$\dfrac{p_s}{\rho g} = \dfrac{p_a}{\rho g} - H_s$

代入式(9.27)得

$$H_s = \frac{p_a}{\rho g} - \frac{p_v}{\rho g} + \frac{v_s^2}{2g} - \Delta h_e$$

当 $\Delta h_e = \Delta h_r$ 时（即 $p_k = p_v$ 时），出现临界状态，通过汽蚀试验确定的就是这个汽蚀余量的临界值 $\Delta h_{\min}$，称为最小汽蚀余量，这时所对应的吸入真空高度为 $H_{s\max}$，因此有

$$H_{s\max} = \frac{p_a}{\rho g} - \frac{p_v}{\rho g} + \frac{v_s^2}{2g} - \Delta h_{\min} \tag{9.36}$$

为了保证泵的正常工作，根据国家标准（GB/T 18149—2017）的规定，在最小汽蚀余量 $\Delta h_{\min}$ 的基础上增加 0.3 m 的安全量作为泵的允许汽蚀余量 $[\Delta h]$，即

$$[\Delta h] = \Delta h_{\min} + 0.3;\ [H_s] = H_{s\max} - 0.3$$

则式(9.36)可进一步写成

$$[H_s] = \frac{p_a}{\rho g} - \frac{p_v}{\rho g} + \frac{v_s^2}{2g} - [\Delta h] \tag{9.37}$$

目前，国内泵生产厂家也已开始用 $NPSH$ 表示泵的必需汽蚀余量，即 $NPSH = \Delta h_r$。

② $[\Delta h]$与$[H_g]$的关系

由式(9.28)可推得

$$[H_g]=\frac{p_a}{\rho g}-\frac{p_v}{\rho g}-[\Delta h]-h_{wg} \tag{9.38}$$

上式是利用$[\Delta h]$计算安装高度公式。

在泵的样本上,有的厂家给出$[H_s]$,此值是在试验条件下测得的,使用时需按使用地点的参数依式(9.25)进行换算。有的厂家给出$[\Delta h]$,此值只与泵本身结构及流量有关,因而可直接代入式(9.38),求得允许安装高度$[H_g]$。

9.3.4　提高泵抗汽蚀性能的措施

由泵的汽蚀性能分析可知,泵的汽蚀性能是由泵本身的抗汽蚀性能和吸入装置的条件来确定的。因此,要提高泵本身的抗汽蚀性能,则要尽可能减小必需汽蚀余量 Δh_r,以及确定合理的吸入系统装置,以提高有效汽蚀余量 Δh_e,一般采用以下的措施。

(1)提高泵本身的抗汽蚀性能

① 降低叶轮入口部分流速

由汽蚀基本方程式 $\Delta h_r=\lambda_1\frac{v_o^2}{2g}+\lambda_2\frac{w_o^2}{2g}$ 可知,在压降系数不变时,若减小 v_0、w_0 可使 Δh_r 减小,而 v_0、w_0 均与入口几何尺寸有关。因此,改进入口几何尺寸,可以提高泵的抗汽蚀性能。一般采用两种方法:一是适当增大叶轮入口直径 D_0;二是增大叶片入口边宽度 b_1。也有同时采用这两种方法的,但均有一定限度,否则将影响泵效率。

② 采用双吸叶轮

双吸叶轮从叶轮两侧吸入液体,单侧流量减小一半,从而使 v_0 减小。如果汽蚀比转数 C、转数 n 和流量相同时,若采用双吸叶轮,Δh_r 相当于单级叶轮的 0.63 倍,即双吸叶轮的必需汽蚀余量是单吸式叶轮的63%,因而提高了泵的抗汽蚀性能。

③ 改变叶片进口边位置及前盖板的形状

法国学者席内贝格在对泵吸入口形状进行深入研究后指出:将叶片进口边向叶轮进口延伸以及增加叶轮前盖板转弯处的曲率半径均可使 Δh_r 减小,泵的抗汽蚀性能提高。

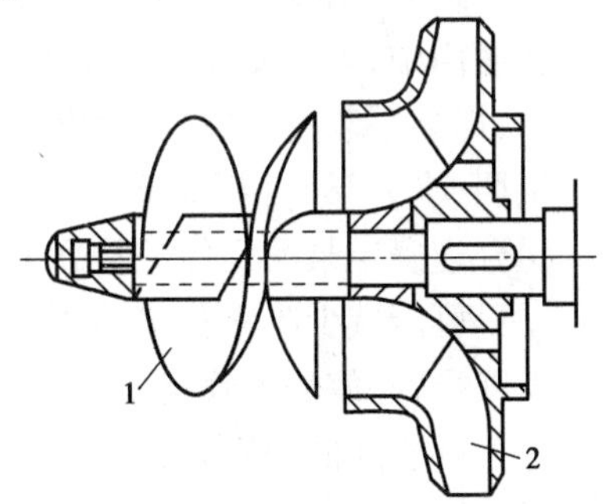

图 9.17　带诱导轮的离心泵叶轮
1—诱导轮;2—离心叶轮

④ 采用诱导轮

诱导轮是与主叶轮同轴安装的一个类似轴流式的叶轮,其叶片是螺旋形的,叶片安装角小,一般取 10°~12°,叶片数较少,仅 2~3 片,而且轮毂直径较小,因此流道宽而长,如图 9.17 所示。主叶轮前装诱导轮使液体通过诱导轮升压后流入主叶轮(多级泵为首级叶轮)。因而提高了主叶轮的有效汽蚀余量,可改善了泵的汽蚀性能。

⑤ 采用双重翼叶轮

双重翼叶轮由前置叶轮和后置离心叶轮组成,如图 9.18 所示,前置叶轮有 2~3 个叶片,呈斜流形,与诱导轮相比,其主要优点是轴向尺寸小,结构简单,且不存在诱导轮与主叶轮配合不好,而导致效率下降的问题。所以,双重翼离心泵既不会降低泵的性能,又可使泵的抗汽蚀性能大为改善。

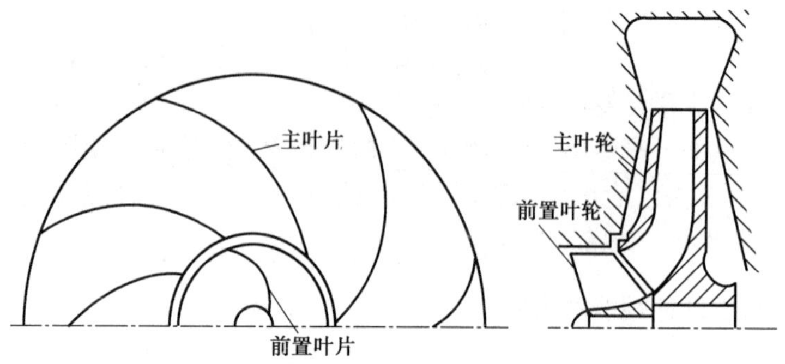

图 9.18　双重翼叶轮

⑥ 采用超汽蚀泵

继诱导轮之后,出现了超汽蚀理论,按此理论发展了一种超汽蚀泵,在主叶轮之前装一个类似于轴流式的超汽蚀叶轮,如图 9.19 所示,其叶片采用了薄而尖的超汽蚀翼型,使其诱发一种固定型的汽泡;覆盖整个翼型叶片背面,并扩展到后部,与原来叶片的翼型和空穴组成了新的翼型。其优点是汽泡保护了叶片,避免汽蚀并在叶片后部溃灭,因而不损坏叶片。

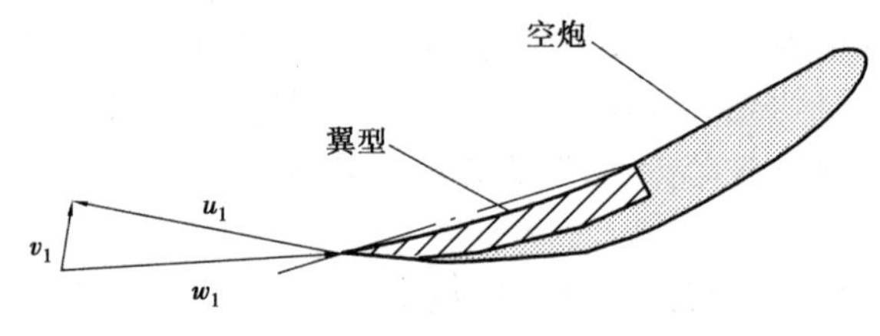

图 9.19　超汽蚀翼型

(2)使用中提高泵抗汽蚀性能的措施

在使用中,为了使泵不至于因汽蚀而影响正常工作,可从提高泵吸入系统的有效汽蚀余量入手,提高泵装置的抗汽蚀性能。

依照式(9.38)分析如下:

①合理确定泵的几何安装高度。

②尽可能减少吸入管路的流动阻力损失。在设计时,应减少吸入系统的附件,合理地加大吸入管径,并使吸入管路最短。

③尽可能降低操作时介质的温度,从而降低汽化压力 p_v。例如,夏季高温时,可采用夜间低油温时作业,冷水淋罐降温作业,或将贮罐内的冷油输入高温油罐车内使罐车内油温降低后作业等方法,也可采用分层卸油设备作业。

④采用压力辅助卸油系统,提高系统有效汽蚀余量,从而提高泵装置的抗汽蚀性能。如采用增加液面压力的气压辅助卸油,利用潜油泵提高泵入口压力等措施。

例 9.4　在例 9.3 中,如果样本上给出的$[\Delta h]=3.3$ m,而其他条件相同,试计算泵的允许安装高度$[H_g]$。

解　由公式得

$$[H_g] = \frac{p_a}{\rho g} - \frac{p_v}{\rho g} - [\Delta h] - h_w$$
$$= \frac{9.7 - 5.05}{740 \times 9.81} \times 9\ 810 - 3.3 - 5$$
$$= -2.02\ (\mathrm{m})$$

泵应安装在液面下 2.02 m 处。

9.4　性能曲线

泵的主要性能参数有:扬程 H、流量 Q、转速 n、功率 N、效率 η,允许吸上真空高度$[H_s]$或允许汽蚀余量$[\Delta h]$。本节只讨论前五种参数之间的关系,其余留在以后有关章节加以讨论。各参数之间均有一定的内在联系,人们用关系曲线揭示这种联系,称为泵的性能曲线或特性曲线。性能曲线实质上反映出液体在泵内运动的规律。具体地说,泵性能曲线包括在一定转速下的流量-扬程(Q-H)曲线、流量-功率(Q-N)曲线和流量-效率(Q-η)曲线。应特别指出,任何一组曲线都是对应一定转速 n 的,不同转速 n 有不同的特性曲线与之对应。习惯上用流量 Q 作横坐标,其他几个参数作纵坐标,如图 9.20 所示。每一个流量 Q 均有与之相对应的扬程 H、功率 N 及效率 η,它们综合起来表示泵的一种工作状态,简称工况,对应最高效率点的工况称作最佳工况。目前,最佳工况只能由试验确定,为了保证泵在使用时尽量保持较高的效率,人们对各种泵都规定了一个最佳工作范围,也叫作高效区,这对了解、使用和选择泵是非常重要的。

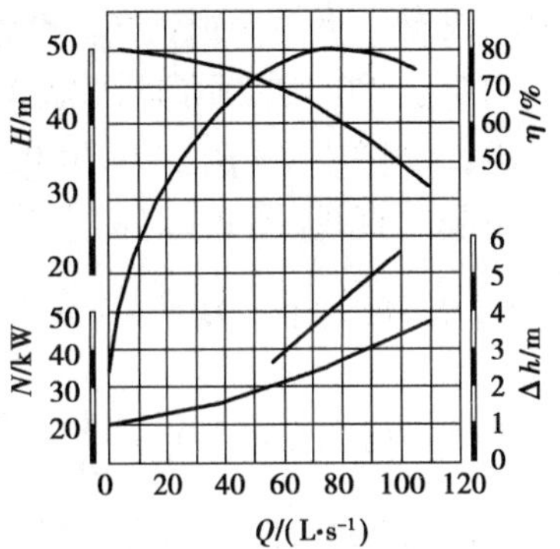

图 9.20　离心式泵性能曲线

9.4.1　理论流量与无限多叶片叶轮理论扬程(Q_T-$H_{T\infty}$)的性能曲线

取一个出口速度三角形,如图 9.21 所示。

由速度三角形得

$$v_{2u\infty} = u_2 - v_{2r\infty} \cot \beta_{2y\infty}$$

其中 $v_{r\infty} = \dfrac{Q_T}{\pi D_2 b_2}$

代入能量方程式得

$$H_{T\infty} = \frac{u_2}{g}(u_2 - v_{2r\infty} \cot \beta_{2y\infty})$$
$$= \frac{u_2}{g}\left(u_2 - \frac{Q_T \cot \beta_{2y\infty}}{\pi D_2 b_2}\right)$$
$$= \frac{u_2^2}{g} - \frac{u_2 \cot \beta_{2y\infty}}{g \pi D_2 b_2} Q_T \tag{9.39}$$

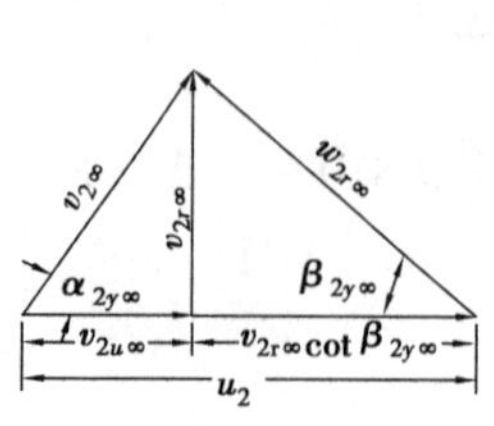

图 9.21 出口速度三角形

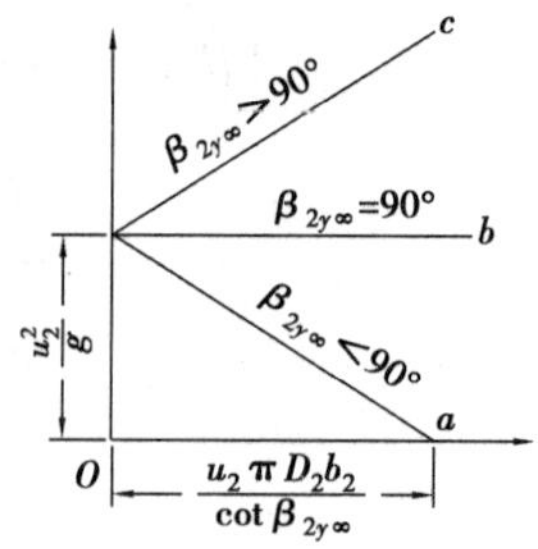

图 9.22 Q_T-$H_{T\infty}$ 性能曲线

泵的尺寸是已知的，转速 n 一定，故式(9.39)中 u_2、$\beta_{2y\infty}$、D_2、b_2 都是已知常数。

若令 $A=\frac{u_2^2}{g}$，$B=\frac{u_2\cot\beta_{2y\infty}}{g\pi D_2 b_2}$，则(9.39)式化简为

$$H_{T\infty}=A-BQ_T \tag{9.40}$$

式(9.40)是一个直线方程，因此，$H_{T\infty}$ 随 Q_T 的变化是线性关系，其斜率由叶片出口安装角 $\beta_{2y\infty}$ 决定。下面分别就 $\beta_{2y\infty}<90°$，$\beta_{2y\infty}=90°$和 $\beta_{2y\infty}>90°$等三种情况加以讨论。

1）$\beta_{2y\infty}<90°$时（后向式叶轮）

$\beta_{2y\infty}<90°$时，$\cot\beta_{2y\infty}>0$，$B>0$，由式(9.40)可知，当 Q_T 增加时，$H_{T\infty}$ 逐渐减小，是一条自左至右下降的直线[图 9.22(a)]，它与坐标轴交于：

① 当 $Q_T=0$ 时，$H_{T\infty}=A=\frac{u_2^2}{g}$；

② 当 $H_{T\infty}=0$ 时，$Q_T=\frac{A}{B}=\frac{u_2\pi D_2 b_2}{\cot\beta_{2y\infty}}$。

2）$\beta_{2y\infty}=90°$时（径向式叶轮）

$\beta_{2y\infty}=90°$时，$\cot\beta_{2y\infty}=0$，$B=0$，由式(9.40)可知：

$H_{T\infty}=A=\frac{u_2^2}{g}$，即 $H_{T\infty}$ 与 Q_T 无关，为一条平行于横坐标的直线[图 9.22(b)]，它与纵坐标轴交于 $H_{T\infty}=A=\frac{u_2^2}{g}$ 点。

3）$\beta_{2y\infty}>90°$时（前向式叶轮）

$\beta_{2y\infty}>90°$，$\cot\beta_{2y\infty}<0$，$B<0$，由式(9.40)可知，当 Q_T 增加时，$H_{T\infty}$ 也随之增加，$H_{T\infty}$ 与 Q_T 的关系为一条自左至右上升的直线[图 9.22(c)]，它与纵坐标轴交于 $H_{T\infty}=A=\frac{u_2^2}{g}$ 点。

9.4.2 流量与实际扬程(Q-H)曲线

(Q_T-$H_{T\infty}$)曲线只是一条理想曲线，实际上叶轮的叶片数是有限的，而且实际流体通过叶轮时伴有各种损失。考虑这些因素对扬程的影响后就得到流量与实际扬程的性能曲线。现以后向式叶轮为例来分析流量-扬程曲线的变化。

有限数目叶片对扬程的影响主要表现在产生轴向旋涡，使出口绝对速度 v_2 的圆周方向分速度 v_{2u} 减小，导致有限数目叶片叶轮所产生的理论扬程 H_T 小于无限多叶片叶轮产生的理论

扬程 $H_{T\infty}$，如式 $H_T=kH_{T\infty}$，式中环流系数 $k<1$ 且认为在所有工况下都保持不变。因此，有限数目叶片叶轮的流量-扬程（Q_T-$H_{T\infty}$）曲线，也是一条向下倾的直线，位于无限多叶片叶轮的流量-扬程（Q_T-$H_{T\infty}$）曲线之下，如图 9.23 中 b 线。由于受实际液体黏性的影响，还要在（Q_T-H_T）曲线上减去因摩擦和冲击损失的能头。因摩擦损失是随流量成平方增加的（图 9.7），在减去各流量下因摩擦而损失的能头后即得图 9.23 中的 c 线。冲击损失在设计工况 Q_s 下为零，在偏离设计工况时则按抛物线增加，如图 9.7 所示。从 c 线上再减去各流量所对应的冲击损失的能头后即得 d 线。除此之外还要考虑容积损失对性能曲线的影响。因此，从 d 线上减去各（流量）点对应的泄漏量 q，最后得到流量 Q 与实际扬程 H 的性能曲线，即图 9.23 中的 e 线。

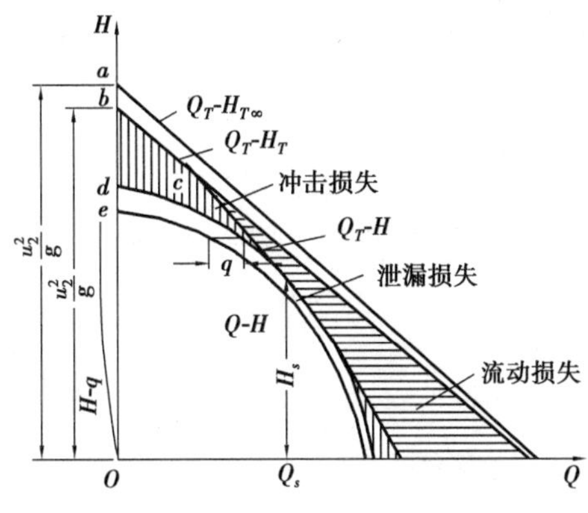

图 9.23　实际的流量-扬程曲线

9.4.3　流量和功率（Q-N）曲线

泵的流量与功率的性能曲线，是指在一定转速 n 下，流量 Q 与轴功率 N 之间的关系曲线。轴功率 N 等于流动功率（也称水力功率或理论有效功率）N_h 与机械损失功率 ΔN_m 之和。流动功率为

$$N_h=\frac{\rho g Q_T H_T}{1\ 000} \tag{9.41}$$

将式（9.39）代入式（8.16）得

$$H_T=kH_{T\infty}=k\frac{u_2^2}{g}-k\frac{u_2\cot\beta_{2y\infty}}{g\pi D_2 b_2}Q_T \tag{9.42}$$

令 $A'=k\dfrac{u_2^2}{g}$，$B'=k\dfrac{u_2\cot\beta_{2y\infty}}{g\pi D_2 b_2}$，则（9.42）式化简为

$$HT=A'-B'Q_T \tag{9.43}$$

将式（9.43）代入式（9.41）得

$$N_h=\frac{\rho g Q_T}{1\ 000}(A'-B'Q_T)=\frac{\rho g}{1\ 000}(A'Q_T-B'Q_T^2)$$

从式（9.43）可以看出：流动功率随流量的变化为一抛物线关系，其曲线形状与叶片出口安装角 $\beta_{2y\infty}$ 有关，现分别就 $\beta_{2y\infty}<90°$，$\beta_{2y\infty}=90°$和 $\beta_{2y\infty}>90°$三种情况进行讨论：

1）$\beta_{2y\infty}<90°$时（后向式叶轮）

当 $\beta_{2y\infty}<90°$时，$\cot\beta_{2y\infty}>0$，$B'>0$，此时

$$N_h = \frac{\rho g}{1\ 000}(A'Q_T - B'Q_T^2)$$

当 $Q_T=0$ 时，$N_h=0$，当 $Q_T=\frac{A'}{B'}$ 时，$N_h=0$，因此，上式是一条通过原点并与横坐标轴交于 $Q_T=\frac{A'}{B'}$ 点的抛物线，如图 9.24 所示，表明对于后向式叶轮，其水力功率 N_h 先是随流量 Q_T 的增加而增加，当达到某一值后，又随流量 Q_T 的增加而减小，在最佳工作范围内流量改变时其变化较为平缓。

2）$\beta_{2y\infty}=90°$时（径向式叶轮）

$\beta_{2y\infty}=90°$时，$\cot\beta_{2y\infty}=0$，$B'=0$，此时

$$N_h = \frac{\rho g Q_T A'}{1\ 000}$$

当 $Q_T=0$ 时，$N_h=0$。因此，上式是一条通过原点上升的斜直线，如图 9.24 所示，故径向式叶轮其水力功率 N_h 随流量 Q_T 的增加而直线上升。

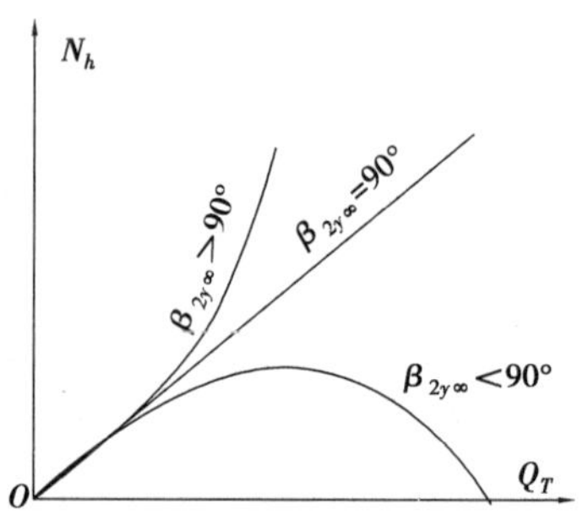

图 9.24　安装角与功率曲线的关系

3）$\beta_{2y\infty}>90°$时（前向式叶轮）

$\beta_{2y\infty}>90°$，$\cot\beta_{2y\infty}<90°$，$B'<0$，此时

$$N_h = \frac{\rho g}{1\ 000}(A'Q_T - B'Q_T^2)$$

当 $Q_T=0$ 时，$N_h=0$。当 Q_T 增加时，N_h 急剧增加，是一条通过原点上升的二次曲线，如图 9.24 所示。因此，前向式叶轮其水力功率 N_h 随流量 Q_T 的增加急剧增加，故原动机应取较大的富裕余量。

上面讨论的是流量 Q_T 与流动功率 N_h 的关系曲线，而我们关心的是实际流量与轴功率 N 的性能曲线。轴功率等于流动功率 N_h 与机械损失功率 ΔN_m 之和，而机械损失功率 ΔN_m 与流量无关，因此，在流量与流动功率（Q_T-N_h）性能曲线上加上等值的机械损失功率 ΔN_m 即得到流量 Q_T 与轴功率 N 的性能曲线（Q_T-N）曲线，如图 9.25 所示。考虑到泄漏量 q 的影响，再从（Q_T-N）性能曲线上减去每一个 Q_T 所对应的泄漏量 q 之后，即得我们所求的实际流量与轴功率（Q-N）曲线。从图 9.25 中可以看出，当 $Q=0$，$N\neq 0$ 时，流量为零的工况点称为空载工况，此时的功率就等于泵在空载时的机械损失功率 ΔN_m 与容积损失功率 ΔN_v 之和。

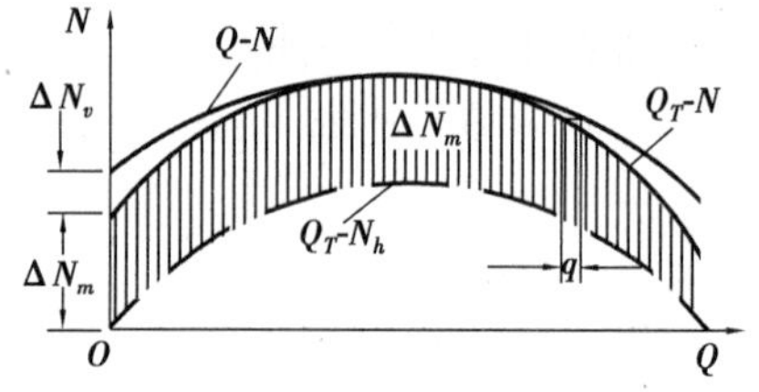

图 9.25　流量与功率曲线

不难看出，对于离心泵而言，流量为零时的轴功率最小，为了降低电动机的启动负荷，离心泵应在空载工况下启动，即离心泵应关闭排出阀启动。

9.4.4　流量与效率（Q-η）曲线

泵的效率 η 等于有效功率与轴功率比值，即

$$\eta = \frac{N_e}{N} = \frac{\rho g Q H}{1\ 000N} \tag{9.44}$$

将相应的 Q、H、N 值代入上式，就可得到该流量下的效率，若将各流量对应的效率点联结

起来，则可得到流量-效率（Q-η）曲线。如图9.26所示，曲线上最高点 η_{max} 所对应的工况即为泵的最佳工况点。

9.4.5　离心泵性能曲线的基本类型

离心泵均采用后向式叶轮，其 Q-H 性能曲线，总的趋势是随着流量的增加而下降的。但由于各种后向式叶轮特性参数不尽相同，其结构形式和出口安装角 β_{2y} 也不相同，这就使得后向式叶轮的 Q-H 性能曲线有所差异。归纳起来可分3种类型：

①陡降型曲线，如图9.27中 a 所示。

这种曲线有25%～30%的斜度，当流量变动很小时，扬程变化很大，适用于扬程变化大而要求流量改变小的情况。

②平坦型曲线，如图9.27中 b 所示。

这种曲线具有8%～12%的斜度，当流量变化很大时，扬程变化很小，适用于流量变化大而要求扬程变化小的场合。

③驼峰型曲线，如图9.27中 c 所示。

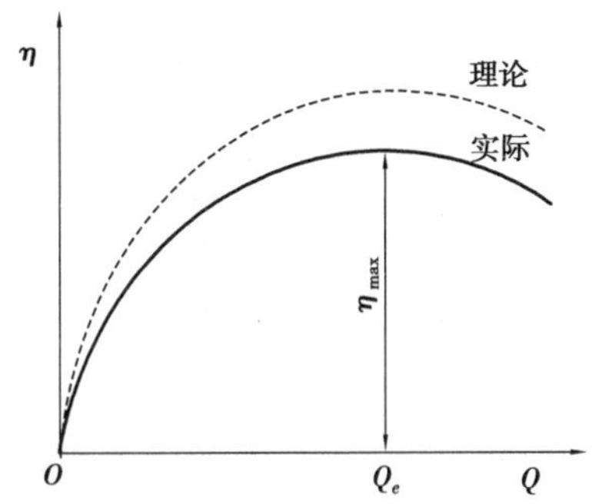

图9.26　流量与效率的关系

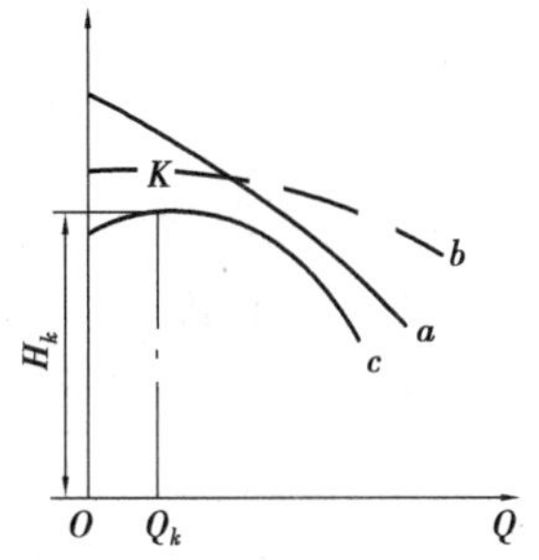

图9.27　后弯式叶轮离心泵 Q-H 性能曲线的基本形式

这种曲线的扬程随流量的变化先是增加后又减小，曲线上 K 点对应扬程的最大值 H_k。在 K 点左边的曲线称为不稳定工作区，在此区域工作时工作点左右变动不定，流量忽大忽小，扬程忽高忽低，我们称之为喘振现象，会影响泵的稳定工作，因此，我们尽量不选用这种曲线的泵，即使选用了也应把工作点控制在 K 点右侧，$Q>Q_k$。

后向式叶轮的 Q-N 性能曲线，变化较为缓慢，当流量增加时，原动机不容易过载，这是后向式叶轮的优点。后向式叶轮的效率高于其他形式（径向式、前向式）叶轮的效率。

9.4.6　不同型式泵性能曲线的比较

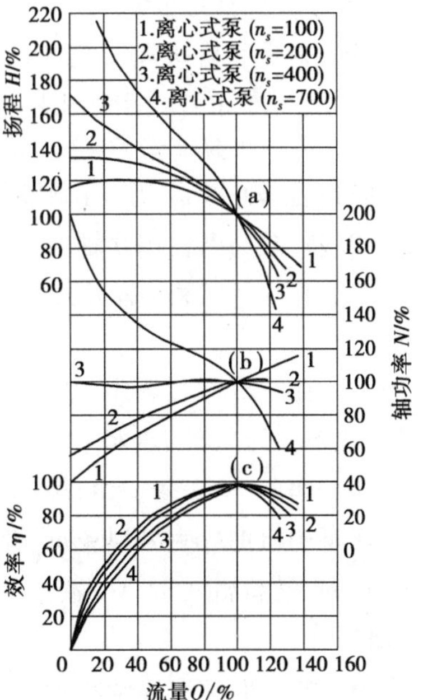

图9.28　泵类型与性能曲线的关系

泵性能曲线与叶片形式有关，也可以说与比转数 n_s 有关，图9.28示出了不同 n_s 泵的相对性能曲线（相对于最高效率点数值的百分比曲线）。

从图9.28中的 Q-H 曲线的变化情况可以看出，在低比转数时，扬程随流量的增加，下降较为缓和。比转数增大时，扬程曲线逐渐变陡，就是说，当流量变化相同时，随着比转数的增加，其扬程变化大，因此，轴流泵的扬程变化最大。

从图9.28中的 Q-N 曲线的变化情况可以看出，在低比转数时（$n_s<200$），功率随流量的增加而增加，功率曲线呈上升状。但随比转数增加（$n_s=400$），曲线就变得平坦。当比转数再增加（$n_s=700$），则功率随着流量的增加反而减少，功率曲线呈下降状。所以离心式泵的功率是随流量的增加而增加，而轴流泵功率却随流量的增加而减少。因此，轴流泵在小流量时，容易引起过载。为了避免启动电流过大，后者应在开阀情况下启动，而前者应在关阀情况下启动。

图9.28表示 Q-η 曲线变化情况。可以看出，低比转数时，曲线平坦，高效率区较宽，比转数越大，效率曲线越陡，高效率区变得越窄，这就是轴流泵的主要缺点。采取可动式叶片，可以在工况改变时保持较高的效率。

离心式风机的性能曲线包括流量-全压曲线、流量-静压曲线、流量-功率曲线和流量-效率曲线，其曲线形式与离心式泵性能曲线类似。

习　题

9.1　有一台离心式泵输送车用汽油，测得真空表读数为340 mmHg，出口压力表读数为 74.556×10^4 Pa，已知 $\Delta h=0$，$d_{吸}=d_{排}$，汽油密度 $\rho=740$ kg/m^3，求该泵的扬程。若用该系统输送柴油（$\rho_{柴}=830$ kg/m^3），出口压力表读数和入口真空表读数各为多少？

9.2　有一台离心泵输送车用汽油（汽油密度 $\rho=740$ kg/m^3，黏度 $\nu=0.01$ st），输送流量 $Q=12$ L/s，吸入高度为5 m，排出高度为30 m，$d_{吸}=d_{排}=100$ mm，$L_{吸计}=15$ m，$L_{排计}=350$ m，表间距 $\Delta h=0$，A罐通大气，B罐液面表压力为 19.62×10^4 Pa。泵的扬程、出口压力表读数和入口真空表读数各是多少？

9.3　有一装有进风管道及出风管道的送风机，测得入口处静压为-367.88 Pa，动压为63.77 Pa，出口处静压为186.4 Pa，动压为122.6 Pa，送风机的全压和静压各为多少？

9.4　设一水泵流量 $Q=25$ L/s，出口压力表读数为323 730 Pa，入口真空表读数39 240 Pa，表间距 $\Delta h=0.8$ m，$d_{吸}=100$ mm，$d_{排}=75$ mm，电动机功率表读数为12.5 kW，电动机效率为 $\eta_g=0.95$，泵与电机用联轴器连接，求有效功率、轴功率和总效率。

9.5　有一送风机，全压为1 692 Pa时产生40 m^3/min的风量，全压效率为50%，求轴功率。

9.6　有一离心水泵，扬程 $H=136$ m，流量 $Q=5.7$ m^3/s，轴功率 $N=9\ 860$ kW，容积效率和机械效率均为92%，求水力效率。

9.7　4BA-18型泵（允许吸入真空高度 $[H_S]=5$ mH_2O）在西安（海拔423 m，最高温度39 ℃）输送车用汽油（$\rho=740$ kg/m^3）时，其允许吸入真空高度 $[H_S]$ 为多少米汽油柱？在西宁（海拔2 244 m，最高温度33 ℃）输送航空煤油（$\rho=780$ kg/m^3）时，其允许吸入真空高度 $[H_S]$ 为多少米航煤柱？

9.8　某加油站用离心式泵（允许吸入真空高度 $[H_S]=8.2$ mH_2O）向高架罐输送车用汽油（密度 $\rho=740$ kg/m^3，黏度 $\nu=1$ cst），流量 $Q=12$ m^3/h，$d_{吸}=53$ mm，$L_{吸}=22$ m，$L_{当}=11.5$ m，

当地大气压 10.33 mH_2O,汽油的汽化压力为 5.9 mH_2O。为保证泵正常工作,最大吸入高度为多少?

9.9　有一台离心式泵的允许汽蚀余量[Δh]=4.5 m,若用该泵分别在天津(海拔 3.3 m)和济南(海拔 55.1 m)输送常温清水,其安装高度各为多少米?设吸入管阻力损失均为 0.5 mH_2O。

9.10　为支援地方抗旱,某油库拟提供一台额定流量为 $Q=25\ m^3/h$ 的油泵为地方抽水,使用条件如下:$p_a=10.33\ mH_2O$,$p_v=1\ mH_2O$,$L_{吸计}=20\ m$,水力坡度 $i=0.02$。已知该泵是用车用汽油($\rho=740\ kg/m^3$)作为试验介质,在 $p_a=10.33\ mH_2O$,$p_v=3.8\ mH_2O$ 的条件下试验得到泵的允许吸入真空高度为[H_S]=5 m(汽油),试计算该泵在抽水时的允许安装高度。

第 10 章 相似原理及其应用

相似原理广泛应用于许多学科领域，如水利建筑、流体力学、传热学等，在泵与风机的相似设计和相似换算中也有广泛应用。相似设计就是根据试验研究出来的性能良好、运行可靠的模型泵或风机来设计与模型相似的新的泵或风机；相似换算就是将试验条件下的性能参数，利用相似原理换算成设计条件下的参数；或将设计条件下的性能参数利用相似原理换算成使用条件下的性能参数。

10.1 相似条件

保证液体流动相似必须同时满足三个条件，即几何相似、运动相似和动力相似。具体地说，模型与实型中任意对应点上的同一物理量之间保持相同的比例关系时则称为相似流动。现对相似条件分别加以讨论，并用脚标"m"表示模型各参数，用脚标"p"表示实型各参数。

10.1.1 几何相似

几何相似即泵与风机的结构相似，主要是指模型和实型过流部分相应的几何尺寸成比例，比值相等，对应角相等，叶片数目相同，即

$$\frac{D_{1p}}{D_{1m}}=\frac{D_{2p}}{D_{2m}}=\frac{b_{2p}}{b_{2m}}=C$$

$$\beta_{1yp}=\beta_{1ym};\beta_{2yp}=\beta_{2ym};z_p=z_m$$

式中　D、b——泵与风机的线性尺寸。

满足上式条件就保证了模型与实型的几何相似。

10.1.2 运动相似

运动相似即泵与风机内流动状况相似，是指模型和实型相应点流体同名速度方向相同，大小成比例，且比值相等。即对应点的速度三角形相似

$$\frac{v_{1p}}{v_{1m}}=\frac{v_{2p}}{v_{2m}}=\frac{u_{2p}}{u_{2m}}=\frac{D_p n_p}{D_m n_m}=C$$

$$\alpha_p=\alpha_m;\beta_p=\beta_m$$

式中　n——泵与风机的转速。

运动相似是建立在几何相似基础之上,满足了上式条件就保证了模型与实型的运动相似。

10.1.3　动力相似

动力相似即泵与风机力的相似,是指作用在模型和实型各对应点上的各种同名力方向相同,大小成比例,且比值相等。

流体在泵与风机内流动时主要受惯性力、黏性力、重力和压力的作用。动力相似就是这些力相似。判别这四个力相应的判别数(相似准数)分别为惯性力判别数(斯特卢哈) $sh=\frac{l}{vt}$、黏性力判别数(雷诺) $R_e=\frac{vl}{\nu}$、重力判别数(弗汝德) $F_r=\frac{v}{\sqrt{gl}}$ 和压力判别数(欧拉) $E_u=\frac{p}{\rho v^2}$。

实践中同时完全满足四个力相似或相应判别数相等是很难做到的,而且也没有必要。只要选择在流动时起主导作用的力相似就可以了。在泵与风机的流道中流体不存在自由表面,流体受重力的影响与其他相比是很小的,而压力的大小取决于惯性力的大小。因此,只要考虑惯性力和黏性力的影响就可以了。

雷诺数是考虑黏性力影响的判别数,在模拟实验中要保证 $R_{ep}=R_{em}$ 也是很困难的,例如 $D_p/D_m=5$,若保证 $R_{ep}=R_{em}$,在相同介质中,则必须保证 $v_m=5\ v_p$,这是很难实现的。试验表明,在 $R_e\geqslant10^5$ 时,已进入阻力平方区范围内,在这一范围内流速的变化对阻力系数已无影响。因此,即使模型和实物的雷诺数不同,但因自动模化作用,仍可满足动力相似的要求。这样只要满足几何相似和动力相似就可以满足流体流动相似。必须指出,为了使模型与实物性能更接近,一般希望模型和实物的几何尺寸相差不能太大。

10.2　泵与风机相似参数间的关系

在判别泵与风机的相似时并不直接使用上述判别方法,而是采用工况函数来判别。这里引入相似工况(图 10.1)的概念。

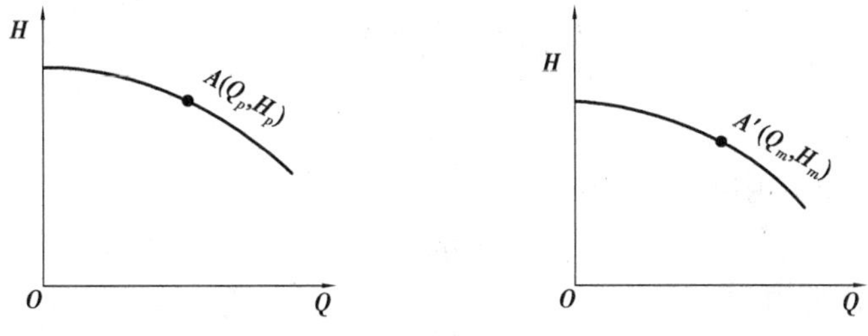

图 10.1　相似工况

在流道几何相似的条件下,实型泵或风机特性曲线上某工况点 $A(Q_p,H_p)$ 与模型泵或风机特性曲线上工况点 $A'(Q_m,H_m)$ 所对应的流体运动相似,则 A 和 A' 两工况称为相似工况。在相似工况下,实型与模型的流量、扬程、功率有如下关系。

10.2.1 流量关系

泵或风机的流量为

$$Q=Av_{2r}\eta_v=\pi D_2b_2\psi_2v_{2r}\eta_v$$

当工况相似时，其流量比为

$$\frac{Q_P}{Q_m}=\frac{\pi D_{2p}b_{2p}\psi_{2p}v_{2rp}\eta_{vp}}{\pi D_{2m}b_{2m}\psi_{2m}v_{2rm}\eta_{vm}} \tag{10.1}$$

因为运动相似，所以

$$\frac{v_{2rp}}{v_{2rm}}=\frac{D_{2p}n_p}{D_{2m}n_m} \tag{10.2}$$

若两台泵或风机几何相似，则排挤系数相等，将式(10.2)代入式(10.1)得

$$\frac{Q_P}{Q_m}=\frac{D_{2p}b_{2p}D_{2p}n_p\psi_{2p}\eta_{vp}}{D_{2m}b_{2m}D_{2m}n_m\psi_{2m}\eta_{vm}}$$

相似泵或风机几何尺寸比为常数，故上式可写为

$$\frac{Q_P}{Q_m}=\left(\frac{D_{2p}}{D_{2m}}\right)^3\frac{n_p}{n_m}\frac{\eta_{vp}}{\eta_{vm}} \tag{10.3}$$

式(10.3)称为流量相似定律。

10.2.2 能头关系

泵的能头用扬程 H 表示

$$H=H_T\eta_h=\frac{u_2v_{2u}-u_1v_{1u}}{g}\eta_h$$

在相似工况下，扬程比为

$$\frac{H_p}{H_m}=\frac{u_{2p}v_{2up}-u_{1p}v_{1up}}{u_{2m}v_{2um}-u_{1m}v_{1um}}\frac{\eta_{hp}}{\eta_{hm}} \tag{10.4}$$

由于运动相似，所以

$$\frac{u_{2p}v_{2up}}{u_{2m}v_{2um}}=\frac{u_{1p}v_{1up}}{u_{1m}v_{1um}}=\left(\frac{D_{2p}n_p}{D_{2m}n_m}\right)^2 \tag{10.5}$$

将式(10.5)代入式(10.4)得

$$\frac{H_P}{H_m}=\left(\frac{D_{2p}}{D_{2m}}\right)^2\left(\frac{n_p}{n_m}\right)^2\frac{\eta_{hp}}{\eta_{hm}} \tag{10.6}$$

式(10.6)称为扬程相似定律。

对于风机而言，能头用风压 p 表示

$$p=\rho gH$$

则风机的风压比值为

$$\frac{p_P}{p_m}=\frac{\rho_p}{\rho_m}\left(\frac{D_{2p}}{D_{2m}}\right)^2\left(\frac{n_p}{n_m}\right)^2\frac{\eta_{hp}}{\eta_{hm}} \tag{10.7}$$

10.2.3 功率关系

泵或风机的轴功率 N 为

$$N=\frac{\rho gQH}{1\ 000\eta}=\frac{\rho gQH}{1\ 000\eta_m\eta_h\eta_v}$$

在工况相似时，功率比为

$$\frac{N_p}{N_m}=\frac{\rho_p Q_p H_p \eta_{mm}\eta_{hm}\eta_{vm}}{\rho_m Q_m H_m \eta_{mp}\eta_{hp}\eta_{vp}} \tag{10.8}$$

将式(10.3)、式(10.6)代入式(10.8)得

$$\frac{N_P}{N_m}=\left(\frac{D_{2p}}{D_{2m}}\right)^5\left(\frac{n_p}{n_m}\right)^3\frac{\rho_p}{\rho_m}\frac{\eta_{mm}}{\eta_{mp}} \tag{10.9}$$

式(10.9)称为功率相似定律。

经验证明，模型与实型，在转速和几何尺寸相差不大时，可以认为模型与实型的机械效率 η_m、容积效率 η_v 和水力效率 η_h 都相等，即 $\eta_{mp}=\eta_{mm}$、$\eta_{vp}=\eta_{vm}$、$\eta_{hp}=\eta_{hm}$。则得

$$\frac{Q_P}{Q_m}=\left(\frac{D_{2p}}{D_{2m}}\right)^3\frac{n_p}{n_m} \tag{10.10}$$

$$\frac{H_P}{H_m}=\left(\frac{D_{2p}}{D_{2m}}\right)^2\left(\frac{n_p}{n_m}\right)^2 \tag{10.11}$$

$$\frac{p_P}{p_m}=\frac{\rho_p}{\rho_m}\left(\frac{D_{2p}}{D_{2m}}\right)^2\left(\frac{n_p}{n_m}\right)^2 \tag{10.12}$$

$$\frac{N_P}{N_m}=\left(\frac{D_{2p}}{D_{2m}}\right)^5\left(\frac{n_p}{n_m}\right)^3\frac{\rho_p}{\rho_m} \tag{10.13}$$

这就是泵与风机的性能换算基本公式。

10.3 相似定律的特例

10.3.1 比例定律——转速改变时各参数的变化关系

比例定律是相似定律的一种特殊情况，是指两台相似泵或风机的几何尺寸比 $D_p/D_m=1$，密度比 $\rho_p/\rho_m=1$，但 $n_p\neq n_m$ 时，即同一台泵或风机在转速改变时的参数变化关系：

$$\frac{Q_P}{Q_m}=\frac{n_p}{n_m} \tag{10.14}$$

$$\frac{H_P}{H_m}=\left(\frac{n_p}{n_m}\right)^2 \tag{10.15}$$

$$\frac{p_P}{p_m}=\left(\frac{n_p}{n_m}\right)^2 \tag{10.16}$$

$$\frac{N_P}{N_m}=\left(\frac{n_p}{n_m}\right)^3 \tag{10.17}$$

以上四式称为比例定律。

10.3.2 改变几何尺寸时各参数的变化关系

当两台相似泵或风机的转速相同时，即 $n_p/n_m=1$，并且 $\rho_p/\rho_m=1$，只是改变几何尺寸时，

参数的变化关系为

$$\frac{Q_P}{Q_m}=\left(\frac{D_{2p}}{D_{2m}}\right)^3 \tag{10.18}$$

$$\frac{H_P}{H_m}=\left(\frac{D_{2p}}{D_{2m}}\right)^2 \tag{10.19}$$

$$\frac{p_P}{p_m}=\left(\frac{D_{2p}}{D_{2m}}\right)^2 \tag{10.20}$$

$$\frac{N_P}{N_m}=\left(\frac{D_{2p}}{D_{2m}}\right)^5 \tag{10.21}$$

10.3.3 密度改变时各参数的变化关系

当两台相似泵(风机)其他条件不变,只是重度改变时($\rho_p \neq \rho_m$),参数的变化关系为

$$\frac{p_P}{p_m}=\frac{\rho_p}{\rho_m} \tag{10.22}$$

$$\frac{N_P}{N_m}=\frac{\rho_p}{\rho_m} \tag{10.23}$$

流量、扬程与液体重度无关。

相似工况下运行参数的变化关系可总结如下:

参数	转速 n 改变	尺寸 D 改变	密度 ρ 改变	n、D、ρ 均改变
流量 Q	$\frac{Q_P}{Q_m}=\frac{n_p}{n_m}$	$\frac{Q_P}{Q_m}=\left(\frac{D_{2p}}{D_{2m}}\right)^3$	$Q_p=Q_m$	$\frac{Q_P}{Q_m}=\left(\frac{D_{2p}}{D_{2m}}\right)^3\frac{n_p}{n_m}$
扬程 H	$\frac{H_P}{H_m}=\left(\frac{n_p}{n_m}\right)^2$	$\frac{H_P}{H_m}=\left(\frac{D_{2p}}{D_{2m}}\right)^2$	$H_p=H_m$	$\frac{H_P}{H_m}=\left(\frac{D_{2p}}{D_{2m}}\right)^2\left(\frac{n_p}{n_m}\right)^2$
风压 p	$\frac{p_P}{p_m}=\left(\frac{n_p}{n_m}\right)^2$	$\frac{p_P}{p_m}=\left(\frac{D_{2p}}{D_{2m}}\right)^2$	$p_p=p_m\frac{\rho_p}{\rho_m}$	$\frac{p_P}{p_m}=\frac{\rho_p}{\rho_m}\left(\frac{D_{2p}}{D_{2m}}\right)^2\left(\frac{n_p}{n_m}\right)^2$
功率 N	$\frac{N_P}{N_m}=\left(\frac{n_p}{n_m}\right)^3$	$\frac{N_P}{N_m}=\left(\frac{D_{2p}}{D_{2m}}\right)^5$	$N_p=N_m\frac{\rho_p}{\rho_m}$	$\frac{N_P}{N_m}=\left(\frac{D_{2p}}{D_{2m}}\right)^5\left(\frac{n_p}{n_m}\right)^3\frac{\rho_p}{\rho_m}$
效率 η	$\eta_p=\eta_m$	$\eta_p=\eta_m$	$\eta_p=\eta_m$	$\eta_p=\eta_m$

注:1. 上表只有当实型与模型转速、几何尺寸相差不大时,各效率才相等。

2. 表中“m”表示模型泵或风机的各参数,“p”表示实型泵或风机的各参数。

10.3.4 特性曲线的换算和通用曲线

(1)特性曲线的换算

泵与风机的特性曲线是在一定转速 n 下测量出来的,当改变转速时,性能曲线随之改变。此时可利用比例定律进行换算。

已知某台泵或风机在转速为 n_A 时的特性,欲求转速为 n_B 时的特性,可由下式进行换算:

$$Q_B=Q_A\frac{n_B}{n_A}$$

$$H_B=H_A\left(\frac{n_B}{n_A}\right)^2$$

如图 10.2 所示,在转速为 n_A 的特性曲线上,取工况点 $A(Q_A、H_A)$,用以上两式求得转速为 n_b 时工况点 A 的相似点 $B(Q_B、H_B)$,同理可求得与工况点 A_1A_2,…相对应的相似工况点 B_1,B_2,…。将各点用光滑曲线连接起来就得到该泵在转速 n_B 时的特性曲线。显然,换算出来的相似工况对应点之间的效率是相等的,故又可以从转速为 n_A 时的效率曲线 $\eta_A=f(Q)$ 作出转速为 n_B 时的效率曲线 $\eta_B=f(Q)$。

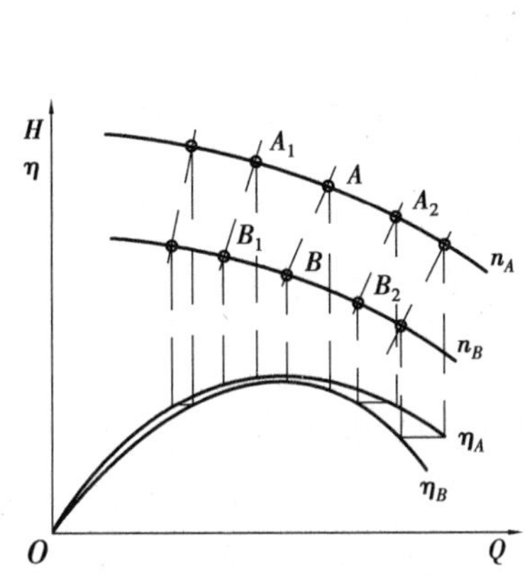

图 10.2　不同转速时性能曲线换算

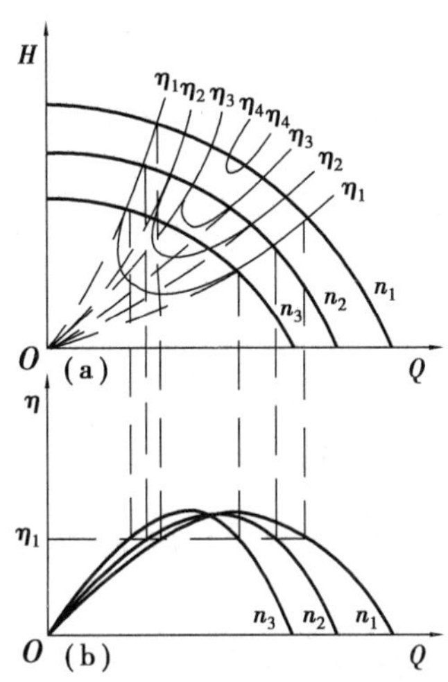

图 10.3　通用特性曲线

(2)**通用特性曲线**

把同一台泵在不同转速时的性能曲线绘制在同一张图上,这种不同转速下性能曲线的集合称为通用性能曲线,如图 10.3 所示。

若已知泵在某一转速下的 Q-H 性能曲线,可利用比例定律,即式(10.14)、式(10.15)求得如图 10.3 所示的通用特性曲线。利用比例定律计算出来的 $A,A_1,A_2,\cdots$各点的相似工况点 $B,B_1,B_2,\cdots$,同理还可计算出 $C,C_1,C_2,\cdots,D,D_1,D_2,\cdots$,其中 $A,B,C,D,\cdots,A_1,B_1,C_1,D_1,\cdots$ 分别是相似工况点。由相似工况点联结起来的曲线称为相似曲线,它是通过原点的一条二次抛物线。由式(10.14)、式(10.15)可得

$$\frac{H_{A_1}}{Q_{A_1}^2}=\frac{H_{B_1}}{Q_{B_1}^2}=\frac{H_{C_1}}{Q_{C_1}^2}=\frac{H_{D_1}}{Q_{D_1}^2}=C$$

同理

$$\frac{H_{A_2}}{Q_{A_2}^2}=\frac{H_{B_2}}{Q_{B_2}^2}=\frac{H_{C_2}}{Q_{C_2}^2}=\frac{H_{D_2}}{Q_{D_2}^2}=C'$$

$$\frac{H_{A_3}}{Q_{A_3}^2}=\frac{H_{B_3}}{Q_{B_3}^2}=\frac{H_{C_3}}{Q_{C_3}^2}=\frac{H_{D_3}}{Q_{D_3}^2}=C''$$

以上各式的通式为 $H=CQ^2$,是通过原点的抛物线,我们称这些抛物线为相似抛物线。显

然,同一抛物线上的各点效率相同,所以相似抛物线又称等效率(曲)线。

应当指出,用比例定律计算的相似抛物线(等效率线)是通过原点的,而实验测得的是一条不通过原点的椭圆曲线,原因在于偏离最佳工况较远时,流道内旋涡、冲击均增加,水力现象大为复杂。原来理论计算时效率相等的假设不成立了,造成实验与理论的差异。

例 10.1 有一台水泵额定工况点的流量 $Q_1=35\ m^3/h$,扬程 $H_1=62\ m$,转数 $n_1=1450\ r/min$,轴功率 $N_1=7.6\ kW$。欲将额定点流量提高到 $Q_2=70\ m^3/h$,问转速应提高到多少?此时 H_2、N_2 各为多少?

解 根据比例定律

$$n_2=n_1\left(\frac{Q_2}{Q_1}\right)=1\ 450\times\frac{70}{35}=2\ 900(r/min)$$

$$H_2=H_1\left(\frac{n_2}{n_1}\right)^2=62\times\left(\frac{2\ 900}{1\ 450}\right)^2=248(m)$$

$$N_2=N_1\left(\frac{n_2}{n_1}\right)^3=7.60\times\left(\frac{2\ 900}{1\ 450}\right)^3=60.8(kW)$$

10.4 比转数

相似定律反映了同型式相似泵与风机参数间的比例关系,但对于不同型式泵与风机的性能无法用它来进行比较,有相当的局限性。在泵与风机的设计、选择及研究中,需要一个综合能力更大的特征数,人们称这个相似特征数为比转数,用符号(n_y)表示。比转数在泵与风机的理论研究和设计中具有十分重要的意义。现对泵与风机的比转数讨论如下。

10.4.1 泵的比转数

(1)运动比转数

由式(10.11)得

$$\frac{D_p}{D_m}=\sqrt{\frac{H_p}{H_m}}\frac{n_m}{n_p} \tag{A}$$

将上式代入式(10.10)得

$$\begin{aligned}\frac{Q_p}{Q_m}&=\left(\frac{D_p}{D_m}\right)^3\left(\frac{n_p}{n_m}\right)=\left(\frac{H_p}{H_m}\right)^{3/2}\left(\frac{n_m}{n_p}\right)^3\left(\frac{n_p}{n_m}\right)\\&=\left(\frac{H_p}{H_m}\right)^{3/2}\left(\frac{n_m}{n_p}\right)^2\end{aligned} \tag{B}$$

整理上式得

$$\frac{n_p\sqrt{Q_p}}{H_p^{3/4}}=\frac{n_m\sqrt{Q_m}}{H_m^{3/4}}=C$$

令上式常数项为 n_{SQ},则

$$n_{SQ}=\frac{n\sqrt{Q}}{H^{3/4}} \tag{10.24}$$

上式即为运动比转数表达式。

(2)**动力比转数**

对于输送相同液体的泵，则有 $\rho_p=\rho_m$，则

$$\frac{N_p}{N_m}=\left(\frac{D_p}{D_m}\right)^5\left(\frac{n_p}{n_m}\right)^3$$

将 A 式代入上式得

$$\frac{N_p}{N_m}=\left(\frac{H_p}{H_m}\right)^{5/2}\left(\frac{n_m}{n_p}\right)^5\left(\frac{n_p}{n_m}\right)^3=\left(\frac{H_p}{H_m}\right)^{5/2}\left(\frac{n_m}{n_p}\right)^2$$

整理上式得

$$\frac{n_p\sqrt{N_p}}{H_p^{5/4}}=\frac{n_m\sqrt{N_m}}{H_m^{5/4}}=C$$

令

$$n_{SP}=\frac{n\sqrt{N}}{H^{5/4}}$$

n_{SP} 即为动力比转数。动力比转数的概念最初是从水轮机参数中引出来的，水轮机的工况参数中功率用马力为单位，水的密度为 $\rho=1\ 000\ \text{kg/m}^3$。用 $N=\frac{\rho gQH}{75}=\frac{1\ 000QH}{75}$(马力)代入上式，则

$$n_{SP}=\frac{3.65n\sqrt{Q}}{H^{3/4}} \tag{10.25}$$

n_{SQ} 与 n_{SP} 本质上没有区别，只是数值不同。我国泵行业长期以来已习惯使用 n_S(即 n_{SP})作为比转数计算公式，而欧美习惯用 n_{SQ} 作为泵的比转数，因而在对照时应注意换算。

我国使用的比转数计算公式为

$$n_S=\frac{3.65n\sqrt{Q}}{H^{3/4}} \tag{10.26}$$

(3)**关于比转数的说明**

①比转数是工况函数，对于同一台泵工况是可变的，对应不同工况就有不同的比转数，通常说某泵的比转数是指最佳工况对应的比转数 n_S。

②比转数是以单吸单级叶轮为标准的，因而：

a. 对于单级双吸泵，流量就取$\frac{Q}{2}$代入；

b. 对于多级单吸泵，取单级扬程$\frac{H}{i}$代入；

c. 对于多级双吸泵，则以单侧流量$\frac{Q}{2}$，单级扬程$\frac{H}{i}$代入(i 为泵的级数)。

③两台泵相似，则比转数相同；比转数相同，两泵一般相似，但也有例外，如 4BA—6 和 6SH—6 的比转数均为 60，而两泵显然不是相似泵。

10.4.2　泵的无因次比转数

我们习惯使用运动比转数和动力比转数作为泵的比转数，但运动比转数和动力比转数都

是有因次的($m^{3/4}/S^{3/2}$),用比转数作为相似准数时习惯上应采用无因次数,为了得到无因次比转数,人们在有因次比转数计算式上除以重力加速度,得到无因次比转数。

$$n_{Sf}=\frac{n\sqrt{Q}}{(gH)^{3/4}}$$

由于该比转数数值过小,为了使该值不致过小,将该式改写为下列形式

$$n_{Sf}=\frac{1\ 000}{60}\ \frac{n\sqrt{Q}}{(gH)^{3/4}}$$

引入重力加速度的值为 $g=9.806\ 65\ \mathrm{m/s^2}$ 后,得到换算公式

$$n_{Sf}=3\ \frac{n\sqrt{Q}}{H^{3/4}} \tag{10.27}$$

无因次比转数的优点是与单位无关,它适用于各种单位制,使用十分方便。

10.4.3 风机的比转数

风机比转数用符号 n_y 表示,它与泵的比转数的性质完全相同,一般采用下式计算

$$n_y=\frac{n\sqrt{Q}}{p_{20}^{3/4}} \tag{10.28}$$

式中 p_{20}——常态状况下($t=20$ ℃,$p_a=0.1$ MPa)气体的全压,$\mathrm{N/m^2}$。

对于非常态时,需要考虑气体密度的变化,可采用下式计算比转数(常态下空气的密度为 1.2 kg/m^2)

$$n_y=\frac{n\sqrt{Q}}{\left(\frac{1.2p}{\rho}\right)^{3/4}} \tag{10.29}$$

在常态时也可用无因次参数计算

$$n_y=\frac{n\sqrt{Q}}{p_{20}^{3/4}}=\frac{60u_2}{\pi D_2}\ \frac{\sqrt{\frac{\pi D_2^2}{4}u_2\overline{Q}}}{(\rho_{20}u_2^2\overline{p})^{3/4}}=\frac{30}{\sqrt{\pi}\sqrt[4]{\rho_{20}^3}}\ \frac{\sqrt{\overline{Q}}}{\overline{p}^{3/4}}$$

$$n_y=14.8\frac{\sqrt{\overline{Q}}}{\overline{p}^{3/4}} \tag{10.30}$$

注意:风机的比转数是指最佳工况时的比转数,是以单级单吸叶轮为标准,采用常态状况下的参数计算得出的,当双吸或多级或参数不是常态状况时,应进行换算。

10.4.4 比转数在泵与风机中的应用

(1)用比转数对泵与风机进行分类

由比转数公式可知,在一定转速下若流量 Q 不变,则 n_S 越小,H 就越大。为了提高扬程只能加大叶轮出口外径 D_2,相对地显得出口宽度 b_2 窄小,因而叶形变得细长。但考虑制造上的难度,流动损失、圆盘损失的增加,使效率降低等因素,离心泵 n_S 不小于 30,离心风机 n_y 不小于 1.8(10)。

与上述相反,n_S 越大,则扬程 H 越小,叶轮外径 D_2 也变小,而叶轮出口宽度 b_2 相对也增

大,叶形变得短而宽。随比转数 n_S 的增加,D_2/D_1 逐渐减小,当减小到某一数值时就需将出口边做成倾斜的,如图 10.4 所示。因为 ab 流线与 cd 流线长度相差太大时,会出现 d 线的触头大于 ab 线的触头,引起二次回流,使流动损失增大,所以当 n_S 达到某一值时,即 D_2/D_1 减小到某一数值时,叶轮出口边就要做成倾斜的,于是从离心式叶轮过渡到混流式叶轮。若 n_S 再增加,则出口直径 D_2 进一步减小,倾斜度更大,前盖板可以去掉了,叶轮从混流式过渡到轴流式。

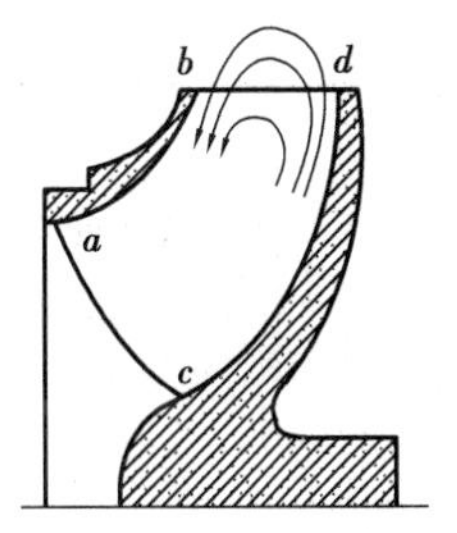

图 10.4　二次回流

由此可见,叶轮形式的变化,引起参数的改变,必然导致比转数的变化,故可用比转数对泵与风机进行分类。

(2)用比转数确定泵与风机的型式

比转数的大小决定了泵与风机的类型(表 10.1)。例如,根据实际需要的参数,可以计算出泵与风机的比转数。对于泵而言,当 $n_S<30$ 时,则采用容积式泵;当 $30<n_S<300$ 时,则采用离心式泵;当 $300<n_S<500$ 时,则采用混流式泵;当 $500<n_S<1\ 000$ 时,则采用轴流式泵。对于风机而言,当 $n_y<1.8(10)$ 时,一般则采用容积式风机;当 $2.7(15)<n_y<16.6(90)$ 时,则采用离心式风机,这是离心式风机最佳比转数范围[后弯式叶轮一般为 $3.66(20)<n_y<16.6(90)$,前弯式叶轮一般为 $2.7(15)<n_y<12(65)$];当 $n_y>18(100)$ 时,一般采用轴流式风机。

表 10.1　比转数与叶轮形状及性能曲线的关系

泵的类型	离心式泵			混流式泵	轴流式泵
	低比转数泵	中比转数泵	高比转数泵		
比转数 n_S	$30<n_S<80$	$80<n_S<150$	$150<n_S<300$	$300<n_S<500$	$500<n_S<1\ 000$
叶轮形状	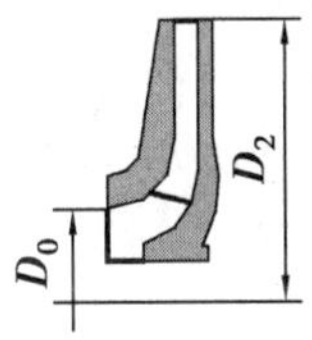	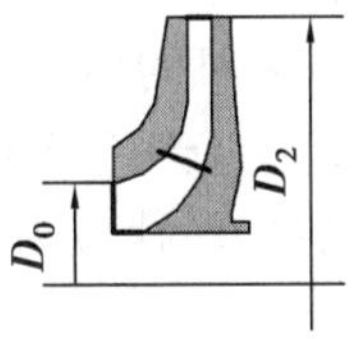	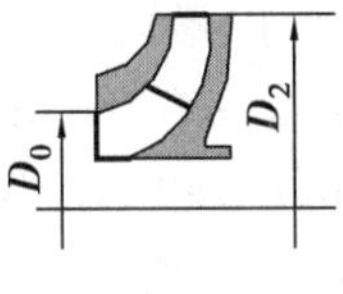	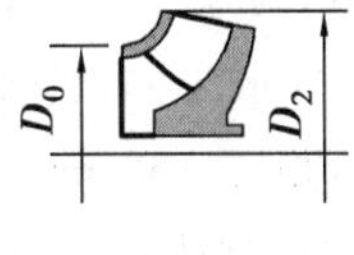	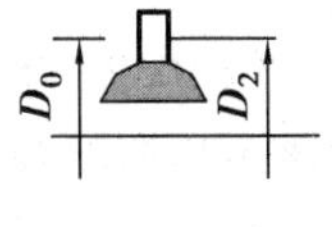
D_2/D_0	3	2.3	1.8~1.4	1.2~1.1	1
叶片形状	柱形叶片	入口扭曲 出口柱形	扭曲叶片	扭曲叶片	翼形叶片
性能曲线形状	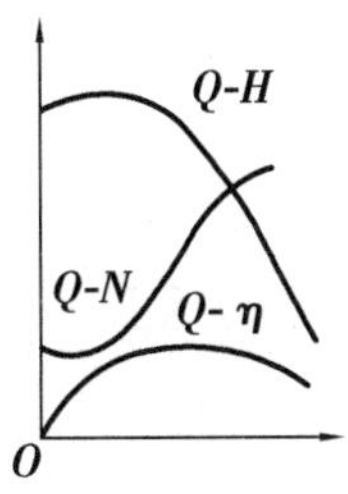	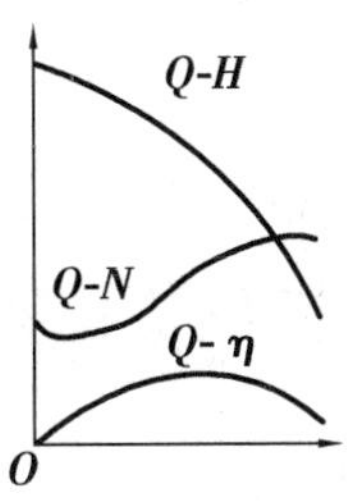	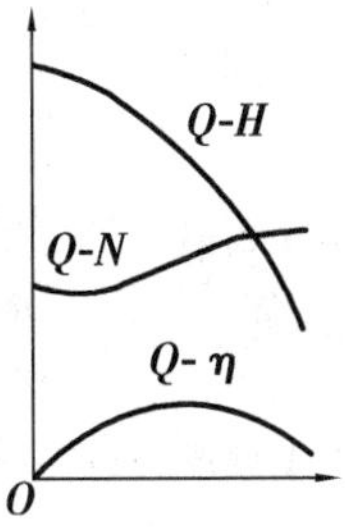	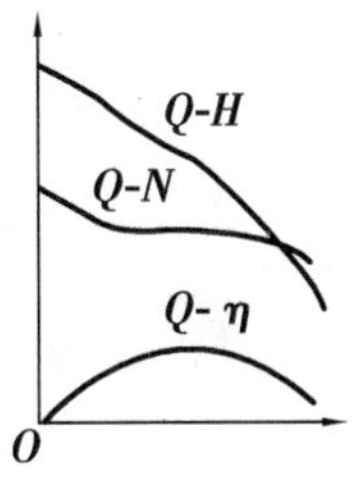	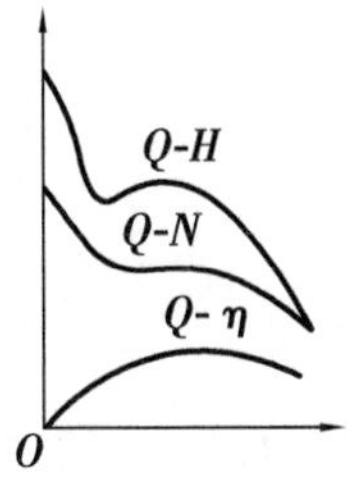

续表

泵的类型	离心式泵			混流式泵	轴流式泵
	低比转数泵	中比转数泵	高比转数泵		
Q-H 曲线特点	关死扬程为设计工况的 1.1～1.3 倍，扬程随流量减小而增加，变化比较缓慢			关死扬程为设计工况的 1.5～1.8 倍，扬程随流量减小而增加，变化较急	关死扬程为设计工况的 2 倍左右，扬程随流量减小而急速上升，而后急速下降
Q-N 曲线特点	关死功率较小，轴功率随流量增加而上升			流量变化时轴功率变化较平缓	关死点功率最大，设计工况附近变化比较平缓，而后轴功率随流量增加而下降
Q-η 曲线特点	比较平坦			比轴流泵平坦	急速上升后又急速下降

(3)**用比转数进行泵与风机的相似设计**

所谓相似设计，就是根据给定的设计参数计算出泵或风机的比转数 n_y 值，然后在已有的泵或风机的优良模型中选取比转数相同或相近的模型，把模型的参数换算成实型的参数，把模型的几何尺寸换算成实型的几何尺寸，最后做出泵或风机的结构设计。

例 10.2 有一台水泵，当转速 n=2 900 r/min 时，流量 Q=9.5 m³/min，H=120 m；另一台和该泵相似的泵，流量 Q=38 m³/min，H=80 m。问叶轮的转速应为多少？

解 两台泵相似，则比转数必然相等，故

$$\frac{3.65n_1\sqrt{Q_1}}{H_1^{3/4}}=\frac{3.65n_2\sqrt{Q_2}}{H_2^{3/4}}$$

有

$$n_2 = n_1\frac{\sqrt{Q_1}}{\sqrt{Q_2}}\left(\frac{H_2}{H_1}\right)^{3/4}$$

$$= 2\ 900\times\frac{\sqrt{\dfrac{9.5}{60}}}{\sqrt{\dfrac{38}{60}}}\left(\frac{80}{120}\right)^{3/4}$$

$$= 1\ 069.8(\text{r/min})$$

10.5　汽蚀相似定律及汽蚀比转数

泵的汽蚀余量和允许吸入真空高度反映了某泵的吸入性能,但不能对不同泵的吸入性能进行比较,因为各泵的流量、扬程、转速等性能参数不尽相同。为此,我们需要引入汽蚀相似定律和一个包括设计参数在内的综合性汽蚀相似特征数,由于这个汽蚀相似特征数与比转数的公式相似,人们称之为汽蚀比转数,用符号 C 表示。

10.5.1　汽蚀相似定律

依前所述,泵的必需汽蚀余量 Δh_r 只与叶轮吸入口几何形状及工况有关,而与液体性质无关。模型泵与实型泵必需汽蚀余量之比可表示为

$$\frac{\Delta h_{rp}}{\Delta h_{rm}}=\frac{(\lambda_1 v_0^2+\lambda_2 w_1^2)_p}{(\lambda_1 v_0^2+\lambda_2 w_1^2)_m}$$

在吸入口几何相似和流动相似的条件下,相应的速度比值相等,阻力系数相同

$$\lambda_{1p}=\lambda_{1m};\lambda_{2p}=\lambda_{2m}$$

故有

$$\frac{\Delta h_{rp}}{\Delta h_{rm}}=\frac{(v_0^2+w_1^2)_p}{(v_0^2+w_1^2)_m}=\frac{u_{1p}^2}{u_{1m}^2}=\frac{(D_1 n_1)_p^2}{(D_1 n_1)_m^2}$$

即

$$\frac{\Delta h_{rp}}{\Delta h_{rm}}=\frac{(D_1 n_1)_p^2}{(D_1 n_1)_m^2} \tag{10.31}$$

式(10.31)就是汽蚀相似定律。汽蚀相似定律反映出模型泵与实型泵汽蚀余量之比等于叶轮进口直径比的平方与转速比的平方之积。

对于同一台泵在转速变化时,上式可写为

$$\frac{\Delta h_{rp}}{\Delta h_{rm}}=\left(\frac{n_p}{n_m}\right)^2 \tag{10.32}$$

上式表明,当转速变化时,泵的必需汽蚀余量与转速的平方呈正比变化,也就是说,泵的转速增加后,必需汽蚀余量呈平方关系增加,泵的抗汽蚀性能大大下降。

应当指出,当模型泵与实型泵的入口几何尺寸和转速变化不大时,上式的计算结果与实际情况基本相符,当相差较大时,误差就比较大了,其计算比实际值要大,结果偏于安全。一般说来,当转速偏离设计工况 25% 范围内时,上式计算结果的误差可以接受。

例 10.3　设计一台热水泵,用它抽送 70 ℃的清水,吸入池液面压强为 0.58×10^5 N/m^2(绝对压强),泵的转速选定为 $n=960$ r/min,吸入管路阻力损失为 0.6 m,取汽蚀余量的安全余量为 0.5 m。试求该泵的安装高度 H_g 应为多少？已知该泵的模型泵尺寸小一倍,在常温(20 ℃)和标准大气压条件下,以转速 $n=1\ 450$ r/min 进行汽蚀试验,测得其临界必需汽蚀余量 $\Delta h_{rc}=2$ m。

解　由汽蚀相似定律有

$$\begin{aligned}\Delta h_{rc} &= \Delta h_{rcm}\left(\frac{Dn}{D_m n_m}\right)^2 \\ &= 2\times\left(\frac{2\times960}{1\times1\ 450}\right)^2 \\ &= 3.51(\mathrm{m})\end{aligned}$$

热水泵吸入口的允许汽蚀余量 Δh_r 为

$$\Delta h_r = \Delta h_{rc} + 0.5 = 4.01(\mathrm{m})$$

查得 70 ℃水的密度 $\rho=976.6\ \mathrm{kg/m^3}$；汽化压力 $p_v=0.312\times10^5\ \mathrm{N/m^2}$。

泵的允许安装高度为

$$\begin{aligned}[H_g] &= \frac{p_0 - p_v}{\rho g} - \Delta h_r - h_{wg} \\ &= \frac{0.58\times10^5 - 0.312\times10^5}{976.6\times9.81} - 4.01 - 0.6 \\ &= -1.8(\mathrm{m})\end{aligned}$$

$[H_g]<0$，说明泵应安装在液面下 1.8 m 的地方(即该泵应有 1.8 m 的灌注头)。

10.5.2 汽蚀比转数

汽蚀比转数是衡量泵抗汽蚀能力的一个重要参数，其数值大小反映了泵汽蚀性能的好坏。

由汽蚀相似定律不难推得

$$S=\frac{n\sqrt{Q}}{\Delta h_{r\min}^{3/4}} \tag{10.33}$$

上式与泵的比转数公式极为相似，且具有类似的性质，我们称之为汽蚀比转数或吸入比转数。汽蚀比转数是一个工况函数，不同工况的汽蚀比转数值不同，泵的汽蚀比转数值是指最佳工况点的汽蚀比转数值。在相似工况下，汽蚀比转数值相等。

西方国家习惯使用 S 作为汽蚀比转数，由于该式计算出的数值较小，我国泵行业将该值人为放大了 $10^{3/4}$ 倍，习惯采用下式计算泵的汽蚀比转数 C：

$$C=\frac{5.62n\sqrt{Q}}{\Delta h_{r\min}^{3/4}} \tag{10.34}$$

式中 $\Delta h_{r\min}$——临界汽蚀余量，m；

Q——流量，$\mathrm{m^3/s}$；

n——转速，r/min。

式(10.34)就是泵汽蚀比转数表达式。只要进口部分几何相似、运动工况相似，汽蚀比转数 C 值相等，其汽蚀性能相同。C 值的大致范围如下：

对于汽蚀性能要求不高，主要考虑提高效率的泵来说

$$C=600\sim800$$

对于兼顾汽蚀性能和效率的泵来说

$$C=800\sim1\ 200$$

对汽蚀性能要求高的泵来说

$$C=1\ 200\sim 1\ 600$$

10.5.3　对汽蚀比转数 C 的几点说明

①汽蚀比转数同比转数一样，是一个工况函数，泵的汽蚀比转数 C 是用最佳工况下的流量 Q、转速 n 和临界汽蚀余量 $\Delta h_{r\min}$ 计算而得的，C 值越大，说明泵的抗汽蚀性能越好。

②汽蚀比转数 C 是有因次的，由于各国单位制不同，带来 S 和 C 的计算结果不同，在进行相互比较时应注意换算。

③从汽蚀比转数表达式可以看出，C 值的大小与扬程 H 无关，因此也就和泵的出口参数无关。所以，只要两台泵的入口部分几何相似，即使出口部分不相似，在相似工况下运行时，汽蚀比转数 C 也相等。因此要提高泵的抗汽蚀性能，应重点研究泵入口部分的几何参数关系。泵体和叶轮配合的好坏将影响泵进出口的流动情况，必然影响泵的抗汽蚀性能。所以，除研究叶轮进口几何形状改善汽蚀性能外，还须研究泵壳的形状及泵壳与叶轮的配合，以提高泵的抗汽蚀性能。

④根据所选模型的汽蚀比转数可以计算出泵的临界汽蚀余量 $\Delta h_{r\min}$，有

$$\Delta h_{r\min}=10\left(\frac{n\sqrt{Q}}{C}\right)^{4/3}$$

或根据泵的使用条件可以确定泵的转速 n，有

$$n=\frac{C\cdot\Delta h_r^{3/4}}{5.62\sqrt{Q}}$$

10.6　无因次特性和无因次性能曲线

根据相似定律，当知道一台泵或风机的性能参数时，可以很容易地换算出与其相似的（同一类型）其他泵或风机的性能参数。但是，相似定律难以对各种不同型式的泵或风机进行性能比较。为此，我们引入无因次性能参数和无因次性能曲线。

从泵与风机的性能参数中除去转速、尺寸、密度等因素的计量单位，就得出无因次性能参数，由无因次性能参数就可以绘出无因次性能曲线。由于除去了计量单位的影响，因而每一种型式的泵或风机就仅有一条无因次性能曲线，它与转速、尺寸、流体密度等因素无关。用无因次性能曲线来比较和选择泵与风机非常方便，因而在风机的选型和计算中应用十分广泛。由于泵的种类繁多，还有汽蚀等因素，目前还难以广泛应用。

10.6.1　无因次性能参数

由相似理论推导出来的相似参数之间的换算关系式经过形式上的变化就可以得到各参数的无因次系数，称为无因次性能参数。

(1) 无因次流量 $\overline{Q}$

流量关系式可以改写为

$$\frac{Q_m}{\frac{\pi D_{2m}^2}{4}\frac{\pi D_{2m}n_m}{60}}=\frac{Q_p}{\frac{\pi D_{2p}^2}{4}\frac{\pi D_{2p}n_p}{60}}=\text{常数}$$

式中，$\frac{\pi D_2 n}{60}=u_2$，$\frac{\pi D_2^2}{4}=F_2$，代入上式可得无因次流量的表达式

$$\overline{Q}=\frac{Q_m}{u_{2m}F_{2m}}=\frac{Q_p}{u_{2p}F_{2p}}=\frac{Q}{u_2F_2}=\text{常数} \tag{10.35}$$

式中　$\overline{Q}$——无因次流量；

Q——流量，m^3/s；

u_2——圆周速度，m/s；

F_2——叶轮面积，m^2。

（2）**无因次压力** $\overline{p}$

压力关系式可以改写为

$$\frac{p_m}{\rho_m\left(\frac{\pi D_{2m}n_m}{60}\right)^2}=\frac{p_p}{\rho_p\left(\frac{\pi D_{2p}n_p}{60}\right)^2}=\frac{p}{\rho\left(\frac{\pi D_2 n}{60}\right)^2}=\text{常数}$$

式中，$\frac{\pi D_2 n}{60}=u_2$，代入上式可得无因次压力的表达式

$$\overline{p}=\frac{p_m}{\rho_m u_{2m}^2}=\frac{p_p}{\rho_p u_{2p}^2}=\frac{p}{\rho u^2}=\text{常数} \tag{10.36}$$

式中　$\overline{p}$——无因次压力；

p——压力，N/m^2；

u_2——圆周速度，m/s；

ρ——流体密度，kg/m^3。

（3）**无因次功率** $\overline{N}$

功率关系式可以改写为

$$\frac{N_m}{\rho_m\frac{\pi D_{2m}^2}{4}\left(\frac{\pi D_{2m}n_m}{60}\right)^3}=\frac{N_p}{\rho_p\frac{\pi D_{2p}^2}{4}\left(\frac{\pi D_{2p}n_p}{60}\right)^3}=\frac{N}{\rho\frac{\pi D_2^2}{4}\left(\frac{\pi D_2 n}{60}\right)^3}=\text{常数}$$

式中，$\frac{\pi D_2^2}{4}=F_2$，$\frac{\pi D_2 n}{60}=u_2$，代入上式可得无因次压力的表达式

$$\overline{N}=\frac{N_m}{\rho_m F_{2m}u_{2m}^3}=\frac{N_p}{\rho_p F_{2p}u_{2p}^3}=\frac{N}{\rho F_2 u_2^3}=\text{常数} \tag{10.37}$$

式中　$\overline{N}$——无因次功率；

N——功率，W；

ρ——流体密度，kg/m^3；

F_2——叶轮面积，m^2；

u_2——圆周速度，m/s。

(4)**效率 η**

泵与风机的效率 η 本身就是无因次参数,也可用无因次参数进行计算

$$\eta = \frac{\overline{Q}\overline{p}}{\overline{N}} = \frac{pQ}{1\ 000N}\% \tag{10.38}$$

凡几何相似的泵与风机,其无因次参数 $\overline{Q}$、$\overline{p}$、$\overline{N}$ 是相同的。在相似工况下运行的泵与风机,不管其尺寸大小,只要具有相同的无因次参数,就具有相似的性能。利用无因次参数,可以作出无因次性能曲线。

10.6.2　无因次性能曲线

无因次性能曲线是在有因次性能曲线的基础上,通过无因次参数计算式求出各工况相应的无因次参数 $\overline{Q}$、$\overline{p}$、$\overline{N}$ 及 η,以无因次流量 $\overline{Q}$ 为横坐标,以无因次压力 $\overline{p}$、无因次功率 $\overline{N}$ 及效率 η 为纵坐标绘制出的一组 $\overline{Q}$-$\overline{p}$、$\overline{Q}$-$\overline{N}$、$\overline{Q}$-η 无因次性能曲线,如图 10.5 所示。由于同一类风机是相似的,只有一组无因次性能曲线,因而一组无因次性能曲线代表了一个系列(相似的)风机的性能。

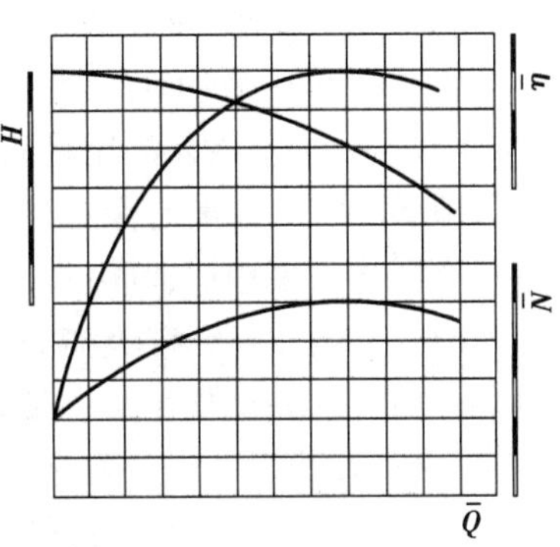

图 10.5　风机的无因次特性曲线

为了在选型时便于比较不同类型风机的性能,人们将不同类型风机的无因次性能曲线绘制在同一张图上,构成风机无因次性能曲线的集合。

必须指出:无因次参数中除去了性能参数中计量单位的影响,因此,用无因次参数绘出的无因次性能曲线,并不能代表风机的实际工作参数(即实际压力 p、流量 Q、功率 N)的大小。一条无因次性能曲线反映了一个相似系列风机的无因次性能,而这一系列中风机的尺寸、转速都不尽相同,所以,对于泵或风机的实际工作参数,需用无因次性能参数结合泵或风机的实际尺寸进行换算,换算式如下

$$Q = F_2 u_2 \overline{Q} = \frac{nD_2^3}{24.32}\overline{Q} \tag{10.39}$$

$$p = \rho u_2^2 \overline{p} = \frac{n^2 D_2^2}{304}\overline{p} \tag{10.40}$$

$$(\rho = 1.2\ \text{kg/m}^3)$$

$$N = \frac{\rho F_2 u_2^3}{1\ 000}\overline{N} = \frac{n^3 D_2^3}{7\ 391\ 590}\overline{N} \tag{10.41}$$

习　题

10.1　某泵性能参数如下:转速 n=2 900 r/min,扬程 H=100 m,流量 Q=0.17 m³/s。另一台泵与该泵相似,但扬程是该泵的两倍,当 n=1 450 r/min 时,流量应为多少?

10.2　有一台泵转速 n = 2 900 r/min,扬程 H = 100 m,流量 Q = 0.17 m³/s,轴功率

N=183.8 kW，现用一叶轮外径比该泵大两倍的泵，当 n=1 450 r/min 时，保持运动状态相似，轴功率应为多少？

10.3　有一单级离心泵，在 n=1450 r/min 时，流量 Q=2.6 m^3/min，该泵的汽蚀比转数 C=700，现将该泵安装在地面上进行抽水，求吸入液面距地面多少米时发生汽蚀。（设水面压力为 98 066.5 N/m^2，水温为 70 ℃时，汽化压力为 0.312×10^5 N/m^2，此时水的密度为 976.6 kg/m^3，吸入管路阻力损失为 1 m）

10.4　有一吸入口径为 600 mm 的双吸泵，输送常温（20 ℃）清水时，Q=0.3 m^3/s，n=970 r/min，H=47 m，汽蚀比转数 C=900。试问：(1)在吸水池液面压力为一个工程大气压时，泵的允许吸入真空高度[H_S]为多少？(2)泵在海拔 1 500 m 的地方输送 40 ℃清水（此时水的密度为 990.8 kg/m^3）时，泵的允许吸入真空高度[H_S]为多少？

10.5　IS80-65-160 型离心泵额定工况点的流量 Q=50 m^3/h，扬程 H=32 m，转速 n=2 900 r/min，试求该泵的比转数。

10.6　有一台离心泵在转速 n=2 900 r/min 时，扬程 H=54.2 m，流量 Q=1.5 m^3/min。另一台泵与该泵相似，其流量 Q=6 m^3/min，扬程 H=36 m，试问另一台泵的转速应为多少？

10.7　已知一台双吸离心泵额定工况点的转速 n=2 900 r/min，扬程 H=62 m，流量 Q=144 m^3/h。另一台泵在某一时刻的工况与该泵额定工况相似，且流量 Q=300 m^3/h，转速 n=1 480 r/min，试问另一台泵此时的扬程为多少？

10.8　设有一台泵的性能参数如下表，该泵的叶轮外径 D_2=315 mm，现需要该泵的性能曲线通过工况点 Q=80 L/s，H=25 m，若采用切割叶轮外径的方法来实现，试问叶轮外径应切去多少？该点的效率约为多少？画出该泵切割后的性能曲线。

10.9　有一台离心油泵，在海拔 1 000 m 处输送 39 ℃的车用汽油，$\rho_{汽}$=740 kg/m^3，泵的流量 Q=100 m^3/h，转速 n=2950 r/min，泵装于液面下 1.8 m 处时刚好安全工作，此时汽蚀安全余量为 0.3 m，设吸入管阻力损失为 1.2 m，求该泵的汽蚀比转数。

10.10　有一台吸入口径为 460 mm 的双吸离心泵，输送温度为 20 ℃的清水，该泵的流量 Q=135 L/s，转速 n=1 450 r/min，汽蚀比转数 C=675。问：

(1)当吸水池液面压力为一个工程大气压时，泵的允许吸入真空高度[H_S]为多少米水柱？

(2)泵在海拔 1 500 m 的地方输送 30 ℃清水时，若吸入管阻力损失为 2 m，则泵的允许安装高度[H_g]为多少米？

10.11　8BA-18 型水泵的叶轮外径 D_2=268 mm，性能参数如下：转速 n=1 450 r/min，扬程 H=18 m，流量 Q=79 L/s，轴功率 N=16.6 kW。切割后的 8BA-18A 型水泵的叶轮外径 D_2=250 mm，设效率不变，试问 8BA-18A 型水泵的性能参数各为多少？如果将 8BA-18 型水泵的转速减至 n=1 200 r/min，设效率不变，该泵的性能参数各为多少？

10.12　设计一台离心泵用在海拔 1 000 m 处输送 40 ℃清水（此时水的密度为 990.8 kg/m^3），要求泵的流量 Q=4.3 m^3/s，转速 n=495 r/min，泵装于液面下 2 m 处，吸入管阻力损失为 0.5 m，汽蚀安全余量取 0.3 m，问该泵的汽蚀比转数为多少？

10.13　4-73N012 型离心风机在转速 n=1 450 r/min 时，全压 p=4 609 N/m^2，流量 Q=71 100 m^3/h，轴功率 N=99.8 kW，若转速变到 n=730 r/min，气体密度不变，试计算转速变化后的全压、流量和轴功率。

10.14　有一离心风机，转速 $n=1\ 450\ \mathrm{r/min}$ 时，全压 $p=16\ 010\ \mathrm{N/m^2}$，流量 $Q=1.5\ \mathrm{m^3/min}$，$\rho=1.2\ \mathrm{kg/m^3}$，今用该风机输送密度为 $0.899\ 633\ \mathrm{kg/m^3}$ 的烟气，全压及温度与输送空气时相同，此时转速应为多少？其实际流量为多少？

第 11 章 泵与风机的运行和调节

11.1 泵与风机的运行工作点

前面讨论了泵与风机的性能曲线,但泵与风机在管路中工作时处于性能曲线上的哪一点,我们并不知道。因为当泵与风机在一定的管路系统中工作时,实际工作状态不仅取决于泵与风机本身的性能曲线,而且还取决于整个装置的管路特性曲线。

11.1.1 管路特性曲线

管路特性曲线就是通过管路的流量与所需要的能头之间的关系曲线。在学习泵与风机的能头一节时,我们曾指出,管路所需能量可用式(9.4)进行计算

$$H=H_{输}+h_{损}+\frac{P_2-P_1}{\rho g} \tag{11.1}$$

式中,$H_{输}$(流体被提升的高度)和$\frac{P_2-P_1}{\rho g}$(排出液面与吸入液面的压头差)与流动状态无关,称为静压头,用符号 H_{st} 表示,即

$$H_{st}=H_{输}+\frac{P_2-P_1}{\rho g} \tag{11.2}$$

流动损失 $h_{损}$与流量的二次方成正比,用 h_w 表示,即

$$\begin{aligned} h_w &= \left(\sum \lambda \frac{L}{d}+\sum \lambda \frac{Le}{d}\right)\frac{v^2}{2g} \\ &= \left(\sum \lambda \frac{L}{d}+\sum \lambda \frac{Le}{d}\right)\frac{Q^2}{2gF^2} \end{aligned}$$

式中,F 为过水断面面积,对于一定的管路,可近似地写成

$$H=H_{st}+\phi Q^2 \tag{11.3}$$

这就是泵与风机所在管路的管路特性曲线方程,对于一定的泵与风机装置而言,ϕ 为常数,式(11.3)是一条通过点($H=H_{st}$、$Q=0$)的二次抛物线。将上式在一定的坐标系中用曲线

表示出来,即可得到管路特性曲线(图 11.1)。

对于风机,因为气体密度很小,气柱重量可以忽略不计,通常情况下 $p_A=p_B=p_a$,风机的静压头 H_{st} 可近似认为等于零。故对于风机,式(11.3)可写为下式

$$H=\phi Q^2 \tag{11.4}$$

11.1.2　工作点

将泵性能曲线与管路特性曲线按同一比例绘在同一张图上,则这两条曲线的交点 $M(Q_M,H_M)$ 就称为泵的工作点(图 11.2)。不难看出,在泵的工作点 M,泵提供的能量与管路所需要的能量相等,这就是工作点的物理意义。

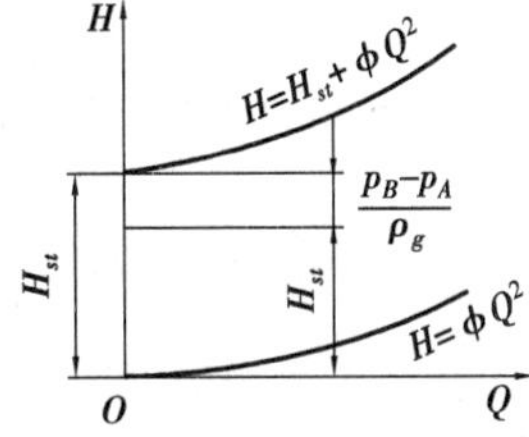

图 11.1　管路特性曲线

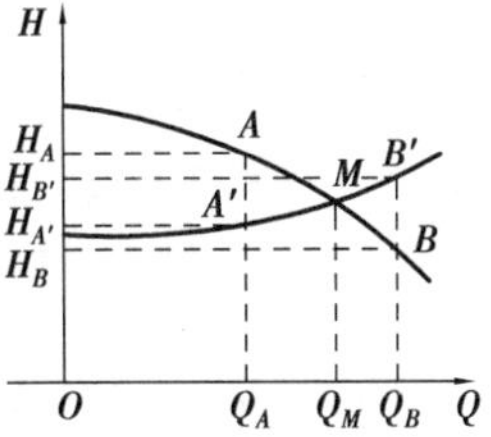

图 11.2　泵的工作点

在工作点上,泵提供的能头等于管路系统所需的能头,能量平衡,工作稳定。若泵不在 M 点工作,当在 A 点工作时,泵的能头为 H_A,流量为 Q_A,相应于流量 Q_A,管路装置所需要的能头为 H'_A,因 $H_A>H'_A$,出现富余能量,泵富余的能头将促使流速增加,即流量 Q 增加,当达到 Q_M 时,在 M 点泵提供的能量等于管路所需要的能量,于是建立新的平衡关系,工作稳定。当泵在 B 点工作时,泵的能头 H_B、流量 Q_B,相应于通过流量 Q_B,管路装置所需要的能头为 H'_B,则 $H_B<H'_B$,即泵的能头不足,于是流速减低、流量减小,从 Q_B 减到 Q_M,在 M 点又建立新的平衡关系。从以上分析可知,泵只有在 M 点工作才是稳定的。

风机在管路中工作时,是依靠风机的静压来克服管路阻力的。因此,风机的工作点是由风机的静压性能曲线与管路特性曲线的交点 M 来决定的,如图 11.3 所示。

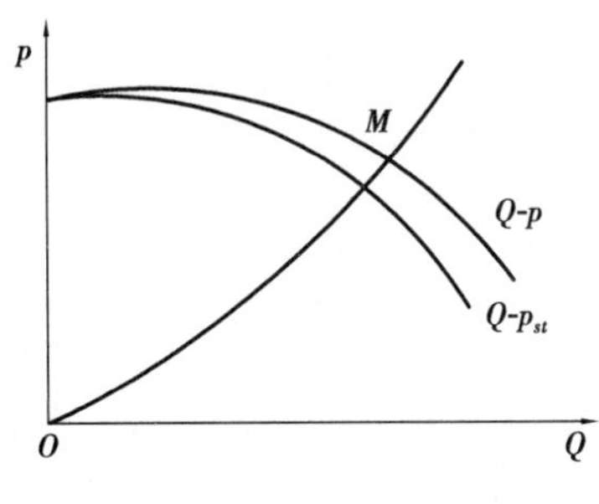

图 11.3　风机的工作点

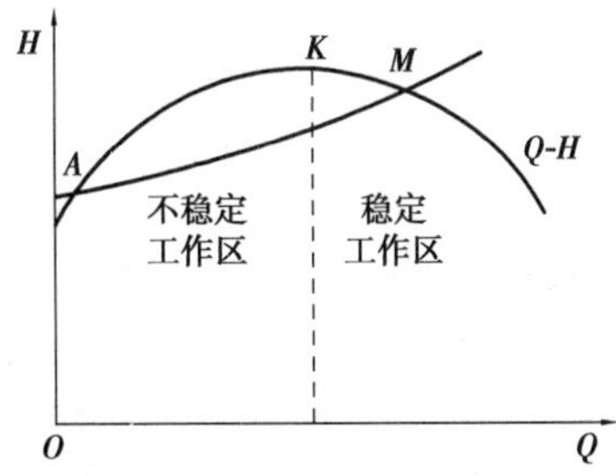

图 11.4　泵与风机的不稳定工况

某些低比转数泵与风机的特性曲线常常是一条有极大值的曲线,称作驼峰曲线,如图 11.4 所示。这种驼峰型特性曲线与管路装置特性曲线相交,若相交点在最高点 K(临界点)以右,即下降段的上 M 点,则为稳定工况点,而若处在上升段上的 A 点,则是不稳定工况点。此时,泵与风机的工况因振动,转速不稳定等因素,就会离开 A 点,如向大流量方向移动,泵与风机的能头大于管路装置所需的能头,于是流速加快、流量增加、工况点沿特性曲线继续向大流

量方向移动,直到 M 点为止。当工况点向小流量方向移动时,则泵与风机的能头小于管路装置所需能头,管路中流速减低、流量减少、工况点不停的向左移动,若管路无底阀或回止阀,则液体将倒流。由此可见工况点 A 是不稳定工况点。K 点左侧为不稳定工作区,使用时应调节管路特性,使工况点交在 K 点右侧稳定工作区内。

11.1.3　影响工作点的因素

工作点是管路特性曲线与泵与风机特性曲线的交点,故泵与风机或管路系统任何一方或两方同时出现改变时均会导致工作点移动,以满足新条件下能量平衡关系。讨论如下:

①每一条泵与风机的性能曲线都是对应一定的转数 n 的,当转数 n 改变时,泵与风机的性能曲线也随之改变,如图 11.5(a)所示。

②管路阻力改变、引起管路特性曲线改变、工作点 M 随之改变,如图 11.5(b)所示。管路装置阻力越大,流量越小,管路特性曲线越向左上方偏移。

③对于泵而言,吸入液面与排出液面高差发生变化,也会引起工作点 M 的变化,如图 11.5(c)所示。

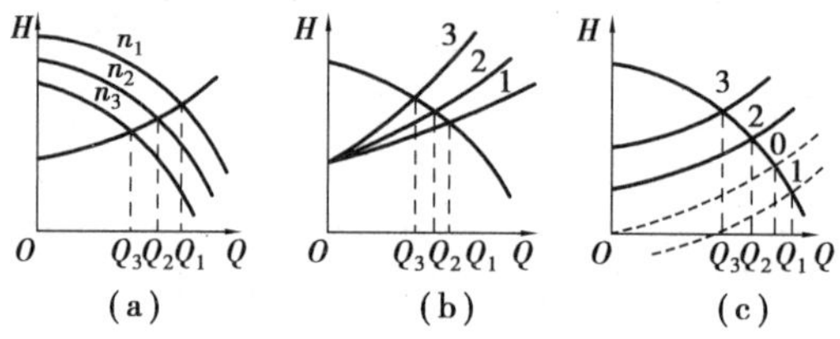

图 11.5　泵与风机工作点的变化

11.2　泵与风机的串联、并联工作

11.2.1　泵与风机的串联工作

串联是指前一台泵与风机的出口向后一台泵与风机的入口输送流体的工作方式。以两台泵串联为例,串联工作时总能头等于两台泵在相同流量时的能头之和,总流量等于每台泵的流量,即 $H=H_1=H_2$,$Q=Q_1=Q_2$。

(1)两台性能相同的泵串联工作

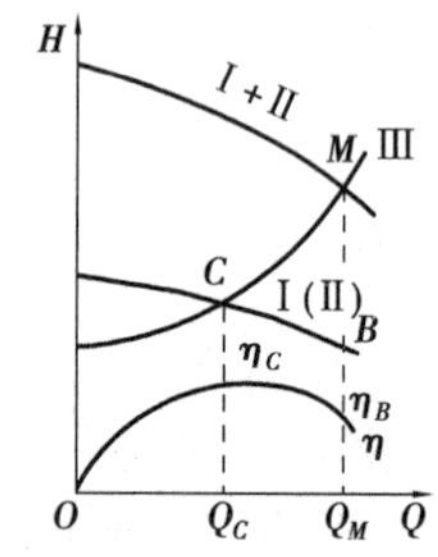

图 11.6　性能相同的泵串联

如图 11.6 所示,Ⅰ(Ⅱ)为两台性能相同的泵的性能曲线,Ⅰ+Ⅱ为串联后的特性曲线。曲线Ⅰ+Ⅱ是将同一流量下单台泵的扬程叠加起来,再将各个叠加点用光滑曲线连接起来后得到的。它与管路装置特性曲线Ⅲ交于点 $M(Q_M,H_M)$,M 点即为串联时的工作点。过点 M 作横坐标的垂线与单一泵性能曲线Ⅰ(Ⅱ)交于点 $B(Q_B,H_B)$,即得串联工作时每台泵的工作点。由图可以看出,串联前、后泵的参数是有变化的。

$$Q_M=Q_B>Q_C$$

$$H_C<H_M<2H_C$$

这表明,泵串联工作的总扬程 H_M 大于串联前每台泵单独工作时的扬程 H_C,但小于泵单独工作时扬程 H_C 的两倍。而串联后的流量 Q_B 比泵单独工作时流量 Q_C 更大。这是因为泵串联后泵装置的总扬程增加大于管路阻力的增加,多余的扬程促使流量增加的缘故。

串联工作时,管路特性越陡,串联后的总扬程越接近单独运行时两泵扬程之和,串联效益越高。对泵来说,则其特性曲线平坦一些,串联后总扬程就越接近单独工作时扬程之和。因此,泵串联工作时选择泵特性曲线比较平坦的,管路特性曲线比较陡的组合在一起,可以收到较高的效益。

(2)两台性能不同的泵串联工作

如图 11.7 所示,曲线Ⅰ、Ⅱ分别为两台性能不同的泵特性曲线、(Ⅰ+Ⅱ)$_{串}$为串联工作曲线。曲线(Ⅰ+Ⅱ)$_{串}$的画法是把对应同一流量下的各泵的扬程迭加,再把各迭加后的点联接起来而得。串联后的运行工况点由曲线(Ⅰ+Ⅱ)$_{串}$与管路特性曲线的交点来决定,图中 $M(Q_M,H_M)$ 点即为工作点。图 11.8 示出串联泵在不同特性的管路系统中工作的情况,在 $Q<Q_B$ 各点,如 A 点,两泵均能正常工作;当 $Q>Q_B$ 时,两泵的总扬程小于泵Ⅱ的扬程,若泵Ⅰ作为串联工作的第一级,则泵Ⅰ变为泵Ⅱ的吸入侧的阻力,使泵Ⅱ吸入条件变坏,有可能成为汽蚀的诱因,若泵Ⅰ作为串联的第二级,则泵Ⅰ变为泵Ⅱ排出侧的阻力,泵Ⅰ处于水轮机工作状态。我们称这种工况点是泵的非正常工作状况。所以,在上述两泵串联的系统中如果要求管路的流量大于 Q_B 是不合理的。

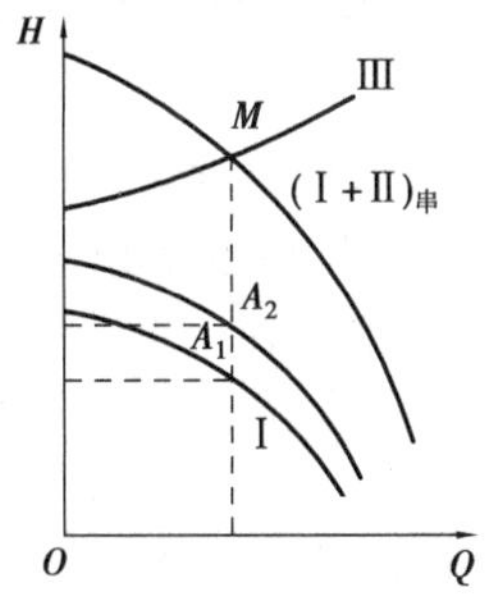

图 11.7　性能不同的泵串联

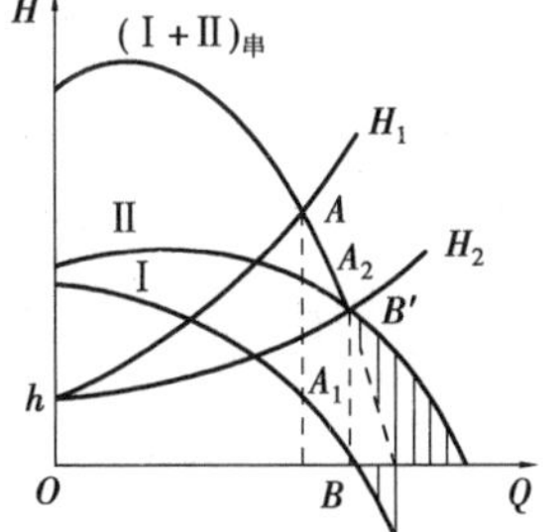

图 11.8　不同性能的泵串联在不同性能管路中工作的情况

(3)两台性能相同,但相距很远的泵串联

实践中会遇到两台泵相距很远串联工作,如图 11.9 所示。绘制这种串联工作泵总装置特性曲线时关键之处是首先从泵Ⅰ特性曲线(Q-H)中减去从泵Ⅰ到泵Ⅱ这段距离(这段管路)需要的能头线 BC,得到一条剩余能量曲线Ⅱ,然后将曲线Ⅱ与泵Ⅰ特性曲线按串联作图法迭加起来,得到串联工作曲线Ⅰ+Ⅱ,该线与管路特性曲线Ⅲ交于点 $M(Q_M,H_M)$,即为串联工作点。

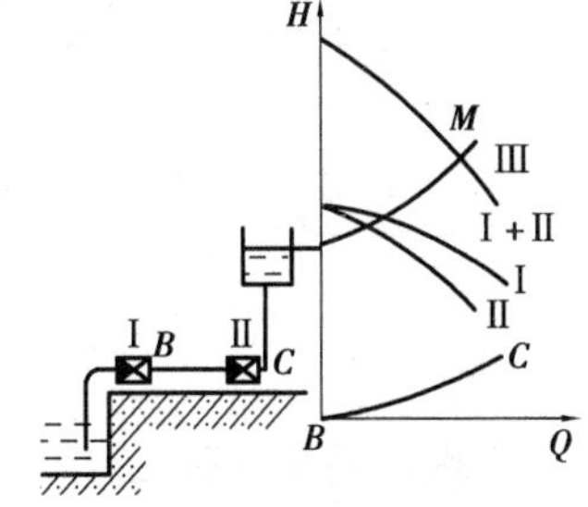

图 11.9　两合性能相同但相距很远的泵串联

11.2.2　泵与风机的并联工作

并联是指两台或两台以上的泵与风机向同一压力管路输送流体的工作方式,如图 11.10

所示。以两台泵并联为例,并联时,装置扬程等于每台泵的扬程,装置总流量等于各泵流量之和,即

$$H=H_1=H_2$$
$$Q=Q_1+Q_2$$

(1)**性能相同的泵并联工作**

图 11.10 示出两台性能相同的泵并联工作的特性曲线。曲线Ⅰ、Ⅱ为性能相同的泵的性能曲线,(Ⅰ+Ⅱ)$_{并}$为并联工作时的泵装置特性曲线。泵装置并联工作特性曲线(Ⅰ+Ⅱ)$_{并}$是在泵扬程相等的条件下把泵性能曲线Ⅰ、Ⅱ的流量迭加起来而得到的。特性曲线(Ⅰ+Ⅱ)$_{并}$与管路特性曲线Ⅲ的交点 $M(Q_M,H_M)$ 即为并联工作点。

为了确定并联工作时每一台泵的工况,可由 M 点作水平线,交Ⅰ(Ⅱ)线于点 $B(Q_B,H_B)$,B 点即为并联工作时每台泵的工作点。由图可以看出

$$Q_B<Q_C<Q_M<2Q_C$$
$$H_B=H_M>H_C$$

当两台泵并联工作时,流量等于并联泵装置中每台泵流量之和,但小于并联前每台泵单独工作时流量之和($2Q_C$),而大于一台泵单独工作时流量 Q_C。并联时的扬程 H_M 比一台泵单独工作时的扬程 H_C 更高,而并联后每台泵的流量 Q_B 较之并联前每台泵单独工作时的流量 Q_C 更小,这是因为并联后流量增加了,管路水力损失随之增加,这就要求每台泵提高它的扬程来克服增加的这部分损失水头,故 $H_B>H_C$,而每台泵扬程的提高,是以减少流量为代价换取的,所以流量减少了。

并联工作时,管路特性越平坦,并联后的总流量 Q_M 越接近单独运行时两泵流量之和,并联效益越高。对泵来说,则其特性曲线陡一些,并联后总流量 Q_M 就越接近单独工作时流量之和。因此,泵并联工作选择泵特性曲线陡的,管路特性曲线平坦的组合在一起,可以收到较高的效益。

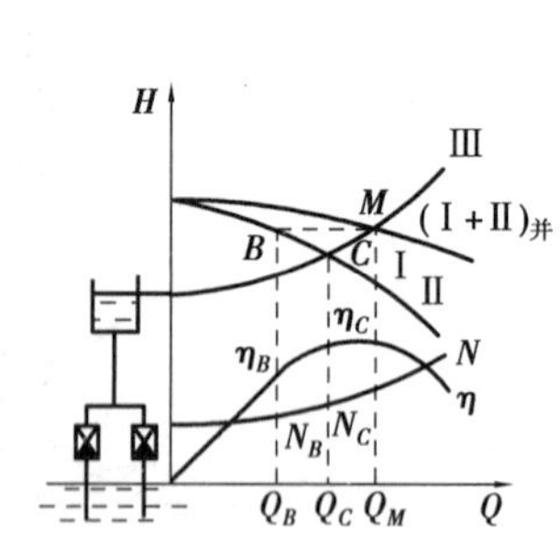

图 11.10　性能相同的泵并联工作

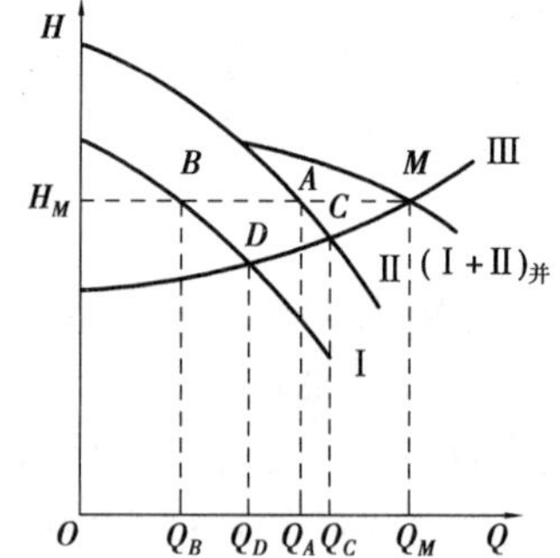

图 11.11　性能不同的泵并联工作

(2)**不同性能的泵并联工作**

图 11.11 示出不同性能的泵并联工作时的特性曲线,每台泵的输出扬程必然相等,图中曲线Ⅰ、Ⅱ为两台不同性能泵的特性曲线,Ⅲ为管路特性曲线,(Ⅰ+Ⅱ)$_{并}$与管路特性曲线交于 M 点,该点即为并联工作点,此时流量为 Q_M、扬程为 H_M。

确定并联时每台泵的运行工况,可由 M 点作横坐标的平行线分别交两合泵的特性曲线于 A、B 两点,此即为该两台泵并联工作时各自的工作点,流量为 Q_A、Q_B,扬程为 H_A、H_B。此时,

并联工作的特点：扬程彼此相等，即 $H_M=H_A=H_B$，装置总流量为每台泵流量之和，即 $Q_M=Q_A+Q_B$。并联前每台泵各自的单独工作点为 C、D 两点，流量为 Q_C、Q_D，扬程为 H_C、H_D，从图 11.10 中可看出

$$Q_M<Q_C+Q_D$$
$$H_M>H_C$$
$$H_M>H_D$$

这表明，两台性能不同的泵并联时的总流量 Q_M 等于并联后各泵流量之和，即 $Q_M=Q_A+Q_B$，但总流量 Q_M 又小于并联前各泵单独工作的流量 Q_C+Q_D 之和，其减少程度随台数的增多，管路特性曲线的陡直程度而增大。

从图 11.11 中可以看出，当两台性能不同的泵并联时，扬程小的泵（Ⅰ）输出流量 Q_B 很少，在总流量减少时甚至不输出，所以并联效果不好。若并联工作点 M 移至 C 点以左，即总流量 $Q_M<Q_C$ 时，应关闭扬程小的一台泵。不同性能泵的并联时操作比较复杂，实际上很少采用。

(3)泵组合装置工作方式的选择

一般说来，并联方式可以增加流量，串联可增加扬程，但这不是绝对的，到底增加与否，取决于管路特性曲线形状。如图 11.12 所示，Ⅰ为两台性能相同泵的特性曲线，Ⅱ为并联工作特性曲线，Ⅲ为串联工作特性曲线，H_1、H_2、H_3 为三种阻力不同（管路特性曲线陡度不同）的管路。泵并联、串联特性曲线Ⅱ、Ⅲ交于点 A，通过 A 点的管路特性曲线 H_1 是并联，串联工作方式优劣的分界线。当管路特性曲线为 H_2 时，并联工作点为 $A_2'(Q_{A_2}',H_{A_2}')$，串联工作点为 $A_2(Q_{A_2},H_{A_2})$，则有 $Q_{A_2}'>Q_{A_2}$、$H_{A_2}'>H_{A_2}$；当管路特性曲线为 H_3 时，并联工作点为 $A_3'(Q_{A_3}',H_{A_3}')$，串联工作点为 $A_3(Q_{A_3},H_{A_3})$，则有 $Q_{A_3}'<Q_{A_3}$、$H_{A_3}'<H_{A_3}$。由上述分析可知：

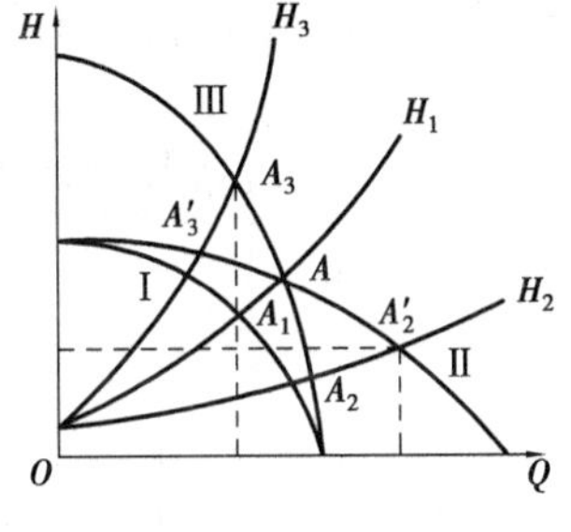

图 11.12　泵组合方式选择

①在特性曲线（含管路与泵）较平坦的系统中采用泵并联工作方式可以大幅度增加流量；

②在特性曲线（含管路与泵）较陡峭的系统中采用泵串联工作方式可以大幅度增加扬程；

③在选择泵的联合工作方式时，应依据曲线分析而定，切不可以认为并联提高流量的效果和串联提高扬程的效果就一定好。

11.2.3　泵与风机在分支管路上工作

前面介绍的不论是并联还是串联都是由单一的排出管路向一个目的地输送流体。实践中为了提高效率或节省设备，常常采用一台泵或风机向两个或两个以上的目的地输送流体，这就构成了泵与风机在分支管路上工作的形式。泵与风机在这种管路中工作时工作点如何确定？泵与风机的总流量如何向各分支管路分配？泵与风机的总能头如何分配？我们就分支管路中管路特性曲线与泵与风机性能曲线决定泵与风机的工作点问题讨论如下：

图 11.13 示出一种最简单的泵分支管路布置形式。分支管路的分支点 K 称为节点。H_K 为单位重量液体在 K 点所具有的能量，即泵的总扬程 H 扣除 K 点的位置水头 Z_K 和 L_1 管段的损失能量 h_{w1} 后剩余的能量。利用流体力学知识建立 K 点的能量平衡方程式如下：

$$H_K=H_{泵}-h_{w1}$$

$$H_K = H_2 + h_{w(k-2)}$$
$$H_K = H_3 + h_{w(k-3)}$$
$$Q_1 = Q_2 + Q_3$$

H_k 把液体通过管路 2，送到 2 号贮罐；H_k 也把液体通过管路 3，送到 1 号贮罐。在图 11.13 上分别作出管路 L_1、L_2、L_3 的特性曲线Ⅰ、Ⅱ、Ⅲ，同时作出泵的性能曲线（Q-H）和效率曲线（Q-η）。从泵的性能曲线（Q-H）中减去每一流量 Q_i 对应的管路特性曲线Ⅰ损失的能量得到 $(Q\text{-}H)_K$ 曲线，这条曲线就是液体流经 K 点后泵的扬程尚剩余的能量。相当于在节点 K 有一台泵，其流量与扬程的关系为 $(Q\text{-}H)_K$，或者说泵 K 的特性曲线为 $(Q\text{-}H)_K$。再把特性曲线Ⅱ、Ⅲ按并联方式关联起来，得特性曲线（Ⅱ+Ⅲ）$_{并}$。曲线（Ⅱ+Ⅲ）$_{并}$与曲线 $(Q\text{-}H)_K$ 交点 $A'(Q_A, H_A)$ 就是在分支管路上的工作点。从工作点 A' 作水平线交管路特性曲线Ⅱ、Ⅲ于 A_2、A_3，相应的流量为 Q_2、Q_3，$Q_A = Q_2 + Q_3$，而能头相等。此时，泵的输出扬程为 H_A。曲线 $(Q\text{-}H)_K$ 与管路特性曲线Ⅱ的交点 B'，就是泵单独向 2 号贮罐供液时的工作点，对应该工作点泵的输出流量 Q_B，扬程 H_B（请注意这里指出是泵的相应的扬程，不是工作点 B' 对应的扬程，二者相差 L_1 管路损失能量及位能 Z_K），效率为 η_B。曲线Ⅲ与 $(Q\text{-}H)_K$ 曲线的交点 C' 是泵单独向 1 号贮罐供液时的工作点，对应该工作点泵的输出流量 Q_C，泵的相应扬程 H_C，效率为 η_C。

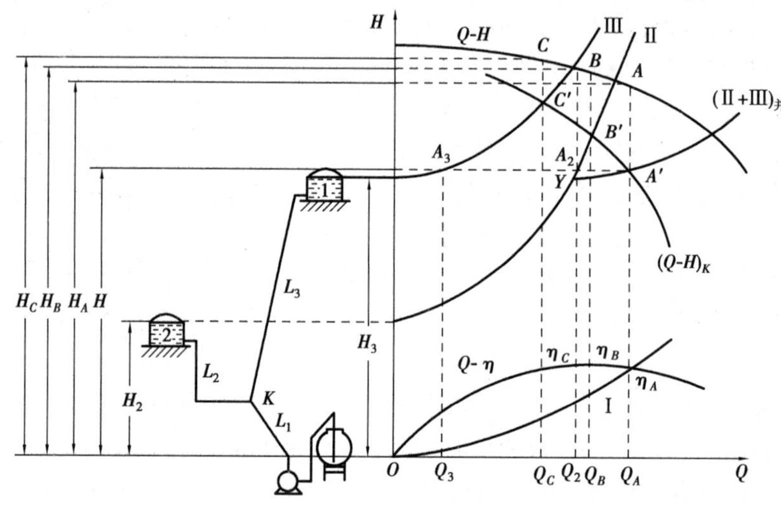

图 11.13　泵在分支管路上工作

由以上分析可知，泵同时向分支管路供液时，与单独向各支管路供液时相比，泵的流量增加，即 $Q_A > Q_B$、$Q_A > Q_C$，而泵的扬程则降低，即 $H_A < H_B$、$H_A < H_C$。这是因为节点以后出现分支管路，与单独向一支管路供液相比，同时向两支管路供液时每支管路中的流量相对地减少了，水力损失相对降低，节约下来的能量用来增加流速。从泵特性曲线可以看出：流量增加则扬程下降，所以 $H_A < H_B$，$H_A < H_C$。

实践中可利用增加分支管路办法提高输量，但应进行经济核算，比较效益后决定，必须指出：

①若点 A' 与 Y 点重合时，则 1 号贮罐不进液，泵只向 2 号贮罐供液。

②若 A' 点位于 Y 点左侧，1 号贮罐出现“倒流”，液体流向 2 号贮罐。因此，设置分支管路时，受液贮罐高差不宜过大，节点后的各支管路长度也不应相差悬殊，节点前的总管直径宜大不宜小，尽量减少这段管路的水力损失。

11.3　运行工况的调节

泵与风机运行工况的调节就是通过改变工作点的位置来调节泵与风机的流量，泵与风机运行工况调节方法较多，工程中常见的主要有两种方法：一是改变泵与风机本身的性能曲线；二是改变管路特性曲线。改变泵与风机性能曲线的方法主要有变速调节、改变运行台数和叶轮切割调节等，改变管路特性曲线的主要方法是出口节流调节。

11.3.1　节流调节

节流调节的原理就是通过改变管路特性曲线的形状，达到变更泵与风机工作点的目的。

在泵与风机出口处一般均装有一调节阀门，要改变管路特性曲线时，开大或关小调节阀门，则阀门的阻力系数发生变化，泵与风机的工作点就产生了移动。

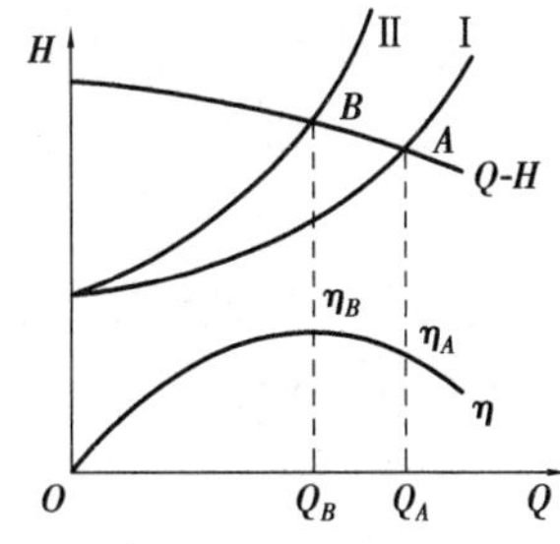

图11.14　节流调节

如图11.14所示，管路特性曲线Ⅰ与泵的性能曲线的交点为A，工作点A是调节阀门开得最大时泵的工作点。如果关小阀门，阻力损失增大，管路特性曲线倾斜率增大（曲线Ⅱ所示），曲线向左上方移动，泵的工作点移至B点，泵在B点工作，流量就减小了。

节流调节法简单可靠，因此是运行中经常采用的方法。但由于阀门节流损失增大，因而经济效益较差。

11.3.2　变速调节

变速调节是在管路特性不变的条件下，通过改变泵与风机的运行转速来改变泵与风机性能曲线的位置，从而变更泵与风机的工作点，实现流量调节的方法。

在相似原理一章中曾指出，当泵与风机的运行转速改变时，各参数之间的关系遵守比例定律，比例定律式(10.14)、式(10.15)、式(10.17)可写成下列形式：

$$Q_1 = Q\frac{n_1}{n} \tag{11.5}$$

$$H_1 = H\left(\frac{n_1}{n}\right)^2 \tag{11.6}$$

$$N_1 = N\left(\frac{n_1}{n}\right)^3 \tag{11.7}$$

式中，Q、H、N、n分别为原转速下的性能参数；Q_1、H_1、N_1、n_1分别为转速改变后的性能参数。知道转速n下的性能后，便可根据式(11.5)、式(11.6)、式(11.7)换算出其他转速n_1，n_2，n_3，……时的性能，如图11.15所示。从图中看出，当泵与风机的转速为n时，泵的工作为O点，输送的流量为Q_0。若要增加泵或风机的流量，则可以增加泵或风机的转速至n_1，此时泵或风机的工作点变化至1点，输送的流量为Q_1；反之，若要减小泵或风机的流量，则可减慢泵或风机的转速至n_2，此时泵或风机的工作点变化至2点，输送的流量为Q_2。

泵与风机在变速调节时，没有节流损失，是比较经济的调节方法。

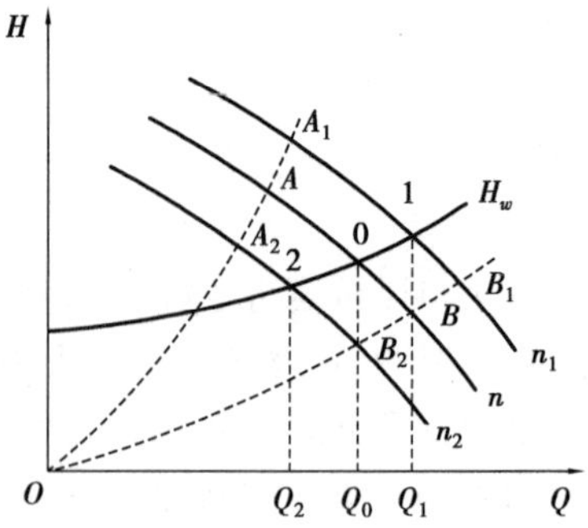

在图11.15中$A(Q_A,H_A)$是转速为n时泵的Q-H曲线上的一个工况点。利用比例定律式(11.4)和式(11.5),由A点可求得转速为n_1时性能曲线上的$A_1(Q_{A_1},H_{A_1})$和转速为n_2时性能曲线上的$A_2(Q_{A_2},H_{A_2})$点,连接A、A_1、A_2可得到一条通过原点的相似工况曲线,该相似工况曲线为抛物线形式,故称为相似抛物线。同理可由B、B_1、B_2得到另一条相似抛物线。通过Q-H曲线上的不同点可作出多条相似抛物线。这些相似抛物线方程如下:

图11.15　变速调节及相似抛物线

$$\frac{H_A}{Q_A^2}=\frac{H_{A_1}}{Q_{A_1}^2}=\frac{H_{A_2}}{Q_{A_2}^2}=\cdots=\frac{H}{Q^2}=K$$

$$H=KQ^2$$

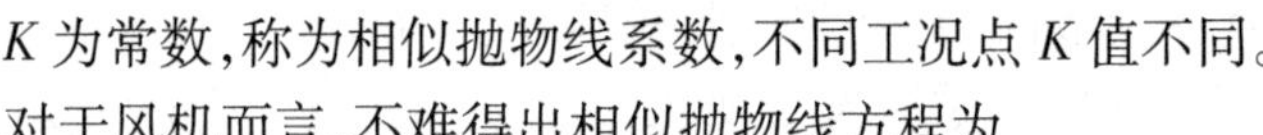

K为常数,称为相似抛物线系数,不同工况点K值不同。

对于风机而言,不难得出相似抛物线方程为

$$p=KQ^2$$

由于泵与风机在各工况相似点上的效率大致相等,因此可近似地认为相似抛物线就是泵与风机在各种转速下的等效率曲线。当转速变化较大时,效率误差也较大。

必须指出:

①相似抛物线上的点是相似工况点,相似工况点之间的关系遵守比例定律。

②管路特性曲线与泵与风机性能曲线的交点如0、1、2是泵与风机的工作点,工作点之间的关系不是相似关系,不遵守比例定律。

③在泵与风机的性能曲线Q-H上有一段与较高效率对应的最佳工作范围,称为高效区。泵与风机在这一区域的运行效率与最高效率η_{max}之间的差值$\Delta\eta$不得超过规定值(图11.16),超过了这个差值运行是不经济的,规定$\Delta\eta=5\%\sim8\%$。

设A、A'为泵与风机在转速为n_A时性能曲线上高效区的两个边界点,通过比例定律可将泵与风机在高转速n_B和低转速n_C的性能换算出来。通过A、A'两点分别作相似抛物线与上、下两条性能曲线相交于B、C、B'、C'四点。这样阴影面积$B'A'C'CAB$就是泵适应的工作范围。利用变速调节调节流量时,泵的工作点必须落在这个适应的工作范围之内,若超出这个范围,运行是不经济的,不可取。

④变速调节没有节流损失,经济效益较高,对于大流量泵最为明显。但变速调节要求配用可调速原动机,而这类装置相当昂贵,因而影响了这种调节方法的应用。目前可控硅调控技术已经成熟,给变速调节的推广应用带来机遇。

例11.1　设一台水泵,当转速$n=1\ 450$ r/min时,其参数列于下表($\rho=10^3$ kg/m^3):

$Q/(\mathrm{L\cdot s^{-1}})$	0	2	4	6	8	10	12
H/m	11	10.8	10.5	10	9.2	8.4	7.4
$\eta/\%$	0	1.5	30	45	60	65	55

管路系统的综合阻力系数为2.4×10^4 s^2/m^5,输水高度$H_z=6$ m,上下水池水面均为大气压。求:

①泵装置运行时的工作参数。

②当采用改变泵转速方法调节流量使 $Q=6$ L/s 时，泵的转速应为多少？

③若以节流调节方法调节流量，使 $Q=6$ L/s，有关工作参数值为多少？

解　①根据给出的数据绘出 $n=1\ 450$ r/min 时泵的 Q-H 曲线和 Q-η 曲线（图 11.17）。根据流体力学知识，管路特性方程为：$H=H_z+SQ^2=6+2.4\times10^4Q^2$

取适当的流量值代入上式可得如下数据表：

$Q/(\mathrm{L\cdot s^{-1}})$	0	2	4	6	8	10	12
H/m	6	6.1	6.38	6.86	7.54	8.4	9.46

据此将管路性能曲线绘于例图上得到管路特性曲线 CE，如图 11.17 所示，Q-H 与 CE 的交点 A 即为工作点。从图上可以查得该泵的工作参数：$Q=10$ L/s，$H=8.4$ m，$\eta=65\%$。

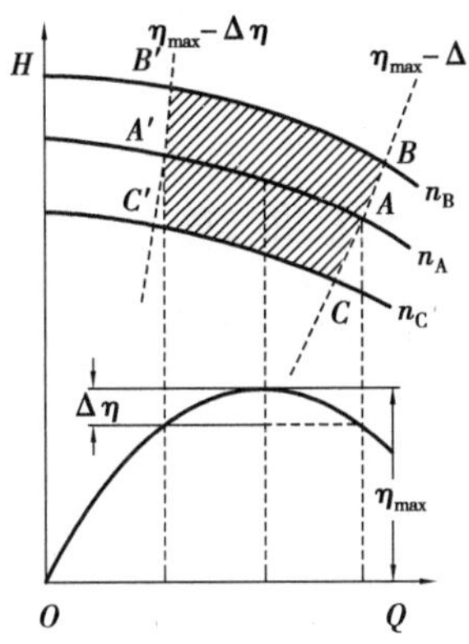

图 11.16　泵与风机的工作范围

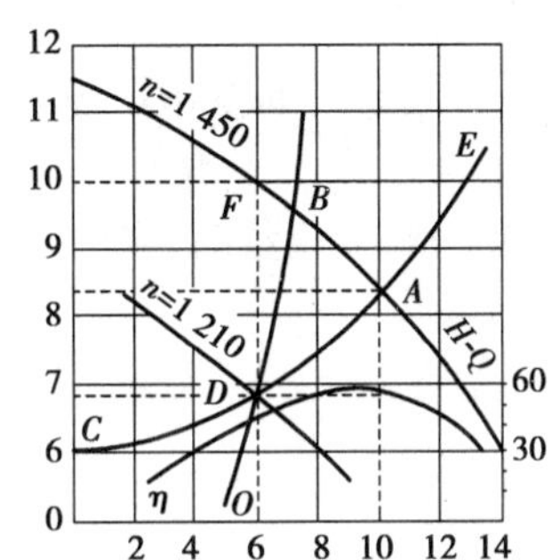

图 11.17　节流调节与变速调节比较

所需的轴功率为

$$N=\frac{\rho gQH}{1\ 000\eta}=\frac{9\ 807\times10\times10^{-3}\times8.4}{1\ 000\times0.65}=1.28(\mathrm{kW})$$

②变速调节使 $Q=6$ L/s 时，因管路特性未变，故可在管路特性曲线上的 D 点查得相应的 $H_D=6.86$ m。

由于相似定理只适用于相似工况，工况点 A 与工况点 D 是不相似的，即 A、D 不是相似工况点，为此应在 $n=1\ 450$ r/min 时泵的 Q-H 曲线上找出与工况点 D 相似的工况点。若工况点相似，则有如下关系：

$$\frac{H}{H_D}=\left(\frac{n}{n_D}\right)^2=\left(\frac{Q}{Q_D}\right)^2$$

$$\frac{H}{Q^2}=\frac{H_D}{Q_D^2}=K_D=\mathrm{const}$$

把已知条件代入上式得

$$K_D=\frac{H_D}{Q_D^2}=\frac{6.86}{6^2}=0.191$$

显然 0.191 是用通过 D 点的数据求出来的，因而所有 $H=0.191Q^2$ 的点所代表的工况点是 D 点的相似工况点。将适当的 Q 值代入此式后算出相应的 H 值的结果列于下表，据此绘

出与 D 点工况相似的相似抛物线,如图 11.17 的 OB 所示。

$Q/(L\cdot s^{-1})$	0	2	4	6	8	10	12
H/m	1	0.76	3.06	6.86	9.36	12.22	19.1

相似工况点曲线即为相似抛物线,在相似定律一章中曾指出,相似工况的效率可认为是相等的,所以这条曲线也是等效率曲线。

OB 与 n=1 450 r/min 的 Q-H 曲线相交于 B 点,查图可得 Q_B=7.1 L/s,H_B=9.5 m 利用查得的 Q_B、H_B 数据及相似关系式得

$$n_D = n\frac{Q_D}{Q} = 1\ 450\times\frac{6}{7.1} = 1\ 210(\text{r/min})$$

D 点与 B 点是等效率的,由图中查得

$$\eta_D = \eta_B = 52\%$$

D 点的功率为

$$N_D = \frac{\rho g Q_D H_D}{1\ 000\eta_D} = \frac{9\ 807\times6\times10^{-3}\times6.86}{1\ 000\times0.52} = 0.78(\text{kW})$$

③用节流调节法调节流量时,泵的性能曲线不变,工作点位于与 Q=6 L/s 相对应的点 F,由图中查得

$$Q_F = 6\ \text{L/s}$$

$$H_F = 10(\text{m})$$

$$\eta_F = 45\%$$

轴功率:$N_F = \dfrac{\rho g Q_F H_F}{1\ 000\eta_F} = \dfrac{9\ 807\times6\times10^{-3}\times10}{1\ 000\times0.45} = 1.31(\text{kW})$

根据以上计算可知:

①节流调节额外损失为 $H_F - H_D = 10 - 6.86 = 3.14(\text{m})$;

②节流调节轴功率是调速调节轴功率的$\dfrac{1.31}{0.78}$=1.68 倍。

11.3.3 切割叶轮外径调节

切割叶轮外径调节是指将泵与风机叶轮外缘切割一部分,使叶轮外径变小,可使在同转速下泵或风机的性能曲线改变。因此,这种方法被广泛应用于扩大泵与风机的使用范围。

严格地说,切割前后的叶轮并不相似,但当切割量不大时,可以近似地认为叶片在切割前后出口安装角不变,流动状态近乎相似,因而可借用相似定律对切割前后的叶轮进行计算。

叶轮外径的改变,对低比转数泵与风机与中、高比转数泵与风机的参数影响是不同的。

对低比转数的泵(n_S<80)来说,叶轮外径稍有变化,其出口宽度变化不大,甚至可以认为没有变化,在此种情况下,若转速不变,当叶轮外径由 D_2 变为 D_2' 时,其流量、扬程和功率的变化关系如下:

$$\frac{Q'}{Q} = \frac{F_2'v_{2r}'}{F_2v_{2r}} = \frac{\pi D_2'b_2'v_{2r}'}{\pi D_2b_2v_{2r}} = \frac{D_2'v_{2r}'}{D_2v_{2r}} = \left(\frac{D_2'}{D_2}\right)^2 \tag{11.8}$$

$$\frac{H'}{H}=\frac{u_2'v_{2u}'}{u_2v_{2u}}=\left(\frac{D_2'}{D_2}\right)^2 \tag{11.9}$$

$$\frac{N'}{N}=\frac{\rho'Q'H'}{\rho QH}=\left(\frac{D_2'}{D_2}\right)^4 \tag{11.10}$$

对于中、高比转数泵(n_S>80)来说，当切割叶轮外径时，叶轮出口宽度变化较低比转数泵来说稍大，而出口宽度 b_2 往往和直径 D_2 成反比，即$\frac{b_2'}{b_2}=\frac{D_2}{D_2'}$，在这种情况下，叶轮转速不变，当叶轮外径由 D_2 变化到 D_2' 时，流量、扬程、功率变化如下：

$$\frac{Q'}{Q}=\frac{F_2'v_{2r}'}{F_2v_{2r}}=\frac{\pi D_2'b_2'v_{2r}'}{\pi D_2b_2v_{2r}}$$

将$\frac{b_2'}{b_2}=\frac{D_2}{D_2'}$，代入上式得

$$\frac{Q'}{Q}=\frac{D_2'}{D_2} \tag{11.11}$$

同理可得

$$\frac{H'}{H}=\left(\frac{D_2'}{D_2}\right)^2 \tag{11.12}$$

$$\frac{N'}{N}=\left(\frac{D_2'}{D_2}\right)^3 \tag{11.13}$$

式中，Q'、H'、N'、D_2'、Q、H、N、D_2 分别为切割前和切割后的流量、扬程、功率、直径，以上六个公式称为切割定律。必须强调，切割定律不是相似定律，它与相似定律在本质上是不同的。

在实际应用切割定律时，通常采用绘制“切割抛物线”的方法找出切割前后的对应工况点，其绘制方法类似于相似抛物线。不难看出，对中高比转数泵与风机来说，其切割抛物线方程为

$$\frac{Q'^2}{Q^2}=\frac{H'}{H}$$

则

$$\frac{H}{Q^2}=\frac{H'}{Q'^2}=K=\text{const}$$

$$H=KQ^2$$

或

$$p=KQ^2$$

这就是中高比转数泵与风机的切割抛物线方程。该抛物线通过原点，当切割量不大时，效率近似相等，所以切割抛物也是等效率抛物线，但严格地说不是等效率的。需要强调，切割抛物线上所对应的工况，并不是相似工况。利用切割抛物线可以确定叶轮切割后的性能参数。对于低比转数泵与风机而言，切割抛物线实际上是通过原点的一条直线。切割定律的应用方法同比例定律。

例 11.2　已知离心泵特性曲线Ⅰ和管路特性曲线Ⅱ，如图 11.18 所示，叶轮 D_2 = 174 mm，原工况点 A 的流量 Q_A = 27.3 L/s，扬程 H_A = 33.8 m，若需流量减少 10%，试计算应切割叶

轮外径多少？

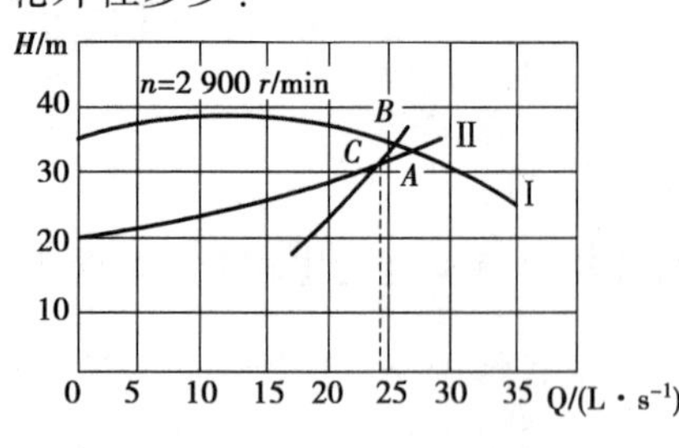

图 11.18 外径切割计算

解 如图 11.18 所示，输液量为 $0.9Q_A$ 时，$Q_A\times0.9=0.9\times27.3=24.6$ L/s、过 $Q=24.6$ L/s、作垂线交管路特性曲线于 C 点，C 点即为叶轮切割后泵在管路系统中的工作点。由图解法算得 C 点扬程 $H_C=31$ m。

切割比例常数 $K=\dfrac{H_C}{Q_C^2}=\dfrac{31}{24.6^2}=0.0512$，由切割抛物线关系式可知，切割前后的扬程与流量有如下关系：

$$H=0.0512Q^2$$

利用上述关系式作切割抛物线，列表如下：

$Q/(\mathrm{L\cdot s^{-1}})$	23	24	25	26	27
H/m	27	29.5	32	34.6	37.4

利用表中数据作切割抛物线，如图 11.18 中虚线所示，交泵特性曲线于 B 点，由图上读得：$Q_B=26$ L/s、$H_B=34.6$ m。由式(11.11)得

$$\frac{Q_B}{Q_C}=\frac{D_2}{D_2'}$$

$$D_2'=D_2\frac{Q_B}{Q_C}=174\times\frac{24.6}{26}=165(\mathrm{mm})$$

即叶轮外径要车小 $174-165=9$ mm。相对减少了 $\dfrac{9}{174}\%=5.17\%$，叶轮切割遵守的原则是效率下降不至于太多。

下表列出了外径切割量与比转数的关系：

泵的比转数 n_s	60	120	200	300	350	350 以上
最大允许切割量	20	15	11	9	7	0
效率下降值	每车小 10% 下降 1%		每车小 4% 下降 1%			

图 11.19 为某泵在允许降低效率 $\Delta\eta$ 范围内的切割量，图中性能曲线 Ⅰ 为未切割前的泵的性能曲线，AB 为高效区范围。性能曲线 Ⅱ 为在允许切割范围内切割后的泵的性能曲线，CD 为切割后的高效区，$ABCD$ 围成的四边形称为泵的工作范围。这样就将泵或风机的应用范围从 AB 段扩大到了整个工作区域 $ABCD$。泵的工作范围通常都表示在泵的样本上。

叶轮切割时的注意事项：

对于泵来说，切割方法是将叶轮取下后进行切割，不同比转数的泵应采用不同的切割方式，如图 11.20 所示。对于低比转数的多级泵，叶轮出口和导叶连接，在这种情况下，为了保持叶轮外径与导叶之间的间隙不变，对液流的引导作用比较好，切割时一般只切割叶片而仍保留前后盖板。但是，若不同时切小前后盖板，又将使圆盘摩擦损失的比重较大，导致效率下降较多，因而在切割中比转数离心泵叶轮时，也有将前后盖板同时切去的。对于高比转数离心泵，则应把前后盖板切成不同的直径，使流动更加平顺，前盖板的直径 D_2' 要大于后盖板处的直径 D_2''，其平均直径为：

$$D_2=\sqrt{\frac{D_2'^2+D_2''^2}{2}}$$

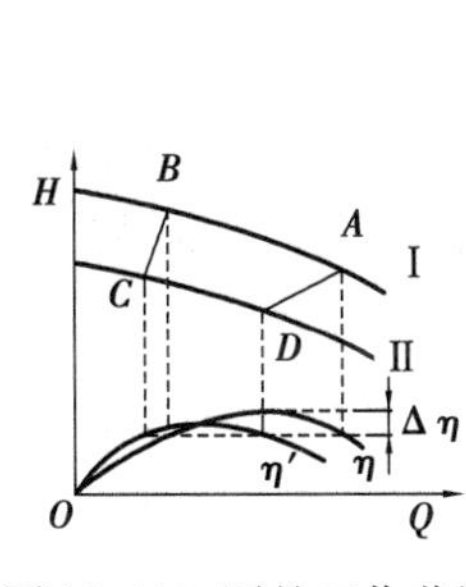

图 11.19　泵的工作范围

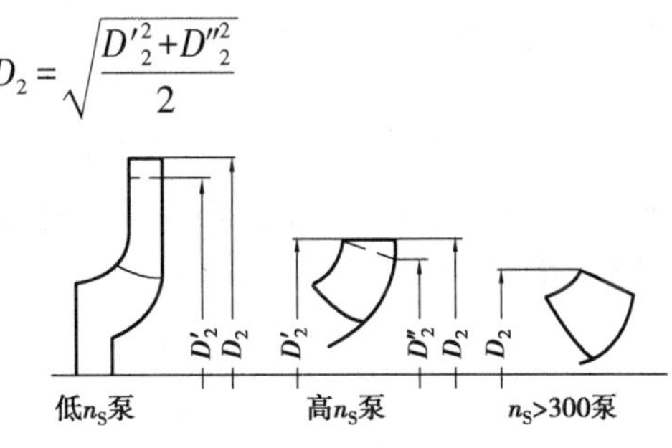

图 11.20　叶轮的切割方式

对于风机，如果叶轮直径的切割量在 7% 范围内，一般 β_{2y} 及 η 近似视为不变。

泵与风机叶轮切割后计算出来的性能与实际性能有一定误差，很难通过计算精确确定泵与风机的性能。一般来说，切割量越大，误差也越大。为了使切割后的叶片尽可能符合实际，应当分次切割逐渐达到所需的外径尺寸。应当指出：叶轮切割后一般要进行转子平衡试验，确保运转的平稳性。

11.4　泵与风机的启动与运行

泵与风机安装好以后，应先试运行，确认安装质量符合要求后才能正式投入使用。现就泵的一般运行操作及事故处理原则分述如下：

11.4.1　泵的启动

电动机作动力源的泵启动前应做好以下检查及准备工作：

①首先检查电源、配电设备、电动机绝缘电阻是否合格。

②检查泵、电动机底座螺钉是否拧紧，用手转动联轴器查看转动是否正常，若有摩擦和撞击声，则需查明原因及时排除。

③检查轴承润滑是否充分、润滑油是否变质、是否有水存在，若有水存在、润滑油变质或不清洁应彻底清除，用汽油冲洗后，加入新油。对水冷轴承应保证冷却水畅通。

④检查填料箱的填料压紧情况，其压盖不能太紧也不能太松，四周间隙相等，压盖任何一侧都不能接触泵轴。打开密封供液阀门，转动泵轴时应有流体外滴，则水封良好，停泵时空气也不会漏入。

⑤检查泵的吸入及排出管路阀门是否按要求打开或关严，过滤器是否正常。

⑥检查泵的压力表、真空表、指针是否指零。连接管的阀门是否打开。电动机电流表指针是否指零。

⑦关闭排出管路阀门（轴流式，则开阀启动）。

⑧抽真空灌泵（或采用其他方法灌泵），待确认泵内空气被排出后关闭抽真空阀门（或放气阀）。

对新安装的泵及重修的泵，必须检查电动机转向、接线是否正确。

上述各项准备工作完成之后，方可合闸送电启动。此时，应注意查看电流表指针是否在允许范围内,若启动电流过大,则必须停止运行,查明原因,绝不允许在尚未查明原因的情况下再次启动,以免烧毁电机造成损失。

待泵转数达到正常值时,即可将开关由启动位置移到正常工作位置上。这时应注意泵进、出口压力指示是否正常,如果指示正常即可慢慢打开排出阀门,并注意排出口压力表指示情况,观察电流指示情况,使泵投入正常运转。

离心泵的空转时间以 2 ~4 min 为限,不宜过长,否则会造成泵内流体温升过大,甚至汽化,导致泵产生汽蚀现象。

11.4.2 泵的正常维护

对运行中的泵应作好以下工作:

①定时观察泵的进、出口压力表、电流表、电压表的指示是否正常,发现异常时,应迅速查明原因,及时消除。

②经常用听棒探查内部声音(部位有轴承、填料箱、压盖、泵室及密封处),注意是否有摩擦或碰撞声,发现异音时应及时判断并果断处理。

③经常检查轴承润滑情况,注意轴承的温升及电动机温升不能超限。

④定期检查轴封工作情况是否正常,是否存在过热现象。通常填料密封的泄漏量一般控制在 40 滴/min 左右,机械密封不应产生泄漏现象。

⑤运行人员必须严格执行操作规程,未经有关部门批准不得随意改动规程。

⑥对大型泵还应定期检查转子轴向移位情况。

11.4.3 泵的停车

离心泵在停车前应先关闭排出阀,然后停泵,这样可以降低流速的变化率,防止系统水击现象的出现。对于冰冻地区,泵冬季长时间停用时应将泵内及管路内存液放净,以免冻坏泵及管路系统。

风机的操作使用方法与泵的操作使用方法有相近之处,这里不再叙述。

11.4.4 泵与风机的定期检查

不同用途的泵与风机应根据运行情况决定它的定期检查周期。检查时,应将泵或风机全部拆开,察看各部件完好程度及磨损、变形情况,测量各主要部件尺寸,从而确定检修项目,对不合要求的部件必须更换。

11.4.5 泵常见故障及消除方法

泵运行发生故障原因很多,部位较广,可能发生在管路系统,也可能发生在泵本身,还可能发生在电动机上。部件制造质量、运行操作维护方法是否恰当,是故障能否发生的关键。离心泵的故障可分为两类:一类是泵本身的机械故障,此类故障及消除方法可参照泵使用说明书进行;另一类是泵和管路系统故障,因为泵不能脱离管路系统而孤立工作,当管路系统出现故障时,能在泵上反映出来。下面对这类故障进行分析。

(1)判断故障的基本方法

判断故障的基本方法是观察泵工作时压力表和真空表读数的变化。根据两表读数变化情况既可以了解泵系统是否发生了故障,又可以进一步分析故障出现的根源,从而准确地判断和及时地排除故障。

泵管路系统参数与两表读数的关系可用下式表示:

$$\frac{p_{真}}{\rho g}=H_{吸}+\frac{v_{吸}^2}{2g}+h_{吸损}$$

$$\frac{p_{表}}{\rho g}=H_{排}-\Delta h+h_{排损}-\frac{v_{排}^2}{2g}$$

工作中如果排出高度不变,但压力表读数出现了变化,说明排出阻力发生了变化,而排出阻力的变化与排出管路堵塞情况和流量变化情况有关;同理,如果工作中吸入高度不变,但真空表读数出现了变化,说明吸入管阻力发生了变化,而吸入管阻力的变化与吸入管路堵塞情况和流量变化情况有关。由此可见,根据两表读数的变化情况,可以推断出管路系统出现故障的类型。显然,要想用两表读数判断管路系统故障,必须了解泵正常工作时两表读数情况,只有知道正常读数情况,才能区别读数的变化情况。

除此之外,我们还可以从听系统运转声音、观看电流表读数的变化情况帮助判断故障。

(2)泵和管路系统的故障

离心泵工作中出现故障时的特点是两表读数同时变化,这是因为离心泵的流量和能头之间是互相影响的,吸入系统出现故障会影响到排出系统,而排出系统发生故障也会波及吸入系统。所以判断故障时不能只看一个表的读数就下结论,应该通过各表读数变化情况进行综合分析。造成泵系统故障的原因很多,归纳起来有四个方面:吸入管堵塞、排出管堵塞、排出管破裂和泵内有气。现分别分析如下:

①吸入管堵塞

两表象征:真空表读数比正常大,压力表读数比正常小。

吸入管堵塞,吸入阻力增加,因而真空表读数比正常大。由于吸入阻力增加,系统流量下降,排出阻力因此而减小,压力表读数下降,小于正常值。

吸入管堵塞容易发生的部位有:吸入管插入容器太深,接触了容器底部;吸入滤网过脏;吸入系统阀门未完全打开等。

②排出管堵塞

两表象征:压力表读数比正常大,真空表读数比正常小。

排出管堵塞,排出阻力增加,因而压力表读数比正常大。由于排出阻力增加,系统流量下降,吸入阻力因此而减小,真空表读数比正常小。

排出管堵塞容易发生的部位有:排出过滤器过脏(设有排出过滤器时);排出系统阀门未完全打开等。

③排出管破裂

两表象征:压力表读数突然下降,真空表读数突然上升。

排出管破裂,排出阻力下降,因而压力表读数下降。由于排出阻力下降,系统流量增加,吸入阻力因此而增大,真空表读数上升。

从两表读数变化来看,与吸入管堵塞时两表读数变化情况一致,但是排出管路破裂往往是突然发生的,两表读数变化要快一些。另外流量增大会引起负载增加,与吸入管堵塞引起负载降低情况可以从声响及电流表读数的变化上加以区别。在这种情况下应立即关阀停泵,查明原因。

排出管破裂的主要原因是管路焊接质量不高、管道锈蚀严重,操作不当引起的水击破坏和外部管路破坏等,但是最根本的原因是管理不严或违规操作,应特别给于重视,避免事故发生。

④泵内有气

两表象征:压力表和真空表读数都比正常小,常常不稳定,甚至降到零。

泵内有气,引起泵输送能力下降,能头降低,流量也随之下降,系统工作不稳定。

引起泵内有气的原因较多,吸入系统不严密、吸入系统出现汽阻现象、泵产生汽蚀现象都会出现泵内有气。汽阻或汽蚀引起的泵内有气和吸入系统漏气引起的泵内有气可以从声音和振动现象加以区别。

此外,当吸入管和泵安装不合适时,由于泵和吸入系统不能完全充满所输液体,吸入系统存在气囊,即使操作符合规程,泵也可能不能正常工作。图 11.21 示出了泵吸入管的安装方法。在图 11.22Y 型油泵安装图中,如果抽真空灌泵位置设在阀 4 处,泵在启动后比较正常,但打开阀 1、2 后,压力表可能降为零,这是由于在 *AB* 管中有气体,没有完全排完引起的,如果在阀 5 处抽真空灌泵,就不存在气囊,泵就可以正常工作。

泵的系统故障可总结成下表:

系统故障	真空表读数	压力表读数	故障原因
排出管堵塞	↓	↑	流量减小,吸阻减小,排阻增大
吸入管堵塞	↑	↓	流量减小,吸阻增大,排阻减少
排出管破裂	↑	↓	流量增大,吸阻增大,排阻减小
泵内有气	↓	↓	流量减小,吸阻减小,排阻减小
泵产生汽蚀	↓	↓	不稳定,振动噪声大

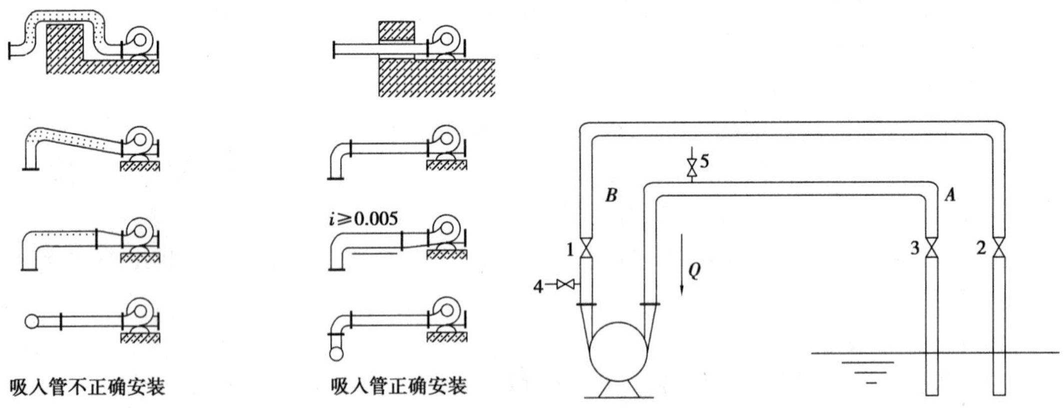

图 11.21　吸入管安装位置

图 11.22　泵的抽真空位置

11.5 泵与风机的选择

泵与风机的选择是根据实际使用条件确定泵与风机的型式、台数、规格,转速及其配套的原动机的功率。

11.5.1 泵选择的原则

选择的总原则是使设备在系统中安全、经济地运行。具体的原则:

①所选的泵应满足工作中需要的最大流量 Q_{max} 和最大扬程 H_{max}。同时,要使所选泵的正常运行工作点尽可能靠近它的额定工况点,从而保证泵能长期在高效区运行,提高设备长期运行的经济性。

②力求选择结构简单、体积小、重量轻的泵。为此,应在允许条件下,尽量选择高转速的泵。

③力求运行安全可靠。对泵来说,首要考虑的是泵的吸入性能。特别是在南方夏季输送油料(尤其是汽油)用泵,吸入性能尤为突出。要保证运行稳定性,尽量不要选择“驼峰”形特性曲线的泵,实在避不开时,则必须将工作点控制在临界点以右区域,而且扬程应低于泵的关死扬程,以利于同类泵并联运行。对于并联运行的泵应尽量选择 Q-H 特性曲线一开始就下降的泵,对单泵工作的泵来说应选择具有平坦型 Q-H 特性曲线的泵。

选泵应具备的条件:

①要掌握不同工作条件下的流量、扬程需要及系统运行的最大流量 Q_{max} 和最大扬程 H_{max};

②被输介质、温度、密度、黏度及汽化压力;

③安装地点大气压;

④数据必须可靠,考虑测定误差和运行设备性能的变化等不可测因素,应有一定裕量。因此,实际选择时建议按下式考虑:

$$Q=(1.05\sim1.10)Q_{max}$$

$$H=(1.10\sim1.15)H_{max}$$

11.5.2 选择的方法

泵的选择方法和步骤:

(1)**利用“泵性能表”选择**

此法适用于泵结构已定型的情况下单泵的选择。其步骤:

①算出流量和扬程

$$Q=(1.0\sim1.10)Q_{max}$$

$$H=(1.0\sim1.15)Q_{max}$$

②在已定型的水泵系列中,查找某一型号的泵,使计算流量、计算扬程与“水泵性能表”中列出的代表性(一般为中间一行)的流量、扬程一致,或者虽然不一致,但在高效区工作范围之内。若有两种型号的泵都能满足计算流量、扬程的需要,那么就综合各种因素,权衡利弊,择

优选择,通常选用 n_S 较高、结构紧凑、重量轻的泵。如果在某一型式的性能表中,选不到合适的型号,则另行选择其他型号或选择与计算参数相近的泵,通过叶轮切割、变速调节等措施,改变泵的参数使之符合实际的要求。

③在具体选定某一型号泵之后,就要核校泵在系统中运行时的工作情况。查核它的流量、扬程变化范围,泵是否在最高效率区范围之内工作。如果运行工况偏离最高效率区,则泵在系统中运行经济性差,最好另行选择。

(2)利用"泵的综合性能图"选择泵

"泵的综合性能图"是将某型泵(如 IS 型,YA 型)的不同规格的泵的工作范围(即四边形),按一定规律排列在一张图上而到得一个泵的适应工作范围的集合,也叫泵的型谱。如果已确定选择某一形式的泵,可在该泵的型谱上直接查找泵的型号。现在许多厂家都在自己的网站上给出了泵的性能表,也可参照泵的性能表选择泵或风机。

选择步骤:

①首先计算流量 Q 和计算扬程 H,计算方法同前;

②选择设备的转数 n,算出比特数 n_S;

③根据 n_S 大小,决定所选泵的类型(含泵的台数和级数);

④根据所选类型,在该型的泵的型谱图(或性能参数表)上选取最适合的型号、确定转速、功率、效率和工作范围;

⑤从"泵样本"中查出该泵的性能曲线。依泵在系统中的运行方式(单台运行、并联或串联),给出运行方式的合成性能曲线。

⑥根据泵的管路性能曲线和运行方式合成曲线,决定泵在系统中的工况点。如果效率变化在规定高效区之内,则选择就算结束。否则重复以上步骤,另选其他型号的泵,直到满意为止。若要求不高,一般一次选定,不再重复。

习　题

11.1　题图 11.1 中Ⅰ为泵的性能曲线,Ⅱ为管道特性曲线,试指出图中 A、B 两点的意义。

11.2　题图 11.2 中Ⅰ(Ⅱ)为两台性能相同的泵的性能曲线,Ⅲ为两泵的效率曲线,Ⅳ为管道特性曲线,试在图中分别标出单泵工作效率和并联时各泵工作效率。

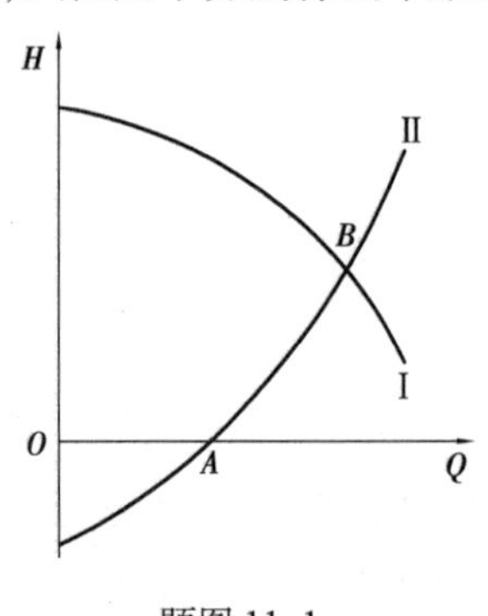

题图 11.1

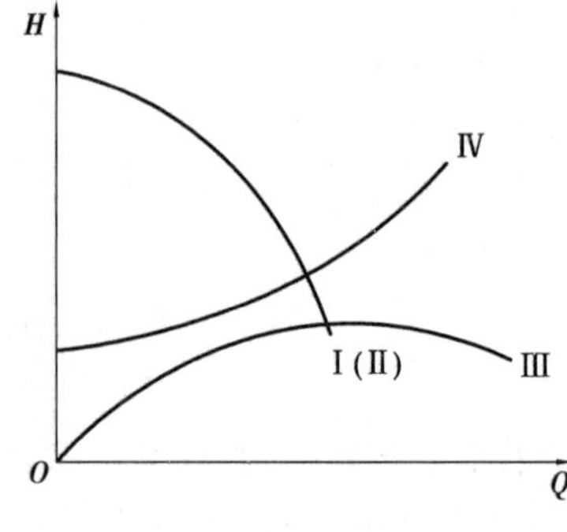

题图 11.2

11.3　题图 11.3 中Ⅰ(Ⅱ)为两台性能相同的泵的性能曲线,Ⅲ为两泵的效率曲线,Ⅳ为管道特性曲线,试在图中分别标出单泵工作效率和串联时各泵工作效率。

11.4　某水泵性能如下表所示:

$Q/(\mathrm{L\cdot s^{-1}})$	0	1	2	3	4	5	6	7	8	9	10	11
$H/(\mathrm{mH_2O})$	33.8	34.7	35.0	34.6	33.4	31.7	29.8	27.4	24.8	21.8	18.5	15
$\eta/\%$	0	27.5	43.0	52.5	58.5	62.4	64.5	65.0	64.5	63.0	59.0	53.0

管路特性曲线方程为 $H=20+0.078Q^2$(Q 单位为 L/s),求:

(1)工作点(Q、H)及轴功率。

(2)水泵叶轮外径 $D_2=162$ mm,若满足最大流量 $Q=6$ L/s,计算叶轮的切割量。

(3)比较节流调节与叶轮切割调节的经济性。

11.5　有两台性能相同的离心泵式水泵,性能曲线见题图 11.4,并联在管路上工作,管路特性曲线方程为 $H=0.065Q^2$(Q 的单位为 $\mathrm{m^3/s}$)。当一台泵停止工作时,流量减少多少?

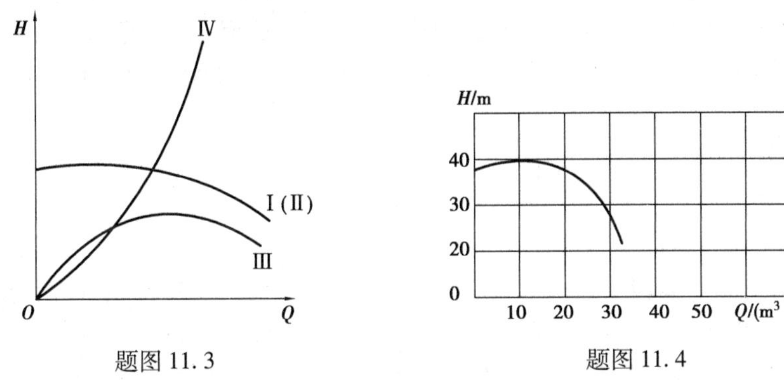

题图 11.3　　　　题图 11.4

11.6　题图 11.5 为某离心泵工作曲线图,现需将流量减至 20 L/s,试计算泵的转速应为多少?

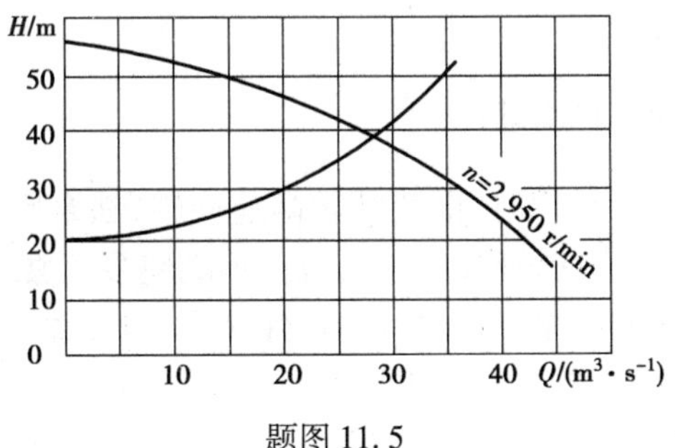

题图 11.5

第12章 其他类型泵

前面已经对离心泵的结构、性能和操作使用方法做了比较详细的介绍，但在油库实际作业过程中，还需要一些特殊性能的泵工作，如输送特种油料、灌泵、抽吸油罐车底油等。本书将这些泵统一归纳为其他类型泵，主要包括自吸式离心泵、旋涡泵、水环式真空泵、齿轮泵、螺杆泵、滑片泵、往复泵等，本章介绍这些泵的结构、工作原理、性能特点及操作使用方法。

12.1 自吸离心泵

众所周知，普通离心泵没有自吸能力，在使用前必须向泵内及吸入系统灌满所输介质，这是离心泵工作的前提条件。因此在固定泵站中一般需要另设灌注设备，如军用油库中一般都采用水环式真空泵作为离心泵灌泵和抽吸底油的设备。对机动用泵，如果采用一般离心泵加灌注设备，就使得设备庞大，既不经济又不方便，机动灵活性差，显然很不方便。因此对于机动用泵，一般都采用具有自吸能力的泵——自吸离心泵。自吸离心泵的流量为 6.3 ~ 500 m^3/h，扬程为 12 ~ 160 m。

12.1.1 自吸离心泵的工作原理

普通离心泵吸入系统充有气体时，即使叶轮高速旋转，在泵吸入口内形成的真空度远比输送液体时小得多，此时不能将液体吸入泵内，也就不能使泵正常工作，这是因为空气的密度远远小于液体的密度。自吸离心泵凭借自身的特殊结构，使它能够自动排除混在吸入系统中的空气，从而实现自吸的目的。其工作过程如下：

自吸离心泵启动前，泵内需保持一定量的液体。叶轮带动液体转动时，由于离心力的作用，气体和液体互相混合，在叶轮外缘形成薄层泡沫带、并形成接近叶轮圆周速度的液环[图12.1(a)]。当液环运动到上泵舌部位时，泵舌将泡沫带的大部分刮挡在其外面，使这些气液混合物进入泵体宽大的上部(气液分离室)。由于气液分离室的容积骤然增大，泡沫混合物的速度锐减，气体就从泡沫中分离出来，从泵排出口逸出。脱气后的液体由于自身的重量，沿着外流道重新流回到泵腔下部，参与新一轮的气液混合-分离过程，如此反复循环，直至吸入管中气体逐渐被排走，实现自吸的目的。吸入系统内的气体被全部排出后，泵内的气液混合物随之消失，气液分离室这时不起作用，成为液体排出的流道，泵转入正常工作状态，如图12.1(b)所示。

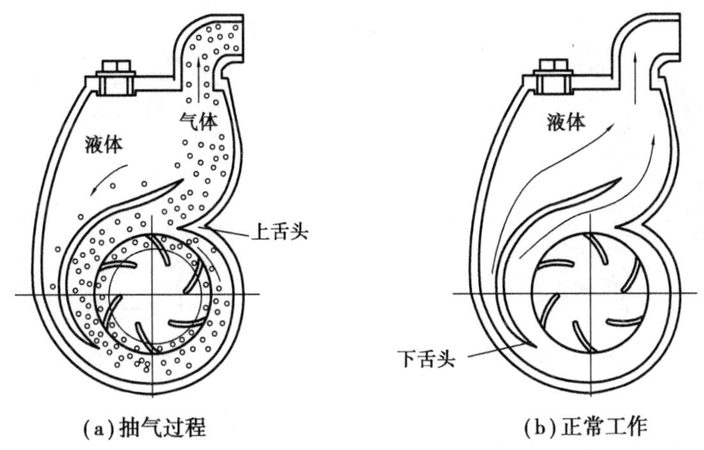

图12.1　自吸离心泵工作原理

12.1.2　自吸离心泵的结构形式及特点

自吸离心泵的结构形式很多，就其涡壳形式可以分为单涡壳和多涡壳，如图12.2所示，现代自吸泵一般为双涡壳结构(图12.3)，还有更复杂的三涡壳结构；就其液体回流形式有外缘回流式和内缘回流式，当液体回流至叶轮外缘，在叶轮外缘形成气液混合物，称为外缘回流式(图12.1)，如果液体回流至叶轮入口处，在叶轮中形成气液混合物，称为内缘回流式(图12.4)。

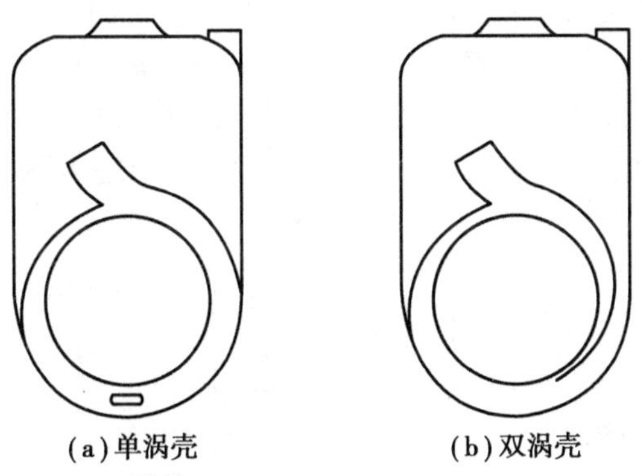

图12.2　自吸离心泵涡壳结构示意图

外缘回流式泵结构简单、零件少，但自吸速度慢，自吸效果差。内缘回流泵的液体回流至泵吸入室，在射流作用下，与吸入室内气体充分混合，缩短了自吸时间，提高了自吸效率，目前大多自吸离心泵在回流孔上安装了回流阀，其作用是在泵正常工作后，关闭回流孔，减少泵正常工作时的容积损失，提高泵的效率。

由于自吸离心泵有气液分离室，因而体积比普通离心泵要大，耗能大、结构复杂、制造成本高是自吸离心泵的缺点。

图 12.3　自吸离心泵外形图

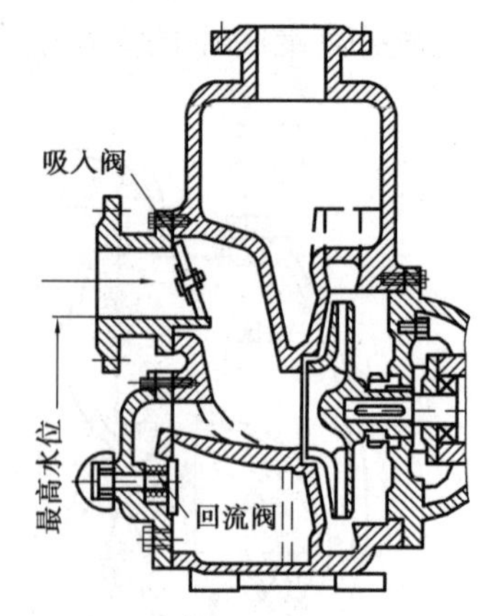

图 12.4　内缘回流自吸离心泵结构图

12.1.3　自吸离心泵的操作使用特点

自吸离心泵的扬程、功率计算方法同普通离心泵。自吸离心泵与普通离心泵的区别在于能否自吸,因此其操作使用特点也是由自吸所决定的。

(1)**必须开阀启动**

自吸离心泵吸入管中的气体,要靠泵启动后从排出口排出,因次,必须开阀启动。

(2)**启动前泵腔内应有足量液体**

自吸离心泵的泵腔内若无液体,则不能形成气液泡沫混合物,也就不能排气。泵腔内液体太少同样起不了抽气作用。

图 12.5 是某自吸离心泵储水量与自吸真空高度的关系曲线。不难看出,当储水量小于 1.5 L 时,真空度很小,且极不稳定;储水量大于 1.5 L 时,真空度随储水量的增加而增加;储水量达 3.5 L 时,真空度可达 9 m;储水量大于 3.5 L 时,真空度随储水量的增加而增加的速度变缓。因此该泵有 3.5 L 储水量即为合适。为了保证抽气的速度和可靠性,启动前应在泵腔内灌进足量的液体。

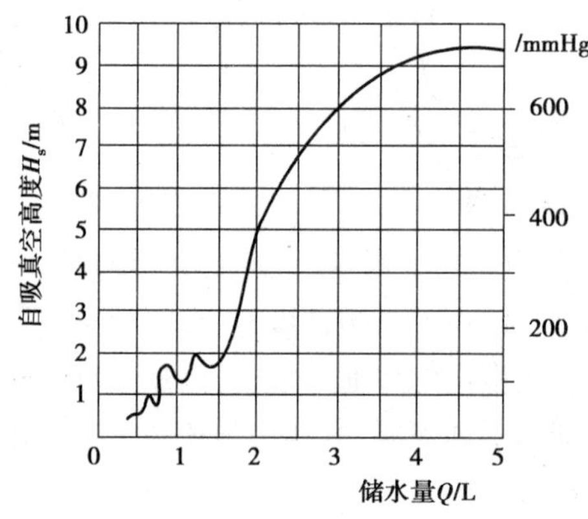

图 12.5　储水量与自吸真空高度的关系曲线

(3)**抽气时转速宜高,加速泡沫形成**

图 12.6 为自吸离心泵转速与自吸真空度的关系曲线,不难看出,转速对自吸真空高度的

影响很大，直到接近极限真空度时，转速的影响才减弱。因此，在自吸过程中应当将原动机调到最高速，以便缩短自吸时间。

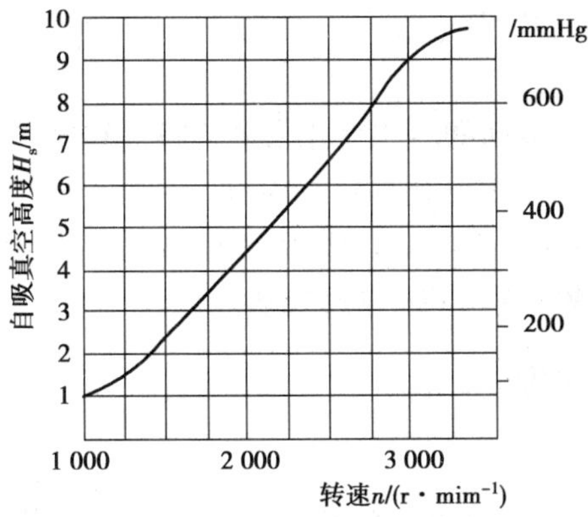

图 12.6　转速与自吸真空高度的关系曲线

12.2　水环式真空泵

水环泵是水环式真空泵和水环式压缩机的简称，这种泵既可作真空泵，也可作为压缩机用。水环式真空泵是用来给离心泵及其吸入系统抽真空引油和抽吸油罐车底油的。油库泵房使用的有 SZ 型和 SZB 型水环式真空泵，虽然它们的结构形式有所不同，但工作原理是相同的。

12.2.1　水环式真空泵的工作原理

水环泵真空泵结构示意图如图 12.7 所示，其工作原理如图 12.8 所示。叶轮偏心地安装在泵体内（偏心距为 e）。引进适量液体，当叶轮旋转时，叶片拔动泵内液体旋转，在离心力作用下形成等厚度水环，在叶轮轮毂和水环之间形成了一个月牙形空腔，且这个空腔被叶轮的 12 个叶片分成 12 个容积不等的小空腔（基元容积）。小空腔的容积是随着叶轮的旋转而逐渐变化的。

图 12.7　水环式真空泵结构示意图

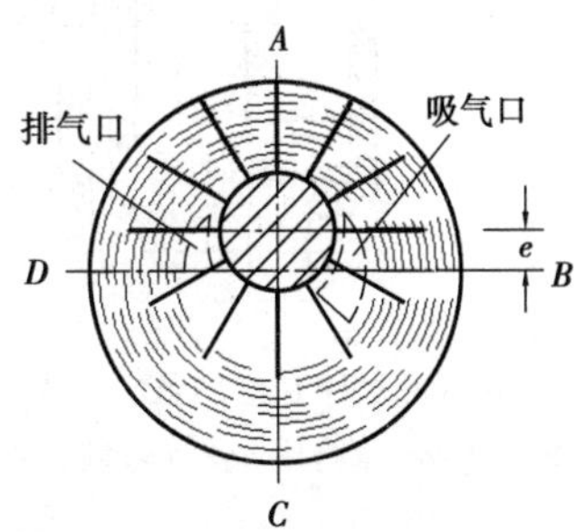

图 12.8　水环泵工作原理示意图

在顺时针方向旋转的前 180°（ABC）过程里，由于水环内表面逐渐脱离轮毂，小空腔渐渐由小变大，因此空腔内的气体压力逐渐下降，形成真空，吸进气体。

在顺时针方向旋转的后 180°(CDA)过程里,水环内表面逐渐向轮毂逼近,其小空间的容积,逐渐由大变小,空腔内气体被压缩,压力逐渐升高,气体从排出口排出,叶轮每旋转一周,轮毂和水环内表面之间的小空腔,都经过由小变大,再由大变小的过程,由此达到抽气和排气的作用。

由于水环式真空泵是利用空间的容积变化来进行吸气和排气的,因此它属于容积泵的类型。在工作中为了保证容积的不断变化,各个叶片间必须互不相通,由此要求叶轮两端面与前后泵盖之间的间隙(边端间隙)要适宜。若边端间隙太大,抽真空能力大大降低,严重时不能抽气;若边端间隙太小,叶轮加速磨损,泵易发热。

12.2.2　水环式真空泵的构造

(1)SZB 型真空泵的构造

SZB 型泵用于抽吸空气或无腐蚀性、不溶于水、不含固体颗粒的其他气体,适合于大型水泵的抽真空引液灌泵。SZB 型泵系卧式、悬臂式、水环式真空泵,出、入口对称偏心向上,该泵主要由泵盖、泵体、叶轮、轴、轴封组件及托架组成,SZB 型真空泵目前有 SZB-4 和 SZB-8 两种型号。4(或 8)指该泵在真空度为 520 mmHg 时,抽气量为 4 L/s(或 8 L/s)。

SZB 型真空泵结构如图 12.9 所示。泵体和泵盖由铸铁制造,泵盖下方有一个“1/4”四方螺塞供停泵时放水用,泵体用螺栓紧固在托架上。泵体上面有进气口和排气口,均与工作室相通。泵体侧面螺丝孔是向泵内补充冷水用的。底面有停泵后的放水孔。泵体上还铸有液封道,将水环的有压液体引至填料环处,起阻气、冷却和润滑作用。

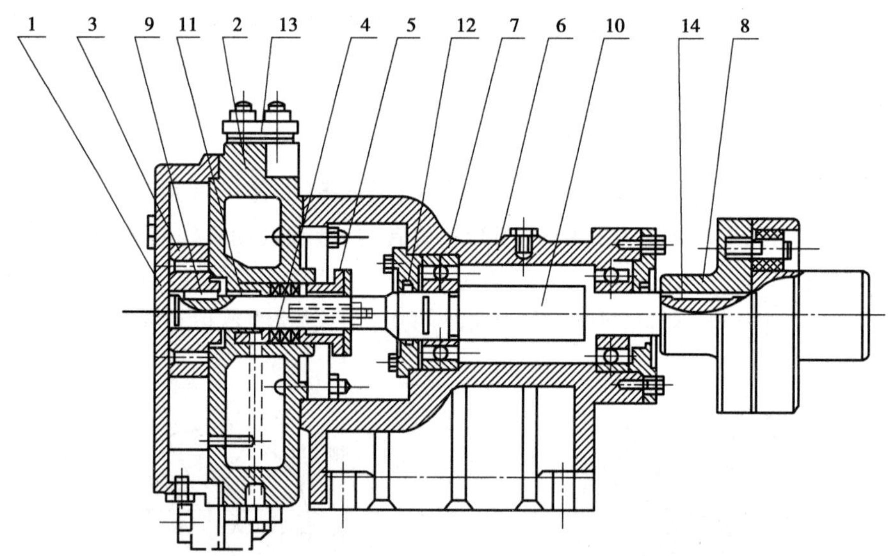

1—泵盖;2—泵体;3—叶轮;4—填料;5—填料压盖;6—托架;7—滚珠轴承;8—联轴器;
9—叶轮平键;10—泵轴;11—填料环;12—轴承压盖;13—法兰;14—联轴器平键

图 12.9　SZB 型真空泵

叶轮用铸铁铸造。叶轮上有 12 个叶片呈放射状均匀分布。轮毂上的小孔用来平衡泵工作时产生的轴向力。叶轮与泵轴用键连接,阻止工作时的相对转动,而轴向没有固定装置,工作时叶轮可以沿轴向滑动,自动调整间隙。

泵轴采用优质碳素钢制造，支撑在2个单列向心球轴承上，构成悬臂式结构。轴承间有空腔，可存机油润滑。泵轴与泵体之间用填料装置密封。

从传动方向看，泵轴为逆时针方向转动。

除了以上介绍的SZB型水环式真空泵属于悬臂式外，我国目前生产较多的该类型产品中还有*SZZ*型直联式水环真空泵等。

(2) **SZ型真空泵的构造**

SZ系列水环式真空泵是用来抽吸无腐蚀性、不溶于水、不含固体颗粒的气体，以便在密封容器中形成真空。如图12.10所示为SZ-1(2)型真空泵结构图。泵体、吸入盖和排出盖用铸铁制造，它们之间用螺栓紧固后构成了泵的工作室。在吸入盖的内侧壁开有吸气口，与吸气管连通。在排出盖的内侧壁开有排气口，与排气管连通。泵工作时，由吸入盖单向吸气，由排气盖单向排气。为了避免泵内压力过高，在排出盖的出口下方开几个小孔，让气体提早排出。在泵体侧下方开有一个螺孔，与供水管接通，适时向泵内补充冷水，起冷却作用。吸入盖和排出盖上方各有一个螺孔，用来引进自来水，对叶轮两端面与盖泵之间的边端间隙和填料函起密封作用。自来水进泵后补充到水环中去。

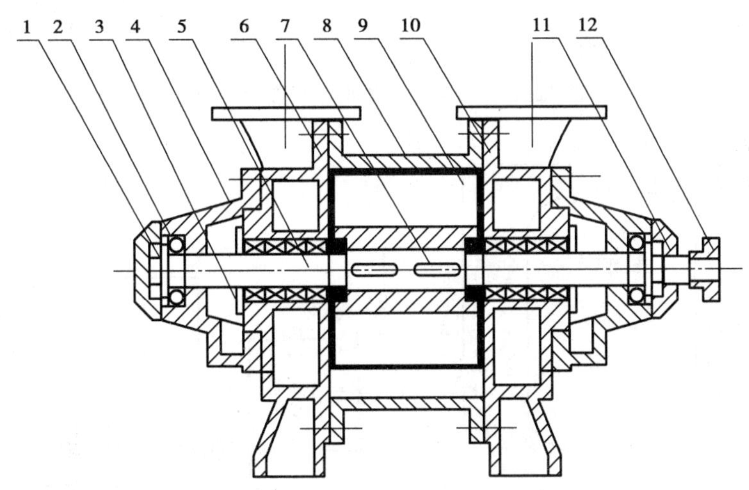

1—圆螺母；2—滚珠轴承；3—填料压盖；4—轴承托架；5—泵轴；6—后盖；
7—键；8—泵体；9—叶轮；10—前盖；11—轴承盖；12—联轴器

图12.10　SZ-1(2)型真空泵结构图

叶轮用键与泵轴相联接，偏心安装于泵体内。叶轮的两端用轴套锁紧。泵工作时，叶轮与泵轴不能有任何相对滑动。

泵轴支撑在固定于泵盖上的轴承上，泵轴穿过泵盖处用填料密封，防止外界空气进入泵内或泵内气体漏出泵外。为了提高密封效果，从泵盖上部通道引进自来水进行“水封”，并对填料与泵轴的摩擦面起冷却和润滑作用。

12.2.3　水环式真空泵的辅助装置

水环式真空泵在使用中与真空罐、水箱等辅助装置和一系列管路组成一个系统。SZB型和SZ型泵的辅助装置示意图如图12.11和图12.12所示。

(1)**真空罐**

水环式真空泵一般用来为离心泵及其吸入系统抽真空引液以及抽吸油罐车、油船或油驳中的底油。真空泵在抽气或抽底油时中间经过真空罐,其目的是防止油料进入真空泵中,因为真空泵本身是不宜抽液体的。当真空罐中油面高度达到真空罐 2/3 高度时,一般应将真空罐中油料放空,然后重新抽真空。

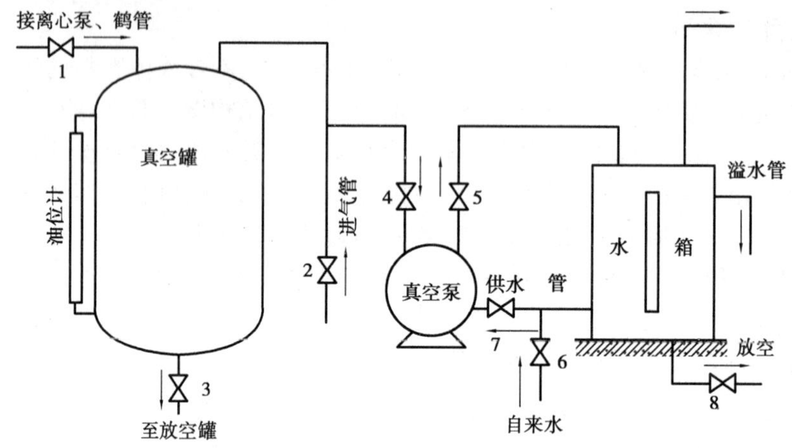

图 12.11　SZB 型泵的辅助装置示意图

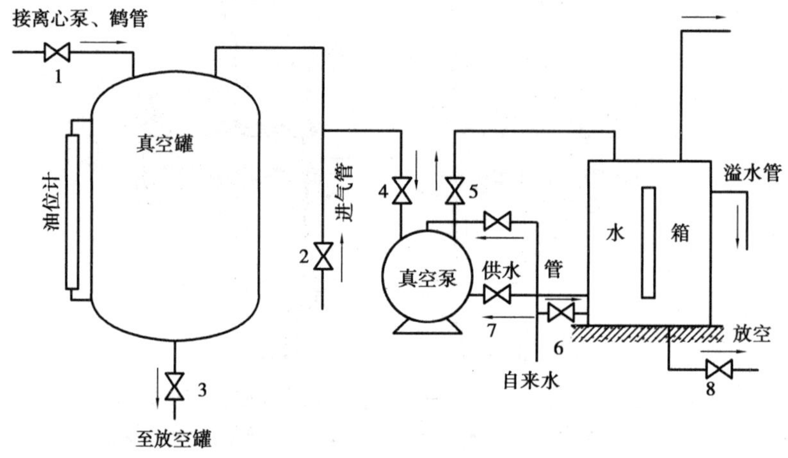

图 12.12　SZ 型泵的辅助装置示意图

(2)**水箱**

水箱的作用:

①在开泵前通过供水管向泵内供水;

②在运转中通过供水管向泵内补充压力恒定的水,并起冷却作用;

③泵排气管排出的带水分的气体,在水箱上部分离,水回收至水箱中重复利用。

12.2.4　水环式真空泵的性能

对于任何真空泵,一般都有两个主要参数表示其性能——排气量和残余压力。

(1)**水环式真空泵的排气量**

水环式真空泵的排气量是指泵出口压强在标准大气压(760 mmHg)时单位时间内通过泵

进口的吸入状态下的气体体积(m^3/min),也称抽气速率。

排气量决定于叶片间容积与进气口脱离时容积的大小。一般均在基元容积达到最大值时与进气口脱离,此时排气量可以按下式计算。

$$Q=\left\{\frac{\pi}{4}[(D_2-2a)^2-d_n^2]-z(L-a)s\right\}bn\eta_v$$

式中　Q——排气量,m^3/min;

D_2——叶轮外径,m;

d_n——轮毂直径,m;

a——叶片伸入液体的深度(在基元最大位置),m;

z——叶片数;

L——叶片高度,m;

b——叶片宽度,m;

s——叶片厚度,m;

n——转速,r/min;

η_v——容积效率,为 0.5～0.8。

实际上水环式真空泵的排气量与真空度有关。每设计生产一种新结构的水环式真空泵,在出厂前必须进行性能实验,做出性能曲线,表示出各种真空度下所能够得到的抽气量及所消耗的功率,以备使用者选用。

(2)残余压力或极限真空度

用一台真空泵抽吸某一密闭容器中的气体,无论抽吸时间有多长,容器中的压强是不能无限地降低到零(即绝对真空)的。这是因为气体压强低于某一临界值后,或是由于泵中液体发生汽化,或是由于高压侧漏回的气量与真空泵的抽气量相同,或是由于泵的压缩过高,容积系数降低为零,都会使泵无法继续抽吸气体。容器中的压强,在此情况下不会再降低了,此时的绝对压强值称为残余压力或极限真空度。

(3)SZB 型水环式真空泵的工作性能

SZB 型泵型号的意义:

B——悬臂式

Z——真空泵

S——水环式

SZZ 型泵型号的意义:

S——水环式

Z——真空泵

Z——直联式

SZB 型泵的工作性能见表 12.1。

表 12.1　SZB 型泵的工作性能

泵型号	流量 Q		真空度	转速	功率/kW		保证真空度/%	叶轮直径/mm
	m^3/h	L/s	mmHg	r/min	轴功率	电机功率		
SZB-4	19.8	5.5	440	1 450	1.1	1.7	80	180
	14.4	4.0	520		1.2			
	7.2	2.0	600		1.3			
	0	0	650		1.3			

续表

泵型号	流量 Q		真空度	转速	功率/kW		保证真空度/%	叶轮直径/mm
	m^3/h	L/s	mmHg	r/min	轴功率	电机功率		
SZB-8	38.2	10.6	440	1 450	1.9	2.8	80	180
	28.8	8.0	520		2.0			
	14.4	4.0	600		2.1			
	0	0	650		2.1			

(4)SZ 型水环式真空泵的工作性能(表 12.2)

表 12.2 SZ 型泵的工作性能表

泵型号	排气量/($m^3 \cdot h^{-1}$)					最大真空度/%	电机功率/kW	转速/($r \cdot min^{-1}$)	水消耗量/($L \cdot min^{-1}$)
	真空度为0	真空度为40%	真空度为60%	真空度为80%	真空度为90%				
SZ-1	90	38.4	24	7.2	—	84	4	1 450	10
SZ-2	204	99	57	15	—	87	10	1 450	30
SZ-3	690	408	216	90	30	92	30	975	70
SZ-4	1 620	1 056	660	180	60	93	70	730	100

12.2.5 水环式真空泵操作和使用特点

①工作过程注意调节水量,既要保证密封,又要节约用水,水温不能过高。

②抽底油时,油面达到达 2/3 高度时,应放油。

③停泵前,应先关泵的入口阀门,防止水进入真空罐。

④冬季可用柴油代替水环泵的工作介质“水”,严寒地区冬季停泵后,将泵和水箱内的水放空,以防冻结。

12.3 齿轮泵

在我国,黏油输送(如润滑油、海军燃料油等)一般采用齿轮和螺杆泵。在速度中等、作用力不大的液压及润滑系统中,采用齿轮泵作为辅助油泵。齿轮泵和螺杆泵属于容积式回转泵。

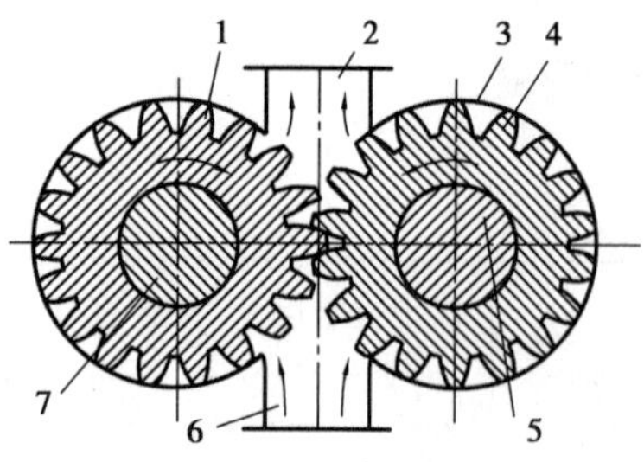

1—主动齿轮;2—排出口;3—泵壳;4—从动齿轮;5—从动轴;6—吸入口;7—主动轴

图 12.13 齿轮泵的工作原理

12.3.1 齿轮泵的工作原理

齿轮泵的工作原理如图 12.13 所示。泵壳内装有互相啮合的主动齿轮和从动齿轮。由于两个齿轮是互相啮合的,齿轮和泵壳、泵端盖之间的间隙很小(为0.1～0.12 mm),因此吸入口和排出口是隔开的,主动齿轮转动时会带动从动齿轮向相反方向旋转。在吸入口处,齿轮逐渐分开,齿穴空了出来,使容积增大,压强降低,吸入液体。吸入的液体在齿穴中被齿轮沿着泵壳带到排出口,在排出口处轮齿重新啮合,使容积缩小,压力增高,将齿穴中的液体挤入排出管中。

12.3.2　齿轮泵的分类

(1)按齿轮啮合方式分

①外齿轮泵:主动齿轮和从动齿轮均为外齿轮,如图12.13所示。外齿轮泵是应用最广泛的一种齿轮泵,我们通常所说的齿轮泵就是指外齿轮泵。

②内齿轮泵:主动齿轮为内齿轮,从动齿轮为外齿轮,如图12.14所示。与外齿轮泵相比,内齿轮泵结构紧凑,体积小,吸入性能好,但是齿形复杂,不易加工。

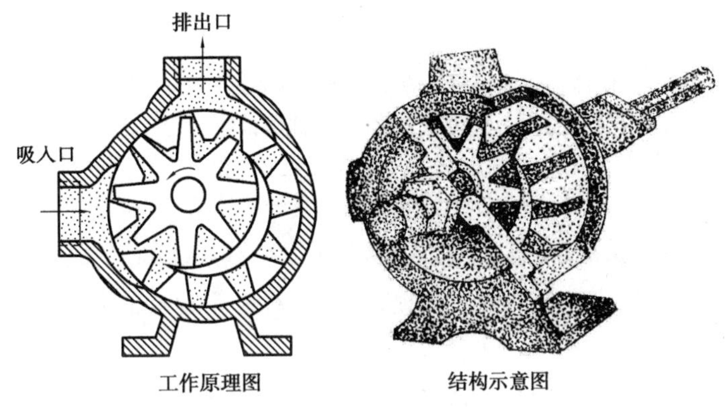

图12.14　内齿轮泵

(2)按齿轮齿形分

①正齿轮泵:主动齿轮和从动齿轮都是正齿轮。正齿轮泵运转平稳性较差,应用比较少。

②斜齿轮泵:工作齿轮是一对斜齿轮。斜齿轮泵工作的平稳性较正齿轮泵好,但斜齿轮泵工作中存在轴向分力。

③人字齿轮泵:主动齿轮和从动齿轮分别由两个方向相反的斜齿轮组成人字齿轮。人字齿轮的齿形决定了轮齿啮合逐渐进行,接触面积大,工作平稳,流量均匀,效率较高,使用寿命长,允许转速也比正齿轮泵高,因此应用比较广泛。

12.3.3　齿轮泵的构造

齿轮泵的典型构造如图12.15所示。

(1)泵体

泵体的内部是工作空间。齿轮泵工作时,各部件即在其中旋转,内壳把工作空间分隔成为吸入空间和排出空间。泵体上部装有安全阀。泵体两侧面借螺栓固定着前止推板和前盖板,后止推板和后盖板,各止推板都用两个销钉固定在泵体两侧面上。轴承固定在前、后盖板上。泵轴穿过泵盖处采用机械密封,也可采用填料密封。

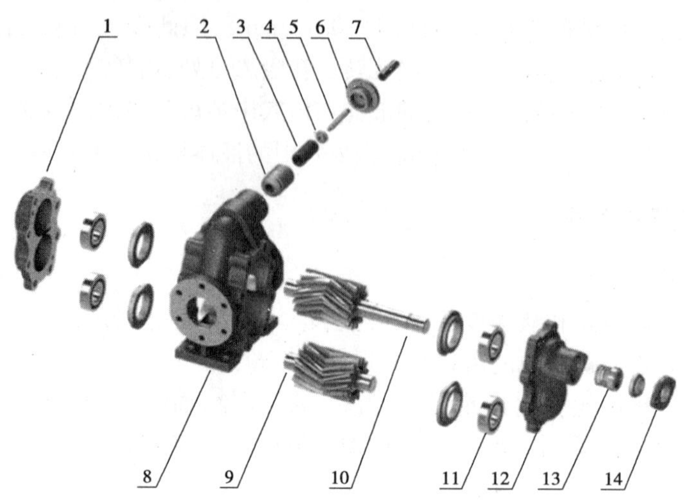

1—前盖;2—阀体;3—弹簧;4—弹簧座;5—调节螺杆;6—阀盖;7—调节杆套;
8—泵体;9—从动齿轮轴;10—主动齿轮轴;11—轴承;12—后盖;13—密封;14—密封压盖

图 12.15 典型齿轮泵构造

(2)**回转部分**

齿轮泵具有两个回转齿轮,一个是主动的,另一个是从动的。为了防止各个齿轮的轴向移位,避免齿轮两端面和止推板内面之磨损,应将一对齿轮套入轴上后,再旋上锁紧螺母。

(3)**差动式安全阀**

差动式安全阀的结构如图 12.16 所示。安全阀体由弹簧作用顶紧在泵体内吸入腔与排出腔隔板的圆孔(阀座)上。拧动调节杆,可以改变弹簧的松紧度,从而改变安全阀的控制压力。泵工作时,阀体在轴向受到两个方向相反的力作用。弹簧的作用力方向向左,排出腔液体作用在二个环形斜面上,其轴向分力方向向右。在正常情况下,弹簧的作用力大于排出液体引起的轴向分力,阀体处于关闭状态。当排出腔液体压力由于管路堵塞或油料黏度过大等原因超过允许范围时,由液体压力作用在两个环状斜面上引起的轴向分力大于弹簧的作用力,阀体被顶开,排出腔的部分液体经圆孔回流到吸入腔,从而起安全保护作用。

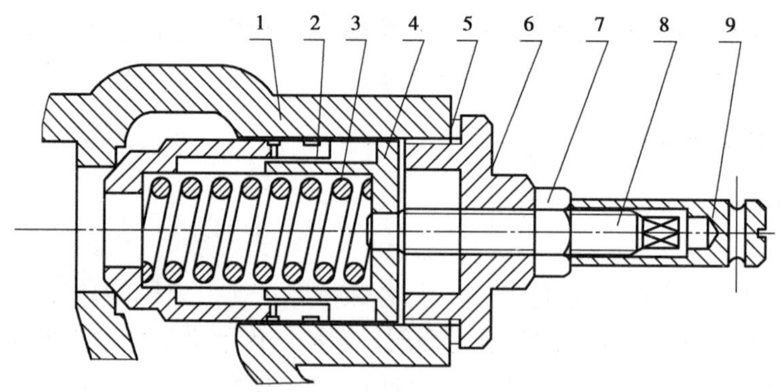

1—泵体;2—安全阀体;3—弹簧;4—弹簧座;5—垫圈;6—阀盖;7—锁紧螺母;8—调节杆;9—调节杆套

图 12.16 差动式安全阀

12.3.4　齿轮泵的性能参数

(1)**流量**

齿轮泵的理论流量常用近视计算公式计算,假定泵每转压出的液体量等于两个齿轮齿谷容积的总和。又假定齿谷体积等于齿的体积。由于齿高一般为 2 m(m 为齿轮模数),故泵每转的排出容积可近似地按下式计算:

$$V_h = 2\pi Dmb \times 10^{-6}$$

式中:V_h——泵每转的排出容积,L/r;

m——齿轮模数;

D——齿轮节圆直径,$D = mz$,mm;

b——齿轮宽度,mm;

z——齿数。

泵每分钟的理论排出容积为:

$$Q_T = V_h n = 2\pi m^2 zbn \times 10^{-6}$$

实际上齿谷的体积比齿的体积稍大些,所以加以修正,用 3.33 代替 π 值得:

$$Q_T = 6.66m^2 zbn \times 10^{-6}$$

考虑到容积效率的影响后得实际排量为:

$$Q_T = 6.66m^2 zbn\eta_v \times 10^{-6}$$

式中:Q_T、Q——理论流量和实际流量,L/min;

n——泵的转速,r/min;

η_v——容积效率,一般为 0.7 ~0.9。

(2)**扬程**

齿轮泵属于容积泵,它是依靠泵内吸入室和排出室的容积变化来吸入和排出液体的。因此齿轮泵扬程的大小取决于输送高度和管路的阻力损失。理论上说,由于液体是不可压缩的,当关闭排出阀或排出管路堵塞时,泵的出口压力可以无限上升。实际上,由于电机功率的限制和安全阀的控制,泵的扬程只能达到某一限度。其扬程计算方法同离心泵一样。

(3)**功率与效率**

齿轮泵的功率 N 和效率 n 与工作压力的关系可用图 12.17 中的曲线表示。其计算与离心泵相同。

12.3.5　齿轮泵的操作使用

根据齿轮泵的工作原理、构造和性能特点,在使用齿轮泵时应注意:

①齿轮泵在启动和停泵时禁止关闭排出阀,否则会将泵憋坏或烧坏电动机。为了安全起见,除了泵上装有安全阀外,在泵管组上还装有回流管,启动时可打开回流管上的阀门以减少电机的负荷。

②齿轮泵各运转部件都靠吸入的油料润滑,所以齿轮泵不能长期空转和用来抽注汽油,煤油等黏度小的油料。在使用之前(特别是长期停用的泵)要向泵内灌一些所输油料,起润滑和密封作用。用来抽注黏油时,油温不能太低,否则黏油因为黏度太大不易进入泵内,使泵得不到润滑而加速磨损。

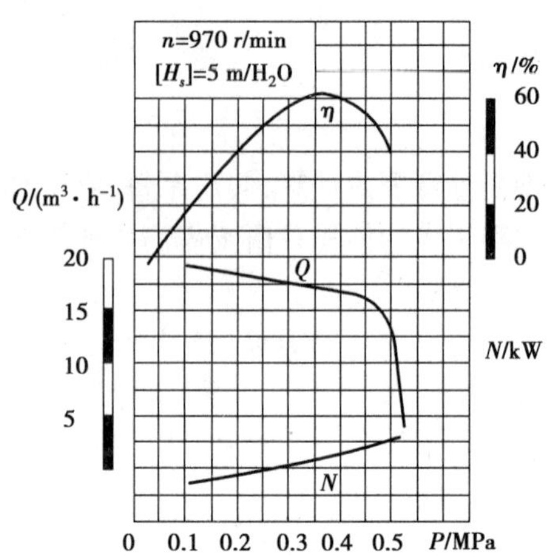

图 12.17　KCB-300 型泵性能曲线

③齿轮泵的流量调节可采用变速调节或回流调节,但禁止采用节流调节。

12.4　螺杆泵

螺杆泵一般用于输送各种滑油,燃料油和柴油。它具有流量大(0.5 ~ 2 000 m^3/h),排压高(在 40 MPa 内),效率高和工作平稳的特点,常用作输送轴承润滑油及调速器用油的油泵,已逐渐被油料部门采用。

12.4.1　螺杆泵的工作原理

螺杆泵是容积泵,它利用泵体和互相啮合的螺杆,将螺杆齿穴分隔成一个个彼此隔离的空腔,使泵的吸入口和排出口隔开。

螺杆泵的转子由主动螺杆(可以是一根,也可有两根或三根)和从动螺杆组成。泵工作时,主动螺杆与从动螺杆做相反方向转动,螺纹相互啮合,主动螺杆按一定方向旋转,从动螺杆也随之旋转。在吸入口处,齿穴所形成的空腔由小变大,吸进液体。当空腔增至最大值时,即被啮合齿穴所封闭。封闭空腔中的油料沿轴向排出端移动。在排出口处,空腔体积逐渐变小,将油料排出,如图 12.18 所示。

图 12.18　螺杆泵工作原理图

12.4.2　螺杆泵的特点

①)结构简单,零件少,容易拆装。

②受力情况良好,主动螺杆由电机带动转动,从动螺杆受到排出压力的作用而自转,主从螺杆之间附有一层油膜,因此,螺杆之间的磨损极小,泵的寿命长。

③被输送的油料在泵内作匀速直线运动,油料在泵内无旋转,无脉动地连续运动,流量随压力的变化很小。因此,泵工作时振动小,噪声低,流量稳定。

④泵内的泄漏损失比较小,故泵的效率比较高,一般为 80% ~90% 。

⑤具有良好的自吸能力,可用作黏油甚至柴油输送泵。

12.4.3　螺杆泵的分类

按螺杆数分为:单、双、三螺杆泵,另外还有五螺杆泵。

(1)单螺杆泵

单螺杆泵只有一个螺杆,在许多国家已被广泛使用,国外多数称单螺杆泵为“莫诺泵”(MONOPUMPS)。由于其优良的性能,近年来在国内的应用范围也在迅速扩大。它的最大特点是对介质的适应性强、流量平稳、压力脉动小、自吸能力高,这是其他任何泵种所不能替代的。其主要工作机构是一个钢制螺杆和一个具有内螺旋表面的橡皮衬套。该泵主要用于化工和其他工业部门中对高粘度流体输送和含有硬质悬浮颗粒介质或含有纤维介质的输送,自吸高度一般在 6 m 以上。

(2)双螺杆泵

在泵内有两根螺杆互相啮合工作,主动螺杆和从动螺杆之间用一对齿轮传递扭矩,一般在油船上安装有双螺杆泵。

(3)三螺杆泵

在泵内有三根螺杆互相啮合工作,三螺杆泵是螺杆泵中应用最广泛的一种。在油库中常用三螺杆泵输送粘油或燃料油、柴油等。

按吸入方式分为:单、双吸螺杆泵。

①单吸式:油料从螺杆一端吸入,从另一端排出。

②双吸式:油料从螺杆两端吸入,从中间排出。

单、双吸螺杆泵在油库中均有使用。此外,按泵轴位置还可以分为卧式泵和立式泵。

12.4.4　螺杆泵的主要性能参数

(1)扬程

螺杆泵为容积泵,扬程取决于泵的设计强度,不经厂方同意,不得任意提高排出压力,通常为安全起见装有普通式安全阀。

(2)流量

对于单螺杆泵,其流量为:

$$Q=4eDTn\eta_v\times10^{-6}$$

式中:e——偏心距,mm,现有单螺杆泵偏心距在 1 ~8 mm 变化;

D——螺杆截面直径,mm;

T——衬套导程 $T=2$ t,mm;

n——轮轴的转速,r/min;

η_v——容积效率,对具有过盈值的螺杆一般取 0.8 ~ 0.85,对具有间隙值的螺杆一般取 0.7。

理论上 Q 与上述因素有关,与排压无关,其功率计算与齿轮泵相同。

12.4.5 螺杆泵的典型结构

常用螺杆泵的构造如图 12.19 所示。

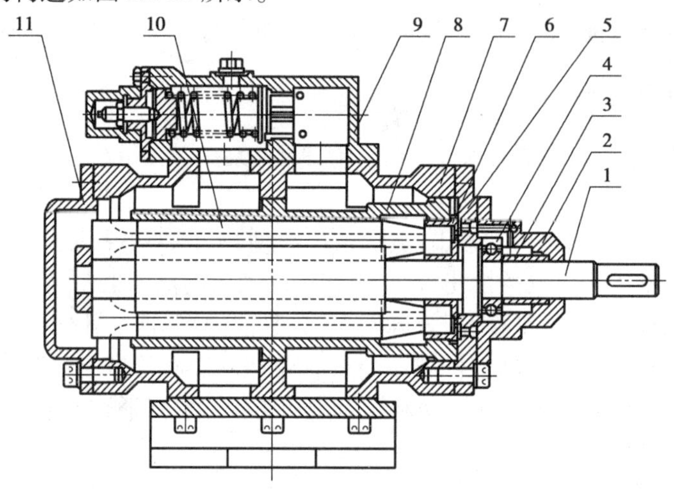

1—吸入盖;2—泵套;3—泵体;4—安全阀组件;5—从动螺杆;6—泵套盖;7—主动推力轴承;8—从动推力轴承;9—轴套;10—填料环;11—填料;12—填料盖压;13—主动螺杆;14—溢油管

图 12.19 常用螺杆泵的构造

螺杆泵主要由泵体、泵套、吸入盖、主动螺杆和从动螺杆等组成。主动螺杆与从动螺杆的螺纹方向相反,它们之间互相啮合,并共同装在泵套内。螺杆外圆表面与泵套内表面之间间隙很小,螺杆相互啮合处的间隙也很小,以防止液体从高压腔流向低压腔。

主动螺杆吸入端支撑在推力轴承上,排出端支承在滑动轴套上。从动螺杆吸入端支撑在推力轴承上,螺杆外表面与泵套之间紧密地贴合,故排出端无须支撑。泵工作时,电机通过联轴器带动主动螺杆旋转,从动螺杆受到排出液体压力的作用而自转。

在螺杆泵中,工作介质的压力沿轴线逐渐升高,这一压差对螺杆副产生一个由压油腔指向吸油腔的轴向推力,它将使螺杆间的摩擦力增大,加剧各配合表面的磨损并降低机械效率。常用的轴向力平衡措施如下:

将主动螺杆的轴在压油口一侧伸出泵外,减少高压液体对螺杆的作用面积,并且在压油口处设置一个直径较大的平衡盘,此盘与泵外壳内壁构成间隙密封,并在轴伸端分隔出一个与吸油口相通的卸荷腔。这样,作用在平衡盘两侧的压差就能抵消主动螺杆所受的大部分轴向力。该卸荷腔还保证了轴伸处机械密封的工作压差不致过高。通过设置在两根从动螺杆中心的通道将高压液体引到三根螺杆在吸油口侧的轴承小室内,形成反向推力,在从动螺杆上应保留小部分轴向力以保证啮合线上的压紧密封。主动螺杆上最后的剩余轴向力由设在吸油口一侧的推力轴承平衡。对于大规格的螺杆泵常制成双吸型,即两端吸油、中间压油,采用一对螺旋方向相反的螺杆副可使主动螺杆上的轴向力几乎完全平衡。如图 12.20 所示为单螺杆泵的结构图。

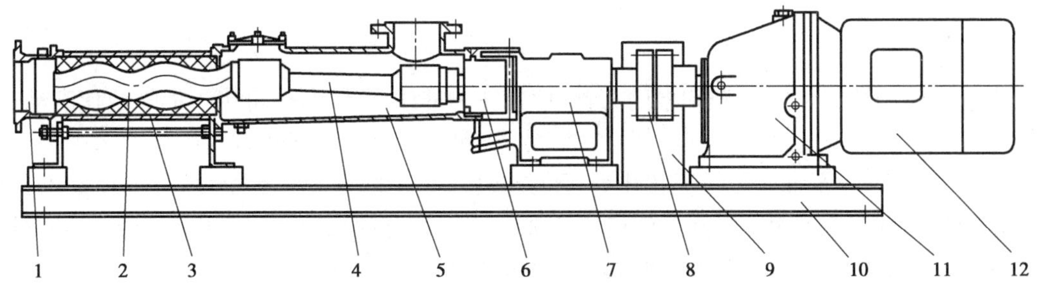

1—排出体;2—转子;3—定子;4—万向联轴器;5—吸入室;6—轴封;
7—轴承架;8—联轴器;9—联轴器罩;10—底座;11—减速机;12—电动机

图 12.20　单螺杆泵的结构图

泵的安全阀结构如图 12.21 所示。安全阀下部与排出腔连通,上部与吸入腔连通。拧动调整螺杆,可以改变弹簧的压紧程度,从而调整安全压力。正常工作时,弹簧对安全阀的作用力(方向向下)大于排出腔液体对安全阀的作用力(方向向上),安全阀贴紧在阀座上,排出腔与吸入腔隔开。当排出腔液体压力超过允许范围时,排出腔液体对安全阀的作用力大于弹簧的作用力,安全阀被顶开,排出腔与吸入腔连通,排出腔液体回流到吸入腔。安全阀下部的叶片,在安全阀的开闭过程中起导向和定位作用。

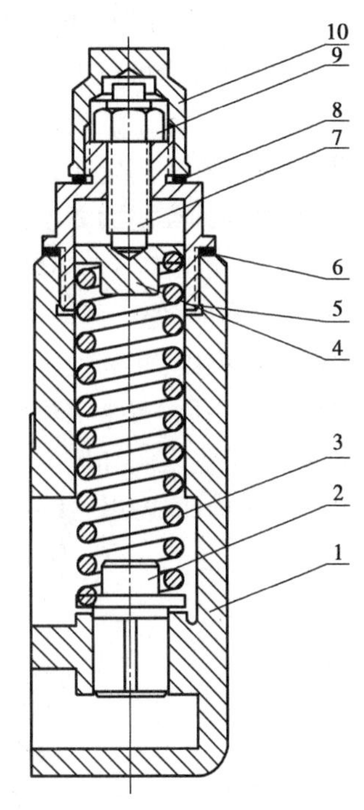

1—阀体;2—安全阀;3—安全阀弹簧;
4—弹簧座;5—阀盖;6—垫圈;
7—调整螺杆;8—垫圈;
9—锁紧螺帽;10—护盖

图 12.21　泵的安全阀结构

12.4.6　螺杆泵的操作特点

螺杆泵的操作使用基本上与齿轮泵相同。这里着重指出几点供使用中注意:

①首次启动前需从泵上的注油孔向泵内注入少量油料,起密封和润滑作用,检查泵的转动方向及各部连接,再打开排出管路上的所有阀门。若有回流阀,启动时最好打开回流阀。

②运转中应注意看压力表及电流表的读数是否正常,泵运转的声音是否正常,是否发热等。如有不正常情况应及时排除。运转中不允许关闭排出管路阀门。

③泵工作完毕需停泵时,可全开排出阀门或保持工作时阀门的开启度停泵,绝不允许关闭排出阀停泵。

④泵的流量调节采用回流调节,也可改变泵的转速调节,但泵的转速只能低于正常工作时的转速,而不能随意提高。

⑤泵的工作压力可借助调整安全阀弹簧的松紧度来调节。

12.5 滑片泵

滑片泵(也称刮板泵)是容积泵的一种,原来作为液压泵使用,也可用于抽吸液化石油气。随着滑片泵应用技术的进步,其良好的抽真空性能和气液混输性能在石油产品输送中得到应用。近年来,随着我军油库无泵房化作业区工艺改造和油料装备的不断发展,滑片泵以其优越的使用性能被广泛采用。目前广泛应用于油库油料输送、抽真空灌泵、扫罐扫舱、加油机加油等场合。在适用于机动作业的加油装备上也得到了广泛应用。

12.5.1 滑片泵工作原理

滑片泵是依靠泵内工作容积的周期性变化工作的,而泵内工作容积变化是依赖滑片在泵转子上的滑槽内滑动形成的,故称为滑片泵。由于滑片泵是依靠泵内容积变化工作的,因而它不仅可以抽液,也可以抽气,具有自吸能力。滑片泵的工作原理示意图如图 12.22 所示,滑片泵主要由泵体、定子内表面、转子、轴、滑片和侧板等零件组成。定子内表面一般由多段曲线构成,以减小叶片与定子内表面的摩擦力,滑片安放在转子槽内,可沿槽滑动,当转子回转时,滑片靠自身的离心力紧贴内套内壁,由定子内表面、转子外表面、滑片及两侧板端面之间形成若干个封闭工作室。当转子顺时针回转时,右边的滑片逐渐伸出,相邻两滑片间容积逐渐增大,形成局部真空,液体由吸入口进入工作室,构成泵的吸入过程。左边的滑片被定子内表面逐渐压入槽内,相邻两滑片间封闭容积逐渐减小,将液体压出排出口,构成泵的压出过程。转子旋转一周,每个工作室完成一次吸入和压出过程。在泵的吸入腔和压出腔之间,有一段封油区,把吸入腔和压出腔隔开。泵的排量 Q 与工作室容积、泵的转速 n 成正比,因此可采用改变定子内曲线和转速的办法调节排量或制成系列产品,满足不同工况的需要。

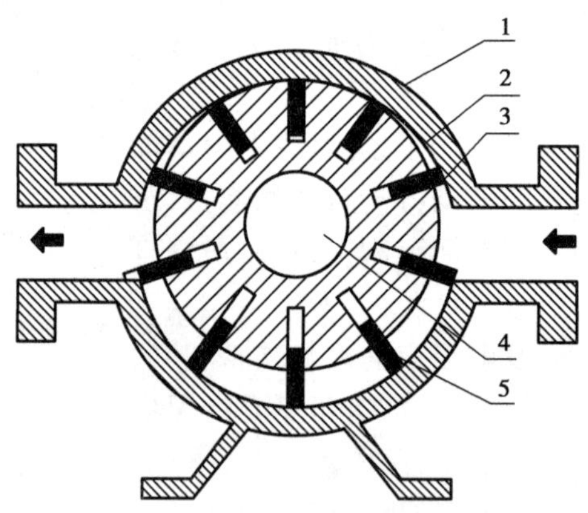

1—泵体;2—内定子;3—转子;4—轴;5—滑片

图 12.22 滑片泵的工作原理示意图

12.5.2　滑片泵的性能

(1)滑片泵的流量

滑片泵的内定子曲线一般由四段圆弧和连接四段圆弧的过渡曲线组成,过渡曲线的形式较多,且因泵而异。泵的流量与内定子曲线有关,其流量大小取决于泵的转速和内定子曲线,与排出压力无关。

(2)滑片泵的扬程

滑片泵属于容积泵,是依靠泵内容积变化来吸入和排出液体的。因此滑片泵扬程的大小取决于输送高度和管路的阻力损失。理论上说,由于液体是不可压缩的,当关闭排出阀或排出管路堵塞时,泵的出口压力可以无限上升。实际上,由于电机功率的限制和安全阀的控制,泵的扬程只能达到某一限度。其扬程计算方法同离心泵一样。

(3)滑片泵性能特点

滑片泵具有优异的自吸性能,可作为燃料油和黏油输送泵,也可气液两相混合输送,混输比高达 50%。滑片泵的功率计算同齿轮泵。

12.5.3　滑片泵的构造

滑片泵的构造如图 12.23 所示,主要由泵体、内套、转子、轴、滑片、轴承、机械密封和安全阀组成。泵体两侧借螺栓固定着前盖板和后盖板,转子依靠固定在前后盖板上滚针轴承支承。叶片安装在转子上的叶片槽内,可沿叶片槽滑动。端盖与转子端面的间隙很小,以防止液体从高压腔向低压腔回流。泵轴穿过泵盖处装有机械密封装置。泵体上装有安全阀装置。

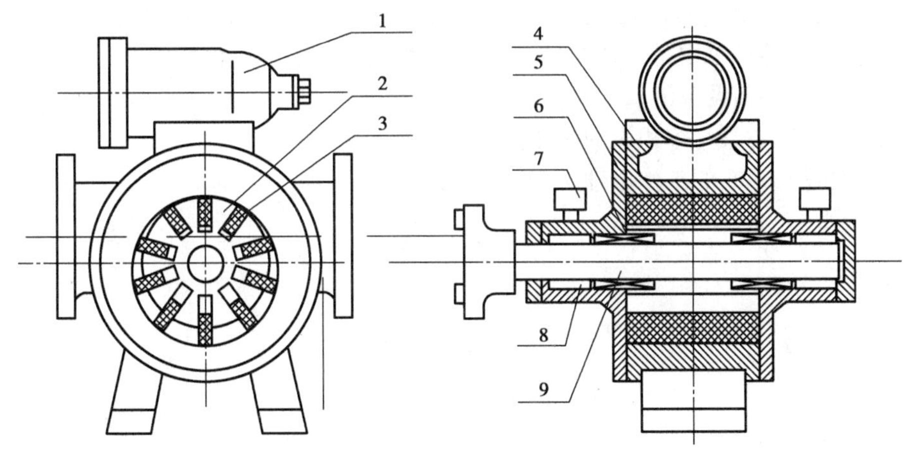

1—安全阀;2—转子;3—滑片;4—泵体;5—大端盖;6—机械密封;7—黄油杯;8—轴承;9—轴

图 12.23　滑片泵结构图

12.5.4　滑片泵的操作特点

滑片泵存在自身的特殊问题:

①由于吸液区与压液区存在压差,轴与轴承受不平衡径向力作用。只有双作用滑片泵径向力是平衡的。此外,滑片两侧受力不等,特别是低压区进入高压区的瞬间,滑片一边是高压(排出压力),一边是低压(吸入压力),滑片受力很大。

②滑片泵与齿轮泵一样,也存在闭死容积,也有困油问题。

滑片泵的操作方法基本上与齿轮泵和螺杆泵相同,这里着重指出几点供使用中注意:

①首次启动前需从注油孔(安全阀尾部螺孔)向泵内注入适量的介质油料,起润滑、密封和保护机械密封的作用。检查泵的转向及各部连接,用手转动旋转部分,转动是否灵活,有无卡壳或者其他异常情况,如润滑油是否充足等。

②泵运转前应打开排出管路上的所有阀门。若有回流阀,启动时最好打开回流阀。

③运转中应注意压力表读数是否正常,运转声音是否正常,泵端盖及轴承温度是否过高等。如有异常情况,应及时排除。运转中不允许关闭排出管路上的阀门。

④泵工作完毕,需要停泵时,可保持工作时阀门开启度停泵,不允许关闭排出阀停泵。

⑤泵的流量调节可采用回流调节,也可采用变速调节,但泵的转速不能高于额定转速。

习 题

12.1 简述自吸离心泵的基本结构型式,工作原理及使用特点。

12.2 简述水环式真空泵的工作原理。

12.3 水环泵边端间隙不能过大或过小的原因是什么?

12.4 水环泵有哪些辅助装置?其各自的作用是什么?

12.5 简述齿轮泵的构造、工作原理和使用特点。

12.6 简述螺杆泵的构造、工作原理和使用特点。

12.7 差动式安全阀和普通式安全阀的区别是什么?它们是如何工作的?

12.8 液体在螺杆泵中是以什么样的运动状态被输送的?为什么?

12.9 容积泵如何调节流量?

12.10 比较离心泵与容积泵的操作使用特点有何区别。

12.11 简述滑片泵的工作原理。

附　录

附录Ⅰ　常见流体的物理性质

附表Ⅰ-1　常见流体的密度和重度

流体名称	温度/℃	密度/($kg \cdot m^{-3}$)	重度/($N \cdot m^{-3}$)
空气	0	1.293	12.68
氧	0	1.429	14.02
氢	0	0.089 9	0.881
氮	0	1.251	12.26
一氧化碳	0	1.251	12.27
二氧化碳	0	1.976	19
蒸馏水	4	1 000	9 806
海水	15	1 020 ~ 1 030	10 000 ~ 10 100
汽油	15	700 ~ 750	6 860 ~ 7 350
石油	15	880 ~ 890	8 630 ~ 8 730
润滑油	15	890 ~ 920	8 730 ~ 9 030
酒精	15	790 ~ 800	7 750 ~ 7 840
汞	0	13 600	134 000

附表Ⅰ-2　不同温度下水、空气和水银的密度　　单位:kg/m^3

流体名称	温度/℃						
	0	10	20	40	60	80	100
水	999.87	999.73	998.23	992.24	983.24	971.83	958.38
空气	1.29	1.24	1.20	1.12	1.06	0.99	0.94
水银	13 600	13 570	13 550	13 500	13 450	13 400	13 350

附录Ⅱ 各种管件的当量长度和局部阻力系数

序 号	名 称	l_e/d	ζ_0
1	无单向活门的油罐进出口：		
	①流入管路	23	0.5
	②流入油罐	45	1
2	有单向活门的油罐进出口：		
	①流入管路	40	0.88
	②流入油罐	63	1.38
3	有升降管的油罐进出口：		
	①流入管路	100	2.20
	②流入油罐	123	2.71
4	油泵入口	45	1.00
5	30°单缝焊接弯	7.8	0.17
6	45°单缝焊接弯	14	0.30
7	60°单缝焊接弯头	27	0.59
8	90°单缝焊接弯头	60	1.30
9	90°双缝焊接弯头	30	0.65
10	30°冲制弯头 $R=1.5d$	15	0.33
11	45°冲制弯头 $R=1.5d$	19	0.42
12	60°冲制弯头 $R=1.5d$	23	0.50
13	90°冲制弯头 $R=1.5d$	28	0.60
14	90°弯管,$R=2d$	22	0.48
15	90°弯管,$R=3d$	16.5	0.36
16	90°弯管,$R=4d$	14	0.30
17	通过三通	2	0.04
18	通过三通	4.5	0.10
19	通过三通	18	0.40
20	转弯三通	23	0.50
21	转弯三通	40	0.90
22	转弯三通	45	1.00
23	转弯三通	60	1.30
24	转弯三通	136	3.00
25	异径接头(由小到大):$D_g80\times100$	1.5	0.03
26	异径接头(由小到大):$D_g100\times150$,$D_g150\times200$,$D_g200\times250$	4	0.08

续表

序　号	名　称	l_e/d	ζ_0
27	异径接头(由小到大):$D_g100\times200$,		
	$D_g150\times250$,$D_g200\times300$	9	0.19
28	异径接头(由小到大):$D_g100\sim250$,		
	$D_g150\times300$	12	0.27
29	各种异径接头(由大到小)	9	0.19
30	闸阀(全开):$D_g20\sim D_g50$	23	0.5
	D_g80	18	0.4
	D_g100	9	0.19
	D_g150	4.5	0.10
	$D_g200\sim D_g400$	4	0.08
31	截止阀(全开):		
	D_g15	740	16.00
	D_g20	460	10.00
	$D_g25\sim D_g40$	410	9.00
	D_g50	320	7.00
32	斜杆截止阀(全开):		
	D_g50	120	2.70
	D_g80	110	2.40
	D_g100	100	2.20
	D_g150	85	1.86
	D_g200 及以上	75	1.65
33	各种尺寸全开旋塞	23	0.50
34	各种尺寸升降式止回阀	340	7.50
35	旋启式止回阀:		
	D_g100 及 D_g100 以下	70	1.50
	D_g200	87	1.90
	D_g300	97	2.10
36	带滤网底阀:		
	D_g100	320	7.00
	D_g150	275	6.00
	D_g200	240	5.20
	D_g250	200	4.40
37	各种尺寸带滤网吸入口	140	3.00
38	各种尺寸轻油过滤器	77	1.70
39	各种尺寸黏油过滤器	100	2.20
40	Π形补偿器	110	2.40
41	Ω 形补偿器	97	2.10
42	波形补偿器	74	1.60
43	涡轮流量计　　$h_j=2.5$ m		
44	椭圆齿轮流量计　　$h_j=2.0$ m		
45	罗茨式流量计　　$h_j=4.0$ m		

附录Ⅲ 常用管材规格

附表Ⅲ-1 常用钢管规格

外径/mm	壁厚/mm											
	2.5	3.0	3.5	4.0	4.5	5.0	6.0	7.0	8.0	9.0	10.0	12.0
	理论质量/(kg·m⁻¹)											
12	0.586	0.666	0.734	0.789	—	—	—	—	—	—	—	—
14	0.709	0.81	0.91	0.99	—	—	—	—	—	—	—	—
18	0.956	1.11	1.25	1.38	1.50	1.60	—	—	—	—	—	—
20	1.08	1.26	1.42	1.58	1.72	1.85	2.07	—	—	—	—	—
25	1.39	1.63	1.86	2.07	2.28	2.47	2.81	3.11	—	—	—	—
32	1.76	2.15	2.46	2.76	3.05	3.33	3.85	4.32	4.47	—	—	—
38	2.19	2.59	2.98	3.35	3.72	4.07	4.74	5.35	5.95	—	—	—
42	2.44	2.89	3.35	3.75	4.16	4.56	5.33	6.04	6.71	7.32	—	—
45	2.62	3.11	3.58	4.04	4.49	4.93	5.77	6.56	7.30	7.99	—	—
57	3.36	4.00	4.62	5.23	5.83	6.41	7.55	8.63	9.67	10.65	—	—
60	3.55	4.22	4.88	5.52	6.16	6.78	7.99	9.15	10.26	11.32	—	—
73	4.35	5.18	6.00	6.81	7.60	8.38	9.91	11.39	12.82	14.21	—	—
76	4.53	5.40	6.26	7.10	7.93	8.75	10.36	11.91	13.12	14.37	—	—
89	5.33	6.36	7.38	8.38	9.38	10.36	12.28	14.16	15.98	17.76	—	—
102	6.13	7.32	8.50	9.67	10.82	11.96	14.21	16.40	18.55	20.64	—	—
108	6.50	7.77	9.02	10.26	11.49	12.70	15.09	17.44	19.73	21.97	—	—
114	—	—	—	10.48	12.15	13.44	15.98	18.47	20.91	23.31	25.56	30.19
133	—	—	—	12.73	14.26	15.78	18.79	21.75	24.66	27.52	30.33	35.81
140	—	—	—	13.42	15.07	16.65	19.83	22.96	26.04	29.08	32.06	37.88
159	—	—	—	—	17.15	18.99	22.64	26.24	29.79	33.29	36.75	43.50
168	—	—	—	—	—	20.10	23.97	27.79	31.57	35.29	38.97	46.17
219	—	—	—	—	—	—	31.52	36.60	41.63	46.61	51.54	61.26
245	—	—	—	—	—	—	—	41.09	46.76	52.38	57.95	68.95
273	—	—	—	—	—	—	—	45.92	52.28	58.60	64.86	77.24
325	—	—	—	—	—	—	—	—	62.54	70.14	77.68	92.63
377	—	—	—	—	—	—	—	—	—	81.68	90.51	108.02
426	—	—	—	—	—	—	—	—	—	92.55	102.59	122.52
480	—	—	—	—	—	—	—	—	—	104.54	115.90	139.49
530	—	—	—	—	—	—	—	—	—	115.62	128.23	154.29

附表Ⅲ-2　水、煤气输送钢管的规格

公称通径 D_g /mm	公称通径 D_g /in	外径 /mm	普通管 壁厚 /mm	普通管 不计管接头的理论质量 /(kg·m^{-1})	加厚管 壁厚 /mm	加厚管 不计管接头的理论质量 /(kg·m^{-1})	每米钢管分配的管接头质量(以每6 m一个管接头计算)
8	$\frac{1}{4}$	13.50	2.25	0.62	2.75	0.73	—
10	$\frac{3}{8}$	17.00	2.25	0.82	2.75	0.97	—
15	$\frac{1}{2}$	21.25	2.75	1.25	3.25	1.44	0.01
20	$\frac{3}{4}$	26.75	2.75	1.63	3.25	2.01	0.02
25	1	33.50	3.25	2.42	4.00	2.91	0.03
32	$1\frac{1}{4}$	42.25	3.25	3.13	4.00	3.77	0.04
40	$1\frac{1}{2}$	48.00	3.50	3.84	4.25	4.58	0.06
50	2	60.00	3.50	4.88	4.50	6.16	0.08
65	$2\frac{1}{2}$	75.50	3.75	6.64	4.50	7.88	0.13
80	3	88.50	4.00	8.34	4.75	9.81	0.20
100	4	114.00	4.00	10.85	5.00	13.44	0.40
125	5	140.00	4.50	15.04	5.50	18.24	0.60
150	6	165.00	4.50	17.81	5.50	21.63	0.80

注：水、煤气输送钢管有镀锌的和不镀锌的，不镀锌的也称为黑管，镀锌的称为白铁管。

附表Ⅲ-3　铸铁直管

单位：mm

公称直径 D_g	承插式										管盘式			
	砂型立式低压管		砂型立式普压管		砂型低压离心式管		砂型普压离心式管		砂型高压离心式管		砂型低压双盘直管		砂型普压双盘直管	
	内径 D_1	管长 L	内径 D_1	管长 L	内径 D_1	管长 L	内径 D_1	管长 L	内径 D_1	管长 L	内径 D_1	管长 L	内径 D_1	管长 L
75	75	3 000	75	3 000							75	3 000	75	3 000
100	100	3 000	100	3 000							100	3 000	100	3 000
125	125	4 000	125	4 000							125	3 000	125	3 000
150	151	4 000	150	4 000	—	—	—	—	—	—	151	3 000	150	3 000
200	201.2	4 000	200	4 000	204	5 000	202.4	5 000	200	5 000	201.2	4 000	200	4 000
250	252	4 000	250	4 000	254.8	5 000	252.6	5 000	250	5 000	252	4 000	250	4 000
300	302.4	4 000	300	4 000	304.8	6 000	302.8	6 000	300	6 000	302.4	4 000	300	4 000
350	352.8	4 000	350	4 000	355.2	6 000	352.4	6 000	350	6 000	352.8	4 000	350	4 000
400	403.6	4 000	400	4 000	405.6	6 000	402.6	6 000	400	6 000	403.6	4 000	400	4 000
450	453.8	4 000	450	4 000	456	6 000	452.8	6 000	450	6 000	453.8	4 000	450	4 000
500	504.0	4 000	500	4 000	506	6 000	502.4	6 000	500	6 000	504	4 000	500	4 000
600	604.8	4 000	600	4 000	607.2	6 000	602.4	6 000	—	6 000	604.8	4 000	600	4 000

注：①工作压力：≤4.5 kgf/cm^2，低压管；

②工作压力：≤7.5 kgf/cm^2，普压管；

③工作压力：≤10 kgf/cm^2，高压管。

附录Ⅳ 泵与风机的型号编制

一、离心泵的型号编制

(1)离心泵的基本型号

泵型号的编制方法尚未完全统一,目前我国大多数泵产品已采用汉语拼音字母来代表泵的名称,油库常用离心泵的基本型号如下:

泵的形式	新型号	旧型号	泵的形式	新型号	旧型号
单级单吸离心泵	IS、B	BA	单吸离心油泵	Y、AY、IY	
单级双吸离心泵	S	Sh	多级离心式油泵	YD	
分段式多级离心泵	D	DA	离心式双吸油泵	YS	
管道泵	G		离心式管道油泵	YG	

(2)补充型号

除基本型号代表泵的名称外,还有一系列补充型号表示该泵的性能参数或结构特点,组成方式如下:

第一组	基本型号	第二组	第三组	第四组
代表吸入口径	代表泵型	泵的性能参数	叶轮级数	泵的变型
新系列一般直接标出泵吸入口径有毫米数;老产品则标出英寸数	用汉语拼音字母来表示泵的型号	新系列一般标出单级扬程数;老产品则标出比转数被10除后的整数值	多级泵代表叶轮级数;单级泵此项不标出	用大写字母A、B、C等表示叶轮经过一、二、三次切割

在油泵基本型号与第二组之间,通常有数字Ⅰ、Ⅱ、Ⅲ分别表示泵过流部件采用的材料。国际标准单级清水离心泵的表示方法与上述原则不同,现以下列示例说明。

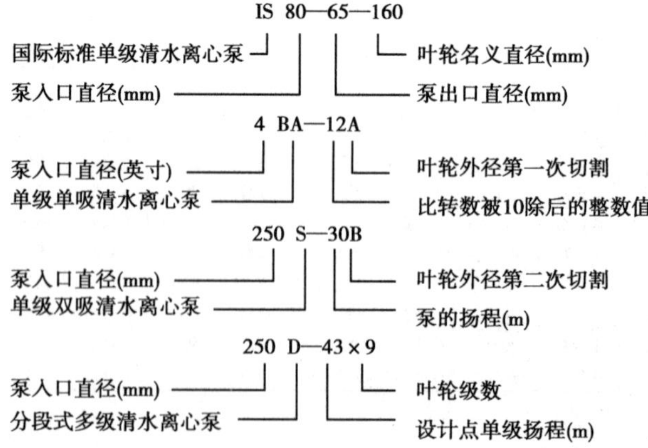

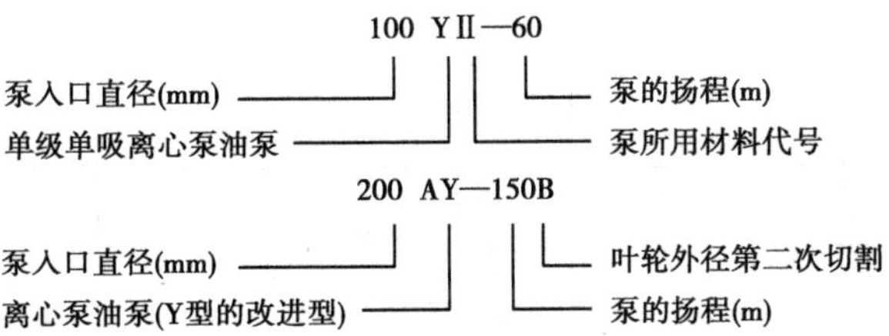

二、离心风机的型号编制

离心式风机的名称包括名称、型号、机号、传动方式、旋转方向和风口位置等六部分。

①名称:包括用途、作用原理和在管网中的作用三部分,多数产品第三部分不作表示,在型号前冠以用途代号,如锅炉离心风机 G,锅炉离心引风机 Y,冷冻用风机 LD,空调用风机 KT 等名称表示。

②型号:由基本型号和补充型号组成,其形式如下:

基本型号:第一组数字,表示全压系数,$\bar{p}=\dfrac{p}{\rho u^2}$乘以 10 后的整数。

第二组数字,表示比转数 n_y 化整后的值。

如果基本型号相同,用途不同时,为了便于区别,在基本型号前加上 G 或 Y,LD、KT 等符号。

G——锅炉送风机;Y——锅炉引风机;LD——冷冻用风机;KT——空调用风机。

补充型号:第三组数字,它由两位数字组成。第一位数字表示风机进口吸入型式的代号,以 0、1 和 2 数字表示;第二位数字表示设计的顺序号。

0——表示双吸风机;l——表示单吸风机;2——表示两级串联风机。

③机号:一般用叶轮外径的分米(dm)数表示,其前面冠以 No,在机号数字后加上小写汉语拼音字母 a 或 b 表示变型。

a——代表变型后叶轮外径为原来的 0.95 倍。

b——代表变型后叶轮外径为原来的 1.05 倍。

④传动方式:风机传动方式有 6 种,分别以大写字母 A、B、C、D、E、F 等表示,见附表Ⅳ-1 及如附图Ⅳ-1 所示。

附表Ⅳ-1　离心风机传动方式及结构特点

传动方式	A	B	C	D	E	F
结构特点	单吸、单支架、无轴承,与电动机直联	单吸、单支架,悬臂支承,皮带轮在两轴承之间	单吸、单支架,悬臂支承,皮带轮在两轴承外侧	单吸、单支架,悬臂支承,联轴器传动	单吸、双支架,皮带轮轴承在外侧	单吸,双支架,联轴器传动

⑤旋转方向:离心风机旋转方向有两种。右转风机以“右”字表示,左转风机以“左”字表示。左右之分是以从风机安装电动机的一端正视,叶轮作顺时针方向旋转称为右,作逆时针方向旋转称为左。以右转方向作为风机的基本旋转方向。

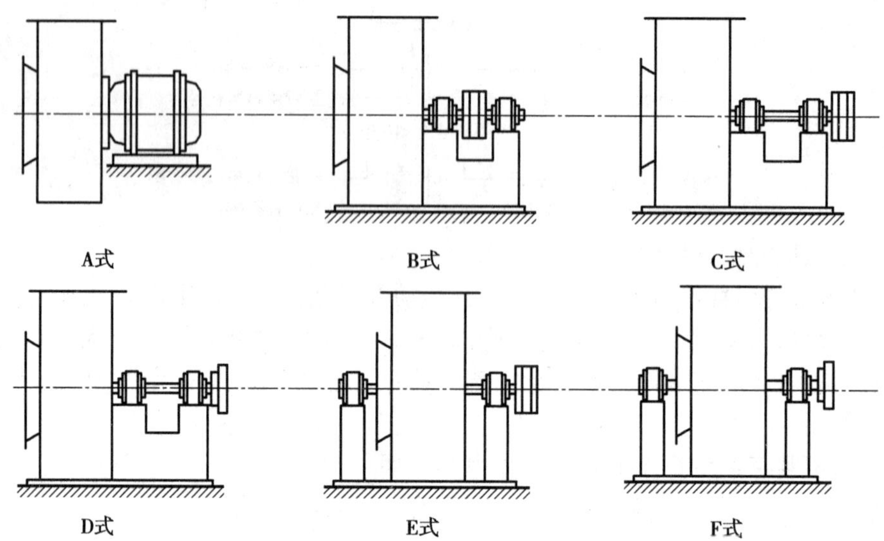

附图Ⅳ-1　离心风机的传动方式

⑥出口位置:风机的出口位置基本定为八个,以角度 0°、45°、90°、135°、180°、225°、270°、315°表示。对于右转风机的出风口是以水平向左方规定为0°位置,左转风机的出风口则是以水平向右规定为0°位置,如附表Ⅳ-2 所示。

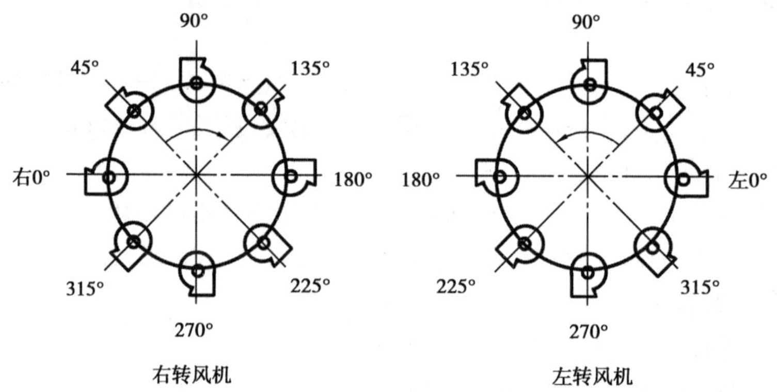

附图Ⅳ-2　风机的出口位置

以上六部分的排列顺序如下:

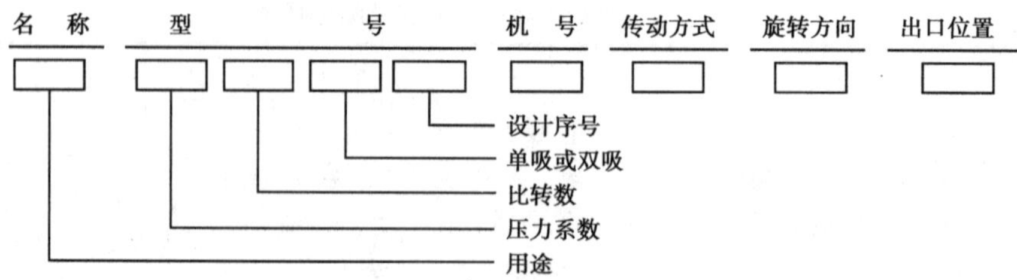

例:

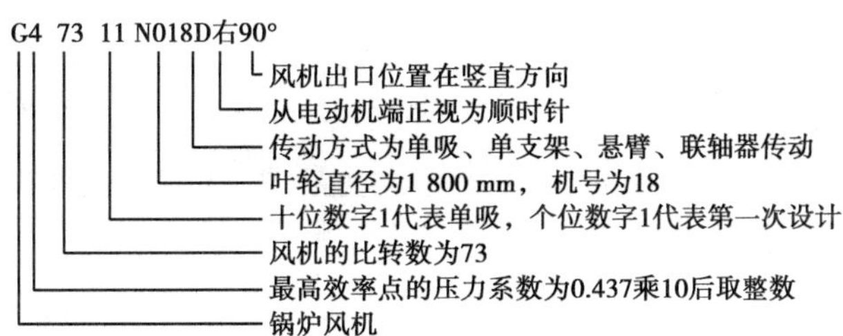

说明:

①一般用途的产品,可不用表示用途的代号。

②在产品形式中,产生有重复代号或派生型时,用罗马数字Ⅰ、Ⅱ……等在比转数后加注序号。

③第一次设计的序号可以不写出。

附录Ⅴ　油库常用离心泵性能参数表

附表Ⅴ-1　IS 型单级单吸离心泵主要性能参数表

性能参数 型号	转速 /(r·min^{-1})	流量		扬程 /m	效率 /%	功率/kW		汽蚀余量 /m
		/(m^3·h^{-1})	/(L·s^{-1})			轴功率	电机功率	
IS50-32-125	2 900	7.5	2.08	22	47	0.96	2.2	2.0
		12.5	3.47	20	60	1.13		2.0
		15	4.17	18.5	60	1.26		2.5
IS50-32-160	2 900	7.5	2.08	34.3	44	1.59	3	2.0
		12.5	3.47	32	54	2.02		2.0
		15	4.17	29.6	56	2.16		2.5
IS50-32-200	2 900	7.5	2.08	52.5	38	2.82	5.5	2.0
		12.5	3.47	50	48	3.54		2.0
		15	4.17	48	51	3.95		2.5
IS50-32-250	2 900	7.5	2.08	82	23.5	5.87	11	2.0
		12.5	3.47	80	38	7.16		2.0
		15	4.17	78.5	41	7.83		2.5
IS65-50-125	2 900	15	4.17	21.8	58	1.54	3	2.0
		25	6.94	30	69	1.97		2.0
		30	8.33	18.5	68	2.22		2.5

续表

性能参数 型号	转速 /(r·min^{-1})	流量 /(m^3·h^{-1})	流量 /(L·s^{-1})	扬程 /m	效率 /%	功率/kW 轴功率	功率/kW 电机功率	汽蚀余量 /m
IS65-50-160	2 900	15	4.17	35	54	2.65	5.5	2.0
		25	6.94	32	65	3.35		2.0
		30	8.33	30	66	3.71		2.5
IS65-40-200	2 900	15	4.17	53	49	4.42	7.5	2.0
		25	6.94	50	60	5.67		2.0
		30	8.33	47	61	6.29		2.5
IS65-40-250	2 900	15	4.17	82	37	9.05	15	2.0
		25	6.94	80	50	1.89		2.0
		30	8.33	78	53	12.02		2.5
IS65-40-315	2 900	15	4.17	127	28	18.5	30	2.0
		25	6.94	125	40	21.3		2.0
		30	8.33	123	44	22.8		3.0
IS80-65-125	2 900	30	8.33	22.5	64	2.87	5.5	3.0
		50	13.9	20	75	3.63		3.0
		60	16.7	18	74	3.98		3.5
IS80-65-160	2 900	30	8.33	36	61	4.82	7.5	2.5
		50	13.9	32	73	5.97		2.5
		60	16.7	29	72	6.59		3.0
IS80-50-200	2 900	30	8.33	53	55	7.87	15	2.5
		50	13.9	50	69	9.87		2.5
		60	16.7	47	71	10.8		3.0
IS80-50-200	2 900	30	8.33	84	52	13.2	22	2.5
		50	13.9	80	63	17.3		2.5
		60	16.7	75	64	19.2		3.0
IS80-50-315	2 900	30	8.33	128	41	25.5	37	2.5
		50	13.9	125	54	31.5		2.5
		60	16.7	123	57	35.3		3.0
IS80-50-125	2 900	60	16.7	24	67	5.86	11	2.5
		100	27.8	20	78	7.00		2.5
		120	33.3	6.5	74	7.28		3.0

续表

性能参数 型号	转速 /(r·min^{-1})	流量 /(m^3·h^{-1})	流量 /(L·s^{-1})	扬程 /m	效率 /%	功率/kW 轴功率	功率/kW 电机功率	汽蚀余量 /m
IS100-80-160	2 900	600	16.7	36	70	8.42	15	3.5
		100	27.8	32	78	11.2		4.0
		120	33.3	28	75	12.2		5.0
IS100-65-200	2 900	60	16.7	54	65	13.6	22	3.0
		100	27.8	50	76	17.9		3.6
		120	33.3	47	77	19.9		4.8
IS100-65-200	2 900	60	16.7	87	61	23.4	37	3.5
		100	27.8	80	72	30.0		3.8
		120	33.3	74.5	73	33.3		4.8
IS125-100-200	2 900	120	33.3	57.5	67	28.0	45	4.5
		200	55.6	50	81	33.6		4.5
		240	66.7	44.5	80	36.4		5.0
IS125-100-250	2 900	120	33.3	87	66	43.0	75	3.8
		200	55.6	80	78	55.9		4.2
		240	66.7	72	75	62.8		5.0
IS125-100-315	2 900	120	33.3	132.5	60	72.1	110	4.0
		200	55.6	12.5	75	90.8		4.5
		240	66.7	120	77	101.9		5.0
IS125-100-400	1 450	60	16.7	52	53	16.1	30	2.5
		100	27.8	50	65	21.0		2.5
		120	33.3	48.5	67	23.6		3.0
IS150-125-250	1 450	120	33.3	22.5	71	10.4	18.5	3.0
		200	55.6	20	81	13.5		3.0
		240	66.7	17.5	78	14.7		3.5
IS150-125-315	1 450	120	33.3	34	70	15.9	30	2.5
		200	55.6	32	79	22.1		2.5
		240	66.7	29	80	23.7		3.0
IS150-125-400	1 450	120	33.3	53	62	27.9	45	2.0
		200	55.6	50	75	36.3		2.8
		240	66.7	46	74	40.6		3.5

续表

型号 \ 性能参数	转速 /(r·min^{-1})	流量 /(m^3·h^{-1})	流量 /(L·s^{-1})	扬程 /m	效率 /%	功率/kW 轴功率	功率/kW 电机功率	汽蚀余量 /m
IS200-150-250	1 450	280	77.8	22.2	75	20.8	30	3.0
		400	111.1	20	80	26.6		3.5
		520	144	14	72	30.5		4.0
IS200-150-315	1 450	240	66.7	37	70	34.6	55	3.0
		400	111.1	32	82	42.5		3.5
		460	127.8	28.5	80	44.6		4.0
IS200-150-400	1 450	240	66.7	55	74	48.6	90	3.0
		400	111.1	50	81	67.2		3.8
		460	127.8	48	76	74.2		4.5

附表Ⅴ-2　Y 型离心油泵性能参数表

型号 \ 性能参数	流量 /(m^3·h^{-1})	扬程 /m	转速 /(r·min^{-1})	汽蚀余量 /m	效率 /%	电机功率/kW 轴功率	电机功率/kW 电机功率
50Y60	7.5	71	2 950	2.7	29	5.00	11
	13.0	67		2.9	38	6.24	
	15.0	64		3.0	40	6.55	
50Y60A	7.2	56	2 950	2.9	28	3.92	7.5
	11.2	53		3.0	35	4.68	
	14.2	49		3.0	37	5.20	
50Y60B	5.85	42	2 950	2.6	27	2.47	5.5
	9.9	39		2.8	33	3.18	
	11.7	37		2.9	35	3.38	
65Y60	15	67	2 950	2.4	41	6.68	11
	25	60		3.05	50	8.18	
	30	55		3.5	57	8.90	
65Y60A	13.5	55	2 950	2.3	40	5.06	7.5
	22.5	49		3.0	49	6.13	
	27	45		3.3	50	6.61	
65Y60B	12	42	2 950	2.2	38	3.73	5.5
	20	37.5		2.7	47	4.35	
	24	34		3.0	46	4.83	

续表

性能参数 型号	流量 /(m³·h⁻¹)	扬程 /m	转速 /(r·min⁻¹)	汽蚀余量 /m	效率 /%	电机功率/kW	
						轴功率	电机功率
65Y100	15	115	2 950	3.0	32	14.7	30
	25	110		3.2	40	18.8	
	30	104		3.4	42	20.2	
65Y100A	14	96	2 950	3.0	31	11.8	22
	23	92		3.1	39	14.75	
	28	87		3.3	41	16.4	
65Y100B	13	78	2 950	3.0	32	8.62	15
	21	73		3.05	40	10.45	
	25	69		3.2	42	11.2	
80Y60	30	66	2 950	2.8	48	11.2	18.5
	50	58		3.2	56	14.1	
	60	51		4.1	54	15.5	
80Y60A	27	56	2 950	2.6	52	7.91	15
	45	49		3.2	61	9.85	
	53	43		3.9	59	10.50	
80Y60B	24	43	2 950	2.4	46.8	6.0	11
	40	38		3.1	55	7.5	
	47	32		3.3	48.3	8.5	
80Y100	30	170	2 950	2.8	42.5	21.1	37
	50	100		3.1	51	26.6	
	60	90		3.2	52.5	28.0	
80Y100A	26	91	2 950	2.8	42.5	15.2	30
	45	85		3.1	52.5	19.9	
	55	78		3.1	53	22.4	
80Y100B	25	78	2 950	2.8	42	12.65	22
	40	73		2.9	52	15.3	
	55	62		3.1	55	16.85	
100Y60	60	67	2 950	3.3	58	18.85	30
	100	63		4.1	70	24.5	
	120	59		4.8	71	27.7	

续表

型号 \ 性能参数	流量 /(m³·h⁻¹)	扬程 /m	转速 /(r·min⁻¹)	汽蚀余量 /m	效率 /%	电机功率/kW 轴功率	电机功率/kW 电机功率
100Y60A	54	54	2 950	3.4	54	14.7	22
	90	49		4.5	64	18.9	
	108	45		4.5	65	20.4	
100Y60B	48	42	2 950	3.0	54	10.15	15
	79	38		3.5	65	12.55	
	95	34		4.2	66	13.3	
100Y120	60	130	2 950	3.0	46	46.2	75
	100	123		4.3	62	54.1	
	120	116		5.5	64	59.3	
100Y120A	55	115	2 950	2.9	48	36	55
	93	108		4.0	60	46	
	115	101		5.3	62	51	
100Y120B	53	99	2 950	2.9	46	31.0	45
	86	94		3.8	60	36.8	
	110	87		5.1	61	42.6	
100Y120C	48	81	2 950	2.7	43	24.6	37
	79	75		3.6	56	28.7	
	95	70		4.6	60	30.2	
150Y75	122	86	2 950	4.2	59	48.5	75
	200	78		4.5	67	63.5	
	220	75		4.6	68	66	
150Y75A	110	68	2 950	4.2	58	35.2	55
	180	61		4.5	66	45.4	
	200	58		4.6	67	47.4	
150Y75B	95	49.5	2 950	4.2	56	22.9	37
	158	40		4.5	63	27.3	
	189	35		4.6	64	28.2	
150Y150	120	164	2 950	4.1	55	98	160
	180	150		4.5	65	113	
	240	133		5.1	68	98	

续表

型号 \ 性能参数	流量 /($m^3 \cdot h^{-1}$)	扬程 /m	转速 /($r \cdot min^{-1}$)	汽蚀余量 /m	效率 /%	电机功率/kW 轴功率	电机功率/kW 电机功率
150Y150A	111.5	141	2 950	4.1	50	86	132
	167.5	130		4.5	61	97	
	223	114		5.1	66	105	
150Y150B	103	119	2 950	4.1	51	65.4	90
	155	110		4.5	62	75	
	206	96		5.1	66	81.5	
150Y150C	93	97	2 950	4.1	52	47.2	75
	140	90		4.5	63	54.5	
	186	79		5.1	67	59.1	
200Y-75	168	92.5	2 950	4.9	64	66.2	110
	280	80		5.5	74	82.5	
	335	69		6.5	72	87.5	
200Y-150	195	160	2 950	3.5	65	130.7	200
	300	150		5	74	165.6	
	350	138		6.5	72	187.9	
100YS32	60	36	2 950	3.2	60	9.82	15
	100	32			72	12.1	
	120	28			71.5	12.8	
100YS32A	53	30	2 950	3.2	59	7.34	11
	89	27.5			71	9.39	
	106	24.5			70	10.11	
100YS50	60	54	2 950	3.2	54	16.3	30
	100	50			68	20.04	
	120	47			67.5	22.6	
100YS50A	53	48	2 950	3.2	53	13.07	22
	89	45			67	16.28	
	106	42.5			66	18.95	
100YS80	60	87	2 950	2.7	60	23.7	45
	100	80			66	33	
	120	74.5			64	38	

续表

型号 \ 性能参数	流量 /($m^3 \cdot h^{-1}$)	扬程 /m	转速 /($r \cdot min^{-1}$)	汽蚀余量 /m	效率 /%	电机功率/kW	
						轴功率	电机功率
100YS80A	53	80	2 950	2.7	59	19.5	37
	89	73			65	27.1	
	106	66			62.5	35	
150YS50	130	52	2 950	4.7	73.9	24.9	37
	170	47.6			79.8	27.6	
	220	52			67	31.3	
150YS50A	111.6	43.8	2 950	4.7	72	18.5	30
	144	40			75	20.9	
	180	35			70	24.5	
150YS78	126	84	2 950	4.7	72	40	55
	160	78			74	46.5	
	198	70			72	52.4	
150YS78A	112	67	2 950	4.7	68	29.6	45
	144	62			72	33.8	
	180	55			70	38.5	
200YS42	216	48	2 950	6.1	79	35.7	55
	288	42			82	39.2	
	342	35			77	42.3	
200YS42A	198	43	2 950	5.5	76	30.5	45
	270	36			80	33.1	
	310	31			76	34.4	
200YS63	216	69	2 950	5.2	74	54.8	75
	280	63			79.5	60.5	
	351	50			70.5	67.8	
200YS63A	180	54.5	2 950	4.7	65	41.1	55
	270	46			70	48.3	
	324	37.5			65	50.9	
200YS95	180	102	2 950	5.2	69	72.4	110
	234	95			73.5	82.3	
	288	85			75	88	

续表

性能参数 型号	流量 /($m^3 \cdot h^{-1}$)	扬程 /m	转速 /($r \cdot min^{-1}$)	汽蚀余量 /m	效率 /%	电机功率/kW	
						轴功率	电机功率
200YS95A	173	91	2 950	5.2	67	64	90
	223	85			72	72	
	274	75			73	76	
250YS14	360	17.5	1 450	3.7	79	21.7	30
	486	14			82	22.6	
	576	11			76	22.7	
250YS14A	320	13.7	1 450	3.7	78	15.3	22
	432	11			82	15.8	
	504	8.6			75	15.8	
250YS24	360	27	1 450	3.7	80	33.1	45
	486	23.5			86	36.2	
	576	19			82	36.4	
250YS24A	342	22.2	1 450	3.7	80	25.8	37
	414	20.3			83	27.6	
	482	17.4			80	28.6	
250YS39	360	42.5	1 450	3.5	76	54.8	75
	485	39			83	62.1	
	612	32.5			79	68.6	
250YS39A	324	35	1 450	3.5	74	42.3	55
	468	30.5			79	49.2	
	576	25			77	50.9	
250YS65	360	71	1 450	3.5	75	92.8	132
	485	65			79	108.7	
	612	56			72	129.6	
250YS65A	342	61	1 450	3.5	74	76.8	110
	468	54			77	89.4	
	542	50			75	98	
250YS65	360	68.5	1 450	4.0	70	95.9	132
	486	65		4.5	76	113.2	
	612	56		5.5	74.5	125.3	

续表

型号 \ 性能参数	流量/($m^3 \cdot h^{-1}$)	扬程/m	转速/($r \cdot min^{-1}$)	汽蚀余量/m	效率/%	电机功率/kW	
						轴功率	电机功率
250YS65A	342	57.5	1 450	4.0	70	76.9	110
	450	54		4.5	74.5	88.8	
	576	47		5.5	73.5	100.3	
250YS65B	324	49	1 450	4.0	71	60.9	90
	414	45.5		4.5	74	69.3	
	540	39		5.5	72.5	79.1	
250YS150	300	167	2 950	4.2	59	231	400
	500	150		5.2	69	296	
	600	135		6.2	68	324	
250YS150A	283	148	2 950	4.2	59	193	355
	472	133		5.2	69	252	
	567	120		6.2	68	273	
250YS150B	267	131	2 950	4.2	59	162	280
	444	118		5.2	69	206	
	533	106		6.2	68	226	
250YS150C	240	107	2 950	4.2	59	119	220
	400	96		5.2	69	151	
	480	86		6.2	68	165	
300YS12	612	14.5	1 470	5.2	80	30	45
	792	12			81	32	
	900	10			74	33	
300YS12A	522	12	1 470	5.2	72	23.3	37
	684	10			78	23.9	
	792	8.7			72	26	
300YS19	612	23	1 470	5.2	80	48	75
	792	19.4			82	51	
	935	14			75	48	
300YS19A	504	20	1 470	5.2	79	35	55
	720	16			82	38	
	900	11.5			75	38	

续表

型号 \ 性能参数	流量 /($m^3 \cdot h^{-1}$)	扬程 /m	转速 /($r \cdot min^{-1}$)	汽蚀余量 /m	效率 /%	电机功率/kW 轴功率	电机功率/kW 电机功率
300YS32	612	36	1 470	5.2	80	76	110
	792	32.2			83.5	83	
	900	29.5			82	88	
300YS32A	551	30	1 470	5.2	79	57	75
	720	26			83	61	
	810	24			81	66	
300YS58	567	65	1 470	5.2	80	128	200
	792	58			83.5	150	
	972	50			79	168	
300YS58A	529	55	1 470	5.2	80	99	160
	720	49			83	116	
	893	42			78	131	
300YS58B	504	47.5	1 470	5.2	79	82	132
	684	43			82	98	
	835	37			78	108	
300YS90	590	98	1 470	5.2	74	212.8	315
	792	90			77.5	250	
	936	82			75	279	
300YS90A	567	86	1 470	5.0	71	190	280
	756	78			74	217	
	919	70			71	247	
300YS90B	540	72	1 470	4.8	70	151	220
	720	67			73	180	
	900	57			70	200	
350YS16	972	19.3	1 450	6.2	80	64	75
	1 260	15			81	63.5	
	1 440	12.3			74	65	
350YS16A	864	16	1 450	6.2	74	51	55
	1 044	13.4			78	48.8	
	1 260	10			70	49	

续表

性能参数 型号	流量 /($m^3 \cdot h^{-1}$)	扬程 /m	转速 /($r \cdot min^{-1}$)	汽蚀余量 /m	效率 /%	电机功率/kW	
						轴功率	电机功率
	972	32			85	99.7	
350YS26	1 260	26	1 450	6.2	88	101.5	132
	1 440	22			80	107.8	
	864	26			80	76.5	90
350YS26A	1 116	21.5	1 450	6.2	83	78.8	90
	1 296	16.5			73	80	
	972	50			79	167.5	
350YS44	1 260	44	1 450	6.2	83	182.4	220
	1 476	37			79	189	
	864	41			79	122	
350YS44A	1 116	36	1 450	6.2	82	133.4	160
	1 332	30			80	136	
	972	80			78	271	
350YS75	1 260	75	1 470	6.2	80	322.6	355
	1 440	65			77	331	
	900	70			75	228	
350YS75A	1 170	65	1 470	6.2	79	262	315
	1 332	56			75	270	
	828	59			73	182	
350YS75B	1 080	55	1 470	6.2	78	207	280
	1 224	47.5			72	219	
	850	135			67	466	
350YS125	1 250	125	1 470	6.2	74.5	570	710
	1 660	100			70	646	
	803	125			66	414	
350YS125A	1 180	112	1 470	6.2	74	486	630
	1 570	90			69	557	
	745	108			63	348	
350YS125B	1 100	96	1 470	6.2	72	398	500
	1 460	77			68	450	

续表

型号 \ 性能参数	流量 /(m³·h⁻¹)	扬程 /m	转速 /(r·min⁻¹)	汽蚀余量 /m	效率 /%	电机功率/kW 轴功率	电机功率/kW 电机功率
50Y60T	7.5	64	2 980	1.9	30	4.2	7.5
	12.5	62.5		2.3	41	5.18	
	15.0	61		2.5	43	5.8	
50Y60TA	7.0	53	2 980	1.8	29	3.22	5.5
	11.0	52		2.2	40	3.90	
	14.0	50		2.4	42	4.55	
50Y60TB	5.5	53	2 980	1.7	28	2.25	5.5
	9.5	52		2.1	37	2.90	
	14	50		2.4	41	3.54	
50Y120	7.5	118	2 980	2.8	21	11.4	18.5
	12.5	105		3.1	31	13.1	
	15.0	105		3.2	35.5	13.8	
50Y120A	7.5	103	2 980	2.7	20.6	9.5	15
	12.0	105		3.1	30	11.5	
	14.0	105		3.2	33.9	11.8	
50Y120B	6.5	89	2 980	2.8	19.8	8.0	15
	11.0	90		3.0	28.0	9.5	
	13.0	90		3.2	31.6	10.2	
50Y120C	6.0	75	2 980	2.8	19.5	6.3	11
	10.0	75		2.9	28.0	7.3	
	12.0	74		3.0	31.0	7.8	
YS150-97、YS150-97-1	126	104	2 980	3.3	73	49	75
	180	97		4.1	80	59.5	
	216	87		5.6	79	64.8	
YS150-97A、YS150-97A-1	119	91	2 980	3.3	70	42	75
	170	84.5		4	78	50.1	
	204	76		5	77	54.8	
YS150-97B、YS150-97B-1	72	24	2 980	2.9	73	6.45	11
	90	22.5		3	74	7.45	
	108	20		3.3	70	8.4	

续表

型号 \ 性能参数	流量 /($m^3 \cdot h^{-1}$)	扬程 /m	转速 /($r \cdot min^{-1}$)	汽蚀余量 /m	效率 /%	电机功率/kW	
						轴功率	电机功率
YS150-50、YS150-50-1	108	58	2 980	3.25	70	24.4	37
	160	54		4.12	81	29	37
	193	50		4.66	84	31.2	
YS150-50A、YS150-50A-1	108	46	2 980	3.25	76	17.8	30
	144	44		3.86	80	21.6	
	174	39		4.38	80	23.1	
YS150-50B、YS150-50B-1	108	38	2 980	3.2	72	15.5	22
	133	36		3.62	77	16.9	
	160	32		4.12	77	18.1	
YS200-63、YS200-63-1	194	71	2 980	3.05	72	52.1	75
	280	63		4.41	81	59.3	
	351	52		5.59	76	65.4	
YS200-63A、YS200-63A-1	180	58	2 980	2.93	70	40.6	55
	259	52		4.04	79	46.5	
	324	41		5.22	72	50.2	
YS200-63B、YS200-63B-1	173	48	2 980	2.82	70	32.2	45
	239	44		3.83	78	36.6	
	288	36		4.53	74	38.2	
50YⅡⅢ60T	7.5	64	2 980	1.9	30	4.2	7.5
	12.5	62.5		2.3	41	5.18	
	15.0	61		2.5	43	5.8	
50YⅡⅢ60TA	7.0	53	2 980	1.8	29	3.22	5.5
	11	52		2.2	40	3.90	
	14	50		2.4	42	4.55	
50YⅡⅢ60TB	5.5	42	2 980	1.7	28	2.25	5.7
	9.5	41.5		2.1	37	2.9	
	14	38		2.4	41	3.54	
50YⅡⅢ120	7.5	118	2 980	2.8	21	11.4	18.5
	12.5	120		3.1	31	13.1	
	15	120		3.2	35.5	13.8	

续表

型号 \ 性能参数	流量/($m^3 \cdot h^{-1}$)	扬程/m	转速/($r \cdot min^{-1}$)	汽蚀余量/m	效率/%	电机功率/kW 轴功率	电机功率/kW 电机功率
50YⅡⅢ120A	7	103	2 980	2.7	20.6	9.5	15
	12	105		3.1	30	11.5	
	14	105		3.2	33.9	11.8	
50YⅡⅢ120B	6.5	89	2 980	2.8	19.8	8	15
	11	90		3.0	28	9.5	
	13	90		3.2	31.6	10.2	
50YⅡⅢ120C	6.0	75	2 980	2.8	19.5	6.3	11
	10.0	75		2.9	28	7.3	
	12.0	74		3.1	31	7.8	
150Y75	130	84	2 980	4.4	65	45.7	75
	200	75		5.8	72	56.7	
	240	63		6.8	69	59.6	
150Y75A	110	72	2 980	4	62	34.8	55
	180	61		5.4	70	42.7	
	210	53		6	66.5	45.7	
150Y75B	100	57	2 980	3.8	61	25.5	37
	158	47		4.9	68	29.8	
	190	38		5.6	63	31.2	
800Y75	800	75	2 980	15.9	80	204	250
850Y120、850Y120A	850	120	1 480	6.2	71	391	560
				5.7		368	360
250YS75	288	84	2 980	4.1	65	101.1	160
	450	76		5.4	79	118	
	576	65		6.6	77	131	
250YS75A	252	72	2 980	3.7	62	79.7	132
	405	64		5.2	77	91.8	
	540	54		6.3	76	105	
250YS75B	216	56	2 980	3.5	60	53.9	90
	358	49		4.7	74	64.5	
	450	42		5.4	72	71.5	

续表

型号＼性能参数	流量/($m^3 \cdot h^{-1}$)	扬程/m	转速/($r \cdot min^{-1}$)	汽蚀余量/m	效率/%	电机功率/kW 轴功率	电机功率/kW 电机功率
40Y40×2	2.5	87	2 950	2.5	17	3.48	7.5
	6.25	80		2.7	30	4.55	
	7.5	75		3.0	31	4.94	
40Y40×2A	2.34	76	2 950	2.5	17	2.84	5.5
	5.85	70		2.6	30	3.72	
	7.0	66		2.9	31	4.05	
40Y40×2B	2.16	65	2 950	2.5	17	2.25	4
	5.4	60		2.5	30	2.94	
	6.48	56		2.8	31	3.18	
40Y40×2C	1.98	53.5	2 950	2.5	17	1.7	3
	4.94	49.5		2.5	30	2.22	
	5.95	46.5		2.7	31	2.42	
50Y60×2	7.5	130	2 950	2.0	26.0	10.2	15
	12.5	120		2.4	34.5	11.8	
	15.0	110		2.5	35.5	12.65	
50Y60×2A	7.0	114	2 950	1.95	26	8.36	15
	12.0	105		2.3	35	9.82	
	14.0	98		2.45	36	10.4	
50Y60×2B	6.5	100	2 950	1.9	22.5	7.88	1.1
	11.0	89		2.25	32	8.34	
	13	80		2.4	33.5	8.45	
50Y60×2C	6	83	2 950	1.9	22.5	5.97	7.5
	10	75		2.2	32	6.15	
	12	70		2.4	33.5	6.82	
65Y100×2	15	220	2 950	2.6	29	31	45
	25	200		2.85	38	35.8	
	30	180		3.1	40	36.8	
65Y100×2A	14	192	2 950	2.6	33	22.1	37
	23	175		2.8	41	26.7	
	28	160		3.0	43	28.4	

续表

型号 \ 性能参数	流量/(m³·h⁻¹)	扬程/m	转速/(r·min⁻¹)	汽蚀余量/m	效率/%	电机功率/kW	
						轴功率	电机功率
65Y100×2B	13	166	2 950	2.6	32	18.35	30
	22	155		2.75	42	21.4	
	26	140		2.9	44	22.5	
65Y100×2C	12	140	2 950	2.6	28	16.3	22
	20	125		2.7	34	20.0	
	24	116		2.8	36.5	20.8	
80Y100×2	30	220	2 950	3.2	43.0	41.8	75
	50	200		3.6	53.5	51.0	
	60	180		4.2	54.5	54.0	
80Y100×2A	28	196	2 950	3.2	40	37.4	55
	47	175		3.5	50	44.8	
	54	160		3.8	50	47.0	
80Y100×2B	26	170	2 950	3.1	41	29.4	45
	43	153		3.35	51	35.2	
	51	140		3.7	52	37.4	
80Y100×2C	24	142	2 950	3.1	40	23.2	37
	40	125		3.3	49	27.8	
	47	114		3.5	50	29.2	
100Y120×2	60	255	2 950	4.3	47.5	87.9	132
	100	240		5.25	55.5	118.0	
	113	228		6.1	56.0	123.5	
100Y120×2A	55	223	2 950	4.2	45.5	73.5	110
	93	205		5.05	54.5	95.4	
	108	191		6.2	55.5	101	
100Y120×2B	53	192	2 950	4.1	45.8	60.4	90
	86	178		4.85	55.0	76	
	104	160		6.0	57.5	79.2	
100Y120×2C	48	162	2 950	4.0	52.5	40.2	75
	79	150		4.7	58.0	55.5	
	95	140		5.6	59.0	61.5	

续表

性能参数 型号	流量 /(m³·h⁻¹)	扬程 /m	转速 /(r·min⁻¹)	汽蚀余量 /m	效率 /%	电机功率/kW	
						轴功率	电机功率
150Y150×2	120	326	2 950	3.5	50	213	350
	180	300		4.0	60	245	
	240	260		5.0	63	270	
150Y150×2A	111.5	280	2 950	3.5	50	170	250
	167.5	258		4.0	60	196.1	
	223	224		5.0	63	216.3	
150Y150×2B	103	238	2 950	3.5	50	133.5	200
	155	222		4.0	60	156	
	206	192		5.0	63	170.1	
150Y150×2C	93	196	2 950	3.5	50	105	160
	140	181		4.0	60	117	
	186	157		5.0	63	127	
200Y-150×2	280	300	2 950	5.5	67	277	400
					74	310	
					76	360	
250Y-150×2	300	330	2 950	4.2	55	490	710
	500	300		5.2	69	593	
	600	274		6.2	70	640	
250Y-150×2A	283	292	2 950	4.2	55	410	630
	472	262		5.2	69	488	
	567	238		6.2	70	525	
250Y-150×2B	267	255	2 950	4.2	55	337	500
	444	229		5.2	69	401	
	533	208		6.2	70	431	
250Y-150×2C	240	205	2 950	4.2	55	244	355
	400	185		5.2	69	292	
	480	170		6.2	70	317	

续表

<table>
<tr><th rowspan="2">性能参数
型号</th><th rowspan="2">流量
/($m^3 \cdot h^{-1}$)</th><th rowspan="2">扬程
/m</th><th rowspan="2">转速
/($r \cdot min^{-1}$)</th><th rowspan="2">汽蚀余量
/m</th><th rowspan="2">效率
/%</th><th colspan="2">电机功率/kW</th></tr>
<tr><th>轴功率</th><th>电机功率</th></tr>
<tr><td>40Y35×4</td><td rowspan="9">6</td><td>140</td><td rowspan="9">2 950</td><td rowspan="9"></td><td rowspan="9">30</td><td>7.6</td><td>11</td></tr>
<tr><td>40Y35×5</td><td>175</td><td>9.5</td><td>15</td></tr>
<tr><td>40Y35×6</td><td>210</td><td>11.4</td><td>18.5</td></tr>
<tr><td>40Y35×7</td><td>245</td><td>13.3</td><td>18.5</td></tr>
<tr><td>40Y35×8</td><td>280</td><td>15.3</td><td>22</td></tr>
<tr><td>40Y35×9</td><td>315</td><td>17.2</td><td>30</td></tr>
<tr><td>40Y35×10</td><td>350</td><td>19.1</td><td>30</td></tr>
<tr><td>40Y35×11</td><td>385</td><td>21.0</td><td>30</td></tr>
<tr><td>40Y35×12</td><td>420</td><td>22.9</td><td>37</td></tr>
<tr><td>50Y35×4</td><td rowspan="9">12</td><td>140</td><td rowspan="9">2 950</td><td rowspan="9"></td><td rowspan="9">36</td><td>12.7</td><td>18.5</td></tr>
<tr><td>50Y35×5</td><td>175</td><td>15.9</td><td>22</td></tr>
<tr><td>50Y35×6</td><td>210</td><td>19.1</td><td>30</td></tr>
<tr><td>50Y35×7</td><td>245</td><td>22.2</td><td>30</td></tr>
<tr><td>50Y35×8</td><td>280</td><td>25.4</td><td>37</td></tr>
<tr><td>50Y35×9</td><td>315</td><td>28.4</td><td>37</td></tr>
<tr><td rowspan="2">50Y35×10</td><td rowspan="2">350</td><td>31.8</td><td>45</td></tr>
<tr><td>34.9</td><td>45</td></tr>
<tr><td>50Y35×11
50Y35×12</td><td>385
420</td><td>38.1</td><td>45</td></tr>
<tr><td rowspan="3">65Y50×5</td><td>15</td><td>275</td><td rowspan="3">2 950</td><td>2.2</td><td>38.5</td><td>29.2</td><td rowspan="3">45</td></tr>
<tr><td>25</td><td>252.5</td><td>2.4</td><td>49</td><td>33.1</td></tr>
<tr><td>30</td><td>235</td><td>2.8</td><td>50</td><td>38.4</td></tr>
<tr><td rowspan="3">65Y50×6</td><td>15</td><td>330</td><td rowspan="3">2 950</td><td>2.2</td><td>38.5</td><td>35</td><td rowspan="3">55</td></tr>
<tr><td>25</td><td>303</td><td>2.4</td><td>49</td><td>39.7</td></tr>
<tr><td>30</td><td>282</td><td>2.8</td><td>50</td><td>46</td></tr>
<tr><td rowspan="3">65Y50×7</td><td>15</td><td>385</td><td rowspan="3">2 950</td><td>2.2</td><td>38.5</td><td>40.9</td><td>55</td></tr>
<tr><td>25</td><td>353.5</td><td>2.4</td><td>49</td><td>46.3</td><td rowspan="2">55</td></tr>
<tr><td>30</td><td>329</td><td>2.8</td><td>50</td><td>53.7</td></tr>
<tr><td rowspan="3">65Y50×8</td><td>15</td><td>436</td><td rowspan="3">2 950</td><td>2.2</td><td>38</td><td>46.9</td><td rowspan="3">75</td></tr>
<tr><td>25</td><td>398</td><td>2.4</td><td>48</td><td>56.5</td></tr>
<tr><td>30</td><td>368</td><td>2.8</td><td>49</td><td>61.3</td></tr>
</table>

续表

型号 \ 性能参数	流量 /($m^3 \cdot h^{-1}$)	扬程 /m	转速 /($r \cdot min^{-1}$)	汽蚀余量 /m	效率 /%	电机功率/kW 轴功率	电机功率/kW 电机功率
65Y50×9	15	490.5	2 950	2.2	38	52.7	75
	25	447.75		2.4	48	63.55	
	30	414		2.8	49	68.95	
65Y50×10	15	545	2 950	2.2	38	58.6	90
	25	497.5		2.4	48	70.6	
	30	460		2.8	49	76.6	
65Y50×11	15	594	2 950	2.2	37.5	64.7	90
	25	539		2.4	47	78.1	
	30	495		2.8	48	84.15	
65Y50×12	15	648	2 950	2.2	37.5	70.6	110
	25	588		2.4	47	85.2	
	30	540		2.8	48	91.8	
80Y50×5	30	279	2 950	3.2	52	43.9	75
	45	244		3.8	58.5	51.0	
	54	215		4.2	58	55.6	
80Y50×6	30	335	2 950	3.2	52	52.7	75
	45	292		3.8	58.5	61.2	
	54	258		4.2	58	65.6	
80Y50×7	30	391	2 950	3.2	52	61.5	190
	45	341		3.8	58.5	71.5	
	54	301		4.2	58	76.5	
80Y50×8	30	446	2 950	3.2	51.5	70.9	110
	45	390		3.8	57.5	83.2	
	54	344		4.2	57.5	88.0	
80Y50×9	30	503	2 950	3.2	51.5	79.7	110
	45	439		3.8	57.5	93.6	
	54	387		4.2	57.5	99.0	
80Y50×10	30	558	2 950	3.2	51.5	88.6	132
	45	487		3.8	57.5	104	
	54	430		4.2	57.5	110	

续表

型号＼性能参数	流量 /(m³·h⁻¹)	扬程 /m	转速 /(r·min⁻¹)	汽蚀余量 /m	效率 /%	电机功率/kW	
						轴功率	电机功率
80Y50×11	30	614	2 950	3.2	51	98.5	132
	45	536		3.8	57	115.2	
	54	473		4.2	57	122.1	
80Y50×12	30	670	2 950	3.2	51	107.3	160
	45	585		3.8	57	125.8	
	54	516		4.2	57	133.3	
150Y67×6	150	376	2 950	5.0	72	213	280
150Y67×7		439				248.5	280
150Y67×8		502				284	350
150Y67×9		515				320	360
SY500-800	300	89	2 950	4.8	64	113.6	185
	500	80		6.5	78	139.6	
	600	72		8	77	152.8	

附表Ⅴ-3　AY型离心油泵性能参数表

型号＼性能参数	流量 /(m³·h⁻¹)	扬程 /m	转速 /(r·min⁻¹)	效率 /%	汽蚀余量 /m	电机功率/kW	
						轴功率	电机功率
50AY60	12.5	67	2 950	42	2.9	5.4	7.5
50AY60A	11	53	2 950	39	2.8	4.1	5.5
50AY60B	10	40	2 950	37	2.8	2.9	4
65AY60	25	60	2 950	52	3	7.9	11
65AY60A	22.5	49	2 950	51	3	5.9	7.5
60AY60B	20	38	2 950	49	2.7	4.2	5.5
65AY100	25	110	2 950	47	3.2	15.9	22
65AY100A	23	92	2 950	46	3.1	12.5	18.5
65AY100B	21	73	2 950	45	3	9.3	15
80AY60	50	60	2 950	62	3.2	13.2	18.5
80AY60A	45	49	2 950	61	3.2	9.8	15
80AY60B	40	39	2 950	60	3.1	7.1	11
80AY100	50	100	2 950	56	3.1	24.3	37
80AY100A	45	85	2 950	55	3.1	18.9	30

续表

型号 \ 性能参数	流量 /($m^3 \cdot h^{-1}$)	扬程 /m	转速 /($r \cdot min^{-1}$)	效率 /%	汽蚀余量 /m	电机功率/kW	
						轴功率	电机功率
80AY100B	41	73	2 950	54	2.9	15.1	22
100AY60	100	60	2 950	70	4.1	23.3	30
100AY60A	90	49	2 950	64	4.5	18.8	30
100AY60B	79	38	2 950	65	3.5	12.6	18.5
100AY120	100	120	2 950	63	4.3	51.9	75
100AY120A	93	105	2 950	61	4	43.6	55
100AY120B	85	88	2 950	59	3.8	34.5	45
100AY120C	78	75	2 950	56	3.6	28.5	37
150AY75	180	80	2 950	75	4.5	52.3	75
150AY75A	160	62	2 950	74	4.5	36.5	45
150AY75B	145	44	2 950	73	4.4	23.8	37
150AY150	180	150	2 950	70	4.5	105	132
150AY150A	168	130	2 950	70	4.5	85	110
150AY150B	155	110	2 950	69	4.5	61.2	90
150AY150C	140	105	2 950	68	4.4	58.9	75
200AY75	300	75	2 950	79	6.5	77.6	110
200AY75A	260	60	2 950	78	6.5	54.5	75
200AY75B	225	45	2 950	77	6.5	35.8	55
200AY150	300	150	2 950	74	6.5	165.6	220
200AY150A	275	130	2 950	73	6.5	133.4	185
200AY150B	255	115	2 950	72	6.5	110.9	160
200AY150C	240	100	2 950	71	6.5	92.1	132
250AYS80	500	80	2 950	82	6.5	132.8	185
250AYS80A	440	62	2 950	81	6.5	91.7	132
250AYS80B	370	44	2 950	80	6.5	55.4	90
250AYS150	500	150	2 950	76	5	268.7	400
250AYS150A	460	130	2 950	75	5	217	315
250AYS150B	440	115	2 950	74	5	186.2	250
250AYS150C	400	100	2 950	73	5	169.3	220

附录Ⅵ 风机性能参数表

附表Ⅵ 4-79 型离心风机性能参数表

机号	转速/($r \cdot min^{-1}$)	全压/Pa	流量/($m^3 \cdot h^{-1}$)	功率/kW	电机型号
3A	2 900	725～1 196	1 970～3 830	1.5	Y90S—2
3A	1 450	176～304	990～1 910	0.75	Y802—4
3.5A	2 900	980～1 628	3 120～6 070	3	Y100L—2
3.5A	1 450	245～412	1 560～3 040	1.1	Y90S—4
4A	2 900	1 275～2 138	4 670～9 080	5.5	Y132S1—2
4A	1 450	323～529	2 330～4 540	1.1	Y90S—4
4.5A	2 900	1 618～2 697	6 640～12 920	11	Y160M1—2
4.5A	1 450	402～676	3 320～6 450	1.5	Y90L—4
5A	2 900	2 000～3 334	9 100～17 720	15	Y160M2—2
5A	1 450	500～833	4 560～8 860	2.2	Y100L1—4
6A	1 450	706～1 196	7 890～15 320	5.5	Y132S—4
6A	960	314～529	5 230～10 100	1.5	Y100L—6
7C	1 800	1 480～2 500	15 580～30 200	22	Y180L—4
7C	1600	1 167～1 971	13 850～26 850	15	Y160L—4
7C	1250	716～1 206	10 820～20 950	7.5	Y132M—4
7C	1 120	549～970	9 650～18 800	5.5	Y132S—4
7C	1 000	461～775	8 650～16 800	4	Y112M—4
7C	900	372～627	7 780～15 100	3	Y100L2—4
7C	800	294～500	6 920～13 440	2.2	Y100L1—4
7C	710	235～392	6 110～11 900	1.5	Y90L—4
8C	1 600	1 481～2 491	21 500～41 700	30	Y200L—4
8C	1 270	932～1 569	17 100～33 100	15	Y160L—4
8C	1 120	726～1 226	15 050～29 200	11	Y160M—4
8C	1 000	579～971	13 450～26 050	7.5	Y132M—4
8C	900	471～784	12 100～23 500	5.5	Y132S—4
8C	800	373～618	10 760～20 850	4	Y112M—4
8C	710	294～490	9 520～18 800	3	Y100L2—4
8C	650	226～387	8 450～16 450	2.2	Y112M—6

续表

机号	转速/($r \cdot min^{-1}$)	全压/Pa	流量/($m^3 \cdot h^{-1}$)	功率/kW	电机型号
10E	1 300	1 775 ~ 2 609	38 500 ~ 63 500	55	Y250M—4
10E	1 170	1 442 ~ 2 118	34 600 ~ 57 100	37	Y225S—4
10E	1 000	1 049 ~ 1 540	29 600 ~ 48 800	22	Y180L—4
10E	940	932 ~ 1 363	27 850 ~ 45 900	18.5	Y180M—4
10E	830	726 ~ 1 059	24 550 ~ 40 500	15	Y160L—4
10E	740	579 ~ 843	21 900 ~ 36 100	11	Y160M—4
10E	660	461 ~ 667	19 500 ~ 32 200	7.5	Y160M—6
10E	580	353 ~ 520	17 160 ~ 28 300	5.5	Y132M2—6
10E	520	284 ~ 412	15 400 ~ 25 400	4	Y132M1—6
12E	1 040	1 638 ~ 2 393	53 300 ~ 87 800	75	Y280S—4
12E	940	1 334 ~ 1 951	48 200 ~ 79 300	55	Y250M—4
12E	830	1 039 ~ 1 530	42 500 ~ 70 100	37	Y250M—6
12E	740	824 ~ 1 216	37 900 ~ 62 400	22	Y200L2—6
12E	660	657 ~ 961	33 800 ~ 55 700	18.5	Y200L1—6
12E	580	510 ~ 755	29 700 ~ 48 900	11	Y160L—6
12E	520	402 ~ 603	26 650 ~ 43 900	7.5	Y160M—6
12E	470	333 ~ 490	24 100 ~ 39 700	5.5	Y132M2—6
12E	420	265 ~ 387	21 500 ~ 35 450	4	Y132M1—6
14E	830	1 422 ~ 2 089	67 400 ~ 11 1000	75	Y315S—6
14E	740	1 128 ~ 1 657	60 100 ~ 98 900	55	Y280M—6
14E	680	951 ~ 1 402	55 300 ~ 90 900	37	Y250M—6
14E	580	686 ~ 1 020	47 100 ~ 77 500	22	Y200L2—6
14E	520	549 ~ 814	42 200 ~ 69 500	18.5	Y200L1—6
14E	460	437 ~ 637	37 300 ~ 61 500	15	Y180L—6
14E	420	529 ~ 363	34 050 ~ 56 200	11	Y160L—6
14E	370	275 ~ 412	30 000 ~ 49 400	7.5	Y160M—6
14E	330	225 ~ 323	26 800 ~ 44 100	5.5	Y132M2—6
16E	740	1 481 ~ 2 177	89 700 ~ 147 800	90	Y315M1—6
16E	660	1 177 ~ 1 726	80 100 ~ 131 900	75	Y315S—6
16E	580	902 ~ 1 334	70 300 ~ 115 900	55	Y280M—6
16E	510	696 ~ 1 030	61 700 ~ 101 900	37	Y250M—6
16E	470	598 ~ 872	113 800 ~ 188 000	30	Y225M—6

续表

机号	转速/($r \cdot min^{-1}$)	全压/Pa	流量/($m^3 \cdot h^{-1}$)	功率/kW	电机型号
16E	420	480 ~ 696	101 600 ~ 168 000	18.5	Y200L1—6
16E	370	372 ~ 539	89 600 ~ 148 400	15	Y180L—6
16E	330	294 ~ 431	80 000 ~ 132 200	11	Y160L—6
16E	290	225 ~ 333	70 200 ~ 116 000	7.5	Y160M—6

参考文献

科学院. 流体动力学 [M]. 北京:科学出版社,2014.
榆. 工程流体力学[M]. 北京:石油工业出版社,2015.
基,龙天渝. 流体力学泵与风机[M]. 5 版. 北京:中国建筑工业出版社,2009.
顺,崔桂香. 流体力学[M]. 3 版. 北京:清华大学出版社,2015.
,刘鹤年,陈文礼,等. 流体力学[M]. 4 版. 北京:中国建筑工业出版社,2023.
雄,董曾南. 粘性流体力学[M]. 2 版. 北京:清华大学出版社,2011.
兼. 工程流体力学(水力学) [M]. 5 版. 成都:西南交通大学出版社,2022.
enB. Pope. Turbulent Flows[M]. 北京:世界图书出版公司,2018.
生. 工程流体力学[M]. 3 版. 北京:中国电力出版社,2020.
宇,刘红侠,袁涛,等. 流体力学泵与风机[M]. 徐州:中国矿业大学出版社,2022.
滨,王芳. 流体力学泵与风机[M]. 2 版. 北京:化学工业出版社,2016.
栋,李敏. 泵与风机[M]. 北京:机械工业出版社,2009.
梅. 泵与风机[M]. 4 版. 北京:中国电力出版社,2019.
. 泵运行与维修实用技术[M]. 北京:化学工业出版社,2014.